AF231942

SUITES

A

BUFFON,

FORMANT,

avec les œuvres de cet auteur,

UN COURS COMPLET D'HISTOIRE NATURELLE.

Collection

accompagnée de Planches.

PARIS

A LA LIBRAIRIE ENCYCLOPÉDIQUE DE RORET,

Rue Hautefeuille, N.º 10 bis.

POURRAT Frères, Rue des Petits Augustins, N.º 5.

HISTOIRE NATURELLE

DES

VÉGÉTAUX.

PHANÉROGAMES.

I.

ÉVERAT, IMPRIMEUR,
Rue du Cadran, n° 16.

HISTOIRE NATURELLE

DES

VÉGÉTAUX.

—

PHANÉROGAMES.

Par M. Édouard SPACH,

AIDE-NATURALISTE AU MUSÉUM D'HISTOIRE NATURELLE, MEMBRE DE
LA SOCIÉTÉ DES SCIENCES NATURELLES DE FRANCE.

TOME PREMIER.

OUVRAGE ACCOMPAGNÉ DE PLANCHES.

PARIS.

LIBRAIRIE ENCYCLOPÉDIQUE DE RORET,

RUE HAUTEFEUILLE, N° 10 BIS.

—

1834.

PRÉFACE.

Depuis la fin du dernier siècle, les nombreuses découvertes faites dans toutes les parties du globe ont donné à la Botanique un immense développement. Il y a trente ans encore, on arrivait, sans trop de difficulté, à réunir dans un cadre assez resserré toutes les espèces connues ; maintenant leur nombre est au moins triplé, et chaque nouveau voyage vient ajouter de nouveaux noms à une série déjà si étendue. Les limites que s'est imposées l'éditeur des Suites a Buffon nous forcent d'ailleurs à nous restreindre : pour décrire aujourd'hui la totalité des *Végétaux phanérogames* connus (1), c'est-à-dire plus de soixante mille espèces, il faudrait un nombre de volumes peut-être décuple de celui qui nous est alloué. Notre choix a dû se porter de préférence sur les végétaux que leur emploi dans les arts, dans l'économie domestique ou rurale, dans la médecine, recommande à l'attention ; sur ceux

---

(1) Il ne sera peut-être pas superflu, pour quelques-uns de nos lecteurs, de rappeler ici qu'on entend, par *Phanérogames* ou *Phénogames*, tous les végétaux pourvus d'étamines et de pistils visibles; par opposition à *Cryptogames*, qui désigne les végétaux dans lesquels ces mêmes organes n'existent point, ou sont fort petits et très-différents par leur forme de ceux des Phanérogames.

que les amateurs cultivent dans les jardins, les bosquets et les serres ; sur ceux qu'une organisation curieuse a doués d'une physionomie originale ; sur ceux enfin dont il importe de connaître les qualités malfaisantes et délétères, si souvent cachées sous des dehors séducteurs. Nous avons cru surtout ne devoir omettre aucun arbre forestier ou d'agrément : les espèces indigènes, les espèces exotiques naturalisées et celles qui méritent de l'être, ont toutes été décrites dans notre collection.

Le plan ainsi tracé, la matière restait encore tellement abondante, qu'il a fallu s'appliquer à une très-grande concision. Nous nous flattons néanmoins d'avoir mis ce recueil au niveau des découvertes les plus récentes, en consultant tous les ouvrages nationaux ou étrangers, tant généraux que spéciaux, qui ont été publiés sur la matière. Une table bibliographique, placée dans le dernier volume, expliquera les citations abrégées qui se trouvent dans le texte. Il nous suffira de nommer ici les auteurs auxquels nous devons le plus de détails sur la classification, les caractères et l'histoire des végétaux :

Prodrome, et *Collection de Mémoires sur les Familles végétales*, par M. de Candolle.

Flore du Brésil méridional, par MM. Aug. de Saint-Hilaire, Adrien de Jussieu et Cambessèdes.

Histoire des Plantes usuelles des Brasiliens, par les mêmes auteurs.

Histoire des Plantes remarquables du Brésil et du Paraguay, par M. Aug. de Saint-Hilaire.

Flore du Brésil, par MM. de Martius et Zuccarini.

Flore des Antilles, par M. de Tussac.

Flore de la Sénégambie, par MM. Guillemin, Perrottet et A. Richard.

Flore de Java, par MM. Blume et Fischer.

Plantes de la côte de Coromandel, par Roxburgh.

Plantes rares de l'Inde, par M. Wallich.

Histoire des Arbres forestiers de l'Amérique septentrionale, par M. André Michaux.

Familles naturelles, par M. Bartling, etc. etc.

Les recueils périodiques de figures de plantes rares ou nouvelles, publiés en Angleterre et en Allemagne par MM. Hooker, Lindley, Sweet, Link et Otto, Reichenbach, etc., ainsi que les riches collections vivantes du Muséum, nous ont mis à même de rassembler dans cet ouvrage tout ce que l'horticulture, si riche depuis une dizaine d'années, offre de plus intéressant aujourd'hui.

Nous exposerons, en suivant principalement l'ordre de M. Bartling, les caractères de toutes les classes et de toutes les familles naturelles,

en y joignant l'indication de leurs genres, mé-
thodiquement rangés. Par les raisons que nous
avons exposées plus haut, nous ne traitons de
chaque famille que les genres les plus remarquables; mais notre travail sera suivi d'un *Genera* complet des *Phanérogames*, classées d'après
le système de Linné. Cet arrangement synoptique aura de plus l'avantage de faciliter les recherches aux personnes qui ne sont pas encore
familiarisées avec la méthode naturelle.

La précision requise dans tout ouvrage scientifique exigeait l'emploi du langage consacré
parmi les botanistes modernes ; cependant nous
ne donnons point un vocabulaire de la glossolo-
gie : l'explication des termes techniques trouve
sa place dans la partie de l'*Histoire naturelle des
Végétaux* traitée par M. A. de Candolle.

Le port et les caractères des principaux groupes de végétaux sont représentés par des figures qui, exécutées la plupart d'après nature, ne
laissent rien à désirer. Les détails organographi-
ques surtout, partie si nécessaire à l'étude ap-
profondie des végétaux, ont été rendus avec une
exactitude trop rare pour qu'on ne remarque
pas le talent distingué de Mlle Legendre, de
M. Decaisne, etc.

TABLEAU

DE LA SÉRIE DES CLASSES ET DES FAMILLES VÉGÉTALES ; — EXPOSITION SYNOPTIQUE DE LEURS CARACTÈRES LES PLUS ESSENTIELS.

VÉGÉTAUX PHANÉROGAMES.

I. DICOTYLÉDONES.

A. POLYPÉTALES.

Corolle à pétales libres, ou quelquefois nulle. (Par exception, monopétale, c'est-à-dire à pétales plus ou moins soudés.)

PREMIÈRE CLASSE.

LES CALOPHYTES. — *CALOPHYTÆ.*

Pétales et étamines périgynes (rarement hypogynes). Ovaires disjoints ou plus ou moins conjoints, le plus souvent solitaires ou en nombre défini, rarement multisériés. Styles libres, en même nombre que les ovaires. Placentaires axiles. Graines ordinairement dépourvues de périsperme. — Feuilles alternes, stipulées, le plus souvent composées.

Iʳᵉ Famille. LES MIMOSÉES. — *Mimoseæ.*

Estivation des sépales valvaire. Corolle régulière, hypogyne. Ovaire solitaire, inadhérent, multiovulé. Graines horizontales. Embryon rectiligne.

2ᵉ Famille. LES CÉSALPINIÉES. — *Cæsalpinieæ.*

Estivation des sépales imbricative. Corolle irrégulière, périgyne. Ovaire solitaire, inadhérent, multiovulé. Graines horizontales. Embryon rectiligne.

3ᵉ Famille. LES SWARTZIÉES. — *Swartzieæ.*

Corolle irrégulière, hypogyne. Ovaire solitaire, inadhérent. Embryon curviligne.

4ᵉ Famille. LES PAPILIONACÉES. — *Papilionaceæ.*

Corolle périgyne, papilionacée. Ovaire solitaire, inadhérent. Embryon curviligne.

5ᵉ Famille. LES CHRYSOBALANÉES. — *Chrysobalaneæ.*

Estivation des sépales imbricative. Ovaire solitaire, inadhérent, biovulé. Style basilaire. Péricarpe drupacé. Graine dressée. Embryon rectiligne.

6ᵉ Famille. LES AMYGDALÉES. — *Amygdaleæ.*

Lobes calicinaux à estivation imbricative. Ovaire solitaire, inadhérent, biovulé. Style terminal. Péricarpe drupacé. Graine pendante. Embryon rectiligne.

7ᵉ Famille. LES SPIRÉACÉES. — *Spiræaceæ.*

Lobes calicinaux à estivation imbricative. Ovaires en nombre défini, inadhérents, unisériés, pauciovulés. Embryon rectiligne.

8ᵉ Famille. LES DRYADÉES. — *Dryadeæ.*

Lobes calicinaux à estivation valvaire. Ovaires inadhérents, uniovulés, le plus souvent en nombre indéfini.
Graine oblique ou appendante. Embryon rectiligne.

9ᵉ Famille. LES ROSACÉES. — *Rosaceæ.*

Tube calicinal urcéolé ; limbe à estivation imbricative.
Disque charnu, adné à la paroi interne du calice. Ovai-
res très-nombreux, inadhérents, uniovulés, pariétaux.
Graine appendante. Embryon rectiligne.

10ᵉ Famille. LES POMACÉES. — *Pomaceæ.*

Tube calicinal adhérent aux ovaires; limbe à estivation imbricative. Ovaires pauciovulés, en nombre défini.
Carpelles recouverts par le calice. Embryon rectiligne.

IIᵉ CLASSE.

LES TÉRÉBINTHINÉES. — *TEREBINTHINEÆ.*

Segments calicinaux à estivation imbricative. Pétales
et étamines hypogynes ou subpérigynes, en nombre défini. Ovaires disjoints ou conjoints. Sarcocarpe séparable ou se détachant spontanément de l'endocarpe.
Graines périspermées ou apérispermées. Embryon rectiligne ou curviligne. — Feuilles composées ou simples,
presque toujours non stipulées et ponctuées.

11ᵉ Famille. LES JUGLANDÉES. — *Juglandeæ.*

Fleurs unisexuelles, apétales.—Les mâles en chatons.
Étamines au nombre de 4 à 24.—Les femelles subsolitai-

res. Ovaire adhérent au calice. Drupe monosperme.
Graine sinueuse, dépourvue de périsperme.

12ᵉ Famille. LES CASSUVIÉES. — *Cassuvieæ.*

Pétales et étamines périgynes. Styles 1 à 5. Carpelle
solitaire, drupacé, monosperme. Graine dépourvue de
périsperme, suspendue à un funicule partant du fond de
la loge.

13ᵉ Famille. LES CONNARACÉES. — *Connaraceæ.*

Pétales et étamines périgynes. Ovaires 1 à 5, disjoints,
monostyles, biovulés. Graines dressées, dépourvues de
périsperme.

14ᵉ Famille. LES AMYRIDÉES. — *Amyrideæ.*

Pétales et étamines subhypogynes. Ovaires 1 à 5, uni-
ou biovulés. Carpelles drupacés. Périsperme nul. Radicule supère.

15ᵉ Famille. LES AURANTIACÉES. — *Aurantiaceæ.*

Pétales hypogynes, sans onglets. Ovaires, styles et
stigmates conjoints. Péricarpe pluriloculaire, indéhiscent. Périsperme nul.

16ᵉ Famille. LES ZYGOPHYLLÉES. — *Zygophylleæ.*

Pétales et étamines hypogynes. Carpelles connés jusqu'au sommet, di—polyspermes, s'ouvrant presque toujours à la face externe. — Feuilles opposées, stipulées.

17ᵉ Famille. LES RUTACÉES. — *Rutaceæ.*

Pétales hypogynes, onguiculés. Carpelles connés, polyspermes, s'ouvrant par la suture interne. Graines périspermées.

18ᵉ Famille. LES DIOSMÉES. — *Diosmeæ.*

Pétales hypogynes ou périgynes. Ovaires biovulés, disjoints vers le haut. Carpelles déhiscents avec élasticité, l'endocarpe se séparant du sarcocarpe.

19ᵉ Famille. LES ZANTHOXYLÉES. — *Zanthoxyleæ.*

Fleurs unisexuelles. Pétales hypogynes. Ovaires 4 ou 5, plus ou moins connés, biovulés. Graines périspermées.

20ᵉ Famille. LES SIMAROUBÉES. — *Simarubeæ.*

Pétales hypogynes. Ovaires 4 ou 5, disjoints, contenant chacun un seul ovule suspendu. Styles connés vers le haut. Périsperme nul.

21ᵉ Famille. LES OCHNACÉES. — *Ochnaceæ.*

Pétales hypogynes. Ovaires disjoints. Un seul style gynobasique.

IIIᵉ CLASSE.

LES TRICOQUES. — *TRICOCCÆ.*

Segments calicinaux à estivation imbricative ou valvaire. Pétales et étamines hypogynes ou périgynes. Ovaires (rarement 2, ou 4, ou 5) presque toujours au nombre de 3. Carpelles monospermes ou dispermes, quelquefois polyspermes, indéhiscents, ou déhiscents par la suture interne. Graines ordinairement périspermées. Embryon rectiligne. — Feuilles simples (très-rarement composées), non ponctuées.

22ᵉ Famille. LES STAPHYLÉACÉES. — *Staphyleaceæ.*

Calice inadhérent, à lobes imbriqués en préfloraison. Étamines hypogynes, en même nombre que les pétales et alternes avec eux. Ovaires 2 ou 3, quadriovulés. Graines osseuses, non arillées.

23ᵉ Famille. LES HIPPOCRATÉACÉES. — *Hippocrateaceæ.*

Calice inadhérent. Pétales hypogynes. Étamines au nombre de 3. Anthères presque toujours uniloculaires. Ovaires multiovulés. Périsperme nul.

24ᵉ Famille. LES CÉLASTRINÉES. — *Celastrineæ.*

Calice inadhérent, à lobes imbriqués en préfloraison. Étamines en même nombre que les pétales, et alternes avec eux. Ovules solitaires, dressés. Graines arillées.

25ᵉ Famille. LES PITTOSPORÉES. — *Pittosporeæ.*

Calice inadhérent. Pétales hypogynes, alternant avec les étamines. Ovaires 2 à 5, connés, multiovulés. Graines arillées. Embryon très-petit.

26ᵉ Famille. LES AQUIFOLIACÉES. — *Aquifoliaceæ.*

Calice inadhérent, à lobes imbriqués en préfloraison. Pétales élargis à la base. Étamines hypogynes, inter-positives. Ovules solitaires, suspendus. Graines non arillées.

27ᵉ Famille. LES RHAMNÉES. — *Rhamneæ.*

Tube calicinal adhérent; limbe à estivation valvaire. Étamines en même nombre que les pétales, antépositives.

28ᵉ Famille. LES BRUNIACÉES. — *Bruniaceæ.*

Tube calicinal adhérent; limbe à estivation imbrica-tive. Étamines 5, interpositives. Ovaires 2. Ovules pen-dants. Péricarpe sec.

29ᶜ Famille. LES EMPÉTRÉES. — *Empetreæ*.

Pétales et étamines ordinairement au nombre de 3. Baie à loges monospermes.

30ᵉ Famille. LES EUPHORBIACÉES. — *Euphorbiaceæ*.

Fleurs unisexuelles, quelquefois incomplètes. Étamines subhypogynes. Capsule tricoque. Graines solitaires ou géminées, pendantes.

31ᵉ Famille. LES STACKHOUSÉES. — *Stackhouseæ*.

Fleurs hermaphrodites. Corolle à 5 pétales cohérents par la base, insérés à la gorge du calice. Ovaire inadhérent 3- ou 5-loculaire. Ovules solitaires, dressés.

IVᵉ CLASSE.

LES MALPIGHINÉES. — *MALPIGHINEÆ*.

Sépales à estivation imbricative. Pétales insérés sur un disque hypogyne. Étamines en nombre défini. Ovaires 2 ou 3 (très-rarement un seul, ou 4, ou 5) uni- ou biovulés, cohérents par leur angle interne, ou connés. Péricarpe bilamelleux. Graines dépourvues d'arille et de périsperme. — Feuilles non ponctuées.

32ᵉ Famille. LES TROPÉOLÉES. — *Tropæoleæ*.

Fleurs irrégulières. Calice éperonné à la base. Péricarpe tricoque.

33ᵉ Famille. LES RHIZOBOLÉES. — *Rhizoboleæ*.

Étamines très-nombreuses, bisériées. Radicule fort grande, ascendante; cotylédons petits, foliacés.

34ᵉ Famille. LES HIPPOCASTANÉES. — *Hippocastaneæ*.

Calice caduc. Ovaire à 3 loges biovulées. Style indivisé. Stigmate pointu. Hile très-large. Cotylédons fort épais, accolés.

35e Famille. LES SAPINDACÉES. — *Sapindaceæ.*

Péricarpe tricoque. Graines dressées ou rarement appendantes, à hile large.

36e Famille. LES ÉRYTHROXYLÉES. — *Erythroxyleæ.*

Calice persistant. Pétales dépourvus d'onglet. Graines suspendues, périspermées. Embryon rectiligne, linéaire.

37e Famille. LES CORIARIÉES. — *Coriarieæ.*

Calice décemfide. Corolle nulle. Ovaire quinquéloculaire. Graines solitaires, suspendues.

38e Famille. LES ACÉRINÉES. — *Acerineæ.*

Calice caduc. Péricarpe à 2 carpelles ailés. Graines sessiles, ascendantes.

39e Famille. LES MALPIGHIACÉES. — *Malpighiaceæ.*

Calice presque toujours persistant. Pétales onguiculés. Péricarpe à 3 (rarement à 2) carpelles. Graines suspendues.

Ve CLASSE.

LES AMPÉLIDÉES. — *AMPELIDEÆ.*

Corolle hypogyne, à estivation valvaire. Pétales élargis à la base. Étamines en nombre défini, souvent monadelphes. Ovaire bi- ou pluriloculaire. Ovules ordinairement en nombre défini. Placentaires centraux. Un seul style.

40ᵉ FAMILLE. **LES CÉDRÉLÉES.** — *Cedreleœ.*

Étamines libres ou monadelphes. Loges du péricarpe presque toujours polyspermes. Graines ailées.

41ᵉ FAMILLE. **LES MÉLIACÉES.** — *Meliaceœ.*

Filets soudés en androphore anthérifère en dedans. Loges du péricarpe mono- ou dispermes. Graines aptères, apérispermées.

42ᵉ FAMILLE. **LES LÉEACÉES.** — *Leeaceœ.*

Pétales connés. Étamines en même nombre que les pétales, antépositives. Ovaire à 3-6 loges uniovulées. Périsperme lobé. Embryon arqué.

43ᵉ FAMILLE. **LES SARMENTACÉES.** — *Sarmentaceœ.*

Étamines antépositives, en même nombre que les pétales. Ovaire biloculaire. Ovules géminés dans chaque loge, collatéraux. Périsperme dur. Embryon dressé.

VIᵉ CLASSE.

LES GRUINALES. — *GRUINALES.*

Segments calicinaux à estivation imbricative. Pétales hypogynes ou subpérigynes, contournés ou imbriqués avant l'anthèse. Étamines en nombre défini. Ovaires au nombre de 3 à 5, connés ou distincts, inadhérents. Styles en même nombre que les ovaires, rarement soudés. Carpelles tantôt déhiscents extérieurement et contenant plusieurs graines arillées ; tantôt restant clos, ou s'ouvrant incomplétement, et ne contenant qu'une ou 2 graines non arillées.

44ᵉ Famille. LES OXALIDÉES. — *Oxalideæ.*

Ovaires 5, connés. Ovules en nombre indéfini, superposés. Périsperme nul ou très-mince. Embryon rectiligne, plane.

45ᵉ Famille. LES LINÉES. — *Lineæ.*

Ovaires 3 à 5, connés, renfermant chacun 2 ovules.
Périsperme nul ou très-mince. Embryon rectiligne,
plane.

46ᵉ Famille. LES GÉRANIACÉES. — *Geraniaceæ.*

Ovaires 5, distincts, biovulés, attachés autour d'un axe
central. Graines dépourvues d'arille et de périsperme.
Embryon curviligne, à cotylédons convolutés ou plissés.

VIIᵉ CLASSE.

LES COLUMNIFÈRES. — *COLUMNIFERÆ.*

Segments calicinaux à estivation valvaire. Pétales hypogynes, contournés avant l'anthèse (rarement nuls ou
abortifs). Plusieurs ovaires libres ou connés. — Feuilles
alternes, stipulées.

47ᵉ Famille. LES MALVACÉES. — *Malvaceæ.*

Calice persistant. Étamines monadelphes. Anthères à
une seule bourse.

48ᵉ Famille. LES DOMBEYACÉES. — *Dombeyaceæ.*

Calice persistant. Pétales planes. Étamines monadelphes, en nombre défini multiple des pétales. Anthères
adnées, à 2 bourses extrorses. Périsperme charnu.

49ᵉ Famille. LES HERMANNIACÉES. — *Hermanniaceæ.*

Calice persistant. Étamines 5. Anthères à 2 bourses

extrorses. Périsperme charnu-amylacé. Embryon curviligne.

50ᵉ Famille. LES BYTTNÉRIACÉES. — *Byttneriaceæ.*

Calice persistant. Pétales (quelquefois nuls) cuculli-
formes. Anthères à 2 bourses. Graines ordinairement
périspermées.

51ᵉ Famille. LES STERCULIACÉES. — *Sterculiaceæ.*

Calice non persistant, Corolle nulle. Anthères à 2
bourses extrorses. Périsperme charnu. Embryon dressé,
axile.

52ᵉ Famille. LES TILIACÉES. — *Tiliaceæ.*

Calice non persistant. Anthères à 2 bourses. Filets
libres. Périsperme charnu. Embryon dressé.

VIIIᵉ CLASSE.

LES LAMPROPHYLLÉES.—*LAMPROPHYLLEÆ.*

Estivation des périanthes imbricative. Pétales hypogynes. Étamines en nombre indéfini. Ovaire indivisé,
2-5-loculaire. Placentaires centraux. Périsperme nul
ou mince. — Feuilles alternes, simples.

53ᵉ Famille. LES CHLÉNACÉES. — *Chlenaceæ.*

Calice trisépale. Pétales 5 ou 6, ou rarement 11 ou 12.
Graines périspermées. Embryon axile.

54ᵉ Famille. LES TERNSTRÉMIACÉES. — *Ternstrœmiaceæ.*

Calice pentasépale, persistant. Corolle pentapétale.

55ᵉ Famille. LES CAMELLIACÉES. — *Camelliaceæ.*

Calice de 5 à 7 sépales caducs. Périsperme nul.

IXe CLASSE.

LES MYRTINÉES. — *MYRTINEÆ*.

Tube calicinal adhérent ; estivation des lobes non valvaire. Pétales imbriqués ou contournés avant l'anthèse, périgynes , ainsi que les étamines. Ovaires connés. Style unique. Placentaires centraux. Périsperme nul. — Feuilles simples, non stipulées.

56e Famille. LES MYRTACÉES. — *Myrtaceæ*.

Étamines le plus souvent nombreuses ; filets non indupliqués avant l'anthèse ; anthères petites. Cotylédons planes.

57e Famille. LES MÉLASTOMACÉES. — *Melastomaceæ*.

Étamines 8 à 12 , à estivation induplicative ; anthères allongées.

58e Famille. LES MÉMÉCYLÉES. — *Memecyleæ*.

Étamines 8 ou 10. Cotylédons foliacés , convolutés.

Xe CLASSE.

LES CALYCANTHINÉES. — *CALYCANTHINEÆ*.

Disque urcéolé, à orifice tantôt évasé , tantôt resserré , tapissant la paroi intérieure du tube calicinal. Ovaires en nombre indéfini, bi- ou plurisériés , multiovulés, insérés au disque. — Arbres ou arbrisseaux à feuilles opposées , non stipulées.

59e Famille. LES CALYCANTHÉES. — *Calycantheæ*.

Lobes calicinaux imbriqués. Anthères extrorses. Carpelles libres , connés , monospermes.

60ᵉ Famille. **LES GRANATÉES.** — *Granateæ*.

Lobes calicinaux valvaires. Anthères introrses. Carpelles connés , polyspermes.

XIᵉ CLASSE.

LES CALICIFLORES. — *CALICIFLORÆ*.

Tube calicinal adhérent ou inadhérent ; estivation des lobes valvaire. Pétales et étamines insérés au calice. Ovaire 1-4-loculaire. Placentaires le plus souvent centraux et soudés en colonne. Graines suspendues, apérispermées. Embryon rectiligne. — Feuilles simples.

61ᵉ Famille. **LES COMBRÉTACÉES.** — *Combretaceæ*.

Ovaire adhérent, uniloculaire , contenant 2 à 4 ovules suspendus à son sommet. Colonne centrale nulle.

62ᵉ Famille. **LES VOCHYSIÉES.** — *Vochysieæ*.

Sépales imbriqués, le supérieur éperonné. Étamines : une seule anthérifère, et 1 à 4 stériles.

63ᵉ Famille. **LES RHIZOPHORÉES.** — *Rhyzophoreæ*.

Ovaire semi-adhérent ou rarement libre, à 2 ou 3 loges bi- ou pluriovulées. Péricarpe indéhiscent, monosperme.

64ᵉ Famille. **LES ONAGRAIRES.** — *Onagrariæ*.

Ovaire adhérent, à 4 loges multiovulées. Graines attachées à un axe central.

65ᵉ Famille. **LES LYTHRARIÉES.** — *Lythrarieæ*.

Ovaire inadhérent. Péricarpe capsulaire.

66ᵉ Famille. LES HALORAGÉES. — *Halorageæ.*

Ovaire adhérent, à loges unibvulées.

XIIᵉ CLASSE.

LES SUCCULENTES. — *SUCCULENTÆ.*

Pétales à estivation imbricative ou rarement valvaire. Étamines périgynes. Ovaires en nombre défini, libres supérieurement. Styles en même nombre que les ovaires, persistants. Placentaires adnés à la suture centrale. Carpelles polyspermes, s'ouvrant par la suture interne. Périsperme charnu ou farineux. Embryon rectiligne et axile, ou quelquefois curviligne et excentrique.

67ᵉ Famille. LES CUNONIACÉES. — *Cunoniaceæ.*

Étamines en nombre défini. Ovaires 2, connés. — Arbres ou arbrisseaux à feuilles stipulées.

68ᵉ Famille. LES SAXIFRAGÉES. — *Saxifrageæ.*

Étamines en nombre défini. [Ovaires 2, connés. — Herbes à feuilles non stipulées.

69ᵉ Famille. LES CRASSULACÉES. — *Crassulaceæ.*

Calice inadhérent. Étamines en nombre défini. Ovaires en nombre égal aux segments calicinaux. Embryon rectiligne.

70ᵉ Famille. LES FICOÏDÉES. — *Ficoideæ.*

Pétales en nombre indéfini ou nuls. Étamines en nombre indéfini. Ovaires 5, ou un plus grand nombre. Embryon curviligne ou spiralé.

XIIIe CLASSE.

LES CARYOPHYLLINÉES.—*CARYOPHYLLINEÆ*.

Estivation des périanthes imbricative. Étamines hypogynes ou périgynes, en nombre défini. Ovaire indivisé. Placentaires centraux. Périsperme ordinairement farineux. Embryon excentrique, curviligne.

71e Famille. LES SILÉNÉES. — *Sileneæ*.

Calice tubuleux, 4- ou 5-denté. Réceptacle tantôt columnaire, tantôt court. Pétales hypogynes. Ovaire multiovulé. — Feuilles opposées, non stipulées.

72e Famille. LES ALSINÉES. — *Alsineæ*.

Calice 4- ou 5-parti. Pétales subpérigynes. Ovaire uniloculaire, multiovulé. — Feuilles opposées, non stipulées.

73e Famille. LES PORTULACÉES. — *Portulaceæ*.

Calice disépale. Corolle à 5 pétales, ou à moins de 5, ou rarement nulle. Étamines en nombre indéfini, ou en même nombre que les pétales, et antépositives. — Feuilles non stipulées.

74e Famille. LES PARONYCHIÉES. — *Paronychieæ*.

Pétales (quelquefois nuls) et étamines périgynes. — Feuilles stipulées.

75e Famille. LES SCLÉRANTHÉES. — *Sclerantheæ*.

Corolle nulle. Étamines périgynes. Carcérule monosperme, recouvert par le tube calicinal endurci. Graine suspendue à un funicule allongé. — Feuilles non stipulées.

76ᵉ Famille. LES PHYTOLACCÉES. — *Phytolaccæ*.

Corolle nulle. Étamines 5 ou davantage, interpositives. Ovaire à 10 loges uniovulées.

77ᵉ Famille. LES AMARANTHACÉES. — *Amaranthaceæ*.

Calice muni d'un involucre. Corolle nulle. Étamines 5 ou moins, antépositives, hypogynes.

78ᵉ Famille. LES CHÉNOPODÉES. — *Chenopodeæ*.

Corolle nulle. Étamines 5 ou moins, périgynes, antépositives. Ovaire uniloculaire, uniovulé.

XIVᵉ CLASSE.

LES GUTTIFÈRES.— *GUTTIFERÆ*.

Sépales imbriqués. Pétales hypogynes, presque toujours contournés avant l'anthèse. Ovaires 3 à 5, connés. Placentaires multiovulés, adnés aux bords rentrants des valves.

79ᵉ Famille. LES GARCINIÉES. — *Garcinieæ*.

Étamines en nombre indéfini. Anthères linéaires, immobiles. Styles presque toujours connés, ou fort courts.

80ᵉ Famille. LES HYPÉRICINÉES. — *Hypericineæ*.

Étamines en nombre indéfini ; anthères incombantes. Styles filiformes.

8r^e Famille. LES FRANKÉNIACÉES. — *Frankeniaceæ.*

Étamines 10 : 5 fertiles, interpositives ; et 5 stériles, antépositives.

82e Famille. LES SAUVAGÉSIÉES. — *Sauvagesieæ.*

Étamines au nombre de 5, antépositives.

XVe CLASSE.

LES CISTIFLORES. — *CISTIFLORÆ.*

Pétales et étamines hypogynes. Pistil symétrique. Placentaires pariétaux, prolongés quelquefois en cloisons adnées à l'axe central.

83e Famille. LES TAMARISCINÉES. — *Tamariscineæ.*

Étamines presque toujours en nombre défini. Styles distincts. Graines aigrettées, ou velues, ou ailées.

84e Famille. LES DROSÉRACÉES. — *Droseraceæ.*

Étamines en nombre défini. Styles 2 à 5, le plus souvent libres. Capsule 2- à 5-valve. — Feuilles roulées en crosse avant leur développement.

85e Famille. LES VIOLARIÉES. — *Violarieæ.*

Pétales et étamines au nombre de 5. Style indivisé. Capsule trivalve.

86e Famille. LES CISTINÉES. — *Cistineæ.*

Étamines en nombre indéfini. Graines nues.

8₇^e Famille. LES BIXINÉES. — *Bixineæ.*

Étamines en nombre indéfini. Placentaires 2-7, pariétaux. Style unique. Graines pulpeuses ou arillées.

88e Famille. LES MARCGRAVIACÉES. — *Marcgraviaceæ.*

Étamines souvent en nombre indéfini. Style indivisé. Capsule coriace, multivalve, loculicide ; cloisons incomplètes. Graines minimes, nidulantes.

89e Famille. LES FLACOURTIANÉES. — *Flacourtianeæ.*

Corolle nulle. Placentaires rameux.

XVIe CLASSE.

LES PÉPONIFÈRES. — *PEPONIFERÆ.*

Pétales insérés à la gorge du calice. Ovaire inadhérent, ou plus souvent adhérent, symétrique, uniloculaire. Placentaires pariétaux.

90e Famille. LES NOPALÉES. — *Nopaleæ.*

Pétales et étamines en nombre indéfini. Ovaire adhérent. Placentaires très-nombreux.

91e Famille. LES GROSSULARIÉES.— *Grossularieæ.*

Corolle à 5 pétales libres. Étamines 5 ; anthères petites. Ovaire adhérent. Placentaires 2.

92e Famille. LES CUCURBITACÉES. — *Cucurbitaceæ.*

Corolle à 5 pétales souvent connés. Étamines 5 ; anthères très-longues, flexueuses. Ovaire adhérent. Placentaires 3 à 5.

93e Famille. LES LOASÉES. — *Loaseæ.*

Corolle à 5 pétales libres. Étamines en nombre indéfini. Ovaire adhérent. Placentaires 3 à 7, intervalvulaires.

94ᵉ Famille. LES TURNÉRACÉES. — *Turneraceæ*.

Corolle à 5 pétales contournés en préfloraison, insérés au calice. Étamines 5, ayant même insertion que la corolle. Capsule trivalve.

95ᵉ Famille. LES PASSIFLORÉES. — *Passifloreæ*.

Étamines hypogynes, insérées à un gynophore en forme de stipe. Placentaires 3 ou 5. Périsperme scrobiculé.

96ᵉ Famille. LES HOMALINÉES. — *Homalineæ*.

Étamines insérées au calice. Ovaire souvent adhérent. Trophospermes 3 à 5.

97ᵉ Famille. LES SAMYDÉES. — *Samydeæ*.

Corolle nulle. Étamines insérées à la gorge du calice. Ovaire inadhérent. Trophospermes 3 à 5. Style indivisé. Radicule inverse.

XVIIᵉ CLASSE.

LES HYDROPELTIDÉES. — *HYDROPELTIDEÆ*.

Pétales et étamines hypogynes ou périgynes, insérées à un disque charnu quelquefois adhérent aux ovaires. Péricarpe tantôt pluriloculaire et polysperme, à graines attachées aux cloisons; tantôt composé de plusieurs carpelles 1- ou 2-spermes. Graines périspermées. Embryon basilaire, recouvert d'une enveloppe particulière qui le fait paraître monocotylédoné. — Herbes aquatiques.

98ᵉ Famille. LES CABOMBÉES. — *Cabombeæ*.

Ovaires biovulés. Styles libres.

  DICOTYLÉDONES.

99ᵉ Famille. LES NYMPHÉACÉES. — *Nymphœaceœ.*

Ovaires connés, multiovulés. Stigmates sessiles, rayonnants.

100ᵉ Famille. LES NÉLUMBONÉES. — *Nelumboneœ.*

Ovaires disjoints, biovulés, nichés dans les fovéoles d'un gros réceptacle tronqué au sommet. Styles libres.

XVIIIᵉ CLASSE.

LES RHÉADÉES. — *RHOEADEÆ.*

Pétales et étamines hypogynes. Ovaire symétrique, inadhérent. Placentaires pariétaux, intervalvulaires.

101ᵉ Famille. LES CAPPARIDÉES. — *Capparideœ.*

Sépales et pétales au nombre de 4. Étamines 6 (rarement moins). Ovaire presque toujours uniloculaire, à 2 placentaires. Périsperme nul.

102ᵉ Famille. LES CRUCIFÈRES. — *Cruciferœ.*

Sépales et pétales au nombre de 4. Étamines 6, tétradynames. Ovaire biloculaire ou multiloculaire par des cloisons transversales. Placentaires 2. Périsperme nul.

103ᵉ Famille. LES PAPAVÉRACÉES. — *Papaveraceœ.*

Calice disépale. Corolle régulière, tétrapétale. Étamines libres. Graines périspermées.

104ᵉ Famille. LES FUMARIACÉES. — *Fumariaceœ.*

Calice disépale. Corolle irrégulière, tétrapétale. Étamines diadelphes.

105ᵉ FAMILLE. **LES RÉSÉDACÉES.** — *Resedaceæ.*

Pétales déchiquetés. Ovaire uniloculaire, ouvert au sommet. Placentaires multiovulés. Périsperme mince.

106ᵉ FAMILLE. **LES POLYGALÉES.** — *Polygaleæ.*

Corolle irrégulière. Étamines connées. Ovaire à 2 loges uniovulées.

107ᵉ FAMILLE. **LES TRÉMANDRÉES.** — *Tremandreæ.*

Corolle irrégulière. Étamines libres. Capsule comprimée, à 2 loges 1-2-spermes, s'ouvrant à la face externe.

XIXᵉ CLASSE.

LES POLYCARPIQUES. — *POLYCARPICÆ.*

Estivation des périanthes imbricative (très-rarement valvaire). Étamines en nombre indéfini, hypogynes. Ovaires le plus souvent en nombre indéfini, multisériés, distincts. Autant de styles que d'ovaires. Périsperme grand. Embryon petit.

108ᵉ FAMILLE. **LES RENONCULACÉES.** — *Ranunculaceæ.*

Sépales et pétales caducs. Anthères extrorses.—Feuilles non stipulées.

109ᵉ FAMILLE. **LES PÉONIACÉES.** — *Pæoniaceæ.*

Anthères extrorses. Stigmates épais, sessiles.—Feuilles non stipulées, déchiquetées.

110ᵉ FAMILLE. **LES DILLÉNIACÉES.** — *Dilleniaceæ.*

Calice persistant. Anthères immobiles. — Feuilles indivisées.

111ᵉ Famille. LES MAGNOLIACÉES. — *Magnoliaceæ.*

Calice caduc. Anthères immobiles, linéaires. — Feuilles stipulées.

XXᵉ CLASSE.

LES TRISÉPALES. — *TRISEPALÆ.*

Sépales et pétales en nombre ternaire, 1-2- ou 3-sériés ; estivation valvaire. Étamines hypogynes. Ovaires multisériés, ou en nombre défini (rarément un seul). Périsperme rimeux. Embryon petit. — Arbres à feuilles alternes, non stipulées.

112ᵉ Famille. LES ANNONACÉES. — *Annonaceæ.*

Fleurs hermaphrodites. Étamines en nombre indéfini, libres.

113ᵉ Famille. LES MYRISTICÉES. — *Myristiceæ.*

Fleurs dioïques. Corolle nulle. Étamines en nombre défini, monadelphes.

XXIᵉ CLASSE.

LES COCCULINÉES. — *COCCULINÉÆ.*

Sépales et pétales imbriqués, caducs. Étamines hypogynes, souvent antépositives, et en même nombre que les pétales. Un ou plusieurs ovaires. Carpelles drupacés.

114ᵉ Famille. LES BERBÉRIDÉES. — *Berberideæ.*

Bourses des anthères s'ouvrant par une valvule. Embryon rectiligne.

115ᵉ Famille. LES MÉNISPERMÉES. — *Menispermeæ.*

Bourses des anthères s'ouvrant en fente. Embryon curviligne.

XXIIᵉ CLASSE.

LES OMBELLIFLORES. — *UMBELLIFLORÆ.*

Estivation des pétales valvaire ou involutive. Ovaire adhérent ou rarement semi-adhérent, biloculaire. Ovules solitaires dans chaque loge, suspendus. Périsperme dur. Embryon rectiligne.

116ᵉ Famille. LES HAMAMÉLIDÉES. — *Hamamelideæ.*

Pétales périgynes, linéaires, à estivation valvaire. Styles 2. Péricarpe capsulaire, disperme.

117ᵉ Famille. LES HÉDÉRACÉES. — *Hederaceæ.*

Pétales non rétrécis à la base; estivation valvaire. Disque épigyne. Style unique. Drupe 2-5-sperme.

118ᵉ Famille. LES ARALIACÉES. — *Araliaceæ.*

Pétales non rétrécis à la base; estivation valvaire. Disque épigyne. Styles 2 à 12. Péricarpe indivisé.

119ᵉ Famille. LES OMBELLIFÈRES. — *Umbelliferæ.*

Pétales rétrécis à la base, involutés avant l'anthèse. Disque épigyne. Styles 2. Péricarpe à 2 coques indéhiscentes, accolées face à face, se désunissant, à la maturité, de bas en haut; axe central persistant. (Crémocarpe.)

XXIIIᵉ CLASSE.

LES LORANTHÉES. — *LORANTHEÆ.*

Corolle épigyne. Étamines antépositives, en même nombre que les pétales. Ovaire uniloculaire, contenant un seul ovule renversé. — Arbrisseaux parasites.

120ᵉ Famille. LES LORANTHÉES. — *Loranthœ.*

Cette famille constitue à elle seule la classe.

B. MONOPÉTALES.

Corolle à pétales plus ou moins soudés.

XXIVᵉ CLASSE.

LES LIGUSTRINÉES. — *LIGUSTRINEÆ.*

Fleurs régulières. Étamines 2. Pistil inadhérent. Ovaires 2, connés, 1-2-ovulés.

121ᵉ Famille. LES JASMINÉES. — *Jasmineœ.*

Graines dressées.

122ᵉ Famille. LES OLÉINÉES. — *Oleineœ.*

Graines suspendues.

XXVᵉ CLASSE.

LES RUBIACINÉES.—*RUBIACINEÆ.*

Calice adhérent. Étamines interpositives; anthères libres. Ovaires 2 à 8, connés, uni- ou multiovulés. —Tiges ou rameaux à nœuds articulés.

123ᵉ Famille. LES VIBURNÉES. — *Viburneœ.*

Graines périspermées, suspendues. Stigmates 3, sessiles. —Feuilles substipulées, dentelées ou plus ou moins incisées.

124e Famille. LES CAPRIFOLIACÉES. — *Caprifoliaceæ.*

Graines périspermées. Un seul style. — Feuilles opposées, entières, non stipulées.

125e Famille. LES RUBIACÉES. — *Rubiaceæ.*

Périsperme corné. — Feuilles entières, tantôt opposées, tantôt verticillées, stipulées.

126e Famille. LES LYGODYSODÉACÉES. - *Lygodysodeaceæ.*

Péricarpe disperme. Graines non périspermées. Embryon foliacé.

XXVIe CLASSE.

LES CONTOURNÉES. — *CONTORTÆ.*

Fleurs régulières. Calice inadhérent. Ovaires 2, libres ou connés. Lobes de la corolle contournés en préfloraison, ou rarement valvaires. Étamines interpositives.— Feuilles presque toujours opposées, très-entières.

127e Famille. LES LOGANIÉES. — *Loganieæ.*

Feuilles stipulées. Stigmate simple. Périsperme corné.

128e Famille. LES APOCYNÉES. — *Apocyneæ.*

Feuilles non stipulées. Embryon foliacé.

129e Famille. LES ASCLÉPIADÉES. — *Asclepiadeæ.*

Feuilles non stipulées. Pollen à granules cohérents.

130e Famille. LES GENTIANÉES. — *Gentianeæ.*

Feuilles non stipulées. Embryon petit, axile, rectiligne.

XXVII° CLASSE.

LES TUBIFLORES. — *TUBIFLORÆ*.

Fleurs régulières. Calice inadhérent. Corolle à 5 lobes imbriqués en préfloraison; tube souvent plissé avant l'anthèse. Étamines 5, interpositives. Ovaires 2 à 4, distincts ou connés. Placentaires centraux. — Feuilles presque toujours alternes.

131° Famille. LES BORRAGINÉES. — *Borragineæ*.

Péricarpe de 4 nucules distincts ou soudés. Périsperme nul. Embryon rectiligne, invers.

132° Famille. LES HYDROPHYLLÉES. — *Hydrophylleæ*.

Capsule bivalve, subbiloculaire. Périsperme cartilagineux. Embryon rectiligne; axile, invers.

133° Famille. LES SOLANÉES. — *Solaneæ*.

Péricarpe biloculaire. Placentaires polyspermes. Embryon curviligne.

134° Famille. LES CUSCUTÉES. — *Cuscuteæ*.

Herbes aphylles. Embryon spiralé.

135° Famille. LES CONVOLVULACÉES. — *Convolvulaceæ*.

Ovules solitaires ou géminés, dressés. Embryon curviligne; cotylédons chiffonnés.

136° Famille. LES HYDROLÉACÉES. — *Hydroleaceæ*.

Capsule bi- ou triloculaire. Placentaires centraux, distincts, polyspermes. Embryon rectiligne.

137ᵉ Famille. LES POLÉMONIACÉES. — *Polemoniaceæ.*

Péricarpe capsulaire. Placentaire central trigone. Embryon rectiligne.

XXVIIIᵉ CLASSE.

LES LABIATIFLORES. — *LABIATIFLORÆ.*

Fleurs irrégulières. Calice inadhérent. Corolle presque toujours bilabiée. Étamines, tantôt 4 didynames, tantôt 2 isomètres, rarement 5 anisomètres. Ovaires 2 ou 4, libres ou connés. Embryon rectiligne.

138ᵉ Famille. LES BIGNONIACÉES. — *Bignoniaceæ.*

Péricarpe biloculaire. Graines foliacées, aplaties, ailées, attachées aux bords de la cloison. Périsperme nul.

139ᵉ Famille. LES ACANTHACÉES. — *Acanthaceæ.*

Péricarpe biloculaire. Placentaires centraux. Périsperme nul.

140ᵉ Famille. LES LABIÉES. — *Labiatæ.*

Péricarpe de 4 nucules distincts.

141ᵉ Famille. LES VERBÉNACÉES. — *Verbenaceæ.*

Drupe bi- ou quadriloculaire. Graines solitaires ou géminées dans chaque loge. Radicule infère.

142ᵉ Famille. LES SÉLAGINÉES. — *Selagineæ.*

Ovaire à 2 loges, contenant chacune un seul ovule suspendu. Graines périspermées. Anthères à une seule bourse.

143ᵉ Famille. LES MYOPORINÉES. — *Myoporineæ*.

Drupe à 2 ou 4 loges, chacune à 1 ou 2 ovules suspendus. Graines périspermées.

144ᵉ Famille. LES SÉSAMÉES. — *Sesameæ*.

Disque hypogyne, annulaire. Péricarpe 2-8-loculaire. Placentaires centraux, oligospermes.

145ᵉ Famille. LES GESSNÉRIÉES. — *Gessnerieæ*.

Ovaire adhérent, uniloculaire. Placentaires pariétaux, polyspermes.

146ᵉ Famille. LES OROBANCHÉES. — *Orobancheæ*.

Ovaire inadhérent, uniloculaire. Placentaires pariétaux, polyspermes.

147ᵉ Famille. LES SCROPHULARINÉES. — *Scrophularineæ*.

Péricarpe biloculaire, polysperme. Placentaires centraux. Périsperme nul.

148ᵉ Famille. LES LENTIBULARIÉES. — *Lentibularieæ*.

Capsule uniloculaire. Placentaire central, libre. Étamines 2.

XXIXᵉ CLASSE.

LES MYRSINÉES. — *MYRSINEÆ*.

Fleurs régulières. Étamines antépositives. Placentaire central libre. Radicule transverse.

149ᵉ Famille. LES ARDISIACÉES. — *Ardisiaceæ*.

Arbres ou arbrisseaux.

150ᵉ Famille. LES PRIMULACÉES. — *Primulaceæ*.

Herbes.

XXX° CLASSE.

LES STYRACINÉES. — *STYRACINEÆ*.

Fleurs régulières. Calice inadhérent ou semi-adhérent. Ovaire pluriloculaire. Ovules en nombre défini dans chaque loge, ordinairement solitaires. Placentaires centraux. Radicule appointante.

151° FAMILLE. LES STYRACÉES. — *Styraceæ*.

Corolle périgyne.

152° FAMILLE. LES ÉBÉNACÉES. — *Ebenaceæ*.

Corolle hypogyne. Ovules suspendus.

153° FAMILLE. LES SAPOTÉES. — *Sapoteæ*.

Corolle hypogyne. Ovules dressés.

XXXI° CLASSE.

LES ÉRICINÉES. — *ERICINEÆ*.

Fleurs régulières. Calice inadhérent ou adhérent. Corolle à lobes le plus souvent imbriqués en préfloraison. Étamines en même nombre que les lobes de la corolle et interpositives, ou bien en nombre double. Anthères le plus souvent à 2 bourses distinctes au sommet ou à la base. Ovaire à 4 ou 5 loges. Placentaires centraux, polyspermes.

154° FAMILLE. LES ÉPACRIDÉES. — *Epacrideæ*.

Ovaire inadhérent. Anthères à une seule bourse.

155° FAMILLE. LES ÉRICÉES. — *Ericeæ*.

Ovaire inadhérent. Anthères à 2 bourses.

156ᵉ **Famille**. LES VACCINIÉES. — *Vacciniæ*.

Corolle épigyne.

XXXIIᵉ CLASSE.

LES CAMPANULINÉES.—*CAMPANULINEÆ*.

Calice adhérent. Étamines en même nombre que les lobes de la corolle, ou en nombre moindre; interpositives. Placentaires centraux, polyspermes. — Tiges ou rameaux à nœuds imparfaits.

157ᵉ **Famille**. LES CAMPANULACÉES. — *Campanulaceæ*.

Corolle régulière; estivation des lobes valvaire. Anthères libres.

158ᵉ **Famille**. LES LOBÉLIACÉES. — *Lobeliaceæ*.

Corolle irrégulière; estivation des lobes valvaire. Anthères cohérentes.

159ᵉ **Famille**. LES STYLIDIÉES. — *Stylidieæ*.

Corolle irrégulière. Étamines soudées au style.

160ᵉ **Famille**. LES GOODENOVIÉES. — *Goodenovieœ*.

Corolle irrégulière; lanières à bords indupliqués en préfloraison.

XXXIIIᵉ CLASSE.

LES COMPOSÉES.—*COMPOSITÆ*.

Calice adhérent. Segments de la corolle à estivation valvaire. Étamines 5; anthères connées. Ovaire uniovulé. — Fleurs en capitule.

161ᵉ Famille. LES SYNANTHÉRÉES. — *Synanthereæ*.

Graine non périspermée, dressée.

162ᵉ Famille. LES CALYCÉRÉES. — *Calycereæ*.

Graine non périspermée, suspendue.

XXXIVᵉ CLASSE.
LES AGRÉGÉES. — *AGGREGATÆ*.

Calice adhérent ou inadhérent. Segments de la corolle à estivation imbricative. Étamines en même nombre que les segments de la corolle, ou en nombre moindre. Anthères incombantes, libres. Péricarpe tantôt à une seule graine suspendue ; tantôt, mais rarement, oligosperme, le placentaire tenant lieu de cloison.

163ᵉ Famille. LES VALÉRIANÉES. — *Valerianeæ*.

Calice adhérent. Ovaire triloculaire. — Fleurs en cime.

164ᵉ Famille. LES DIPSACÉES. — *Dipsaceæ*.

Calice double. Étamines à filets induppliqués avant l'anthèse. Ovaire uniloculaire. — Fleurs en capitule.

165ᵉ Famille. LES GLOBULARIÉES. — *Globularieæ*.

Calice simple. Corolle ordinairement irrégulière. Ovaire libre, uniovulé.

166ᵉ Famille. LES PLOMBAGINÉES. — *Plumbagineæ*.

Corolle régulière (quelquefois pentapétale). Ovaire libre. Stigmates 5.

167ᵉ Famille. LES PLANTAGINÉES. — *Plantagineæ.*

Corolle régulière, scarieuse. Étamines à filets indupliqués avant l'anthèse. Ovaire libre.

C. APÉTALES.

Périanthe nul, ou simple et participant à la fois de la nature du calice et de la corolle.

XXXVᵉ CLASSE.

LES SALICINÉES.—*SALICINEÆ.*

Fleurs dioïques, amentacées. Périanthe nul. Capsule polysperme, à 2 placentaires pariétaux.

168ᵉ Famille. LES SALICINÉES. — *Salicineæ.*

Cette famille constitue à elle seule la classe.

XXXVIᵉ CLASSE.

LES PROTÉINÉES. —*PROTEINEÆ.*

Fleurs le plus souvent hermaphrodites. Périanthe coloré. Péricarpe mono- ou polysperme, à placentaire latéral. Périsperme nul ou charnu. Embryon rectiligne.

169ᵉ Famille. LES PROTÉACÉES. — *Proteaceæ.*

Ovaire inadhérent. Radicule infère. Estivation des lobes du périanthe valvaire.

170ᵉ Famille. LES THYMÉLÉES. — *Thymeleæ.*

Ovaire inadhérent. Graine suspendue. Estivation des lobes du périanthe imbricative.

171ᵉ FAMILLE. LES ÉLÉAGNÉES. — *Elæagneæ.*

Ovaire inadhérent. Graine dressée. Lobes du périanthe à estivation imbricative.

172ᵉ FAMILLE. LES SANTALACÉES. — *Santalaceæ.*

Ovaire adhérent.

173ᵉ FAMILLE. LES LAURINÉES. — *Laurineæ.*

Anthères s'ouvrant par des valvules. Ovaire inadhérent.

XXXVIIᵉ CLASSE.

LES FAGOPYRINÉES. — *FAGOPYRINEÆ.*

Fleurs le plus souvent hermaphrodites. Périanthe semi-pétaloïde. Ovaire inadhérent. Péricarpe monosperme. Périsperme farineux. Embryon curviligne.

174ᵉ FAMILLE. LES NYCTAGINÉES. — *Nyctagineæ.*

Stipules nulles. Radicule infère.

175ᵉ FAMILLE. LES POLYGONÉES. — *Polygoneæ.*

Stipules engaînantes, intrapétiolaires. Graine dressée (orthotrope *Mirb.*); radicule supère.

XXXVIIIᵉ CLASSE.

LES ARISTOLOCHIÉES. — *ARISTOLOCHIEÆ.*

Fleurs le plus souvent hermaphrodites. Périanthe coloré. Ovaire adhérent. Péricarpe pluriloculaire. Embryon minime, indivisé avant la germination. Stipules nulles.

176ᵉ Famille. **LES BALANOPHORÉES.** — *Balanophoreæ.*

Herbes parasites. Feuilles abortives. Ovaire uniloculaire, uniovulé.

177ᵉ Famille. **LES CYTINÉES.** — *Cytineæ.*

Herbes parasites. Feuilles abortives. Ovaire à placentaires pariétaux, multiovulés. Embryon intraire.

178ᵉ Famille. **LES ASARINÉES.** — *Asarineæ.*

Tiges feuillées. Ovaire pluriloculaire, à placentaires centraux.

179ᵉ Famille. **LES TACCÉES.** — *Tacceæ.*

Feuilles radicales. Ovaires à placentaires pariétaux, multiovulés. Embryon extraire.

XXXIXᵉ CLASSE.

LES PIPÉRINÉES. — *PIPERINEÆ.*

Fleurs hermaphrodites ou diclines, disposées en épi. Périanthe nul. Ovaire 2-3- ou 4-loculaire. Graines périspermées. Embryon invers, recouvert d'une enveloppe particulière qui le fait paraître monocotylédoné.

180ᵉ Famille. **LES SAURURÉES.** — *Saurureæ.*

Feuilles alternes, engaînantes; stipules intrapétiolaires. Ovaires 2 à 4 uni- ou multiovulés.

181ᵉ Famille. **LES PIPÉRACÉES.** — *Piperaceæ.*

Stipules nulles. Ovaire uniovulé. Ovule dressé.

182ᵉ Famille. **LES CHLORANTHÉES.** — *Chloranthcæ.*

Stipules nulles. Ovaire uniovulé. Ovule suspendu.

XL⁰ CLASSE.

LES URTICINÉES. — *URTICINEÆ.*

Fleurs presque toujours unisexuelles, agrégées. Périanthe nul ou incomplet ou herbacé. Ovaire uniovulé. Graine périspermée.

183⁰ Famille. LES URTICÉES. — *Urticeæ.*

Fruits distincts, non recouverts d'une enveloppe charnue. Graine dressée. Embryon le plus souvent rectiligne.

184⁰ Famille. LES ARTOCARPÉES. — *Artocarpeæ.*

Fruits plongés dans un réceptacle charnu ou recouvert d'un périanthe charnu. Graine dressée. Embryon curviligne.

185⁰ Famille. LES MONIMIÉES. — *Monimieæ.*

Fleurs sessiles sur un réceptacle commun. Ovule suspendu.

XLI⁰ CLASSE.

LES AMENTACÉES. — *AMENTACEÆ.*

Fleurs le plus souvent unisexuelles, amentacées. Périanthe nul ou incomplet. Ovaire presque toujours pluriovulé. Fruit monosperme. Périsperme nul.

186⁰ Famille. LES ULMACÉES. — *Ulmaceæ.*

Fleurs hermaphrodites.

187⁰ Famille. LES CUPULIFÈRES. — *Cupuliferæ.*

Rameaux feuillés. Ovaire adhérent. Ovules suspendus.

188ᵉ Famille. LES MYRICÉES. — *Myriceæ.*

Rameaux feuillés. Ovaire inadhérent. Ovules suspendus.

189ᵉ Famille. LES CASUARINÉES. — *Casuarineæ.*

Rameaux articulés , engaînés. Feuilles nulles.

XLIIᵉ CLASSE.

LES CONIFERES. — *CONIFERÆ.*

Fleurs unisexuelles; les mâles en chatons. Périanthe
et ovaire nuls. Ovules nus.

190ᵉ Famille. LES TAXINÉES. — *Taxineæ.*

Feuilles simples. Fleurs femelles solitaires ou subfas
ciculées, munies d'un involucre.

191ᵉ Famille. LES CUPRESSINÉES. — *Cupressineæ.*

Feuilles simples. Fleurs femelles dressées, adnées
aux écailles des cônes.

192ᵉ Famille. LES ABIÉTINÉES. — *Abietineæ.*

Feuilles simples. Fleurs femelles renversées, adnées
aux écailles des cônes.

193ᵉ Famille. LES CYCADÉES. — *Cycadeæ.*

Feuilles pennatiparties. (Port des palmiers.)

II. MONOCOTYLÉDONES.

XLIIIe CLASSE.

LES HYDROCHARIDÉES.—*HYDROCHARIDEÆ.*

Périanthe adhérent. Graines non périspermées.

194e Famille. LES HYDROCHARIDÉES. — *Hydrocharideæ.*

Cette famille constitue à elle seule la classe.

XLIVe CLASSE.

LES HÉLOBIÉES.—*HELOBIEÆ.*

Périanthe inadhérent. Graines non périspermées.

195e Famille. LES BUTOMÉES. — *Butomeæ.*

Périanthe hexaphylle. Carpelles polyspermes. Placentaires pariétaux , rameux.

196e Famille. LES ALISMACÉES. — *Alismaceæ.*

Périanthe hexaphylle. Carpelles 1- ou 2-spermes.

197e Famille. LES PODOSTÉMÉES. — *Podostemeæ.*

Fleurs hermaphrodites, apérianthées. Carpelles polyspermes.

198e Famille. LES NAJADÉES. — *Naiadeæ.*

Fleurs apérianthées , unisexuelles. Carpelles monospermes. Stipules engaînantes.

XLV᷎ CLASSE.

LES AROIDÉES. — *AROIDEÆ*.

Périanthe nul ou écailleux et inadhérent. Un seul ovaire, ou rarement 3. Graines périspermées. Fleurs sessiles sur un spadice.

199ᵉ Famille. LES TYPHACÉES. — *Typhaceæ*.

Ovaire solitaire uniovulé ; ovule suspendu. Feuilles linéaires, très-entières.

200ᵉ Famille. LES PANDANÉES. — *Pandaneæ*.

Périanthe nul. Ovaire solitaire, uniovulé; ovule ascendant. Feuilles linéaires-lancéolées , à bord spinelleux.

201ᵉ Famille. LES ORONTIACÉES. — *Orontiaceæ*.

Fleurs munies d'un périanthe. Ovaires 3.

202ᵉ Famille. LES CALLACÉES. — *Callaceæ*.

Périanthe nul. Ovaire solitaire. Feuilles à nervures palmées ou pédalées.

XLVI᷎ CLASSE.

LES PALMIERS. — *PALMÆ*.

Ovaires 3, uniovulés, plus ou moins connés. Graines périspermées. Périanthe régulier. Péricarpe drupacé. — Arbres à feuilles flabelliformes ou pennatiparties.

203ᵉ Famille. LES PALMIERS. — *Palmæ*.

Cette famille constitue à elle seule la classe.

XLVII° CLASSE.

LES SCITAMINÉES. — *SCITAMINEÆ*.

Périanthe irrégulier, adhérent. Placentaires centraux. Graines périspermées. — Feuilles penninervées.

204° FAMILLE. LES MUSACÉES. — *Musaceæ*.

Étamines 6 ; l'une d'elles souvent stérile.

205° FAMILLE. LES CANNACÉES. — *Cannaceæ*.

Une seule étamine ; anthère à une seule bourse.

206° FAMILLE. LES AMOMÉES. — *Amomeæ*.

Une seule étamine ; anthère à 2 bourses.

XLVIII° CLASSE.

LES ORCHIDÉES. — *ORCHIDEÆ*.

Périanthe adhérent. Pollen à granules cohérents. Graines périspermées. Placentaires centraux.

207° FAMILLE. LES ORCHIDÉES. — *Orchideæ*.

Cette famille constitue à elle seule la classe.

XLIX° CLASSE.

LES LILIACÉES. — *LILIACEÆ*.

Périanthe inadhérent ou rarement adhérent, régulier, non glumacé. Graines périspermées.

208° FAMILLE. LES DIOSCORÉES. — *Dioscoreæ*.

Périanthe adhérent. Capsule comprimée, foliacée.

209ᵉ Famille. LES SMILACÉES. — *Smilaceæ*.

Anthères introrses. Styles connés ou distincts. Péricarpe charnu (rarement capsulaire), oligosperme. Embryon petit.

210ᵉ Famille. LES COLCHICACÉES. — *Colchicaceæ*.

Anthères souvent extrorses. Styles distincts. Péricarpe à carpelles libres ou volubiles, s'ouvrant par la suture interne.

211ᵉ Famille. LES ASPHODÉLÉES. — *Asphodeleæ*.

Anthères introrses. Styles connés. Péricarpe capsulaire, à valves septifères. Embryon linéaire, cylindracé.

Lᵉ CLASSE.

LES ENSIFÈRES.—*ENSATÆ*.

Périanthe adhérent. Placentaires centraux. Graines périspermées. Feuilles striées de nervures longitudinales.

212ᵉ Famille. LES BROMÉLIACÉES. — *Bromeliaceæ*.

Étamines 6. Segments extérieurs du périanthe foliacés.

213ᵉ Famille. LES AMARYLLIDÉES. — *Amaryllideæ*.

Étamines 6. Segments du périanthe tous pétaloïdes.

214ᵉ Famille. LES IRIDÉES. — *Irideæ*.

Étamines 3, placées devant les segments extérieurs du périanthe; anthères extrorses.

215ᵉ Famille. **LES HÉMODORACÉES.** — *Hæmodoraceæ.*

Étamines 3 ou 6 ; anthères introrses. Feuilles équitantes.

216ᵉ Famille. **LES HYPOXIDÉES.** — *Hypoxideæ.*

Étamines 6. Graines à hile latéral, rostelliforme.

217ᵉ Famille. **LES BURMANNIACÉES.** — *Burmanniaceæ.*

Étamines 3, placées devant les segments intérieurs du périanthe. Anthères adnées, à bourses distantes.

LIᵉ CLASSE.

LES JONCINÉES. — *JUNCINEÆ.*

Ovaire inadhérent, tri- ou multiovulé. Graines périspermées. Périanthe à folioles tantôt toutes glumacées, tantôt les 3 extérieures glumacées et les 3 intérieures pétaloïdes.

218ᵉ Famille. **LES COMMÉLINACÉES.** — *Commelinaceæ.*

Embryon intraire, éloigné du hile ; radicule inverse. Placentaires centraux.

219ᵉ Famille. **LES XYRIDÉES.** — *Xyrideæ.*

Embryon intraire. Placentaires pariétaux.

220ᵉ Famille. **LES JONCACÉES.** — *Joncaceæ.*

Embryon intraire. Placentaires centraux.

221ᵉ Famille. **LES RESTIACÉES.** — *Restiaceæ.*

Embryon extraire, éloigné du hile. Ovules solitaires, suspendus.

LIIe CLASSE.

LES GLUMACÉES. — *GLUMACEÆ.*

Ovaire inadhérent, uniovulé. Embryon extraire.

222e FAMILLE. LES CYPÉRACÉES. — *Cyperaceœ.*
Graine libre.

223e FAMILLE. LES GRAMINÉES. — *Gramineœ.*
Graine adhérente au péricarpe.

FAMILLES DICOTYLÉDONES

NON CLASSÉES.

A. POLYPÉTALES.

224e FAMILLE. LES ESCALLONIÉES. — *Escalloniœ.*

225e FAMILLE. LES ALANGIÉES. — *Alangiœ.*

226e FAMILLE. LES OLACINÉES. — *Olacineœ.*

227e FAMILLE. LES BALSAMINÉES. — *Balsamineœ.*

B. APÉTALES.

228e FAMILLE. LES BÉGONIACÉES. — *Begoniaceœ.*

229e FAMILLE. LES AQUILARINÉES. — *Aquilarineœ.*

230e FAMILLE. LES DATISCÉES. — *Datisceœ.*

231e FAMILLE. LES CÉRATOHYLLÉES. — *Ceratophylleœ.*

VÉGÉTAUX PHANÉROGAMES

DICOTYLÉDONES.

VEGETABILIA DICOTYLEDONEA.

DICOTYLÉDONES *Juss.* — **EXORHIZÆ** *Rich.* —
EXOGENÆ *Dec.*

Herbes annuelles, munies de tubercules ou de rhizomes ou de stipes vivaces ; ou bien *sous-arbrisseaux*, ou *arbrisseaux*, ou *arbres*. Tronc rameux, composé de couches concentriques hétérogènes formant l'écorce, le bois et la moelle. Moelle composée de tissu cellulaire, s'oblitérant ou se desséchant peu de temps après sa formation. Bois composé de trachées et de cellules allongées, strié de rayons médullaires transversaux ; les jeunes couches (*aubier*) placées à la circonférence. Écorce composée de tissu cellulaire régulier : les jeunes couches (*liber*) placées à l'intérieur ; les couches adultes à la superficie. Tiges ou rameaux herbacés cylindriques, quadrangulaires ou irrégulièrement anguleux, à nœuds complets, ou bien superficiels et formant une spirale. Feuilles des nœuds complets le plus souvent opposées ou verticillées, ou rarement solitaires et alternes, simples ou composées, souvent stipulées; nervures rameuses, anastomosantes.

Enveloppes florales disposées le plus souvent en nombre quaternaire ou quinaire. Périanthe le plus fréquemment double (un calice et une corolle), rarement simple par l'absence de la corolle , ou par exception nul. Embryon exorhize (c'est-à-dire, l'extrémité radiculaire s'allongeant dans la germination pour former la racine), ou très-rarement endorhize (plusieurs radicelles partant de différents points de la radicule dans la germination), dicotylédoné (c'est-à-dire, muni de 2 cotylédons ou feuilles primaires opposées, presque toujours distinctes déjà avant la germination), ou rarement polycotylédoné (à plus de 2 cotylédons verticillés).

A. POLYPÉTALES.

POLYPETALÆ.

PREMIÈRE CLASSE.

LES CALOPHYTES.

CALOPHYTÆ Bartling.

CARACTÈRES.

Arbres, ou *arbrisseaux,* ou *sous-arbrisseaux,* ou *herbes;* sucs propres aqueux. Ramules cylindriques ou irrégulièrement anguleux, non articulés.

Feuilles éparses, souvent composées (pennées ou digitées, ou quelquefois unifoliolées), ou bien simples et entières, ou pennatifides, ou rarement palmatifides. Stipules (très-rarement nulles) latérales, adhérentes au pétiole ou libres.

Fleurs régulières ou irrégulières, hermaphrodites ou rarement unisexuelles, solitaires ou disposées en capitule, ou en épi, ou en grappe, ou en corymbe, ou en panicule, rarement en ombelle, ou en cime.

Calice inadhérent, ou moins souvent adhérent, presque toujours à 4 ou 5 sépales plus ou moins soudés ; estivation du limbe imbricative, ou valvaire, ou distante.

Disque ordinairement charnu, tapissant le fond du calice, et terminé par un rebord annuliforme.

Pétales insérés au bord du disque et par conséquent périgynes (ou très-rarement hypogynes), en même nombre que les divisions du calice et alternes avec elles (quelquefois, par avortement, en nombre moindre , ou nuls); estivation imbricative, ou très-rarement valvaire.

Étamines ayant même insertion que la corolle, en nombre défini, ou rarement en nombre indéfini (très-souvent en nombre double, ou triple, ou quadruple de celui des pétales). Filets soudés inférieurement, ou libres. Anthères introrses, terminales, biloculaires ou, par exception, uniloculaires.

Pistil: Ovaires tantôt en nombre défini , connés ou disjoints (le plus souvent un carpelle solitaire); tantôt, mais rarement, multisériés , en nombre indéfini , disjoints. Styles en même nombre que les ovaires, chacun terminé par un stigmate très - simple. Ovules solitaires, ou plus souvent nombreux dans chaque loge.

Péricarpe: Drupe , ou légume, ou carcérule, ou pyridion mono—polyspermes. Graines ascendantes, ou suspendues , ou horizontales , attachées à des placentaires axiles nerviformes. Tégument double. Périsperme nul ou pelliculaire (par exception, charnu). Embryon rectiligne ou curviligne. Cotylédons charnus ou foliacés, accombants. Radicule dirigée vers le hile.

Cette classe, renfermant les Légumineuses et les Rosacées de MM. de Jussieu et Decandolle, est l'une des plus riches en espèces. Aucune autre n'offre autant de plantes utiles , et qui soient en même temps, par la beauté de leurs formes , placées aux premiers degrés de l'échelle végétale.

PREMIÈRE FAMILLE.

LES MIMOSÉES. — *MIMOSEÆ.*

(*Leguminosarum* genn. Juss. — *Mimoseæ* R. Br. Gen. Rem. in Flinders' Voy. — Bronn. Diss. — Dec. Prodr. II.)

Les Mimosées sont comprises par M. de Jussieu dans ses Légumineuses, et M. Decandolle les envisage, dans son Prodrome, comme un sous-ordre de la même famille

Ce groupe, à un petit nombre d'exceptions près, est particulier à la zone torride et à la Nouvelle-Hollande. Il n'est pas moins intéressant par ses formes élégantes et variées, que par les phénomènes singuliers d'irritabilité organique que présentent plusieurs espèces, telles que les Sensitives, et par les gommes et résines que d'autres fournissent au commerce et à la thérapeutique : la Gomme arabique et le Cachou sont de ce nombre. Dans beaucoup de contrées équatoriales, les Mimosées forment une des principales essences forestières, et produisent des bois de construction incorruptibles. Les déserts les plus brûlants de l'Afrique se parent du feuillage léger et des fleurs magnifiques d'une multitude de Sensitives et d'*Acacia*. La pulpe succulente, aromatique et sucrée contenue dans les gousses de plusieurs *Inga* sert d'aliment aux habitants des deux Indes. Enfin un grand nombre d'*Acaoia*, curieux par la singularité de leur port et par l'abondance des fleurs dont ils se couvrent au printemps, font l'ornement de nos serres tempérées ; ces mêmes végétaux caractérisent d'une manière toute particulière la flore de la Nouvelle-Hollande.

Caractères de la famille.

Arbres, ou *arbrisseaux*, ou rarement *herbes*, souvent armés d'épines ou d'aiguillons.

Feuilles éparses, souvent irritables au contact, uni- bi- ou tripennées sans impaire (rarement imparipennées); pennes et pennules opposées. Pétioles souvent dilatés en forme de feuille lorsque les folioles avortent. Stipules libres, souvent spinescentes.

Fleurs hermaphrodites ou, par avortement, polygames, régulières, de couleur jaune, blanche ou purpurine, disposées en épi ou en capitule.

Calice inadhérent, à 4 ou 5 sépales libres ou plus ou moins soudés, égaux; sépales ou limbe à estivation valvaire ou, par exception, imbricative.

Disque inapparent.

Corolle régulière, presque toujours hypogyne; pétales en même nombre que les sépales, et alternes avec eux, caducs, rarement soudés par la base; estivation valvaire.

Étamines ayant même insertion que la corolle, en nombre indéfini ou rarement en nombre défini, souvent monadelphes à la base. Anthères arrondies, biloculaires; bourses contiguës, déhiscentes par une fente longitudinale.

Pistil: Ovaire solitaire, uniloculaire, multiovulé, Style terminal; stigmate très-entier.

Péricarpe: Légume oligo- ou polysperme, quelquefois lomentacé.

Graines horizontales, attachées à la suture supérieure, lisses; funicule souvent très-long et tortillé autour de la graine; hile marginal. Périsperme nul. Embryon rectiligne; radicule petite, dirigée vers le hile; cotylédons grands, entiers, épigés; plumule imperceptible.

La famille comprend les genres suivants :

Entada Adans. (Gigalobium P. Browne.) — *Mimosa* Linn. — *Gagnebina* Neck. — *Parkia* R. Br. — *Erythrophleum* R. Br. — *Inga* Plum. Willd. (Amosa Neck.) — *Schranckia* Willd. — *Darlingtonia* Dec. — *Desmanthus* Willd. — *Neptunia* Lour. — *Adenanthera* Linn. — *Prosopis* Linn. — *Dimorphandra* Schott. — *Lagonychium* M. Bieb. — *Acacia* Neck.

Distribution géographique des Mimosées.

Les 700 espèces environ de Mimosées dont la patrie est connue, sont réparties comme il suit :

Amérique équatoriale, 270.

Asie équatoriale, 80.

Afrique équatoriale, 35 à 40.

Nouvelle-Hollande, environ 100.

Afrique australe, 10.

Égypte et Barbarie, 10.

Perse et Turquie d'Asie, 4 ou 5.

Japon, 1.

Amérique septentrionale tempérée, 5.

Aucune espèce n'est indigène en Europe. Dans l'Asie occidentale, le Caucase paraît être la limite la plus septentrionale pour cette famille.

Genre ENTADE. — *Entada* Adans.

Fleurs polygames. Corolle à 5 pétales libres. Étamines au nombre de 10 à 25; anthères glanduleuses. Légume comprimé, à articulations monospermes, s'ouvrant chacune en 2 valves qui se séparent des sutures. Graines grosses. Cotylédons charnus, hypogés.

Arbrisseaux sarmenteux inermes. Feuilles bipennées ou conjuguées-pennées; pétiole commun souvent cirrifère.

Fleurs blanches, innombrables, disposées en épi. Légumes fort grands.

Les Entades sont remarquables par les dimensions gigantesques de leurs légumes, qui atteignent six à huit pieds de long, sur cinq à six pouces de diamètre. On en connaît cinq ou six espèces : elles habitent les régions équatoriales. Les trois suivantes sont les plus notables.

ENTADE A FRUIT GIGANTESQUE. — *Entada gigalobium* Dec. Prodr. — *Mimosa scandens* Swartz, Obs. — Lun. Hort. Jam. 1, p. 137.

Feuilles bipennées, cirrifères; pennules à 2-5 paires de folioles glabres, oblongues, échancrées. Épis axillaires. Étamines au nombre de 20 à 25.

Cette espèce croît aux Antilles. Ses tiges grimpent jusqu'à cent cinquante pieds de haut. On la nomme vulgairement *Herbe aux bœufs*, parce que ces animaux sont très-friands de ses feuilles. Ses légumes atteignent jusqu'à huit pieds de long.

ENTADE DE L'INDE. — *Entada Pursœtha* Dec. Prodr. — *Mimosa scandens* Roxb. — Hort. Malab. vol. 8, tab. 32, 33 et 34. — Rumph. Amb. vol. 5, tab. 4.

Feuilles bipennées, cirrifères; pennules à 2-4 paires de folioles glabres, ovales, échancrées. Épis axillaires. Étamines au nombre de 10.

Cette espèce est une des lianes les plus communes dans les deux presqu'îles de l'Inde et dans les archipels voisins. Sa végétation est si vigoureuse, qu'un seul individu couvre souvent de ses sarments la cime de six ou huit arbres de première grandeur. Son tronc, de plus d'un pied de diamètre dans sa partie inférieure, ne se divise en rameaux grimpants qu'à une vingtaine de pieds environ au-dessus du sol. Les gousses atteignent la largeur de trois à quatre pieds, sur deux à trois pouces de diamètre.

ENTADE A ÉPIS NOMBREUX. — *Entada polystachia* Dec. Mém. Légum. tab. 61 et 62. — *Mimosa polystachia* Linn. — Jacq. Am. tab. 183, fig. 93.

Feuilles bipennées, cirrifères; pennules à environ 7 paires de folioles glabres, ovales, échancrées. Épis denses, fasciculés, au nombre d'une trentaine, sur des pédoncules horizontaux. —Tronc d'environ 9 pouces de diamètre. Épis longs de 2 pouces.

Cette espèce habite les Antilles. Comme les deux précédentes, elle s'attache aux arbres, les étouffe souvent sous ses replis, et cause ainsi de grands dommages dans les plantations qu'on établit autour des cultures de cannes à sucre. Chacun de ses épis se compose d'environ cent cinquante fleurs; de sorte qu'on peut estimer le nombre total des fleurs de chaque fascicule à plus de quatre mille; mais un nombre très-limité seulement donne des fruits.

Genre SENSITIVE. — *Mimosa* Linn.

Fleurs polygames. Corolle subinfondibuliforme, quadri- ou quinquéfide. Étamines insérées sous l'ovaire ou à la base de la corolle, en nombre égal à celui des pétales, ou double, ou triple. Légume aplati, à une ou plusieurs articulations monospermes; côtes suturales persistant après la chute des articulations.

Herbes ou arbrisseaux. Stipules pétioléaires. Feuilles bipennées, ou bidigitées-pennées. Fleurs roses ou blanches, disposées en capitules.

Le genre *Mimosa* de Linné renfermait à lui seul presque toute la famille des Mimosées. Dans ses limites actuelles, il est réduit à environ soixante et dix espèces, dont un certain nombre, encore assez mal connu, n'y est placé que provisoirement. L'Amérique méridionale est la patrie de la plupart des Sensitives. Ces plantes sont du plus haut intérêt pour le physiologiste, à cause des phénomènes d'irritabilité qu'offrent beaucoup d'espèces. Toutes sont plus ou moins sensibles à l'influence de l'atmosphère. Au déclin du jour, leurs feuilles s'abaissent vers la terre, les folioles se serrent de chaque côté contre le pétiole, et restent dans cet état jusqu'au retour du soleil à l'horizon; et il en est un grand nombre, telles que la Sensitive commune (*Mimosa pudica* Linn.), qui se meuvent et se contractent subitement quand elles reçoivent une commotion quelconque. Des expériences faites par M. Decandolle ont prouvé que la lumière a une action très-marquée sur ces plantes. Si on les tient dans un lieu obscur pendant le jour, et qu'on les expose la nuit à une lumière artificielle très-vive, elles changent les heures de leur veille et de leur sommeil.

Voici les espèces les plus remarquables.

SENSITIVE SENSIBLE. — *Mimosa sensitiva* Linn. — Trew. Ehr. tab. 95. — Bot. Reg. tab. 25.

Feuilles conjuguées-pennées; pennules à 2 paires de folioles ovales, pointues, inéquilatérales, glabres en dessus, garnies en dessous de poils couchés; foliole intérieure de la paire inférieure beaucoup plus petite. Tige et pétioles armés de petits aiguillons en crochet. Étamines en même nombre que les pétales. Légume moniliforme.

Cet arbrisseau croît au Brésil. On le cultive souvent dans les serres.

SENSITIVE VIVE. — *Mimosa viva* Linn. — Sloan. Hist. 2, tab. 182, fig. 7.

Feuilles de 4 paires de pennules rapprochées; folioles suborbiculaires, égales. Fleurs tétrandres. Légume à un seul étranglement. — Herbe vivace, inerme.

Cette espèce habite les savanes de la Jamaïque.

SENSITIVE MODESTE. — *Mimosa pudibunda* Willd.

Tiges ligneuses, glabres, armées d'aiguillons. Feuilles subdigiti-pennées; pennules multifoliolées; folioles linéaires. Capitules elliptiques. Étamines en même nombre que les pétales. Légume moniliforme.

Cette espèce est indigène au Brésil.

SENSITIVE COMMUNE. — *Mimosa pudica* Linn. Commel. Hort. 1, tab. 29. — Breyn. Cent. 1. — Andr. Bot. Rep. tab. 544.

Feuilles presque digitées-pennées; pennules multifoliolées; folioles linéaires, inéquilatérales, pointues, glanduleuses à la base. Étamines en même nombre que les pétales. Légumés moniliformes, comprimés, hispides aux bords.

Herbe annuelle ; tiges hautes d'environ 2 pieds, rameuses, armées d'aiguillons et plus ou moins hérissées, de même que les pétioles et les pédoncules. Stipules lancéolées, nerveuses. Pédoncules de la longueur du pétiole commun. Fleurs roses.

La Sensitive commune, fréquemment cultivée dans nos serres et en plein air dans le midi de la France, couvre les savanes dans plusieurs contrées du Brésil.

« Ce *Mimosa*, dit M. de Mirbel, a été l'objet de beaucoup d'ex-
» périences. Une secousse, une égratignure, la chaleur, le froid,
» les liqueurs volatiles, les agents chimiques ont une action évi-
» dente sur lui. Lorsque l'irritabilité est portée à son comble,
» toutes les folioles s'appliquent les unes sur les autres par leurs
» faces supérieures, et le pétiole commun s'abaisse sur la tige ;
» mais souvent l'irritabilité ne se manifeste que dans quelques
» parties de la feuille. Si l'on touche légèrement l'une des folio-
» les, cette foliole seule s'ébranle et tourne sur son pétiole parti-
» culier ; si l'attouchement a été un peu plus fort, l'irritation se
» communique à la foliole opposée, et les deux folioles se joi-
» gnent sans que les autres éprouvent aucun changement dans
» leur situation. Si l'on gratte avec la pointe d'une aiguille une
» tache blanchâtre qu'on observe à la base des folioles, celles-ci
» s'ébranlent tout à coup, et bien plus vivement que si la pointe
» de l'aiguille eût été portée dans tout autre endroit. Quoique
» fanées, les feuilles ont encore des mouvements très-marqués,
» parce que les articulations ne s'altèrent pas aussi promptement
» que le reste du tissu, et qu'elles sont évidemment le siége de
» l'irritabilité. Le temps nécessaire à une feuille pour se réta-
» blir varie suivant la vigueur de la plante, l'heure du jour,
» la saison et les circonstances atmosphériques. L'ordre dans
» lequel les différentes parties se rétablissent varie pareillement.
» Si l'on coupe avec des ciseaux, même sans occasionner de se-
» cousse, la moitié d'une foliole de la dernière ou de l'avant-
» dernière paire, presque aussitôt la foliole mutilée et celle qui

» lui est opposée se rapprochent. L'instant d'après, le mouve-
» ment a lieu dans les folioles voisines, et continue de se commu-
» niquer, paire par paire, jusqu'à ce que toute la feuille soit re-
» pliée. Souvent encore, après douze ou quinze secondes, le pé-
» tiole commun s'abaisse, et les folioles se rapprochent; mais alors
» l'irritabilité, au lieu de se communiquer du sommet de la
» feuille à sa base, se communique de la base au sommet. L'a-
» cide nitrique, la vapeur du soufre enflammé, l'ammoniaque,
» le feu communiqué par le moyen d'une lentille de verre, l'é-
» tincelle électrique, produisent des effets analogues. Une cha-
» leur trop forte, la privation de l'air, la submersion dans l'eau,
» ralentissent ces mouvements en altérant la vigueur de la plante.
» M. Desfontaines a observé que le balancement d'une voiture
» fait d'abord fermer les feuilles; mais quand elles sont, pour
» ainsi dire, accoutumées à ce mouvement, elles se rouvrent et
» ne se ferment plus. »

Genre INGA. — *Inga* Willd.

Calice tubuleux, persistant, à 5 ou, moins souvent, à 2,
3 ou 4 divisions. Corolle tubuleuse ou subinfondibuliforme,
à 4 ou 5 divisions égales. Étamines innumérables, saillantes;
filets grêles, monadelphes par la base. Style filiforme. Légume linéaire, comprimé, uniloculaire, bivalve, polysperme.
Graines lenticulaires enveloppées d'une pulpe charnue.

Arbres ou arbrisseaux souvent épineux. Feuilles une ou
plusieurs fois paripennées. Fleurs en épi ou en capitule.

Les *Inga* étaient compris par Linné et M. de Jussieu dans
le genre *Mimosa*. On en connaît aujourd'hui plus de cent
espèces, presque toutes indigènes dans l'Amérique équatoriale. La pulpe contenue dans les légumes de plusieurs
espèces est mangeable. La plupart se distinguent par la
grande élégance de leur feuillage et de leurs fleurs, dont les
étamines, munies de longs filets divergents, forment de
magnifiques aigrettes blanches ou purpurines.

Voici les espèces les plus curieuses.

a) *Feuilles simplement pennées, à 2-9 paires de folioles accrescentes de la base au sommet.*

INGA POIS SUCRIN. — *Inga vera* Willd. — *Mimosa Ingá* Linn. — Sloane, Jam. Hist. 2, tab. 183, fig. 1.

Feuilles quinquéjuguées ; folioles obovales-oblongues, acuminées, glandulifères à la base, glabres. Pétiole commun ailé, articulé. Épis lâches, pauciflores. Corolle soyeuse. Légume falciforme, pubescent, sillonné.

Grand arbre à bois blanc, très-dur. Folioles atteignant 6 pouces de long sur 3 de large. Fleurs grandes, blanchâtres.

Cette espèce est commune dans les Antilles et dans l'Amérique méridionale. Les gousses renferment une pulpe blanchâtre et sucrée d'un goût assez agréable. Les créoles appellent ces fruits *Pois sucrins.*

INGA FASTUEUX. — *Inga fastuosa* Willd. — *Mimosa fastuosa* Jacq. Fragm. tab. 10.

Feuilles tri- ou quadrijuguées ; folioles hérissées, ovales-acuminées, subsessiles, très-entières ; pétiole commun ailé. Panicules axillaires et terminales, composées d'épis pauciflores. Légume oblong, obtus, comprimé, spiralé.

Grand arbrisseau à tiges divisées en rameaux très-étalés. Toutes les parties herbacées, et même le calice et la corolle couverts de poils ferrugineux. Feuilles semblables à celles d'une Casse. Stipules ovales-acuminées. Étamines longues d'environ 4 pouces, de couleur purpurine. Légume long de 6 à 12 pouces.

Cette espèce, indigène dans la province de Caracas, est l'une des plus magnifiques du genre. La pulpe contenue dans les fruits est douce et comestible.

INGA A FEUILLES DE HÊTRE. — *Inga fagifolia* Willd. — *Mimosa fagifolia* Linn. — Pluck. Almag. tab. 141, fig. 2.

Feuilles bi- ou trijuguées ; folioles ovales, glabres, entières ; pétiole commun légèrement ailé. Épis linéaires, un peu moins longs que les feuilles. Légumes oblongs, comprimés.

Arbre haut d'environ 3o pieds, à cime ample, assez régulière. Fleurs petites blanchâtres. Légumes coriaces, d'un blanc jaunâtre.

Cette espèce croît aux Antilles et dans la Guyane. Les habitants de ces contrées la nomment vulgairement *Pois doux*, et la pulpe de ses fruits y est un comestible assez recherché.

INGA SAVOUREUX. — *Inga sapida* Humb. Bonpl. et Kunth, Nov. Gen.

Feuilles bijuguées ; folioles oblongues, acuminées, cunéiformes à la base, membranacées, très-glabres, luisantes en dessus ; pétiole commun ailé. Légumes subfalciformes.

Cette espèce croît dans l'Amérique méridionale, sur les bords du fleuve de la Madeleine. De même que ceux des espèces précédentes, ses fruits contiennent une pulpe mangeable.

INGA BRILLANT. — *Inga fulgens* Kunth, Mim. tab. 11.

Feuilles bi- ou trijuguées ; folioles elliptiques obovales, arrondies aux deux bouts, ondulées, très-glabres, luisantes ; pétiole commun ailé. Épis elliptiques-oblongs, subpaniculés. Corolle soyeuse.

Cette espèce, indigène dans la Nouvelle-Grenade, est remarquable par de magnifiques fleurs de couleur pourpre.

INGA INSIGNE. — *Inga insignis* Kunth, Mim. tab. 13.

Feuilles quinquéjuguées ; folioles elliptiques, acuminées, glabres et luisantes en dessus, pubérules sur la côte ; pétiole commun ailé. Épis axillaires, géminés, oblongs. Corolle hérissée de poils soyeux. Légume tétragone, ligneux, cotonneux. Fleurs blanches, grandes.

Cette espèce croît au Pérou.

INGA PARÉ. — *Inga ornata* Kunth, Mim. tab. 14.

Feuilles quinquéjuguées ; folioles oblongues, pointues, arrondies à la base, pubescentes en dessus; pétiole commun ailé; épis géminés, paniculés, oblongs. Corolle hérissée de poils soyeux.

Rameaux et pédoncules hérissés. Corolle rousse. Étamines pourpres, longues de 3 pouces. Légumes longs de 3 à 4 pieds, sillonnés, pulpeux en dedans.

Cet arbre habite la province de Popayan, au Pérou.

INGA ÉLÉGANT. — *Inga spectabilis* Willd. — *Mimosa spectabilis* Vahl, Act. Soc. Hafn. 2, p. 219, tab. 10.

Feuilles bijuguées; folioles ovales, pointues, inéquilatérales, glabres; pétiole commun aptère. Épis terminaux. Corolles velues.

Arbre à rameaux glabres, un peu anguleux. Folioles supérieures longues de 7 pouces.

Cette espèce est cultivée dans l'île de Sainte-Marthe, à cause de la beauté de ses fleurs.

b) *Feuilles conjuguées pennées.*

INGA A FLEURS PURPURINES. — *Inga purpurea* Willd. — *Mimosa purpurea* Linn. — Plum. Ic. tab. 10, fig. 1. — Bot. Rep. tab. 172. — Bot. Reg. tab. 129.

Pennules de 3 à 7 paires de folioles opposées, oblongues, obtuses, inéquilatérales; pétiole non glanduleux. Capitules pédonculés, axillaires. Légumes linéaires, obtus, rétrécis à la base, presque rectilignes. — Arbrisseau inerme. Fleurs rouges.

Cette espèce, originaire de l'Amérique équatoriale, est cultivée comme plante d'ornement dans nos serres.

INGA A FEUILLES DE FOUGÈRE. — *Inga adianthifolia* Kunth, Mim. tab. 21.

Pennules de 11 à 13 paires de folioles linéaires-oblongues, obliques, cunéiformes à la base, glabres. Capitules axillaires, pédonculés, solitaires ou géminés.

Rameaux inermes. Feuilles inférieures à plusieurs paires de pennules. Fleurs grandes, blanches.

Cette espèce croît sur les bords ombragés des fleuves de la Guyane.

Inga a légumes ligneux. — *Inga xylocarpa* Dec. Prod.
— *Mimosa xylocarpa* Roxb. Corom. 1, tab. 100.

Inerme. Pennules de 3 ou 4 paires de folioles ovales-elliptiques,
pointues ; articulations des pétioles primaires et secondaires glandulifères. Capitules subgéminés, pédonculés, globuleux. Légume ligneux, falciforme, sec en dedans. Corolle glabre, quin-
quédentée.

Cette espèce habite les montagnes des Circares. C'est l'un
des plus grands arbres de la famille qui croissent dans l'Inde. Son
bois, d'une dureté peu commune, est fort recherché pour les
constructions, et l'on en fait même des socs de charrue. Le cœur
de ce bois est couleur chocolat.

Inga a fruits doux. — *Inga dulcis* Willd. — *Mimosa dulcis* Roxb. Corom. 1, tab. 99.

Stipules spinescentes, petites, dressées. Feuilles bigéminées ;
folioles oblongues, très-inéquilatérales, obtuses, subrétuses, mucronées ; une glandule entre chaque paire de folioles et dans la
bifurcation du pétiole. Pétiole hérissé, plus court que les folioles.
Capitules globuleux, disposés en grappes terminales. Légumes
roulés en crosse ; valves minces.

Arbre à tronc tortueux. Folioles de grandeur médiocre. Capitules jaunes. Pulpe des fruits d'un beau rose.

Cette espèce croît dans les îles Philippines. On la cultive à
Manille et sur la côte de Coromandel. La pulpe de ses légumes
passe pour un aliment sain et agréable.

Inga griffe de chat. — *Inga unguis cati* Willd. — *Mimosa unguis cati* Linn. — Jacq. Hort. Schœnbr. 2, tab. 34. —
Descourt. Fl. des Antilles 1, tab. 11. — Plum. tab. 4.

Stipules spinescentes, rectilignes. Feuilles bigéminées ; folioles elliptiques-arrondies, très-inéquilatérales, échancrées, membranacées, glabres ; une glandule dans la bifurcation du pétiole
et entre chaque paire de folioles. Capitules globuleux, disposés
en grappes terminales. Légume courbé en crosse.

Cette espèce croît aux îles Caraïbes et dans l'Amérique méridionale.

Inga fétide. — *Inga fœtida* Willd.— *Mimosa fœtida* Jacq. Schœnbr. tab. 390.

Épines nulles. Feuilles bi- ou quadrigéminées. Folioles subsessiles, rhomboïdales-oblongues, obtuses, glauques en dessous. Épis géminés ou ternés, cylindriques, denses, pédonculés, latéraux. Fleurs décandres.

Cette espèce croît aux Antilles. Elle forme un petit arbre très-rameux, à tronc d'une dizaine de pieds de haut. Ses feuilles et ses racines exhalent, lorsqu'on les râpe, une odeur alliacée infecte qui se répand au loin.

c) *Feuilles bipennées.*

Inga a fruits ronds. — *Inga cyclocarpa* Willd.— *Mimosa cyclocarpa* Jacq. Fragm. tab. 34, fig. 1.

Feuilles de 4 à 9 paires de pennules, composées chacune de 20 à 30 paires de folioles acuminées, tronquées à la base, les extérieures plus grandes. Épis globuleux, pédonculés, axillaires. Légumes planes, tordus en cercle, sinués au bord extérieur.

Grand arbre à rameaux étalés, inermes. Fleurs blanches.

Cette espèce croît dans l'Amérique méridionale. Ses graines sont enveloppées d'une pulpe grasse et visqueuse, qu'on emploie dans le pays en guise de savon.

Inga savonnier. — *Inga saponaria* Willd. — Rumph. Amb. 4, tab. 66. — *Mimosa saponaria* Lour. Fl. Coch.

Inerme. Feuilles de 2 paires distantes de pennules, composées chacune de 2 paires de folioles ovales, un peu pointues; pétiole commun allongé, muni à la base d'une grosse glande. Capitules axillaires et terminaux, disposés en corymbe paniculé.

Cette espèce habite les forêts des Moluques et la Cochinchine. Elle est employée au même usage que la précédente.

Inga a feuilles de Mertensia. — *Inga mertensioides.* Nées et Mart. Act. Soc. Nat. Cur. vol. 12, p. 35, tab. 5.

Feuilles de 3 à 7 paires de pennules multifoliolées; folioles sessiles, imbriquées, subdolabriformes, obtuses, très-inéquilatérales; rachis poilu. Capitules terminaux 8-10-flores, longuement pédonculés , rapprochés en corymbe. Calice urcéolé , quadridenté. Corolle tubuleuse, quadrifide, 2 fois plus longue que le calice.

Arbrisseau diffus , haut de 3 à 4 pieds. Rameaux cylindriques, feuillés, poilus. Folioles inférieures minimes ; folioles supérieures longues de 3 à 4 lignes. Fleurs longues d'un pouce, y compris les étamines. Calice et corolle blancs : filets d'un pourpre écarlate. Légume linéaire-oblong , long d'un pouce et demi.

Cette plante a été trouvée, par le prince de Neuwied, au Brésil, dans les *campos* élevés de la province de Bahia. Ses pennules ressemblent à des frondes de Doradille.

Genre PARKIA. — *Parkia* R. Br.

Calice cylindracé, à 3 segments inégaux, imbriqués en préfloraison. Corolle à 5 pétales égaux, connivents. Étamines 10, subhypogynes, monadelphes à la base. Légume polysperme, coriace, indéhiscent, rempli de pulpe farineuse. Graines comprimées ; hile linéaire, allongé.

Arbres inermes. Feuilles bipennées ; pennules nombreuses, multifoliolées; stipules petites. Fleurs en épis subclaviformes, étranglés au milieu , longuement pédonculés.

Ce genre, dédié par M. R. Brown à la mémoire du célèbre Mungo Park, ne contient que l'espèce dont nous allons parler.

PARKIA D'AFRIQUE. — *Parkia africana* R. Br. Obs. on plants collected by Oudney, etc. — Rich. Guill. et Perrott. Fl. Senegamb. 1, p. 237. — *Inga biglobosa* Pal. Beauv. Fl. Owar. 2, tab. 90.

Arbre rameux, haut de 40 à 50 pieds; rameaux forts, étalés; écorce cicatrisée, de couleur cendrée. Feuilles de 15 à 20 paires de pinnules multifoliolées; folioles très-petites, linéaires , obtuses , à base inégale, pubescentes en dessous; pétiole commun glanduleux à la base et au sommet. Pédoncules axillaires et terminaux, pendants, atteignant jusqu'à 3 pieds de long. Épis très-gros, cylindriques inférieurement, terminés par un renflement globuleux. Fleurs purpurines. Légume pédicellé, linéaire, sub-falciforme, légèrement comprimé, long de 13 à 15 pouces, sur 6 lignes de large. Cotylédons épais, farineux.

Cet arbre curieux fut d'abord signalé par Palisot de Beauvois comme habitant le royaume d'Oware; depuis, MM. Leprieur et Perrottet l'ont observé sur les bords de la Gambie, et M. Caillié l'a trouvé dans tout l'intérieur de l'Afrique, depuis Sierra-Leone jusqu'à Jenné. Le major Clapperton l'a également rencontré dans la Nigritie centrale. Les nègres le nomment *Néété* ou *Nédé* et *Net-netty*.

« Le *Parkia*, dit M. Perrottet, est l'une des plantes les plus » agréables à l'œil. Ses fleurs forment des boules d'un rouge » éclatant, rétrécies à la base et semblables aux pompons mili- » taires. La partie cylindracée de ce pompon ne se compose que » de fleurs mâles par avortement. Les fruits renferment une pulpe » jaunâtre, sucrée, entourant les graines. Celles-ci sont ovales, et » contiennent des cotylédons farineux, comme les graines de nos » Légumineuses comestibles. La pulpe est recherchée par les nè- » gres mandingues, qui en préparent une boisson rafraîchissante » fort agréable. »

M. Caillié nous apprend que les nègres prennent, sous forme d'infusion et en guise de café, les graines torréfiées de cette plante. Suivant Clapperton, on concasse les graines après les avoir fait torréfier, et on les met fermenter dans l'eau; dès que la putréfaction commence, on les lave très-soigneusement, et on en forme des gâteaux qui fournissent un assaisonnement pour toutes sortes de mets.

Genre ADÉNANTHÈRE. — *Adenanthera* Linn.

Fleurs hermaphrodites. Calice hémisphérique, quinqué-denté. Pétales lancéolés, libres. Étamines 10; anthères glan-dulifères au sommet. Légume comprimé, linéaire, mem-braneux, bosselé, transversalement multiloculaire.

Arbres ou arbrisseaux. Feuilles bipennées. Fleurs en grap-pes allongées.

Les Adénanthères sont indigènes dans la zone équatoriale. On en connaît quatre espèces, dont la suivante mérite une mention plus détaillée.

ADÉNANTHÈRE A GRAINES ROUGES. — *Adenanthera pavonina* Linn. — Rumph. Amb. 3, tab. 109.

Feuilles de 2 ou 3 paires de pennules multijuguées; folioles glabres, elliptiques ou ovales-oblongues, obtuses, inéquilatérales. Légumes falciformes.

Grand arbre. Grappes plus courtes que les feuilles. Fleurs jaunâtres.

Cette Adénanthère est indigène dans l'Inde, où on la plante fréquemment autour des maisons. Ses graines, d'un beau rouge de corail, sont employées par les naturels à faire des colliers.

Genre PROSOPIS. — *Prosopis* Linn.

Fleurs polygames. Calice cupuliforme, quinquédenté. Corolle à 5 pétales libres. Étamines 10; filets libres ou légèrement monadelphes par la base. Style arqué. Légume linéaire, comprimé, partagé par des cloisons transverses, pulpeux en dedans, toruleux ou bosselé.

Arbres ou arbrisseaux, inermes ou armés d'aiguillons. Feuilles bipennées, à 1-4 paires de pennules multijuguées; folioles petites. Fleurs petites, glabres, verdâtres ou jaunâtres, disposées en épis axillaires.

Les quinze espèces de *Prosopis* décrites par les botanistes croissent dans l'Amérique méridionale, à l'exception d'une seule, indigène dans l'Inde. La plupart produisent des fruits comestibles. Voici les espèces les plus notables.

SECTION 1'ᵉ. ADENOPIS Dec. Prodr. *Anthères surmontées d'une glandule caduque.*

PROSOPIS A ÉPIS. — *Prosopis spicigera* Linn. — Roxb. Corom. 1, tab. 63. — Burm. Ind. tab. 25, fig. 3.

Feuilles à 1 ou 2 paires de pennules 7-10-juguées; folioles sessiles, oblongues-lancéolées, pointues, obliques. Stipules nulles. Épis axillaires et terminaux, géminés, grêles, plus longs que les feuilles, presque dressés. Légume grêle, rétréci aux deux bouts, subcylindracé, bosselé.

Grand arbre à rameaux armés d'aiguillons. Légume long de 6 à 12 pouces, sur un pouce de diamètre.

Ce *Prosopis* est commun sur la côte de Coromandel. La pulpe farineuse qui remplit son légume est d'une saveur sucrée, et sert d'aliment aux naturels du pays.

SECTION II. ALGAROBIA Dec. Prodr. *Anthères non glandulifères.*

PROSOPIS ÉPINEUX. — *Prosopis horrida* Kunth, Mim. tab. 33.

Aiguillons axillaires, géminés, très-longs. Feuilles à 2 ou 3 paires de pennules 10-12-juguées; folioles sessiles, oblongues, obtuses, subéquilatérales, pubescentes; pétiole commun bi- ou triglandulifère. Épis cylindracés, courts. Fleurs blanchâtres, denses. Légume comprimé, rétréci aux deux bouts, bosselé, indéhiscent, glabre.

Cette espèce est un arbre commun sur le versant oriental des Andes de la Colombie et du Pérou. On emploie ses gousses à engraisser le bétail, qui en est très-friand. Les Espagnols l'appellent *Algarobo*, nom par lequel ils désignent aussi notre Caroubier.

PROSOPIS A FRUITS DOUX. — *Prosopis dulcis* Kunth, Mim. tab. 34. — *Acacia lævigata* Willd.

Aiguillons nuls ou caducs. Feuilles à 1 ou 2 paires de pennules multijuguées; folioles subsessiles, linéaires-oblongues, obtuses, ciliées au sommet; pétiole commun uni- ou biglandulifère. Épis courts, cylindracés, pendants. Légume stipité, acuminé, comprimé, toruleux, ondulé aux bords.

Grand arbre indigène dans la Nouvelle-Espagne, où il porte le nom vulgaire de *Mesquite*. La pulpe de ses fruits est très-sucrée, et recherchée comme aliment.

Genre ACACIA. — *Acacia* Neck. Willd.

Fleurs polygames. Calice quadri- ou quinquédenté. Corolle de 4 ou 5 pétales libres ou plus ou moins cohérents. Étamines en nombre défini ou indéfini (de 10 à 100). Légume le plus souvent inarticulé, uniloculaire , bivalve.

Arbres ou arbrisseaux inermes ou armés d'épines stipulaires ou éparses. Feuilles pétioléennes ou fort diversement composées. Fleurs en épi ou en capitule, jaunes ou blanches, rarement rouges. Filets des étamines libres, ou monadelphes , ou polyadelphes.

Ce genre est d'un grand intérêt sous plusieurs rapports. Les arts et la médecine en tirent des gommes d'un fréquent emploi, telles que les Gommes du Sénégal et d'Arabie, ou des substances extractives, telles que le *Cachou* et le *Suc d'Acacia*. Une foule d'espèces, originaires de la Nouvelle-Hollande , et remarquables par l'abondance de leurs fleurs, décorent nos serres tempérées à la fin de l'hiver; et plusieurs d'entre elles sont déjà naturalisées sur le sol du midi de la France. L'*Acacia Julibrissin*, que ses brillants panaches de fleurs ont fait nommer *Arbre de soie*, est même assez rustique pour résister en plein air au climat de la France septentrionale. Le bois de certains *Acacia* de l'Inde est si dur, que souvent il tient lieu de fer aux habitants. Une autre propriété assez générale de ce bois, est de répandre une forte odeur d'ail à l'état frais; les fleurs des *Acacia*, au contraire , exhalent le plus souvent un parfum très-suave.

La culture des *Acacia* d'orangerie est très-facile. Ils aiment un composé de terre franche, de terreau de bruyère et de sable fin. Beaucoup d'espèces donnent des graines fécondes, même en serre. Selon Sweet, la plupart des espèces reprennent de boutures du jeune bois enfoncées dans du sable et recouvertes d'un bocal. Les espèces qui ne s'enracinent pas facilement par ce procédé, peuvent être multipliées d'éclats de racines, dans une terre de même nature que celle où croît la plante-mère, et traitées du reste comme des boutures ordinaires.

Sur près de 300 espèces d'*Acacia*, environ 100 appartiennent à la Nouvelle-Hollande, 115 à l'Amérique équatoriale,

50 à l'Asie équatoriale, 12 à l'Afrique équatoriale, 10 à l'Afrique australe, 8 à l'Égypte et à la Barbarie. Quelques espèces ont été observées en Syrie, en Palestine et en Perse; mais aucune n'est indigène en Europe.

Nous allons faire mention des espèces qui offrent le plus d'intérêt.

SECTION Ire. PHYLLODINÉES. —*Phyllodineæ* Dec. Prodr.

Pétioles des feuilles adultes aphylles, dilatés en forme de feuille.

Cette section comprend la plupart des espèces de la Nouvelle-Hollande. Nous nous contenterons de mentionner celles que l'on cultive généralement dans les collections.

a) *Fleurs en capitules globuleux, solitaires.*

ACACIA AILÉ. —*Acacia alata* R. Br. — Bot. Reg. tab. 396. —Coll. Hort. Rip. 1, tab. 17. — Reichenb. Ic. Exot. tab. 88.

Rameaux ailés. Stipules spinescentes, persistantes. Pétioles décurrents, uninervés, unidentés d'un côté, épineux au sommet. Pédoncules solitaires ou géminés.

Cette espèce croît sur la côte occidentale de la Nouvelle-Hollande.

ACACIA A FEUILLES DOLABRIFORMES. — *Acacia decipiens* R. Br. — Bot. Mag. tab. 1745. — *Acacia dolabriformis* Colla, Hort. Rip. (non Wendl.)

Stipules spinescentes, caduques. Pétioles triangulaires ou trapézoïdes, à côte prolongée en épine. Pédoncules solitaires, de la longueur du pétiole.

Cette espèce croît sur les deux côtes de la Nouvelle-Hollande.

ACACIA ÉPINEUX. — *Acacia armata* R. Br. — Bonpl. Nav. tab. 55. — Bot. Mag. tab. 1653.

Rameaux pointus. Stipules spinescentes, persistantes. Pétioles ovales-lancéolés, mucronés, inéquilatéraux. Pédoncules solitaires, de la longueur du pétiole. Légumes veloutés.

Cette espèce habite la côte méridionale de la Nouvelle-Hollande. C'est l'une des plus belles de ce groupe, et on la cultive dans la plupart des collections, de même que la suivante.

ACACIA ONDULÉ. — *Acacia paradoxa* Dec. — *Acacia undulata* Willd. Enum. — Wendl. Diss. tab. 3. — Bot. Reg. tab. 843.

Stipules spinescentes, persistantes. Pétioles inéquilatéraux, lancéolés-oblongs, très-entiers, ondulés, uninervés. Ramules visqueux, glabres. Capitules solitaires.

Cette espèce croît sur la côte orientale de la Nouvelle-Hollande.

ACACIA GENÉVRIER. — *Acacia juniperina* Willd. — Vent. Malm. tab. 64. — *Mimosa ulicifolia* Wendl. Coll. 2, tab. 6.

Stipules subulées, piquantes, persistantes. Pétioles linéaires-subulés, mucronés, piquants. Ramules cylindriques, hérissés de poils courts.

Cette espèce croît sur la côte orientale de la Nouvelle-Hollande. Elle est remarquable par ses pétioles semblables aux feuilles du Genévrier.

ACACIA DIFFUS. — *Acacia diffusa* Bot. Reg. tab. 634. — *Acacia prostrata* Lodd. Bot. Cab. tab. 631.

Rameaux diffus, glabres. Pétioles courts, linéaires, uninervés, acuminés obliquement. Pédoncules subgéminés, de la longueur des pétioles. Stipules très-petites, caduques.

Cette espèce croît dans les montagnes de la Nouvelle-Galles du Sud. Elle forme un joli petit arbrisseau qui se couvre de fleurs dès les premiers jours du printemps.

ACACIA SILLONNÉ. — *Acacia sulcata* R. Br. — Bot. Reg. tab. 928. — Wendl. Diss. tab. 10.

Stipules très-petites, concaves, caduques. Pétioles linéaires-cylindracés, mucronés, sillonnés. Ramules presque cylindriques, glabres. Capitules subgéminés. Légumes flexueux.

Cette espèce habite la côte occidentale de la Nouvelle-Hollande.

ACACIA A FEUILLES DE SAULE. — *Acacia saligna* Wendl. — Labill. Nov.-Holl. tab. 235.

Stipules nulles. Pétioles linéaires, rétrécis aux deux bouts, très-entiers, sans nervures apparentes. Rameaux anguleux, glabres. Capitules solitaires, courtement pédonculés. Légumes moniliformes.

Cette espèce croît au port Jackson et à la terre de Diémen.

ACACIA ROIDE. — *Acacia stricta* Willd. — Andr. Bot. Rep. tab. 53. — Bot. Mag. tab. 1121. — *Mimosa suaveolens* Desf.

Stipules nulles. Pétioles linéaires, rétrécis à la base, arrondis et mucronés au sommet, uninervés. Capitules géminés. Pédoncules plus courts que le pétiole.

Cette espèce, originaire de la côte orientale de la Nouvelle-Hollande, est fort commune dans les collections.

ACACIA A FEUILLES DE DODONÆA. — *Acacia dodonœifolia* Willd. — *Acacia viscosa* Wendl. Diss. tab. 7.

Stipules nulles. Pétioles linéaires-lancéolés, subfalciformes, rétrécis vers la base, bordés de dentelures distantes, glanduleuses. Capitules géminés, courtement pédonculés. — Toutes les parties herbacées de la plante sont visqueuses, et paraissent comme enduites d'un vernis.

Cette espèce est l'une des plus belles du groupe ; aussi la cultive-t-on de préférence. Elle est indigène sur la côte orientale de la Nouvelle-Hollande.

ACACIA PRÈLE. — *Acacia calamifolia* Sweet, in Bot. Reg. tab. 839. — Bot. Cab. tab. 909.

Ramules grêles, anguleux ; stipules nulles ou fort petites. Pétioles filiformes-tétragones, recourbés au sommet, très-longs, pendants. Pédoncules courts, solitaires, dressés. Légume arqué, articulé, un peu plus long que les feuilles.

Cette espèce, originaire de l'intérieur de la Nouvelle-Hollande, est très-caractérisée par ses pétioles filiformes, semblables aux ramules d'une Prêle ou d'un *Casuarina*.

b) *Capitules disposés en grappe. Stipules nulles ou non spinescentes.*

ACACIA FALCIFORME. — *Acacia falcata* Wendl. Diss. n° 11, tab. 14. — Lodd. Bot. Cab. tab. 1115. — *Acacia obliqua* Desv. Journ. — *Mimosa falcata* Pers.

Pétioles inéquilatéraux, oblongs, falciformes, rétrécis à la base, mucronés, penninervés, de la longueur des grappes. Capitules nombreux, rapprochés.

Espèce très-élégante, originaire de la Nouvelle-Hollande orientale.

ACACIA PENNINERVÉ. — *Acacia penninervis* Dec. Prodr. — Bot. Mag. tab. 2754. — *Acacia impressa* Bot. Reg. tab. 1115. — Lodd. Bot. Cab. tab. 1319.

Pétioles oblongs, falciformes, fortement rétrécis à la base, obtus, penninervés, uniglanduleux à l'un des bords. Légumes stipités, planes, glauques.

Cette espèce est originaire de la Nouvelle-Galles australe.

ACACIA À BOIS NOIR. — *Acacia melanoxylon* R. Br. — Bot. Mag. tab. 1659. — Wendl. Diss. t. 6. — *Acacia latifolia* Desf.

Pétioles inéquilatéraux, oblongs-lancéolés, obtus, mucronés, 3- ou 5-nervés, trois fois plus longs que les grappes. Capitules distants, quelquefois solitaires. Légumes linéaires, arqués, de la longueur des feuilles.

Cet arbre croît dans le midi de la Nouvelle-Hollande et à la terre de Diémen. Il est commun dans les collections, et résiste parfaitement en plein air dans le midi de la France.

ACACIA HÉTÉROPHYLLE. — *Acacia heterophylla* Willd. — *Mimosa heterophylla* Lamk.

Pétioles linéaires, rétrécis aux deux bouts, subfalciformes, multinervés, souvent munis au sommet de 2 pennules. Capitules distants.

Cet arbre croît à l'île de France. Selon la nature du terrain dans lequel il végète, ses pétioles sont tantôt aphylles, et tantôt plus ou moins garnis de folioles.

ACACIA AGRÉABLE. — *Acacia amœna* Wendl. Diss. tab. 8.

Pétioles oblongs, fortement rétrécis à la base, uninervés, 1-3-glandulifères au bord antérieur. Capitules rapprochés. Fleurs quinquéfides.

ACACIA MYRTE. — *Acacia myrtifolia* Willd. — Sweet Fl. Austral. tab. 49. — Smith. Nov.-Holl. tab. 15. — Bot. Mag. tab. 302.

Pétioles oblongs-lancéolés, fortement rétrécis à la base, uninervés, uniglanduleux au bord antérieur. Capitules pauciflores. Fleurs quadrifides. Ovaire glabre.

Cette espèce est indigène dans la Nouvelle-Hollande orientale.

ACACIA DRAPÉ. — *Acacia vestita* Bot. Reg. tab. 698.

Pétioles semi-elliptiques-lancéolés, mucronés, uninervés, couverts de poils courts, de même que les ramules. Grappes lâches, plus longues que les pétioles.

Cette espèce croît dans l'intérieur de la Nouvelle-Hollande.

ACACIA MARGINÉ. — *Acacia marginata* Wendl. Diss. tab. 5.

Pétioles lancéolés, allongés, uninervés, uniglanduleux au bord antérieur. Capitules pauciflores. Fleurs quadrifides. Ovaire cotonneux.

Cette espèce, fort semblable à l'*Acacia Myrte*, est originaire de la côte occidentale de la Nouvelle-Hollande.

ACACIA ODORANT. — *Acacia suaveolens* Willd. — *Mimosa suaveolens* Smith. — Labill. Nov.-Holl. tab. 236. — Lodd. Bot. Cab. tab. 730.

Pétioles linéaires, un peu rétrécis à la base, pointus, mucronés, uninervés, très-entiers. Capitules multiflores. Calices quinquépartis. Ovaires glabres. Légumes longs, glauques.

Cette belle espèce est indigène dans la Nouvelle-Hollande orientale.

ACACIA A PÉTIOLES ÉTROITS. — *Acacia angustifolia* Wendl.

Diss. — Lodd. Bot. Cab. tab. 768. — *Mimosa angustifolia*
Jacq. Schœnbr. 3, tab. 391.

Pétioles linéaires, légèrement rétrécis à la base, pointus, mucronés, uninervés, très-entiers. Capitules multiflores. Calice quadridenté. Ovaire cotonneux.

Cette espèce croît au port Jackson.

Acacia a feuilles de Lin. — *Acacia linifolia* Willd. —
Mimosa linifolia Vent. Hort. Cels. tab. 2. — *Mimosa linearis*
Wendl. Hort. Herrenh. tab. 18. — Bot. Mag. tab. 2168. —
Bonpl. Nav. tab. 19.

Pétioles linéaires (très-étroits), mucronés, uninervés, très-
entiers. Capitules multiflores. Grappes de la longueur des pétioles. Calice quinquédenté. Ovaire glabre.

Cet arbre, commun dans nos collections, est originaire de la
Nouvelle-Hollande.

Acacia subulé. — *Acacia subulata* Bonpl. Nav. tab. 45.
Pétioles linéaires, subulés vers le sommet, mucronés, de
moitié plus longs que les grappes. Capitules multiflores. Calice
quinquéfide. Ovaire cotonneux.

Cette espèce croît dans la Nouvelle-Hollande.

c) *Fleurs disposées en épis cylindriques. Stipules nulles
ou très-petites et non spinescentes.*

Acacia Oxycèdre. — *Acacia Oxycedrus* Dec. Prodr. —
Sweet, Flor. Austral. tab. 6.

Pétioles épars ou subverticillés, lancéolés-linéaires, acuminés, piquants, trinervés, glabres, à bords nerviformes. Épis
axillaires, solitaires, grêles. Fleurs quadrifides. Ramules et axe
des épis veloutés.

Cette espèce, très-distincte, habite la Nouvelle-Hollande, et
son introduction en Europe est toute récente.

Acacia verticillé. — *Acacia verticillata* Willd. — Bot.
Mag. tab. 110. — Vent. Malm. tab. 63. — Wendl. Coll. 1,
tab. 30.

Ramules velus, pendants. Pétioles verticillés, linéaires-subulés, piquants, plus courts que les pédoncules. Épis solitaires, axillaires, oblongs. Fleurs quinquéfides. Ovaires et jeunes fruits pubescents.

Cet arbre habite la Nouvelle-Hollande australe et la terre de Diémen. Elle est rustique et s'accommode très-bien du climat de la France méridionale. De même que l'*Acacia juniperina*, celui-ci ressemble à un Genévrier, et se couvre d'une multitude de fleurs d'un jaune d'or, dès les premiers jours du printemps.

ACACIA LINÉAIRE. — *Acacia linearis* Bot. Mag. tab. 2156. — *Acacia longissima* Wendl. Diss. tab. 11, var. — *Acacia linearis* Lodd. Bot. Cab. tab. 595, var.

Pétioles linéaires (très-étroits), très-longs, uninervés, très-entiers. Épis axillaires, fasciculés, souvent rameux. Calice quadridenté. Pétales libres. Légumes linéaires, rétrécis aux deux bouts.

Cette espèce, originaire de la Nouvelle-Hollande, est cultivée dans toutes les collections.

ACACIA MUCRONÉ. — *Acacia mucronata* Willd. Enum. — Wendl. Diss. tab. 12. — Bot. Mag. tab. 2747.

Pétioles linéaires-spathulés, arrondis au sommet, mucronés, 1- ou 3-nervés, très-entiers. Épis axillaires, simples, ordinairement solitaires. Calice quadridenté. Pétales cohérents par la base. Ovaire cotonneux.

Cet arbre habite la Nouvelle-Hollande.

ACACIA FLEURI. — *Acacia floribunda* Willd. — Vent. Malm. tab. 13.

Pétioles linéaires-lancéolés, rétrécis aux deux bouts, 3- ou 5-nervés. Épis solitaires ou géminés, grêles, plus courts que les feuilles. Calice quadridenté. Pétales cohérents par la base, réfléchis au sommet. Ovaire soyeux.

Cet arbre, originaire de la Nouvelle-Hollande orientale, est particulièrement recherché par les amateurs, à cause de son port élégant et de l'abondance de ses fleurs.

ACACIA A LONGS PHYLLODES. — *Acacia longifolia* Willd. —

Andr. Bot. Rep. tab. 107. — Vent. Malm. tab. 62. — Bot.
Mag. tab. 1817 et tab. 2166, varr.

Pétioles lancéolés, très-entiers, à 2 ou 3 nervures plus saillantes et à beaucoup de nervures fines. Épis axillaires géminés, subsessiles, plus courts que les pétioles. Calice quadridenté.
Pétales cohérents par la base.

Cette espèce ne le cède guère en beauté à la précédente ; aussi
est-elle une des plus répandues dans nos collections. Elle croît
également sur les côtes orientales de la Nouvelle-Hollande.

ACACIA A PHYLLODES TRÈS-LONGS. — *Acacia longissima*
Link, Enum. — Bot. Reg. tab. 680.

Pétioles linéaires (étroits) très-allongés, rétrécis aux deux
bouts, subfalciformes, uninervés. Épis solitaires ou géminés, lâches. Calice quadridenté.

Arbrisseau glabre, d'environ 10 pieds de haut, à rameaux
dressés, peu feuillés. Fleurs blanchâtres.

ACACIA GLAUQUE.—*Acacia glaucescens* Willd. Hort. Berol.
tab. 101.

Pétioles oblongs, subfalciformes, très-entiers, multinervés
(2 ou 3 des nervures plus saillantes que les autres). Épis
axillaires, solitaires, pédonculés. Calice quinquédenté. Pétales
cohérents par la base, étalés au sommet.

ACACIA SOPHORA. — *Acacia Sophoræ* R. Br. — *Mimosa
Sophoræ* Labill. Nov.-Holl. tab. 237.

Pétioles obovales-oblongs ou lancéolés, très-entiers, multinervés :
les jeunes et les ramules veloutés. Épis axillaires, subgéminés.
Calice quadrifide. Pétales libres. Légume toruleux.

Cet arbre, assez commun dans les collections, est originaire
de la terre de Diémen et du midi de la Nouvelle-Hollande.

SECTION II. CONJUGUÉES-PENNÉES. — *Conjugato-pinnatæ*
Dec. Prodr.

Feuilles conjuguées-pennées.

ACACIA A FEUILLES DE CORONILLE. — *Acacia coronillæfolia*
Desf. Cat. Hort. Par. — *Mimosa coronillæfolia* Pers.

Épines stipulaires, dressées. Pennules à 5-9 paires de folioles linéaires, obtuses, glauques, glabres; pétiole commun presque nul; une glandule sessile entre les deux pennules. Capitules ovales, pédonculés. Fleurs jaunes.

Cette espèce, originaire de Mogador, est cultivée comme plante d'agrément de serre tempérée.

ACACIA A LÉGUMES SPIRALÉS. — *Acacia strumbulifera* Willd. — *Mimosa strumbulifera* Lamk. Dict.

Épines stipulaires (quelquefois nulles). Pennules à 4-6 paires de folioles alternes ou opposées, linéaires, obtuses. Une glandule entre la paire de pennules. Légume contourné en spirale.

Cette espèce habite l'Amérique méridionale. Elle est remarquable par son légume d'un jaune d'or, décrivant plusieurs tours de spirale sur lui-même, comme la coquille nommée *Strumbus*.

ACACIA MIGNON. — *Acacia pulchella* R. Br. — Lodd. Bot. Cab. tab. 212.

Rameaux flexueux. Pennules à 5-7 paires de folioles oblongues-obovales, obtuses; pétiole commun court; une glandule pédicellée entre la paire de pennules. Épines stipulaires, droites, grêles. Capitules solitaires.

Petit arbrisseau très-rameux. Folioles très-petites. Capitules globuleux, d'un jaune vif.

Cette espèce croît à la Nouvelle-Hollande. L'élégance de son feuillage et la longue durée de sa floraison la font rechercher comme plante d'ornement d'orangerie.

SECTION III. SPICIFLORES. — *Spiciflorœ* Dec. Prodr.

Feuilles bipennées-multijuguées. Fleurs en épi.

ACACIA A ÉPIS GÉMINÉS. — *Acacia lophantha* Willd. — Lodd. Bot. Cab. tab. 716. — *Mimosa distachya* Vent. Hort. Cels. tab. 20. — *Mimosa elegans* Andr. Bot. Rep. tab. 563.

Feuilles à 8-10 paires de pennules multijuguées; folioles linéaires, obtuses. Calices et pétioles veloutés. Épis axillaires, géminés, ovales-oblongs.

Arbrisseau inerme, haut de 10 à 12 pieds. Feuillage très-élégant. Fleurs jaunes.

Cette espèce, indigène dans la Nouvelle-Hollande, n'est pas rare dans les collections de serre tempérée.

ACACIA SUNDRA. — *Acacia Sundra* Dec. Prodr. — *Mimosa Sundra* Roxb. Corom. tab. 225. — *Acacia Chundra* Willd.

Épines stipulaires, courtes, crochues, décurrentes. Feuilles à environ 20 paires de pennules 20-juguées ; folioles glabres, glauques, linéaires-oblongues ; pétiole commun glandulifère à l'insertion de la dernière paire de pennules. Épis solitaires, axillaires, pédonculés, cylindriques, plus courts que les feuilles. Étamines 20 à 25.

Petit arbre. Fleurs imbriquées, très-petites, jaunes. Légume linéaire-oblong, rétréci aux deux bouts, comprimé, 2-ou 3-sperme.

Cet *Acacia* croît dans les montagnes de la côte de Coromandel.

Il est remarquable par l'extrême dureté de son bois, que les Hindous emploient en guise de fer à la fabrication de leurs instruments aratoires.

ACACIA CACHOU. — *Acacia Catechu* Willd.—*Mimosa Catechu* Roxb. Corom. tab. 175. — Turpin. Fl. Médic. tab. 84.

Aiguillons stipulaires, comprimés, recourbés. Feuilles à environ 10 paires de pennules multijuguées ; folioles linéaires, pointues, pubescentes ; pétiole commun glandulifère à la base. Pédoncules solitaires, ou géminés, ou ternés, axillaires. Épis cylindracés. Légumes planes, lancéolés, 3-6-spermes.

Arbre à tronc tortueux, haut de 4 à 5 pieds ; écorce intérieure rougeâtre, d'une astringence extraordinaire, et un peu amère. Feuilles longues de 6 à 12 pouces. Fleurs jaunes.

Cet *Acacia* est commun au Malabar et dans d'autres contrées de l'Inde. L'extrait qu'on obtient de son écorce intérieure et de ses jeunes fruits est le *Cachou* du commerce, nommé quelquefois aussi, fort improprement, *Terre du Japon*. Cette substance est un médicament astringent et tonique d'une grande énergie : elle contient souvent au delà de la moitié de son poids de tannin.

Les médecins européens prescrivent le Cachou dans plusieurs maladies chroniques des organes digestifs. Les Bengalais et les Japonais se servent de l'écorce du Cachoutier pour le tannage; ils la mâchent, ainsi que les feuilles, pour raffermir les gencives; ils en emploient le suc dans la teinture, et en imprègnent les solives et les poutres de leurs habitations, pour les garantir de la piqûre des vers. Dans leur thérapeutique, le Cachou est un des remèdes les plus usités. Il paraît certain, du reste, qu'on extrait du Cachou de plusieurs autres *Mimosa* de l'Inde.

ACACIA A. ÉCORCE BLANCHE. — *Acacia albida* Delile, Fl. Ægypt. tab. 52, fig. 3. — *Acacia Senegal* Willd. — Dec. Prodr. (non Lamk. Encycl. ex Guill. et Perrott. in Fl. Sénegamb.)

Tronc arborescent, aiguillonné, blanchâtre. Aiguillons stipulaires droits; feuilles à 3-7 paires de pennules 9-12-juguées; folioles oblongues-linéaires, obtuses, submucronulées, glauques; une glandule sessile entre chaque paire de pennules. Épis cylindriques, plus longs que les feuilles.

Arbre fort rameux, haut de 30 à 40 pieds. Tronc d'un pied de diamètre, recouvert d'une écorce blanche et luisante. Rameaux garnis de longs aiguillons blancs. Fleurs d'un jaune pâle. Pétales lancéolés, cohérents par la base. Légume linéaire-falciforme, très-comprimé, coriace.

Cet *Acacia* croît au Sénégal et dans la haute Égypte. MM. Guillemin et Perrottet ont prouvé que c'était à tort qu'on la confondait avec le *Mimosa Senegal* de Lamark, autre espèce dont nous allons parler, et qui, selon ces savants botanistes, produit la vraie Gomme arabique du commerce.

ACACIA VÉREK. — *Acacia Verek* Guill. et Perrott. in Fl. Senegamb. tab. 56. — *Mimosa senegalensis* Lamk. Dict. (non Linn. ex auct. præcitat.) — *Gommier Uerek* Adans. Encycl. de d'Alembert.

Tronc arborescent, aiguillonné, grisâtre. Aiguillons stipulaires ternés, oncinés : celui du milieu réfléchi. Feuilles à 3-5 paires de pennules 10-15-juguées; folioles linéaires, subobtuses, cendrées; une glandule sessile entre chaque paire de pennules. Épis grêles, cylindracés, plus longs que les feuilles. Légume linéaire-oblong, chartacé, très-comprimé.

Arbrisseau de 15 à 20 pieds de haut, tortueux, formant des buissons très-rameux. Tronc d'environ 6 pouces de diamètre. Écorce de couleur cendrée. Bois blanc, très-dur. Rameaux tortueux, divariqués. Aiguillons stipulaires noirs, luisants. Fleurs denses, d'un jaune pâle. Pétales lancéolés, cohérents de la base jusqu'au delà du milieu. Légume long d'environ 3 pouces, sur 6 à 8 lignes de large.

Cet *Acacia* croît en forêts sur la rive droite du Sénégal, non loin des limites du grand désert de Sahara. On le trouve aussi, mais moins abondamment, aux environs de Saint-Louis, et dans d'autres contrées de la Sénégambie. La gomme qui découle de cet arbre est récoltée par les Maures, qui l'apportent en quantités considérables aux marchés du Sénégal. Les nègres lui donnent le nom de *Vérek*.

« La gomme de l'*Acacia Vérek*, dit M. Perrottet, est blanche,
» extérieurement terne et ridée, intérieurement vitreuse, sous
» forme de boules irrégulières plus ou moins grosses. Elle est ab-
» solument identique à la vraie Gomme arabique des officines,
» nommée ainsi parce qu'on la tirait autrefois exclusivement de
» l'Arabie. La récolte de cette gomme se fait au mois de décembre.
» C'est pendant les mois d'octobre et de novembre que la gomme
» découle des écorces, et qu'elle se concrète sous forme de
» larmes. Les écorces des troncs et des branches des *Acacia*,
» après avoir été distendues par l'effet des pluies, se dessèchent
» rapidement par l'action des vents brûlants d'est; elles se fen-
» dent, et laissent échapper la gomme par leurs fissures. Aussi la
» récolte de cette substance est-elle d'autant plus productive que
» les vents d'est ont été plus forts et plus continus. Une seconde
» récolte a lieu au mois de mars, à la suite de rosées amenées
» par les vents d'ouest, qui dominent en janvier et février. Les
» Maures emploient leurs captifs à la récolte de la gomme : ces
» malheureux, qui ne prennent pendant plusieurs mois d'autre
» nourriture que cette substance fade, la détachent des écorces,

» soit avec la main , soit au moyen de longs bâtons au bout des-
» quels est fixée une sorte de houlette ou de ciseau. »

Section IV. GLOBIFLORES. — *Globifloræ*. Dec.

Feuilles bipennées. Fleurs en capitules globuleux.

Acacia Seyal. — *Acacia Seyal* Delile, Fl. Ægypt. tab. 52,
fig. 2.

Tiges épineuses, couvertes d'écailles rousses. Épines stipulaires droites. Feuilles à 2-5 paires de pennules 8-12-juguées ;
folioles oblongues-linéaires, glabres. Légumes linéaires-falciformes, pointus, glabres, comprimés.

Arbrisseau haut de 15 à 18 pieds. Branches armées d'épines
blanches, longues de plus d'un pouce. Légumes longs de 2 à 3
pouces.

M. Delile a observé cette espèce en Égypte, dans le désert,
entre le Nil et la mer Rouge. MM. Perrottet et Leprieur l'ont re-
trouvée en Sénégambie. Selon M. Delile, elle produit également
de la Gomme arabique.

Acacia d'Adanson.—*Acacia Adansonii* Guill. et Perrott. in
Fl. Seneg. 1, p. 249. —*Mimosa astringens* Thonn. et Schum.
Plant. Guin. — *Gommier rouge Gonaké* Adans. Encycl.

Épines stipulaires. Ramules et pétioles pubescents. Feuilles à 4-
6 paires de pennules 12-16-juguées ; folioles oblongues-linéaires ;
une glandule à l'insertion des premières et des dernières pennules.
Capitules pédonculés, ternés ou quaternés, axillaires. Légume
plane ou ondulé aux bords, toruleux, 10-12-sperme.

Arbre très-rameux, haut de 30 à 40 pieds. Tronc droit,
épais. Rameaux étalés. Folioles minimes. Corolle à 5 pétales soudés presque jusqu'au sommet. Étamines très-nombreuses. Légumes
longs de 5 à 6 pouces, sur 8 à 9 lignes de large.

L'Acacia d'Adanson a été observé par MM. Perrottet et Leprieur dans plusieurs contrées de la Sénégambie. « Il fournit,
» dit M. Perrottet, une gomme plus rouge et plus âpre que celle
» de l'*Acacia arabica*. Elle se dessèche facilement, et devient
» vitreuse ; ce qui fait qu'on la mélange avec la gomme blanche

» dans le commerce. Les Maures en font un usage fréquent pour
» se guérir de la dysenterie. Les légumes sont munis de valves
» épaisses, presque ligneuses, d'une saveur extrêmement acerbe,
» et entre lesquelles suinte un suc rougeâtre qui se concrète en
» une matière friable, résinoïde, d'une saveur semblable à celle
» de la Gomme Kino. Ces fruits sont éminemment propres au tan-
» nage et à la teinture des cuirs. Les Maures et les nègres lui don-
» nent la préférence sur toute autre matière astringente, pour tan-
» ner les cuirs destinés à faire le maroquin. A cet effet, ils
» emploient le fruit avant la maturité, parce qu'alors il contient
» beaucoup plus de tannin. Pour tanner les peaux de chèvres
» et de moutons, ils les mettent tremper dans une infusion à froid
» de gousses d'*Acacia* desséchées et réduites en poudre grossière,
» à laquelle ils ajoutent tantôt de la chaux, tantôt de la cendre de
» *Salsola*. Par ce procédé, ils obtiennent des cuirs d'une excel-
» lente qualité, semblables aux plus beaux maroquins. »

ACACIA D'ARABIE. — *Acacia arabica* Willd. — Roxb. Corom. tab. 149 — *Acacia nilotica* Delile, Fl. Ægypt. Illustr.
(non *Mimosa nilotica* Linn.)

Épines géminées. Ramules et pétioles pubescents. Feuilles à 3-
10 paires de pennules 10-25-juguées ; folioles oblongues-linéaires ; une glandule à l'insertion des premières et des dernières paires de pennules. Capitules pédonculés, axillaires, subternés.
Légume moniliforme.

Arbre haut de 30 à 40 pieds. Tronc ordinairement tortueux.
Écorce rousse. Épines longues, acérées, blanches. Folioles minimes. Fleurs jaunes, odorantes. Étamines très-nombreuses. Légume long de 6 à 10 pouces, pubescent, pointu.

Cet *Acacia* croît dans une grande partie de l'Inde, en Arabie,
en Égypte et au Sénégal. Il fleurit durant presque toute l'année,
et prospère dans les terrains les plus ingrats. Aucun des *Acacia*
de l'Inde, selon Roxburgh, n'est d'une utilité aussi variée que celui-ci. Son bois, incorruptible et compacte, s'emploie dans les
constructions navales, le charronnage, etc. L'écorce intérieure,
de couleur rousse, est un des astringents les plus puissants. On

en fait grand usage dans le tannage des cuirs et dans la teinture.
Une décoction un peu forte de cette écorce fait une encre excellente
avec l'oxyde de fer. Les légumes, avant leur parfaite maturité,
sont plus astringents encore que l'écorce. Roxburgh assure qu'il
découle de cet arbre de la Gomme arabique en abondance. Il est
singulier qu'au Sénégal, d'après les observations de M. Perrottet,
la même espèce ne produise qu'un suc gommeux rougeâtre, légèrement amer, se concrétant difficilement en larmes, et qui tombe
souvent à terre, où il forme des croûtes si épaisses qu'elles em-
pêchent les plantes de se développer. Cette gomme n'est pas re-
cueillie par les habitants du Sénégal, et on ne la trouve point mé-
langée avec celle que le commerce tire de ce pays.

Les nègres du Sénégal appellent cette espèce *Neb-neb*. Ils
emploient son écorce en infusion contre la dysenterie. Les fruits
servent également au tannage des cuirs, mais on leur préfère ceux
de l'espèce précédente. Le bois est recherché pour la construction
des petites embarcations.

ACACIA SING. — *Acacia Sing* Guill. et Perrott. in Fl. Seneg. 1, p. 251.

Épines géminées, minimes, ou nulles. Rameaux étalés, glabres, de même que les ramules. Feuilles à 10-20 paires de pennules 30-40-juguées; folioles linéaires, glauques; une glandule
oblongue plus bas que les pennules, et 2 ou 3 glandules plus petites entre les dernières pennules. Capitules fasciculés, axillaires.

Arbre très-rameux, haut de 30 à 40 pieds; tronc droit, fort
gros; rameaux bruns, presque inermes. Folioles minimes. Fleurs
très-petites, blanchâtres, odorantes. Corolle tubuleuse, quinquéfide au sommet. Étamines très-nombreuses. Légume inconnu.

Cette espèce a été observée par MM. Leprieur et Perrottet
dans la Sénégambie. Les nègres l'appellent *Sing* ou *Zing*. C'est
un arbre qui se distingue par des branches élégamment disposées
en parasol, comme celles du Cèdre du Liban. Il est assez rare au
Sénégal, car on n'en rencontre jamais à la fois qu'un ou deux individus plantés au milieu des villages. C'est sous leur ombrage que les
chefs de peuplades se réunissent pour délibérer sur les affaires du

pays. Cet *Acacia* exsude une gomme blanchâtre, en petites larmes et peu abondante. Il a des racines extrêmement longues, dures et flexibles, qui servent aux nègres à faire des manches de zagaies.

ACACIA À ÉPINES BLANCHES. — *Acacia eburnea* Willd. — Roxb. Corom. tab. 199.

Épines géminées, connées. Rameaux et pétioles glabres. Feuilles à 4-8 paires de pennules 6-12-juguées; folioles oblongues, minimes; une glandule au-dessous de la paire inférieure de pennules. Capitules pédonculés, agrégés, axillaires. Légume linéaire, légèrement tordu, 8-10-sperme. — Épines blanches, longues d'environ 12 pouces. Fleurs jaunes.

Cette espèce, originaire de l'Inde, est cultivée en orangerie comme plante d'ornement.

ACACIA DE FARNÈSE. — *Acacia Farnesiana* Willd. — Duham. Arb. ed. nov. 2, tab. 28. — *Mimosa Farnesiana* Linn.

Épines géminées. Ramules, pétioles et pédoncules légèrement pubescents. Feuilles à 5-8 paires de pennules 15-20-juguées; folioles linéaires, glabres; une glandule entre la plupart des pennules. Capitules axillaires, ordinairement géminés. Pédoncules inégaux. Légumes cylindriques, arqués.

Arbrisseau de 8 à 12 pieds de haut, originaire de l'Inde ou de l'Arabie. On le cultive en Provence, en Italie, en Espagne et dans tout l'Orient, à cause de l'odeur extrêmement agréable de ses fleurs, qui sont d'une belle couleur jaune, et qui se succèdent pendant tout l'été. Les musulmans les font entrer dans un grand nombre de parfums.

ACACIA PANICULÉ. — *Acacia leucophlœa* Dec. — *Mimosa leucophlœa* Roxb. Corom. tab. 150.

Épines géminées. Feuilles à 8-12 paires de pennules 20-30-juguées; folioles très-petites, linéaires-oblongues, obtuses, glabres, sessiles. Pétiole commun glandulifère entre les paires externes de pennules. Capitules en grappes disposées en panicule terminale. Légume linéaire, comprimé, obtus, lisse, subfalciforme.

Cet arbre croît dans les contrées montagneuses de l'Inde, et s'élève à une hauteur considérable. Son bois est moins durable que celui de l'*Acacia* d'Arabie. L'écorce est fortement astringente ; les Hindous en distillent une boisson alcoolique.

ACACIA A FEUILLES ATOMAIRES. — *Acacia Hæmatoxylon* Willd. Enum. — *Açacia atomiphylla* Burchell.

Épines géminées, grêles, glabres, de même que les rameaux ; ramules, feuilles et pédoncules veloutés. Feuilles à 8-16 paires de pennules 18-24-juguées ; folioles obtuses, atomaires, très-rapprochées ; une glandule entre chacune des deux dernières paires de pennules. Capitules géminés ou ternés, axillaires, pédonculés. Légume cotonneux, linéaire.

Cette espèce croît au cap de Bonne-Espérance. Elle est curieuse à cause de l'extrême petitesse de ses folioles, tellement rapprochées les unes des autres, qu'elles paraissent n'en faire qu'une seule.

ACACIA A FRUIT ÉPINEUX. — *Acacia acanthocarpa* Willd. Enum. — *Acacia uncinella* Desf. Cat. Hort. Par.

Aiguillons stipulaires, géminés, oncinés. Pétioles non glandulifères, aiguillonnés. Feuilles à 6-8 paires de pennules 6-15-juguées ; folioles oblongues, pubescentes. Capitules axillaires, géminés, pédonculés. Légumes aplatis, falciformes, armés d'aiguillons aux deux bords. — Fleurs d'un lilas pâle.

Cette espèce ; indigène dans la Nouvelle-Espagne, est cultivée dans les orangeries. Elle est très-distincte par son légume bordé d'aiguillons rougeâtres. Ses feuilles sont un peu irritables au contact.

ACACIA LEBBEK. — *Acacia Lebbek* Willd. — Pluck. Mant. 2, tab. 331, fig. 1.

Rameaux inermes. Feuilles à 2-4 paires de pennules 6-8-juguées. Folioles ovales, obtuses, inéquilatérales, glabres ; pétioles sans glandules. Capitules pédonculés, agrégés. Fleurs pédicellées. Légume chartacé, aplati, oblong, rétréci aux deux bouts, 7-8-sperme. — Fleurs grandes, rougeâtres.

Cet arbre est cultivé dans les jardins de l'Inde et de l'Égypte, à cause de la beauté de son feuillage et de ses fleurs.

ACACIA ÉLEVÉ. — *Acacia procera* Willd.—*Mimosa procera* Roxb. Corom. 2, tab. 121.

Rameaux inermes. Feuilles à 4 paires de pennules 5-8-jugées ; folioles glabres, ovales, pointues ; base du pétiole munie d'une glandule déprimée. Capitules pédonculés, rapprochés en panicule terminale. Légume plane, glabre, rétréci aux deux bouts. —Fleurs d'un jaune pâle. Étamines monadelphes, très-nombreuses. Légume long de 6 à 7 pouces.

Cet *Acacia* est un des plus grands arbres forestiers de l'Inde, et son bois est fréquemment employé dans les constructions.

ACACIA TRÈS-ODORANT. — *Acacia odoratissima* Willd. — *Mimosa odoratissima* Roxb. Corom. 2, tab. 120.

Rameaux inermes. Feuilles à 4 paires de pennules 10-12-jugées ; folioles ovales-oblongues, obtuses : les inférieures minimes ; une glandule déprimée à la base du pétiole et entre les dernières paires de pennules. Capitules pédonculés, agrégés, disposés en panicule terminale. Légume aplati, glabre, rétréci aux deux bouts. — Fleurs d'un jaune pâle.

Cet arbre croît dans le Malabar ; il fournit un excellent bois de construction. Ses fleurs, disposées en une panicule très-ample, répandent l'odeur la plus suave. On le cultive dans nos serres.

ACACIA GLAUQUE. —*Acacia glauca* Willd.—*Mimosa glauca* Linn. — Catesb. Carol. 2, tab. 42.—Trew, Ehret. tab. 36.

Arbre inerme, glabre. Feuilles à 4-6 paires de pennules 12-15-juguées ; folioles distantes, linéaires, pointues, glauques en dessous. Capitules axillaires, pédonculés, subgéminés. Légume linéaire, plane, rétréci aux deux bouts. — Fleurs blanches, quinquéfides, décandres. Légume long de 4 pouces sur 2 lignes de large.

Cette espèce habite l'Amérique équatoriale. On la cultive dans nos serres chaudes comme plante d'ornement.

ACACIA A CAPITULES BLANCS. — *Acacia leucocephala* Link, Enum. — *Mimosa leucocephala* Lamk. Dict.

Arbrisseau inerme, glabre. — Feuilles à 4 ou 5 paires de pennules 12-15-juguées; folioles oblongues-linéaires, pointues; pétiole pubérule, quelquefois glanduleux vers la base. Capitules pédonculés, axillaires, subgéminés. Légume à stipe de la longueur du pédoncule.

Cette espèce, souvent confondue avec la précédente, n'est pas rare dans les collections. Elle est indigène dans l'Amérique méridionale.

ACACIA DISCOLORE. — *Acacia discolor* Willd. — Bot. Mag. tab. 1750. — *Mimosa discolor* Andr. Bot. Rep. tab. 235. — *Mimosa botrycephala* Vent. Hort. Cels. tab. 1.

Inerme. Feuilles à 5 paires de pennules 9-12-juguées; folioles oblongues, pointues, glabres, pâles en dessous; pétiole glanduleux à la base, pubescent ainsi que les ramules. Capitules pédicellés, disposés en longues grappes axillaires. Légume plane, linéaire, obtus. — Fleurs jaunes, très-nombreuses.

Cette jolie plante est fréquemment cultivée dans les collections de plantes de la Nouvelle-Hollande.

ACACIA PUBESCENT. — *Acacia pubescens* R. Br. — *Mimosa pubescens* Vent. Malm. tab. 21. — Bot. Mag. tab. 1263.

Inerme. Rameaux cylindriques, hérissés. Feuilles de 3 à 10 paires de pennules, 6-18-juguées; folioles linéaires, glabres; pétiole non glanduleux. Capitules globuleux, pédicellés, disposés en longues grappes axillaires. — Capitules petits, jaunes, très-nombreux.

Petit arbre, indigène dans la Nouvelle-Hollande orientale, à feuillage d'une grande élégance. On cultive cette espèce comme plante d'ornement.

ACACIA ARBORESCENT. — *Acacia arborea* Willd. — *Mimosa arborea* Linn. — Sloan. Jam. 2, tab. 182, fig. 1, 2.

Inerme. Ramules et pétioles couverts d'un duvet ferrugineux. Feuilles à 7-12 paires de pennules 16-18-juguées; folioles oblongues, inéquilatérales, glabres; une glandule déprimée entre la plupart des pennules. Capitules géminés ou ternés, axillaires, pédonculés. Légumes subcylindracés, arqués.

Cette espèce croît à la Jamaïque. On la cultive pour l'ornement de nos serres chaudes. Ses fleurs, très-apparentes, sont d'un vif incarnat.

ACACIA NÉMOU.—*Acacia Nemu* Willd.— *Mimosa arborea* Thunb. Fl. Jap.— Banks, Ic. Kæmpf. tab. 19.— *Mimosa speciosa* Thunb. Act. Soc. Linn.

Inerme. Feuilles d'environ 9 paires de pennules multijuguées; folioles inéquilatérales, pointues; pétiole glandulifère à la base. Capitules pédonculés, disposés en panicule terminale. Légumes linéaires, pubescents.

Cet arbre est cultivé dans les jardins des Japonais. Il ressemble beaucoup au *Julibrizin*.

ACACIA JULIBRIZIN.— *Acacia Julibrissin* Willd. — *Mimosa Julibrissin* Scop. Del. Insubr. 1, tab. 8.

Inerme. Feuilles à 8-12 paires de pennules 30-juguées; folioles cultriformes, pointues, ciliolées; pétiole glanduleux à la base, légèrement pubescent. Capitules pédonculés, disposés en corymbe terminal. Étamines très-nombreuses. Légume chartacé, rectiligne, oblong, rétréci aux deux bouts.

Arbre de grandeur moyenne. Branches étalées horizontalement. Feuilles d'un vert gai, longues d'un pied et davantage, sur 8 à 10 pouces de large. Folioles petites, longues d'environ 4 lignes. Corymbes de 20 à 40 épis portés sur des pédoncules très-longs. Corolle monopétale, 3 fois plus longue que le calice. Étamines longues de plus d'un pouce, à filets grêles, divergents, d'un rose tendre.

Cette espèce magnifique, originaire de la Perse, est fort répandue dans les jardins en Orient, et elle commence à ne pas être rare dans le midi de la France. C'est une acquisition précieuse pour la décoration de nos parcs et de nos bosquets, car elle est assez rustique pour résister aux hivers des environs de Paris, sans aucun abri; mais elle ne fructifie plus sous cette latitude. Ses branches s'étalent comme celles du Cèdre du Liban ; son feuillage léger est d'une grande élégance, et rien ne surpasse l'éclat de ses innombrables faisceaux de fleurs, qui ressemblent à des aigrettes de soie rose. Le bois, dur, jaune et marbré, peut servir à la menuiserie ; à l'état frais, il répand une odeur d'ail très-forte lorsqu'on le scie.

Le *Julibrizin* se multiplie de graines et de boutures ; mais les jeunes sujets sont assez difficiles à élever en orangerie, et l'on ne peut les exposer en plein air avant qu'ils aient acquis une certaine force.

LES CÉSALPINIÉES. — *CÆSALPINIEÆ*.

(*Leguminosarum genn.* Juss.—*Cæsalpinieæ* et *Lomentaceæ* R. Brown,
Gen. Rem. in Flind.)

Cette famille est aussi un démembrement des *Légumineuses* de M. de Jussieu; elle se compose du sous-
ordre des *Césalpiniées* de M. Decandolle.

Les Césalpiniées, quant à leur utilité et à l'élégance de
leurs formes, ne le cèdent ni aux Mimosées, ni à aucune
autre famille végétale. La médecine emprunte à ce
groupe des remèdes purgatifs, tels que la Casse, les
Sénés, les Tamarins; ou anthelmintiques, comme les
écorces des *Andira;* ou balsamiques, comme le Copahu. L'art du teinturier y trouve des matières colo-
rantes indispensables, comme les Bois de Campêche et
de Fernambouc. Les graines de l'*Arachis* et du *Voandzéia* abondent en huile grasse; d'autres sont aromatiques, comme la Fève de Tonka. Le Caroubier et plusieurs autres Césalpiniées produisent des fruits agréables
au goût. Les *Bauhinia*, les *Brownea*, les *Poinciana*,
l'*Amherstia*, nous étonnent par le luxe de leur inflorescence. Nos parcs et nos bosquets se sont enrichis de
plusieurs grands arbres du même groupe, tels que les
Gleditschia, les *Cercis*, et le Chicot du Canada.

CARACTÈRES DE LA FAMILLE.

Arbres, ou *arbrisseaux*, ou *herbes;* tiges et rameaux
ordinairement cylindriques.

Feuilles éparses, paripennées, ou bipennées, ou imparipennées, ou rarement simples ; côte souvent munie de glandules peltées. Stipules libres ou adnées au pétiole, rarement spinescentes.

Fleurs hermaphrodites, ou rarement polygames ou unisexuelles, irrégulières. Pédicelles souvent accompagnés d'une bractéole.

Calice inadhérent, le plus souvent à 5 divisions inégales. Estivation imbricative.

Disque mince, tapissant le fond du calice et se terminant par un annule périgyne.

Corolle (par exception nulle) périgyne ; pétales au nombre de 5 (quelquefois, par avortement, moins de 5), alternes avec les lobes du calice, onguiculés, libres, inégaux, irrégulièrement imbriqués en préfloraison.

Étamines souvent 10, quelquefois moins par avortement, ayant même insertion que les pétales ; filets inégaux, libres ou rarement soudés ; anthères à 2 bourses contiguës, s'ouvrant chacune par un pore apicilaire ou par une fente longitudinale.

Pistil : Ovaire solitaire, multiovulé ; style terminal, à stigmate très-simple.

Péricarpe : Légume polysperme, souvent lomentacé, ou bien oligosperme, ou monosperme. Rarement un drupe.

Graines horizontales, attachées à la suture supérieure, lisses, quelquefois enveloppées dans une pulpe charnue ou farineuse. Périsperme nul, ou rarement corné. Embryon rectiligne : radicule pointant vers le hile ; cotylédons grands, presque toujours entiers et épigés ; plumule apparente.

Les genres que cette famille contient sont répartis en deux sections,

Section Ire. **CÉSALPINIÉES VRAIES.** — *Cæsalpinieæ veræ* Bartl.

Corolle non papilionacée. Étamines libres.

Gymnocladus Lamk. — *Gleditschia* Linn. — *Anoma* Lour.— *Guilandina* Linn.— *Coulteria* Humb. Bonpl. et Kth. (Tara Molin.)— *Cæsalpinia* Linn. (Campecia et Ticanto Adans.) — *Poinciana* Linn, (Poincia Neck.) — *Mezoneuron* Desf. — *Reichardia* Roth. — *Hoffmannseggia* Cav. — *Melanosticta* Dec. — *Pomaria* Cav. — *Hæmatoxylon* Linn. — *Parkinsonia* Linn. — *Cadia* Forsk. (Spaendoncea Desf.) — *Zuccagnia* Cav. — *Ceratonia* Linn. — *Hardwickia* Roxb. — *Jonesia* Roxb. (Saraca Linn.) — *Tachigalia* Aubl. (Cubaca Schreb. Valentinia Neck. Tachia Pers.) — *Baryxylum* Lour. — *Moldenhawera* Schrad. (Dolichonema Neow.) — *Humboldtia* Vahl (Batschia Vahl.) — *Heterostemon* Desf. — *Tamarindus* Linn. — *Cassia* Linn. (Cathartocarpus Pers. Bactyrilobium Willd. Grimaldia Schranck. Senna Tourn.)— *Labichea* Gaudich. — *Metrocynia* Pet. Thou. — *Afzelia* Smith. (Pancovia Willd.) — *Schotia* Jacq. — *Copaifera* Linn. (Copaiva Jacq.)— *Cynometra* Linn. — *Intsia* Pet. Thou. — *Eperua* Aubl. (Rotmannia Neck. Panzera Willd.) — *Parivoa* Aubl. (Alderia Neck. Dimorpha Willd.) — *Anthonota* Pal. Beauv. — *Outea* Aubl. — *Vouapa* Aubl. (Macrolobium Schreb. Kruegeria Neck.) — *Hymenæa* Linn. — *Schnella* Raddi. — *Bauhinia* Linn. (Casparia Kunth. Pauletia Cav. Phanera Lour.)— *Cercis* Linn. — *Palovea* Aubl. (Ginannia Scop.)— *Aloexylum* Lour. — *Amaria* Mutis.— *Bowdichia* Humb. Bonpl. et Kth.— *Crudia* Willd. (Cyclas Schreb. Apalatra, Touchiroa, Vouarana et Parivoæ sp. Aubl.) — *Dialium* Linn. (Aruna et Dialium Schreb. Arouna Aubl, Cleyria Neck. Codarium Soland. Vatairea Aubl.)

Section II. **GEOFFROYÉES.** — *Geoffroyeæ.* Dec. Prodr.

Corolle papilionacée. Étamines monadelphes ou diadelphes.

Arachis Linn. — *Voandzeia* Pet. Thou. — *Peraltea* Humb. Bonpl. et Kunth. — *Andira* Lam. (Vouacapoua Aubl.)—*Brongniartia* Humb. Bonpl. et Kunth.— *Geoffræa* Jacq. (Acouroa Aubl. Drakensteinia Neck.) — *Brownea* Jacq.—*Amherstia* Wallich.—*Dipterix* Schreb. (Baryosma Gærtn. Coumarouna Aubl. Heinzia Scop. Bolducia Neck.)

Genre voisin des Césalpiniées : *Moringa* Burm.

Section Iʳᵉ. **CÉSALPINIÉES VRAIES.** — *Cæsalpinicæ veræ* Bartl.

(*Leguminosarum tribus X* vel *Cassieæ* Dec. Prodr.)

Corolle régulière ou irrégulière, non papilionacée. Étamines libres.

Genre CHICOT. — *Gymnocladus* Lamk.

Fleurs dioïques par avortement. Calice tubuleux, quinquéfide, caduc. Pétales 5, égaux, oblongs, insérés à la gorge du calice. Étamines 10, incluses, ayant même insertion que la corolle. Légume un peu falciforme, épais, pulpeux en dedans et partagé par des cloisons transversales.

Ce genre ne contient que l'espèce dont nous allons donner la description.

Chicot du Canada. — *Gymnocladus canadensis* Lamk. — Mich. Fl. Am. Bor. 2, p. 241, tab. 51. — Mich. fil. Arb. 2, tab. 23. — Duham. ed. nov. 6, p. 61, tab. 19. — Reichenb. Ic. Exot. tab. 40. — *Guilandina dioica* Linn.

Arbre à cime arrondie, haut de 50 à 60 pieds, sur 3 à 4 pieds de circonférence. Écorce très-raboteuse. Feuilles longues quelquefois de près de 3 pieds, sur 18 à 20 pouces de large, 2 fois paripennées; folioles ovales, pointues, alternes ou sub-opposées, d'un beau vert et presque entièrement glabres dans leur parfait développement. Grappes droites, longues de 4 à 5 pouces, solitaires à l'extrémité des ramules de l'année. Corolle blanchâtre, un peu cotonneuse. Légumes larges de 2 à 3 pouces, d'un rouge brun. Graines arrondies, grosses comme le bout du petit doigt, grisâtres, très-dures.

Cet arbre croît dans le haut Canada, dans les parties septentrionales de la Louisiane, et dans les provinces centrales des États-Unis; sa présence dans ces contrées est, selon M. Michaux, le signe caractéristique des meilleures terres.

Le *Gymnocladus*, introduit en Europe depuis près d'un siècle; est assez commun dans les plantations d'agrément. En été, sa tête, bien garnie de feuilles, est d'un bel aspect; mais en hiver, lorsqu'elle est dépouillée, les branches nues et peu nombreuses de cet arbre lui donnent un port tout particulier qui le fait ressembler à un arbre mort; et c'est probablement à cause de cela que les Français du Canada lui ont donné le nom de *Chicot*, dénomination par laquelle on le désigne aussi parmi nous. Le bois du Chicot est très-compacte, d'un grain fin et très-serré, et d'une couleur rose qui le rend propre aux ouvrages d'ébénisterie. Il est également bon pour les constructions. Les premiers colons qui s'établirent dans la partie des États-Unis où il est indigène, croyant trouver dans ses graines une substance propre à remplacer le Café, le nommèrent *Arbre à Café*; mais l'usage en fut bientôt abandonné sous ce rapport.

Le *Gymnocladus* aime les bonnes terres; on peut néanmoins le planter dans celles qui sont un peu légères et fraîches : les terrains trop humides ne lui sont pas favorables. La plupart des individus qui existent en France sont mâles, et, par conséquent, stériles; mais ou les multiplie facilement des rejets que poussent les racines.

Genre FÉVIER. — *Gleditschia* Linn.

Fleurs polygames-dioïques. Calice infondibuliforme, à 3,

4 ou 5 divisions égales. Pétales et étamines insérés à la gorge du calice, en même nombre que les sépales, ou en nombre moindre par avortement. Style court. Stigmate pelté, rostré. Légume stipité, comprimé ou rarement subcylindracé, continu, rectiligne ou subfalciforme, souvent pulpeux à l'intérieur, polysperme ou par exception monosperme.

Arbres. Tronc souvent épineux. Ramules supra-axillaires souvent spinescents. (La plupart des espèces varient à tronc et à rameaux tantôt inermes, tantôt plus ou moins épineux.) Feuilles composées ou décomposées, pari- ou imparipennées (toutes ces modifications se trouvent sur le même individu; les jeunes pousses terminales et les individus jeunes offrent ordinairement des feuilles bipennées); folioles crénelées, inéquilatérales, subsessiles, alternes ou opposées. Fleurs verdâtres ou jaunâtres, petites, en grappes spiciformes, latérales ou subterminales. Ramules florifères très-courts ou abortifs, naissant sur le vieux bois.

Les Féviers sont indigènes dans l'Amérique septentrionale, en Chine, et dans les contrées au sud du Caucase. On en connaît une dizaine d'espèces. Presque toutes résistent à nos hivers les plus rigoureux, et fructifient aux environs de Paris; néanmoins ces arbres deviennent plus vigoureux dans le midi de la France. Les fleurs des Féviers ont peu d'apparence; mais leur feuillage léger, qui ne tombe qu'après les premières gelées, les distingue de nos arbres indigènes : aussi aime-t-on à les planter dans les parcs, dans les jardins paysagers et sur les promenades publiques. En automne, lorsqu'ils sont chargés de leurs longues gousses pendantes, leur aspect est tout à fait particulier. Il serait utile de multiplier les Féviers dans nos forêts; ils s'accommodent de la plupart des terrains. Leur bois est dur, veiné de rouge, d'un grain fin et serré : on pourrait l'employer avec avantage dans les constructions et la menuiserie. Les fortes épines qui arment les troncs et les branches de ces arbres les rendent très-propres à former des clôtures impénétrables. Les semis des Féviers ont besoin d'être abrités des fortes gelées, pendant les premières années. On multiplie aussi les espèces moins répandues par la greffe en fente.

La pulpe, plus ou moins abondante, contenue dans le légume des Féviers, est d'une saveur douceâtre; mais elle devient très-âcre et astringente par la dessication. Ses émanations prennent à la gorge et excitent l'éternument.

Nous allons donner la description des espèces bien connues; il en existe dans les jardins plusieurs autres qui ne sont pas suffisamment étudiées.

SECTION Ire.

Légumes polyspermes, au moins 5 ou 6 fois plus longs que larges.

Févier Triacanthe. — *Gleditschia Triacanthos* Linn.? — Mich. fil. Arb. 2, p. 164, tab. 10. — Duham. ed. nov. 4, tab. 25. (non Watson, Dendrol. Brit.)

Épines raméaires cylindracées-coniques, subulées au sommet, comprimées à la base, ordinairement trifides. Feuilles à 10-14 paires de folioles linéaires-oblongues, ou oblongues, ou oblongues-lancéolées, obtuses, subrhomboïdales à la base, légèrement crénelées, pubescentes en-dessous. Grappes spiciformes : les femelles lâches; les mâles denses; fleurs pédicellées. Ovaire cotonneux aux bords. Légumes chartacés, aplatis, tordus, presque sans pulpe, 10 à 12 fois plus longs que larges.

Arbre dont le tronc atteint en Amérique, dans des expositions favorables, plus de 50 pieds de haut, sur 3 à 4 pieds de diamètre. Épines, principalement abondantes sur les jeunes individus, d'un pourpre noirâtre : celles du tronc longues de 4 à 8 pouces, ordinairement fasciculées, à plusieurs ramifications alternes; celles des branches simples, ou plus souvent munies vers leur base de 2 ramifications courtes et opposées. Rameaux ponctués, d'un brun roux ou grisâtre. Feuilles longues de 3 à 4 pouces; pétiole commun velu; pétiolules veloutés; folioles submembranacées, d'un vert un peu jaunâtre, longues de 10 à 15 lignes, sur 2 à 4 lignes de large. Grappes longues de 3 à 4 pouces, dressées ou

ascendantes. Calices pubescents , à lanières linéaires-lancéolées ,
pointues. Pétales oblongs-obovales , obtus, cotonneux , d'un blanc
jaunâtre. Légumes rougeâtres avant leur parfaite maturité , subfalciformes, longs de 10 à 15 pouces , sur 10 à 15 lignes de
large ; stipe long de 8 à 12 lignes. Graines ellipsoïdes , obtuses
aux deux bouts , aplaties, d'un brun tirant sur le jaune.

Le *Févier Triacanthe* (*Sweet Locust* des Anglo-Américains)
croît aux États-Unis , principàlement, selon M. Michaux, dans
les vallons fertiles au milieu desquels circulent les rivières qui
se jettent dans le Mississipi : le pays des Illinois , et surtout
la partie méridionale du Kentucky et des états de l'Ouest-Ten-
nessée , le produisent très-abondamment.

« Le vrai bois ou le cœur du *Gleditschia Triacanthos* , dit
» M. Michaux , ressemble beaucoup , par son organisation , à
» celui du *Robinia Pseudacacia ;* mais il en diffère surtout
» en ce qu'il a le grain plus grossier , et les pores plus ouverts ;
» ils le sont même plus que dans les Chênes rouges : lorsqu'il est
» parfaitement desséché , sa dureté est extrême. Cependant le
» bois de cet arbre est assez peu estimé au Kentucky, où l'on a
» eu, plus que partout ailleurs , des occasions de l'employer et
» d'en apprécier les qualités : on n'en fait usage ni pour la bâ-
» tisse , ni pour le charronnage ; seulement l'on en fait parfois des
» barres pour enclore les champs ; mais ce n'est qu'occasionnel-
» lement et lorsque les arbres qui pourraient en fournir de meil-
» leures , sont moins à la portée des cultivateurs. Je crois aussi
» que le bois du *Gleditschia Triacanthos* est peu propre à
» l'ébénisterie : le Cerisier de Virginie et le Noyer sont très-
» préférables ; c'est ce que l'expérience a appris aux habitants
» des pays où il est le plus abondant. Le seul objet pour lequel
» il pourrait être employé avec un grand avantage , serait
» d'en former des haies , qui, au moyen des fortes épines
» dont les branches se garnissent ; seraient impénétrables. —
» La pulpe des fruits est très-douce dans le premier mois
» qui suit leur maturité, mais ensuite elle devient très-âcre.
» Avec cette pulpe encore fraîche et soumise à la fermentation ,
» on fait quelquefois de la bière ; mais cette pratique n'est point

» généralement usitée ; car, dans les états de l'Ouest, où les
» Pommiers sont devenus fort abondants, on extrait des fruits de
» ceux-ci des liqueurs bien préférables. »

Cet arbre, introduit en Europe depuis plus d'un siècle, est aujourd'hui fort commun dans nos plantations. L'espèce que nous
venons de décrire n'est peut-être ni le *Gleditschia Triacanthos*
de Linné, ni celui qu'a figuré M. Michaux dans son Traité des
Arbres forestiers de l'Amérique septentrionale. Il existe plusieurs autres *Gleditschia* voisins de celui-ci, avec lequel on les
confond ; mais nous n'avons pas été à même d'étudier suffisamment
leurs caractères distinctifs.

Février féroce.—*Gleditschia ferox* Desfont. Arb. 2, p. 247.
—*Gleditschia macrantha* Desfont. (ex errore typographico pro
macracantha) Cat. Hort. Par. ed. 3, p. 410 (non Desfont. Arb.)

Épines grosses, comprimées : celles du tronc très-rameuses,
longues, fasciculées ; les raméaires tricuspidées. Feuilles à 8-15
paires de folioles lancéolées, ou oblongues, ou oblongues-lancéolées, obtuses, crénelées ou sinuolées, pubescentes aux bords.
Grappes mâles denses, spiciformes. Légumes.....

Tronc hérissé d'épines très-fortes, d'un brun roux, atteignant
jusqu'à 10 pouces de long : ramifications inférieures tricuspidées, longues de 3 à 5 pouces. Branches peu ou point ponctuées : épiderme d'abord verdâtre, puis grisâtre. Épines raméaires longues de 2 à 3 pouces, très-fortes, garnies vers la
base de 2 ramifications subopposées, presque aussi longues
que l'axe principal. Feuilles longues de 6 à 12 pouces ; pétiole commun subtétragone, légèrement pubescent ; pétiolules
courts, veloutés ; folioles roides, d'un vert gai, subfalciformes,
longues de 1 à 3 pouces, larges de 4 à 8 lignes. Grappes
mâles longues de 2 à 4 pouces. Fleurs subsessiles. Calices
veloutés, d'un brun jaunâtre : lanières lancéolées, plus longues
que le tube. Pétales ovales, pubescents, de la longueur des lanières calicinales. Filets glabres, saillants. — Fleurs femelles et
légumes inconnus.

Cette espèce, assez répandue dans les jardins, est facile à re-
connaître à ses épines très-grosses et comprimées. On ignore son

origine. Beaucoup de pépiniéristes la cultivent sous le nom de *Gleditschia macracantha*, nom qu'il faut supprimer, parce qu'il a été appliqué par M. Desfontaines, d'abord, dans son Histoire des Arbres et Arbrisseaux, à notre *Gleditschia Fontanesii*, espèce souvent confondue avec le *Gleditschia sinensis*, et plus tard, dans la troisième édition du Catalogue des Plantes cultivées au Jardin du Muséum, à l'espèce dont nous venons de parler.

Févier de Desfontaines. — *Gleditschia Fontanesii* Spach, Monogr. ined. — *Gleditschia macracantha* Desfont. Arb. 2, pag. 246 (non Cat. Hort. Par. ed. 3). — *Gleditschia ferox* Desfont. Cat. Hort. Par. ed. 3; pag. 409.

Feuilles à 4-8 paires de folioles luisantes, glabres, rhomboïdales, ovales, ou ovales-oblongues, ou ovales-lancéolées, ou rarement lancéolées, obtuses, mucronulées, crénelées ou dentées. Pédicelles de la longueur du tube calicinal. Grappes lâches. Ovaires pubescents aux bords. Légumes coriaces, pulpeux, non tortillés, courtement stipités, glauques, tantôt rectilignes et subcylindracés, tantôt plus ou moins aplatis et acinaciformes.

Grand arbre. Rameaux d'un brun tirant sur le vert, ponctués. Épines d'un brun roux : celles du tronc ordinairement fasciculées, plus ou moins épaisses, longues de 3 à 6 pouces : ramifications coniques-cylindracées, très-acérées; épines des rameaux axillaires, ou supra-axillaires, très-grosses, peu ou point comprimées, longues de 1 à 2 pouces. Pétiole commun long de 2 à 4 pouces, canaliculé en dessus, légèrement pubescent; pétiolules très-courts, veloutés. Folioles d'un vert gai, roides, de forme très-variable, ordinairement plus petites que dans le Févier de Chine, inégales, longues de 9 à 30 lignes, sur 3 à 7 lignes de large. Grappes (femelles) ordinairement latérales, assez lâches, solitaires ou fasciculées, étalées ou ascendantes, longues de 18 à 30 lignes. Pédoncule commun, pédicelles et corolles légèrement cotonneux. Calices d'un jaune verdâtre et presque glabres en dehors, cotonneux en dedans; lanières linéaires-lancéolées ou linéaires-oblongues, un peu plus

longues que le tube. Pétales blanchâtres, oblongs-obovales
ou obovales-spathulés, un peu plus longs que les lanières du calice. Légumes longs de 4 à 8 pouces, larges de 8 à 10 lignes,
tantôt assez minces, tantôt presque aussi épais que larges, d'un
brun de châtaigne couvert de poussière glauque; sutures plus
ou moins épaisses, 1-3-carénées. Graines grosses, ovales ou
irrégulièrement anguleuses.

Ce Févier, originaire, à ce qu'il paraît, de la Chine, est assez
commun dans les plantations d'agrément. Les pépiniéristes le
confondent souvent avec le *Gleditschia sinensis*, auquel il ressemble par le feuillage, mais qui en diffère beaucoup par ses légumes très-larges. La longueur et la force des épines est très-
variable dans le Févier de Desfontaines, et l'on voit même assez
souvent des individus tout à fait inermes.

FÉVIER DE CHINE. — *Gleditschia sinensis* Lamk. Encycl.

Épines grosses, non comprimées : celles du tronc rameuses;
les raméaires simples ou bi- ou trifurquées. Feuilles à 4-8 paires
de folioles glabres, un peu coriaces, ovales, ou elliptiques, ou
ovales-oblongues, crénelées ou dentelées. Pédicelles de la longueur du tube calicinal. Ovaires glabres. Pétales oblongs-spa-
thulés, de moitié plus longs que les lanières du calice. Légumes
coriaces, pulpeux, aplatis, courtement stipités, non tortillés,
rectilignes ou subacinaciformes, glauques.

Grand arbre. Rameaux ponctués, d'un brun grisâtre. Épines
du tronc composées ou décomposées, longues de 6 pouces ou
davantage ; ramifications alternes, coniques, pointues. Épines
raméaires longues de 2 à 3 pouces, supra-axillaires, fortes,
coniques, pointues, ordinairement bi- ou trifurquées au milieu,
d'un jaune verdâtre. Feuilles assez semblables à celles d'un
Frêne. Pétiole commun long de 4 à 6 pouces, canaliculé en dessus, glabre ou légèrement pubescent; pétiolules très-courts,
veloutés; folioles longues de 10 à 25 lignes, sur 8 à 12 lignes
de large, d'un vert gai, luisantes en dessus, alternes ou opposées, rétuses, mucronulées, plus ou moins inéquilatérales,
souvent rhomboïdales. Grappes dressées ou ascendantes, denses,

longues de 2 à 4 pouces. Calices légèrement veloutés, longs
d'environ 4 lignes ; lanières linéaires-oblongues, obtuses, de la
longueur du tube. Étamines des fleurs mâles plus longues que les
pétales. Légumes ordinairement rectilignes, longs de 6 à 9 pouces,
sur 15 à 18 lignes de large, épais de 3 à 4 lignes, pulpeux,
amincis aux bords, d'un brun de châtaigne couvert de poussière
glauque ; sutures bi- ou tricarénées, tranchantes. Graines grosses,
ellipsoïdes, obtuses aux deux bouts, d'un brun clair.

Cet arbre, souvent confondu avec le Févier de Desfontaines, est
cultivé en Europe depuis une cinquantaine d'années. Il est très-
caractérisé par son feuillage ample, ainsi que par ses légumes
fort larges et non tordus.

Févier de la Caspienne. — *Gleditschia caspica* Desfont.
Arb. vol. 2, p. 247.

Épines comprimées : celles du tronc (le plus souvent nulles)
2 fois rameuses, grêles ; celles des rameaux ordinairement
courtes et simples. Feuilles à 6-12 paires de folioles oblongues,
ou elliptiques, ou ovales-oblongues, subrhomboïdales, obtuses
ou rétuses, mucronulées, crénelées, pubescentes aux bords.
Grappes spiciformes : les femelles subverticillées, interrompues ;
fleurs subsessiles. Ovaires glabres. Légumes courtement stipités,
subchartacés, aplatis, tortillés, subfalciformes.

Grand arbre. Écorce du tronc lisse, grisâtre. Rameaux tuberculeux, couverts d'un épiderme d'abord verdâtre, puis cendré.
Ramules de l'année précédente couverts d'un épiderme pourpre-
noir. Épines du tronc brunes, atteignant 8 à 12 pouces de long,
et munies de ramifications dont les plus longues mesurent jusqu'à
un demi-pied. Pétiole commun pubescent, canaliculé en dessus ;
pétiolules courts, veloutés ; folioles d'un vert gai, luisantes, un
peu coriaces, de forme très-variable, opposées ou alternes : les
2 ou 4 inférieures longues de 6 à 8 lignes, larges de 3 à 4 lignes ;
les autres longues de 1 à 2 pouces, larges de 6 à 8 lignes. Grappes interfoliaires, longues de 2 à 4 pouces ; celles des fleurs mâles
très-denses. — *Fleurs mâles :* Calice velouté : lanières linéaires-

oblongues , obtuses , plus longues que le tube. Pétales oblongs , inclus. Étamines saillantes, glabres. — *Fleurs femelles :* Calice velouté : lanières linéaires ou linéaires-lancéolées , de la longueur du tube. Pétales ovales ou obovales-oblongs, blanchâtres , de la longueur des lanières calicinales. Légumes longs de 5 à 8 pouces, larges de 10 à 18 lignes, d'un brun roux , peu pulpeux , tranchants aux bords , acuminés.

Cette espèce, indigène en Perse dans les contrées voisines de la Caspienne, n'est pas rare dans les plantations d'agrément. Son feuillage est très-élégant.

Section II.

Légume aplati , ovale-oblique , presque aussi large que long , mucroné, chartacé , non pulpeux , monosperme , un peu plus long que le stipe.

Févier monosperme. — *Gleditschia monosperma* Walt. — Mich. fil. Arb. 3, tab. 11.

Épines simples ou trifurquées. Feuilles multifoliolées ; folioles ovales ou ovales-oblongues , pointues, glabres.

Arbre haut de 40 à 60 pieds, sur 1 à 2 pieds de diamètre. Folioles petites. Calice d'un vert pâle : sépales ovales-lancéolés. Légumes brunâtres , d'un pouce de large.

Cet arbre croît dans les parties basses des Carolines et de la Géorgie. On le cultive dans nos plantations ; mais il est assez sensible aux hivers du nord de la France, et il ne fructifie pas sous le climat de Paris.

« Le bois du *Gleditschia monosperma* , dit M. Michaux, » ressemble , par sa texture, qui est très-ouverte, et par sa couleur, qui est jaunâtre, à celui du *Gleditschia Triacanthos ;* » et comme il ne vient qu'aux lieux très-humides, il doit être » d'une qualité inférieure. Dans la Caroline et la Géorgie , il n'est » employé à aucun usage. »

Genre GUILANDINE. — *Guilandina* Juss.

Calice urcéolé , quinquéfide. Pétales 5, sessiles , presque

égaux. Étamines 10; filets velus inférieurement. Style court. Légume ovale, comprimé, renflé, muriqué, bivalve, 1-3-sperme. Graines globuleuses : test luisant, osseux; périsperme pelliculaire.

Arbres ou arbrisseaux armés d'aiguillons en crochet. Feuilles paripennées. Fleurs en grappes spiciformes, accompagnées de bractées allongées.

Ce genre, propre à la zone torride, renferme 5 espèces, dont la suivante est la plus notable.

GUILANDINE BONDUC. — *Guilandina Bonduc* et *Guilandina Bonducella* Linn. — Rumph. Amb. tab. 48 et tab. 49, fig. 1.

Aiguillons solitaires ou géminés. Folioles ovales ou ovales-oblongues, pubescentes ou veloutées.

Arbrisseau commun dans l'Inde et dans les Moluques. Sa croissance étant très-rapide et ses tiges sarmenteuses munies d'un grand nombre d'aiguillons, on l'emploie à faire des palissades et des haies. Les habitants de la côte de Malabar regardent l'infusion de ses fruits dans du vin comme stomachique et emménagogue. Ses graines, nommées vulgairement *Yeux de bourrique*, sont fort remarquables par leur test osseux et luisant. Leur faculté germinative, qui se conserve très-long-temps, n'est pas même altérée par un séjour prolongé dans l'eau marine. Elles restent plusieurs années en terre avant de lever, à moins qu'on ne les ait laissées tremper d'abord pendant quelques jours dans l'eau.

Genre COULTÉRIA. — *Coulteria* Kunth.

Calice turbiné, quinquéfide : les 4 lobes supérieurs petits, presque égaux; l'inférieur plus grand, concave, bordé de dents glandulifères. Étamines 10; filets barbus inférieurement. Style court. Stigmate glanduleux. Légume spongieux, aplati, indéhiscent, 4-6-sperme, partagé par des cloisons transversales.

Arbres ou arbrisseaux. Feuilles paripennées. Fleurs jaunes, disposées en grappe. Pédicelles articulés au sommet.

Ce genre se compose de cinq espèces, propres à l'Amérique

équatoriale. Elles possèdent toutes des propriétés tinctoriales plus ou moins prononcées. Les plus notables sont les deux suivantes.

COULTÉRIA DES TEINTURIERS — *Coulteria tinctoria* Kunth, Nov. Gen. et Spec. tab. 569. — *Cæsalpinia pectinata* Cav. — Turp. in Dict. des Sc. Nat. Ic.

Folioles glabres, ovales-oblongues. Pétioles inermes. Calices glabres. Légumes glabres, sessiles, obtus.

Grand arbrisseau à ramules anguleux, couverts d'un duvet roux et armés d'aiguillons. Feuilles à 2-5 paires de pennules 6-8-juguées. Grappes solitaires, terminales, densiflores, longues de près d'un demi-pied. Pétales ponctués, obovales-oblongs. Légume long de 3 à 4 pouces.

Cette espèce croît aux environs de Carthagène.

COULTÉRIA HÉRISSÉ. — *Coulteria horrida* Kunth, Nov. Gen. et Spec. tab. 568.

Feuilles à 2 paires de pennules 4-7-juguées; folioles oblongues, glabres, arrondies aux deux bouts, échancrées, mucronées; pétioles armés d'aiguillons. Calices hispides. Légumes glabres, non stipités, oblongs, obliques.

Cette espèce croît dans les mêmes localités que la précédente, à laquelle elle ressemble beaucoup.

Genre CÉSALPINIER. — *Cæsalpinia* Linn.

Calice à 5 sépales inégaux, soudés à la base en cupule persistante. Pétales 5, inégaux, onguiculés : le supérieur plus petit que les inférieurs. Étamines 10; filets ascendants, velus à la base. Style filiforme. Légume comprimé, bivalve, non épineux. Graines ovales-oblongues, comprimées.

Arbres ou arbrisseaux inermes, ou armés d'aiguillons. Feuilles paripennées. Pédicelles non bractéolés. Fleurs jaunes.

Tous les Césalpiniers connus habitent les régions intertropicales. Ces végétaux sont d'un grand intérêt à cause des bois de teinture qu'ils produisent. Les botanistes en ont dé-

crit une vingtaine d'espèces. Les suivantes sont les plus remarquables.

SECTION Ire. NUGARIA Dec. Prodr.

*Légume 1-2-sperme. Graines très-grosses, transversalement
oblongues. Calices glabres.*

CÉSALPINIER NOUGA. — *Cæsalpinia Nuga* Ait. — Rumph.
Amb. vol. 5, tab. 5o. — *Guilandina Nuga* Lamk.

Rameaux inermes. Pétioles hérissés d'aiguillons en dessous.
Feuilles à 3-4 paires de pennules 2-3-juguées. Folioles ovales, pointues. Panicules axillaires et terminales, composées de
grappes multiflores. Pédicelles courts, presque dressés. Légumes
ovoïdes, obliques, acuminés.

Cette plante, nommée par les Malais *Gongay,* est fort commune aux Moluques. C'est un arbuste très-sarmenteux, qu'on
emploie dans ces contrées à entourer les propriétés de haies durables et difficiles à franchir.

CÉSALPINIER PANICULÉ. — *Cæsalpinia paniculata* Dec.
Prodr. — Hort. Malab. 6, tab. 19.

Rameaux et pétioles aiguillonnés. Feuilles à un grand nombre
de pennules 6-juguées ; folioles ovales, pointues. Panicules rameuses, lâches, plus longues que les feuilles. Pédicelles étalés,
plus longs que les fleurs. Légume ovale-rhomboïdal, acuminé
aux deux bouts.

Arbre toujours vert, de la taille d'un Pommier, indigène au
Malabar. Il est remarquable par la beauté de ses fleurs, qui sont
très-odorantes et disposées en panicule de plus d'un pied de long.
Les graines sont âcres et aromatiques.

SECTION II. BRASILIETTIA Dec. Prodr.

*Légume oblong, acuminé aux deux bouts, indéhiscent, char-
tacé, monosperme, samaroïde. Graine plane, transversalement oblongue. Calices veloutés d'un duvet ferrugineux.*

CÉSALPINIER BRÉSILLET. — *Cæsalpinia brasiliensis* Linn.
(excl. syn. Catesb.)

Inerme. Feuilles à 7-9 paires de pennules multijuguées ; folioles ovales-oblongues, obtuses, glabres ; pétioles et calices veloutés. Grappes paniculées. Pédicelles plus courts que les fleurs.

Cet arbre croît à la Jamaïque et à Saint-Domingue, où il est connu sous le nom de *Brasilletto*. Il paraît que son bois est exporté comme *Bois de Fernambouc*, de même que celui du *Cœsalpinia Crista*.

CÉSALPINIER DES ANTILLES. — *Cœsalpinia Crista* Lamk. Encycl.

Glabre. Branches hérissées d'aiguillons. Feuilles à 1-3 paires de pennules ; folioles obovales ou obcordiformes. Grappes simples Pédicelles 3 fois plus longs que les fleurs. Pétales plus courts que le calice. Légumes linéaires, substipités, pointus, glabres, 7-8-spermes.

Petit arbre. Tronc haut de 4 pieds et atteignant à peine la grosseur de la cuisse. Branches hérissées d'aiguillons nombreux, crochus, très-roides, noirâtres. Écorce peu épaisse, cendrée à l'extérieur, rouge à l'intérieur. Bois solide, pesant, rouge ; aubier blanc. Grappes droites, pyramidales. Fleurs d'un vert pâle ou blanchâtre, pentandres.

Cet arbrisseau, suivant Lamark, croît aux Antilles, où on lui donne le nom de *Brésillet*, parce que son bois est rouge comme le *Bois du Brésil*.

CÉSALPINIER DES ÎLES DE BAHAMA. — *Cœsalpinia bahamensis* Lamk. Encycl. — Catesb. Car. 2, tab. 51.

Glabre. Rameaux et pétioles armés d'aiguillons. Feuilles à 3 paires de pennules trijuguées ; folioles obovales, échancrées. Fleurs en panicule. Légumes substipités, linéaires, pointus.

Arbrisseau. Aiguillons courts, épars. Fleurs blanchâtres.

Cet arbrisseau croît aux îles de Bahama. Son bois est rouge comme le *Bois de Fernambouc*, et l'on en exportait autrefois des quantités considérables en Europe ; mais il paraît que depuis long-temps l'espèce est à peu près extirpée dans les îles.

Césalpinier de Fernambouc. — *Cæsalpinia echinata*
Lamk. Encycl. — *Guilandina echinata* Spreng. Syst. —*Ibira-pitanga* Pis. Bras. p. 164, Ic. (ex Lamk.)

Rameaux et pétioles armés d'aiguillons. Fleurs en grappes. Légumes hérissés de pointes.

Arbre de première grandeur. Rameaux longs, étalés. Fleurs
panachées de jaune et de rouge, odorantes. Bois rouge; aubier
très-épais.

Cet arbre n'est qu'imparfaitement connu des botanistes, et
peut-être n'appartient-il même pas au genre *Cæsalpinia*. Quoi
qu'il en soit, c'est l'une des espèces dont on tire le *Bois du Brésil*
ou *Bois de Fernambouc*.

Section III. SAPPANIA Dec. Prodr.

*Légume 1-2-sperme. Graines très-grosses, transversalement
oblongues. Calices glabres.*

Césalpinier Sappan. — *Cæsalpinia Sappan* Linn. — Hort.
Malab. 6, tab. 2. — Roxb. Corom. 1, tab. 16.

Ramules spinelleux. Feuilles de à 10-12 paires de pennules
10-12-juguées; folioles inéquilatérales, ovales-oblongues, échancrées. Fleurs paniculées. Calices glabres. Légumes ligneux, aplatis,
glabres, obliquement tronqués au sommet.

Feuilles longues de 12 à 20 pouces. Pétiole commun muni de
3 aiguillons à l'insertion de chaque paire de pennules. Panicules
terminales, amples, composées de grappes simples, multiflores.
Fleurs grandes, jaunes; le pétale supérieur veiné de rouge. Légume subrhomboïdal, long de 3 pouces, sur 2 pouces de large.
Graines lisses, dures, ovales.

Cet arbre magnifique est indigène dans l'Inde. Peu de végétaux
sont parés de fleurs plus brillantes. Rare dans la presqu'île en
deçà du Gange, il abonde dans l'empire birman et aux Moluques.
Son bois, de couleur orange, possède les mêmes propriétés que
le Brésillet des Antilles. Il est d'un emploi universel dans toute
l'Asie équatoriale, pour la teinture en rouge. Le *Sappan* est aussi

d'une grande utilité pour former des clôtures et pour servir de soutien aux arbustes sarmenteux qui produisent le poivre.

CÉSALPINIER SENSITIVE. — *Cæsalpinia mimosoides* Lamk. — Hort. Malab. 6, tab. 8.

Rámules et pétioles armés d'aiguillons. Feuilles à 6-12 paires de pennules 8-12-juguées; folioles elliptiques ou oblongues, obtuses, cunéiformes à la base. Grappes à axe hispide. Légume obovale-oblong, oblique, acuminé.

Arbrisseau haut de 4 à 5 pieds, indigène au Malabar. Ses folioles se renversent sur elles-mêmes au moindre attouchement, comme celles des Sensitives.

Section IV. LIBIDIBIA Dec. Prodr.

Légumes oblongs, arqués, spongieux, submultiloculaires.

CÉSALPINIER DES CORROYEURS. — *Cæsalpinia coriaria* Willd. — Kunth, Leg. tab. 45. — *Poinciana coriaria* Jacq. Am. tab. 175, fig. 36.

Feuilles à 7 paires de pennules multifoliolées; folioles linéaires, obtuses, subcordiformes à la base, glabres, ponctuées en dessous. Grappes terminales, rameuses; axe velu; pédicelles plus courts que les fleurs. Légume semi-circulaire.

Arbre élégant, inerme, très-rameux, touffu, haut d'une quinzaine de pieds. Écorce noirâtre, ponctuée. Folioles petites. Fleurs petites, jaunâtres, légèrement odorantes.

Cette espèce croît dans les marais salés des environs de Carthagène, de Curaçao, etc. Son fruit, nommé vulgairement *Libidibi*, est employé en Amérique au tannage des cuirs.

Genre POINCIANA. — *Poinciana* Linn.

Calice à 5 sépales inégaux, soudés à la base en cupule persistante. Pétales 5, onguiculés : le pétale supérieur dissemblable. Étamines 10; filets très-longs, hérissés à la base.

Style très-long. Légume aplati, bivalve, isthmé. Graines obovales, comprimées ; cotylédons planes.

Arbres ou arbrisseaux. Feuilles paripennées. Fleurs en panicules corymbiformes. Pédicelles allongés, non bractéolés.

Les *Poinciana* sont intéressants par la rare beauté de leurs fleurs. On en connaît quatre espèces, toutes indigènes dans la zone équatoriale. Plusieurs sont cultivées en Europe pour la décoration des serres. Les plus notables sont les suivantes.

POINCIANA MAGNIFIQUE. —*Poinciana pulcherrima* Linn. — Bot. Mag. tab. 995. — Reichenb. Gart. Mag. tab. 93.

Rameaux armés d'aiguillons crochus. Feuilles à 5-10 paires de folioles obovales ou oblongues, échancrées. Pétiole glandulifère à la base et au sommet. Calice glabre. Pétales fimbriés, longuement onguiculés.

Arbrisseau à tige droite, haute d'environ 12 pieds. Écorce grisâtre. Aiguillons forts, courts. Corymbe lâche, presque pyramidal. Pédoncules longs de 2 à 3 pouces. Pétales panachés de pourpre et d'orange. Étamines 3 fois plus longues que la corolle. Légume long de 3 à 4 pouces.

Cette plante est commune dans l'Inde et dans les Antilles. On la nomme vulgairement *Fleur de paon*, *Haie fleurie*, *Fleur de paradis*, etc. Elle sert dans les colonies à former des haies d'un aspect très-agréable, et difficiles à pénétrer. Ses fleurs sont employées comme purgatif, d'où vient qu'à la Jamaïque elle porte aussi le nom de *Séné*. Son bois possède des propriétés tinctoriales.

POINCIANA ROYAL. —*Poinciana regia* Bojer, mscr. ex Hook. Bot. Mag. tab. 2884.

Tronc inerme. Feuilles à 11-18 paires de pennules multifoliolées ; folioles ovales-oblongues, obtuses. Calices glabres, réfléchis. Pétales longuement onguiculés : limbe arrondi, crénelé ; onglet du pétale supérieur involuté.

Arbre haut de 30 à 40 pieds. Tronc dressé, atteignant 3 pieds de diamètre. Écorce grisâtre, lisse ; bois blanc. Branches longues, alternes, étalées, disposées en cime. Feuilles longues de 2 pieds. Pétiole commun cannelé. Grappes axillaires et terminales, lâches. Pédicelles alternes, longs de 2 pouces et plus. Sépales réfléchis, plus courts que les onglets des pétales, de couleur rouge en dessus. Pétales étalés ou presque réfléchis, longs de 2 pouces : les 4 inférieurs de couleur écarlate ; le supérieur panaché de différentes nuances de jaune et de pourpre. Filets rouges, de la longueur du style. Légume un peu renflé, long de 4 pouces. Graines comprimées, grisâtres, striées de brun, longues d'un demi-pouce.

Cet arbre magnifique a été découvert par M. Bojer à Madagascar, près de Foulpointe. Plusieurs établissements horticulturaux d'Angleterre en possèdent de jeunes individus.

Poinciana superbe. — *Poinciana insignis* Kunth, Leg. tab. 144.

Tige aiguillonnée. Pennules 6-8-foliolées. Folioles alternes, ovales-elliptiques, rétuses, glabres. Grappes solitaires ou subpaniculées, terminales. Pétales très-entiers.

Arbrisseau à rameaux cylindriques, cendrés, verruqueux. Aiguillons épars ou géminés, dressés, subulés-coniques. Folioles longues de 8 à 12 lignes, sur 6 à 10 lignes de large. Fleurs éparses, penchées.

Cette espèce croît sur les bords de la rivière des Amazones, dans la province de Jaen de Bracamoros. Les Espagnols la nomment *Bresil.*

Genre CAMPÉCHE. — *Hœmatoxylon* Linn.

Calice campanulé, à 5 lobes caducs, obtus. Pétales 5, à peine plus longs que le calice. Étamines 10 ; filets glanduleux à la base. Style capillaire. Légume aplati, lancéolé, acuminé, 1-5-sperme, s'ouvrant par une rupture longitudinale du milieu des valves ; suture dorsale ailée. Cotylédons bilobé.

Aiguillons solitaires ou ternés, rectilignes. Feuilles pennées, ou bipennées; pétiole linéaire, ailé, très-long. Fleurs jaunes, en grappes lâches.

Ce genre ne contient que l'espèce que nous allons décrire.

Campêche tinctorial. — *Hœmatoxylon campechianum* Linn. — Catesb. Car. 3, tab. 66. — Sloane, Hist. Jam. 2, tab. 10, fig. 1-4. — Turpin, in Chaum. Fl. Méd. tab. 90.

Arbre d'environ 40 pieds de haut. Bois rouge à l'intérieur, recouvert d'un aubier blanchâtre et d'une écorce brune. Feuilles à 2-4 paires de folioles opposées, petites, lisses, obovales ou cordiformes, obliquement striées. Fleurs petites, jaunâtres, disposées en grappes axillaires à l'extrémité des rameaux. Boutons rougeâtres.

C'est cet arbre qui produit le *Bois rouge* ou *Bois de Campêche*. Il est originaire de la Nouvelle-Espagne, et on le cultive en grand aux Antilles, pour les besoins du commerce. La décoction du Bois de Campêche donne, comme on sait, une teinture d'un rouge foncé. Dambourney a constaté, par de nombreuses expériences, que l'écorce de Bouleau possédait le précieux avantage de fixer et d'aviver à la fois la couleur communiquée aux étoffes par le Bois de Campêche. (Voyez *Recueil de Procédés*, etc., an 11, p. 181.) L'écorce du Campêche est astringente; plusieurs célèbres médecins anglais l'ont vantée comme un remède très-efficace contre les dysenteries.

Genre PARKINSONIA. — *Parkinsonia* Linn.

Calice à 5 sépales réfléchis, caducs, colorés, légèrement soudés par la base. Pétales 5, planes, très-ouverts : le supérieur ovale-arrondi, à onglet dressé, très-long; les 4 inférieurs subsessiles, ovales. Étamines au nombre de 10, subdéclinées, un peu plus longues que l'onglet du pétale supérieur. Style filiforme, ascendant. Stigmate obtus. Légume oblong, acuminé aux deux bouts, comprimé, toruleux, uniloculaire, bivalve. Graines oblongues; radicule ovale; hile linéaire.

Ce genre contient une seule espèce, indigène dans les Antilles et dans l'Amérique méridionale. Ses fleurs ressemblent à celles des *Poinciana*, et se distinguent par une rare beauté.

PARKINSONIA ÉPINEUX. — *Parkinsonia aculeata* Linn. — Jacq. Amer. p. 121, tab. 80.

Arbrisseau haut de 8 à 12 pieds. Rameaux nombreux, garnis d'épines rectilignes, solitaires ou ternées, axillaires. Écorce verte et luisante. Feuilles fasciculées, pennées, multifoliolées; pétiole commun comprimé, long d'un pied; folioles petites, oblongues. Fleurs odorantes, disposées en grappes simples, axillaires, terminales, subdécemflores. Pétales jaunes : le supérieur panaché de rouge.

Cette espèce est employée aux Antilles pour former des clôtures qui se recommandent autant par leur solidité, que par leur aspect fleuri dans toutes les saisons. Son accroissement est très-rapide; elle fructifie dès la première année.

Genre CADIA. — *Cadia* Forsk.

Calice campanulé, profondément quinquéfide, glanduleux antérieurement à la base. Corolle à 5 pétales égaux, insérés au calice. Étamines 10; filets gibbeux et géniculés à la base. Ovaire stipité. Stigmate sessile, pointu. Légume linéaire, polysperme, bivalve, courtement stipité.

Ce genre se compose d'une seule espèce, originaire de l'Yémen. On la cultive dans nos collections de serre à cause de l'élégance de ses fleurs.

CADIA POURPRE. — *Cadia varia* L'Hér. — *Cadia purpurea* Willd. — *Spaendoncea tamarindifolia* Desf. — Herb. de l'Amat. vol. 6.

Arbrisseau inerme, haut de 8 à 12 pieds. Feuilles imparipennées, multifoliolées; folioles alternes ou opposées, petites, luisantes, coriaces, linéaires-oblongues. Pédoncules solitaires, axillaires, uniflores, plus courts que les feuilles. Fleurs penchées, d'un pouce de diamètre, d'abord blanches, ensuite roses ou purpurines.

Genre CAROUBIER. — *Ceratonia* Linn.

Fleurs polygames ou dioïques. Calice à 5 sépales soudés à la base. Corolle nulle. Étamines 5. Stigmate sessile, orbiculaire. Légume allongé, aplati, épais, indéhiscent, pulpeux et isthmé en dedans, polysperme.

Feuilles paripennées. Fleurs petites, rougeâtres, en grappes naissant le long des rameaux, sur le vieux bois. Pulpe du légume mangeable.

Le Caroubier indigène est la seule espèce du genre. Molina en indique une autre au Chili, mais il est probable que c'est un *Prosopis*.

CAROUBIER CULTIVÉ. — *Ceratonia Siliqua* Linn. — Cav. Ic. tab. 113. — Blackw. Herb. 1, tab. 209. — Duham. Arb. ed. nov. vol. 2, p. 254, tab. 58.

Arbre de 20 à 30 pieds de haut. Tronc fort gros. Branches formant une tête arrondie. Bois rougeâtre, très-dur. Feuilles presque sessiles, de 8 à 10 folioles coriaces, lisses, penninervées, obovales ou arrondies. Fleurs d'un pourpre foncé, en grappes longues de 2 à 3 pouces. Légumes bruns, pendants.

Le Caroubier croît spontanément en Orient, et il se trouve naturalisé dans toutes les contrées voisines de la Méditerranée. C'est surtout au royaume de Valence et dans quelques autres parties de l'Espagne que sa culture est très-répandue. Selon Cavanilles, cet arbre est, après l'Olivier, le plus intéressant pour l'Espagne. Dans le nord de la France, le Caroubier ne résiste en plein air qu'à l'abri d'un mur exposé au midi, et on ne le voit fructifier que très-rarement.

Les fruits du Caroubier contiennent une pulpe sucrée, un peu laxative, qui sert quelquefois d'aliment; mais l'emploi le plus universel des Caroubes est pour engraisser les bestiaux, et même pour tenir lieu d'orge ou d'avoine aux chevaux. Les Égyptiens en retirent un sirop dans lequel ils font confire les Tamarins et autres fruits. En Orient, on en préparait anciennement une espèce de vin par la fermentation, et aujourd'hui les musulmans de ces pays mêlent les Caroubes aux ingrédients des sorbets. Dans le nord de l'Europe, ces gousses entrent dans la composition des tisanes pectorales et rafraîchissantes.

Le bois du Caroubier est dur, veiné, d'un beau rouge foncé, propre aux ouvrages de menuiserie et de marqueterie ; mais l'aubier en est tendre et très-abondant. L'écorce et les feuilles servent à tanner les cuirs.

Genre JONÉSIA. — *Jonesia* Roxb.

Calice coloré, accompagné à la base de deux bractéoles ovales arrondies, opposées ; tube infondibuliforme, long, charnu, resserré à la gorge ; limbe à 4 lobes étalés, ovales. Corolle nulle. Étamines 8 (quelquefois 7 ou 9), insérées à la gorge du calice, saillantes, libres ou partiellement soudées par la base. Ovaire à stipe adné inférieurement au tube calicinal. Style filiforme. Légume 4-8-sperme, comprimé, plane, acinaciforme, calleux aux sutures.

Ce genre, outre l'espèce que nous allons citer, en renferme une autre de Sumatra, laquelle n'est qu'imparfaitement connue.

JONÉSIA ASJOGAM.—*Jonesia Asoga* Roxb.—Hort. Malab. 5, tab. 59. — *Saraca indica* Linn.

Arbre élégant, toujours vert, à tronc haut d'environ 15 pieds. Branches peu nombreuses, étalées. Feuilles grandes, paripennées, 2- ou 3-juguées ; folioles opposées, coriaces, luisantes, oblongues, pointues, longues de 5 à 6 pouces, sur 2 pouces de large. Fleurs odorantes, jaunes, fasciculées ; pédicelles allongés, inégaux. Étamines très-longues : filets rouges ; anthères d'un pourpre foncé.

Cet arbre croît dans une grande partie de l'Inde. Les brahmanes lui donnent le nom d'*Asjogam*. Il est consacré aux divinités du pays, et on le cultive autour de leurs temples, pour l'employer aux cérémonies religieuses.

Genre BARYXYLE. — *Baryxylum* Lour.

Calice à 5 sépales ovales-oblongs, égaux, réfléchis, caducs. Pétales 5, arrondis, presque égaux, crépus, courtement onguiculés. Étamines 10, libres, inégales. Style filiforme. Légume épais, obtus, subcylindracé, un peu courbé, polysperme. Graines arrondies, anguleuses.

On ne connaît de ce genre que l'espèce suivante.

BARYXYLE A BOIS ROUX. — *Baryxylum rufum* Lour. Flor. Cochinch.

Arbre de première grandeur. Rameaux ascendants, inermes. Feuilles paripennées, paucijuguées, glabres. Folioles petites, oblongues, obtuses, très-entières. Fleurs jaunes, en grappes lâches, terminales.

Cet arbre, indigène dans les montagnes élevées du nord de la Cochinchine, est remarquable par la dureté peu commune de son bois, qui le rend comparable à du fer. On en fait des colonnes capables de supporter les plus grands fardeaux.

Genre TAMARINIER. — *Tamarindus* Linn.

Calice turbiné; limbe divisé en 4 lobes inégaux, caducs, réfléchis : les 3 supérieurs oblongs; l'inférieur large, bidenté au sommet. Pétales 3, alternes avec les sépales supérieurs : les 2 latéraux ovales; l'intermédiaire cuculliforme. Étamines 9 ou 10; filets inégaux : 2 ou 3 longs, monadelphes, anthérifères; les 7 autres courts, stériles. Style subulé. Légume acinaciforme, comprimé, uniloculaire, indéhiscent, 3-6-sperme; sarcocarpe pulpeux. Graines ovales-quadrangulaires, obliquement tronquées dans la région du hile. Cotylédons à base inégale.

Arbres à feuilles paripennées, multifoliolées. Fleurs en grappes, d'un blanc jaunâtre.

Les Tamariniers offrent beaucoup d'intérêt sous le rapport de leurs propriétés médicinales. Le genre est borné aux deux espèces suivantes.

TAMARINIER DE L'INDE.—*Tamarindus indica* Linn. —Hort. Malab. 1, tab. 23. — Rumph. Amb. 2, tab. 23. — Blackw. Herb. tab. 221.—Turpin, in Chaum. Fl. Méd. Ic.

Folioles elliptiques, obtuses, entières, inéquilatérales à la base,

Grappes terminales , pendantes , 5-8-flores. Légumes 8-12-spermes, au moins 6 fois plus longs que larges.

Grand arbre. Tronc très-gros. Écorce noirâtre, ridée. Rameaux longs, étalés, formant une tête touffue à la manière de celle du Tilleul. Bois dur, pesant, blanchâtre et rayé de noir, ou même à noyau noir comme l'ébène, dans les vieux individus. Feuilles à 15-18 paires de folioles longues de 6 à 10 lignes. Pédicelles filiformes, un peu arqués, plus longs que les fleurs. Légumes longs de 3 à 6 pouces, contenant une pulpe épaisse entre les deux écorces des valves.

Cette espèce croît dans la plus grande partie de l'Asie équatoriale , ainsi que dans l'intérieur de l'Afrique. On la cultive dans l'Afrique septentrionale, et même dans les parties les plus méridionales de l'Europe.

Tamarinier d'Amérique.—*Tamarindus occidentalis* Gærtn. Fruct. 2 , tab. 146. —Jacq. Am. tab. 179.

Folioles apiculées, oblongues, entières. Grappes lâches, pendantes, décemflores, de la longueur des feuilles. Légumes 1-4-spermes, presque arrondis, 2 ou 3 fois plus longs que larges.

Arbre très-élevé. Tronc droit, fort gros. Cime ample et touffue. Feuilles le plus souvent à 7 paires de folioles. Fleurs odorantes. Bractées de couleur rose. Pétales jaunes, veinés de rouge. La grandeur et la forme du légume varient selon le nombre de graines qu'il contient.

Cette espèce est indigène dans les Antilles et dans la Nouvelle-Espagne.

La partie charnue du fruit des deux espèces de Tamariniers que nous venons de décrire est la pulpe connue sous le nom de *Tamarin*. Cette substance acide est rafraîchissante et calmante, lorsqu'elle est délayée dans une quantité suffisante d'eau; prise à forte dose, au contraire, elle est purgative. D'après l'analyse de Vauquelin, le Tamarin contient plusieurs acides végétaux, du sucre, de la gomme, et presque les deux tiers de son poids d'amidon.

La pulpe de Tamarin est d'un fréquent emploi dans les pays

chauds , comme ingrédient des sorbets et d'autres boissons rafraîchissantes. On en prépare aussi, avec du sucre ou du miel , des
confitures très-recherchées. Les médecins d'Europe prescrivent
le Tamarin comme remède adoucissant et relâchant.

Genre CASSE. — *Cassia* Linn.

Calice à 5 sépales caducs, plus ou moins inégaux. Pétales
5, inégaux. Étamines 10, inégales : 3 inférieures, plus longues ; 4 latérales, moyennes, dressées ; et 3 supérieures,
très-courtes, à anthères abortives, difformes. Anthères déhiscentes par le sommet. Légume de forme très-variable.
Périsperme corné.

Arbres, arbrisseaux , ou herbes. Feuilles paripennées,
pauci- ou multijuguées. Pétioles souvent glandulifères.
Folioles opposées.

Les Casses forment un grand genre, très-naturel par les
organes floraux, mais très-varié quant à la forme et à la structure du fruit. On en connaît environ deux cents espèces,
la plupart indigènes dans la zone équatoriale. Plusieurs
sont importantes par leurs propriétés médicinales ; d'autres
se distinguent comme plantes d'ornement.

Section Iʳᵉ. FISTULA Dec.

*Légumes cylindriques, indéhiscents, ligneux, transversale-
ment multiloculaires. Loges monospermes, remplies de pulpe.
Anthères s'ouvrant par 2 fentes apicilaires. Graines horizontales.* (Cathartocarpus Pers.)

Casse Canéficier.—*Cassia Fistula* Linn.—Gærtn. Fruct. 2,
tab. 147, fig. 1. — Nect. Voy. Égypt. p. 21 , tab. 4. — Turp.
in Chaum. Fl. Méd. Ic.

Feuilles 4-6-juguées ; folioles ovales, pointues, glabres. Pétioles non glanduleux. Grappes axillaires, pendantes, lâches.
Pétales 3 fois plus longs que le calice. Légume rectiligne, lisse,
noir, long d'un pied et plus.

Grand arbre indigène dans l'Inde et en Égypte. Il est cultivé et naturalisé dans l'Amérique intertropicale. Son port ressemble à celui du Noyer. Ses fruits se trouvent dans le commerce sous le nom de *Casse en bâtons*. La pulpe sucrée et acidule qu'ils contiennent est un purgatif fort doux, qu'on peut prendre sans inconvénient à la dose de plusieurs onces.

Section II. CHAMÆFISTULA Dec.

Légumes cylindracés, indéhiscents, minces, transversalement multiloculaires. Loges monospermes, non pulpeuses. Anthères s'ouvrant par 2 pores apicilaires.

Casse corymbifère. — *Cassia corymbosa* Lamk. — Jacq. Fragm. tab. 101, fig. 1. — *Cassia crassifolia* Orteg. — *Cassia falcata* Dum. Cours.

Feuilles bi- ou trijuguées. Folioles oblongues-lancéolées, subfalciformes. Pétiole glandulifère entre la première paire de folioles. Grappes axillaires, subquinquéflores, plus courtes que les feuilles. Pédicelles allongés, en corymbe. Légumes allongés, étroits, acuminés.

Cette espèce croît à Buénos-Ayres. On la cultive dans nos serres comme plante d'ornement.

Casse grandiflore. — *Cassia grandiflora* Desf. (non Pers.) — *Cassia lævigata* Willd.

Feuilles quadrijuguées. Folioles ovales-lancéolées, acuminées. Pétiole glandulifère entre chaque paire de folioles. Grappes axillaires, de la longueur des feuilles. Pédicelles en corymbe.

Cette espèce est indigène dans la Nouvelle-Espagne. C'est un arbrisseau d'ornement fort élégant, qu'on cultive souvent dans nos serres et dans les jardins de la France méridionale.

Section III. SENNA Tourn.

Anthères s'ouvrant par 2 pores apicilaires. Légumes membraneux, aplatis, transversalement multiloculaires, presque indéhiscents, bosselés, non pulpeux.

Casse a feuilles obovales. — *Cassia obovata* Collad. Monogr. tab. 15, fig. 8. — *Cassia Senna* Lamk. Ill. tab. 332, fig. 2, a, b, c, et fig. 3, b, f, g. — Jacq. fil. Écl. 1, tab. 87.

Feuilles 4-7-juguées. Folioles obovales, obtuses. Pétioles non glandulifères. Stipules subulées. Grappes plus longues que les feuilles. Légumes subréniformes, légèrement pubescents.

Arbrisseau abondant dans les déserts de la haute Égypte, au Sénégal et dans l'intérieur de l'Afrique. Il est cultivé en grand en Italie.

Casse a feuilles lancéolées. — *Cassia lanceolata* Forsk. — Lamk. Ill. tab. 332, fig. 2, c, et 3, a. — *Cassia acutifolia* Delil. Ægypt. p. 75, tab. 27, fig. 1.

Feuilles 4-8-juguées. Folioles ovales-lancéolées, pointues. Pétiole glandulifère. Grappes axillaires. Légumes presque rectilignes, glabres.

Cette espèce, ainsi que la précédente, et peut-être plusieurs autres, fournissent le *Séné*. Les *Follicules de Séné* ne sont autre chose que les légumes de ces mêmes plantes. La première produit le *Séné de Tripoli*, qu'on importe d'Égypte. Le *Séné d'Italie* ou de *Malte* provient de la même plante cultivée dans l'Europe australe. Les feuilles que l'on récolte sur la *Casse à feuilles lancéolées* se trouvent dans le commerce sous le nom de *Séné d'Alexandrie* ou *du Levant* : c'est là qualité la plus estimée. Souvent on mélange le Séné avec des feuilles de Baguenaudier ou de *Cynanchum Arghel*. Tout le monde connaît l'emploi du Séné comme purgatif. Les anciens médecins arabes introduisirent ce remède dans notre thérapeutique.

Section IV. CHAMÆSENNA Dec.

Anthères oblongues, s'ouvrant par 2 pores apicilaires. Légumes étroits, comprimés, déhiscents, transversalement multiloculaires, non pulpeux.

Casse du Maryland. — *Cassia marylandica* Linn. — Dill. Elth. tab. 260, fig. 359.

Feuilles plurifoliolées. Folioles oblongues, obtuses, mucronulées, glauques en dessous. Pétioles uniglanduleux vers la base, poilus de même que la tige. Stipules subulées. Grappes axillaires, multiflores, 2 ou 3 fois plus courtes que les feuilles. Pédicelles presqu'en corymbe, bractéolés. Légumes poilus, linéaires, bosselés.

Herbe vivace, touffue, haute de 3 à 4 pieds. Tiges peu rameuses. Fleurs nombreuses, d'un beau jaune.

Cette plante habite les États-Unis d'Amérique. On la cultive dans nos parterres; elle est très-rustique et se multiplie facilement de graines et d'éclats. En Amérique, on emploie ses feuilles en guise de Séné, car elles possèdent également des propriétés purgatives très-efficaces.

Genre COPAYER. — *Copaifera* Linn.

Calice petit, à 4 divisions profondes, étalées, égales. Corolle nulle. Étamines 10, presque égales. Style filiforme. Légume stipité, comprimé, elliptique, bivalve, coriace, monosperme. Graine enveloppée dans une arille charnue; radicule sublatérale.

Arbres résineux. Feuilles paripennées; folioles alternes, inégales. Fleurs en panicule.

Ce genre se compose de cinq espèces, indigènes dans l'Amérique équatoriale. Nous nous bornons à faire mention de la suivante, remarquable par le baume qu'elle produit. Les quatre autres fournissent peut-être la même substance, mais elles ne sont connues que très-imparfaitement.

COPAYER OFFICINAL. — *Copaifera officinalis* Linn. —Humb. Bonpl. et Kunth, Nov. Gen. vol. 7, tab. 659. — Jacq. Am. tab. 8.— Turpin, in Chaum. Fl. Méd. tab. 132.

Arbre de 50 à 60 pieds de haut; bois d'un rouge foncé. Branches étalées; rameaux glabres, flexueux. Feuilles à 3 ou 4 paires de folioles longues d'environ 3 lignes, persistantes, ovales-lancéolées, glabres, ponctuées. Panicules axillaires, de la longueur des feuilles. Fleurs petites, blanches.

Cet arbre est indigène dans les Antilles et dans le continent de l'Amérique méridionale jusqu'au Brésil. On en obtient le *Baume de Copahu*, en pratiquant des incisions profondes dans l'écorce. Ce baume est fluide, d'une odeur forte et pénétrante, et d'une sa-

veur très-acre. C'est un remède stimulant très-actif que nos médecins prescrivent souvent avec succès. Les peintres s'en servent
dans la peinture à l'huile, et pour la composition de plusieurs
vernis. Le bois du Copayer, à cause de sa dureté et de sa belle
couleur rouge, est recherché par les ébénistes et les menui-
siers; il est également employé dans la teinture. Les singes aiment
beaucoup les graines de cet arbre, qui, à ce qu'on assure, pourraient même servir de nourriture à l'homme.

Genre CYNOMÈTRE. — *Cynometra* Linn.

Calice caduc, non bractéolé, à 4 sépales légèrement soudés par la base, réfléchis, pénicillés au sommet. Corolle à 5
pétales oblongs, égaux. Étamines 10, libres; anthères bifides au sommet. Légume semi-orbiculaire, onciné, charnu,
tuberculeux, indébiscent, uniloculaire, monosperme. Graine
réniforme, remplissant la cavité de la loge; cotylédons subcordiformes, arrondis.

Arbres. Feuilles alternes, à une seule paire de folioles inéquilatérales. Fleurs rouges, petites, naissant du tronc ou
des branches.

Ce genre, composé de deux espèces reconnues et de deux
autres qu'on y rapporte avec doute, est propre à l'Inde et aux
îles voisines. Nous allons faire mention de celle qui offre le
plus d'intérêt.

CYNOMÈTRE A TRONC FLORIFÈRE. — *Cynometra cauliflora*
Linn. — Rumph. Amb. 1, tab. 62.

Tronc florifère. Feuilles subsessiles; folioles (longues de 3 à 4
pouces, sur 6 lignes de large) ovales-lancéolées, échancrées.
Fleurs en grappes pédonculées, fasciculées, plus ou moins allongées. Pédicelles bractéolés.

Cet arbre curieux, nommé par les Malais *Nam-nam*, est propre
aux Moluques. Sa manière de croître et son inflorescence sont fort
singulières. Le tronc, divisé en plusieurs grosses branches à la
hauteur de quelques pieds au-dessus du sol, offre des sillons tellement profonds, qu'il semble une agglomération de plusieurs

arbres. Les racines, arquées et noueuses, s'élèvent au-dessus de
terre, et s'entrelacent d'une manière bizarre. Les rameaux forment
une cime touffue. Le feuillage, lorsqu'il commence à se développ-
per, est d'un rouge vif, et ressemble de loin à des fleurs. Les
grappes des véritables fleurs de l'arbre naissent par paquets, et
couvrent de gros tubercules épars sur toute la surface du tronc et
même sur les racines ; on n'en voit que très-rarement sur les branches. Le fruit, long d'environ deux pouces et demi, sur dix-huit
lignes d'épaisseur, est revêtu d'une pellicule mince, tuberculeuse,
d'un jaune verdâtre. La chair en est ferme, blanche, peu succulente,
d'abord très-astringente, mais douceâtre à l'époque de la maturité.
On mange ces fruits, soit crus, soit accommodés de différentes ma-
nières. Avec du sucre et du vin, on en fait des compotes excellentes. La graine n'est point comestible, à cause de son astringence.

Genre ÉPÉRUA. — *Eperua* Aubl.

Calice urcéolé, quadriparti, persistant, coriace ; lobes
oblongs, obtus, concaves : le supérieur plus large. Corolle à
un seul pétale arrondi, convoluté, fimbrié, inséré à la gorge
du calice. Étamines au nombre de 10 ; filets infléchis : 9 monadelphes par la base ; le dixième libre. Ovaire stipité. Style
très-long, courbé, obtus, filiforme. Légume coriace, cotonneux, comprimé, falciforme, bivalve, 1-4-sperme.

Ce genre, remarquable par la structure de sa corolle, ne
contient que l'espèce suivante, indigène dans la Guiane.

ÉPÉRUA FALCIFORME. — *Eperua falcata* Aubl. Guian.
tab. 162. — *Dimorpha falcata* Swartz.

Arbre très-rameux. Feuilles alternes, paripennées, 2- ou 3-ju-
guées. Folioles grandes, opposées, subsessiles, ovales-oblongues, pointues, glabres, très-entières. Stipules petites, caduques. Panicules terminales et axillaires, pendantes, composées
de grappes alternes, écartées, nombreuses, grêles, multiflores.
Pédoncules communs longs de 3 pieds et plus. Corolle rouge.
Légume long de 7 pouces, sur 2 pouces et plus de large.

Cet arbre, nommé *Vouapa* par les Galibis, s'élève jusqu'à soixante pieds, et acquiert deux ou trois pieds de diamètre. Son écorce est rougeâtre. Son bois, de même couleur, est dur, compacte, huileux, et résiste long-temps à l'humidité de la terre.

Genre PARIVÉ. — *Parivoa* Aubl.

Calice urcéolé, dibractéolé à la base; limbe 3-4-parti: lobes ovales, obtus. Corolle à un seul pétale grand, arrondi, crénelé, dressé, roulé en cornet, inséré au fond du calice. Étamines 10, insérées un peu au-dessus du pétale; 9 des filets monadelphes par la base, le dixième libre; anthères tétragones, incombantes. Ovaire stipité. Style long, filiforme, pointu. Légume ligneux, comprimé, large, obovale, apiculé, bivalve, uniloculaire, monosperme.

Ce genre se distingue, comme le précédent, par la structure particulière de sa fleur. On n'en connaît que deux espèces; nous allons décrire la plus intéressante.

PARIVÉ GRANDIFLORE. — *Parivoa grandiflora* Aubl. Guian. tab. 3o3.

Grand arbre à rameaux vagues. Feuilles alternes, paripennées, 3- ou 4-juguées; pétiole commun long d'un demi-pied; folioles opposées, pétiolulées, écartées, glabres, coriaces, luisantes, ovales, acuminées. Stipules petites, caduques. Grappes lâches, terminales et axillaires.

Cette espèce croît sur le bord des rivières de la Guiane. Les Galibis la nomment *Vouapa*. Son tronc s'élève à une trentaine de pieds de haut, et acquiert souvent un diamètre de deux pieds; son bois est rougeâtre, très-solide et compacte : les pilotis qu'on en construit sont fort durables. Le pétale unique dont se compose la corolle est de couleur purpurine et de près de deux pouces de long.

Genre OUTÉA. — *Outea* Aubl.

Calice dibractéolé à la base, turbiné, quinquédenté. Corolle à 5 pétales insérés à la gorge du calice : les 4 inférieurs petits, étalés, arrondis; le supérieur, grand, dressé, oblong, obtus, ondulé. Étamines au nombre de 4; filets libres : l'un d'eux stérile, court, inséré au-dessous du pétale supérieur; les 3 autres fertiles, filiformes, très-longs, insérés au-dessous des pétales inférieurs. Ovaire oblong, porté sur un long gynophore filiforme; anthères tétragones, incombantes. Style long. Stigmate arrondi, concave. Légume comprimé, uniloculaire.

Arbres. Feuilles imparipennées. Fleurs en grappes.

Ce genre se rapproche des Vochysiacées par la structure singulière de ses fleurs, qui ont aussi quelque ressemblance avec celles des Capparidées. On en connaît deux espèces, dont trois habitent la Guiane, et une l'Inde. La plus remarquable est la suivante.

Outéa d'Aublet.—*Outea guianensis* Aubl. Guian. tab. 9. — *Macrolobium pinnatum* Willd. — *Macrolobium Utea* Gmel. Syst.

Feuilles à 2 paires de folioles lisses, fermes, elliptiques, échancrées, subcunéiformes à la base. Grappes axillaires, lâches, plus longues que les feuilles; pédicelles étalés, bractéolés. Filet stérile velu. Étamines fertiles 3 fois plus longues que le pétale supérieur.

Arbre à tronc haut d'une cinquantaine de pieds sur un pied de diamètre. Écorce lisse, grisâtre. Bois assez compacte; l'aubier blanc, le noyau rougeâtre. Rameaux nombreux, vagues. Fleurs violettes. Pétale supérieur long de 6 à 9 lignes.

Cette espèce croît à la Guiane; elle est nommée *Joutay* par les Galibis.

Genre VOUAPA. — *Vouapa* Aubl.

Calice dibractéolé, tubuleux, quadrifide. Corolle à un seul pétale dressé, plane, onguiculé, ondulé au sommet, inséré à la base du calice. Étamines au nombre de 3, ayant même insertion que le pétale. Ovaire stipité. Style filiforme, obtus. Légume stipité, coriace, large, bivalve, uniloculaire, monosperme. Graine grosse, comprimée, arrondie.

Arbres. Feuilles à une seule paire de folioles. Fleurs petites, en grappes.

Ce genre, peu distinct du précédent, appartient à la Guiane et renferme trois espèces. Les deux suivantes méritent d'être citées.

VOUAPA BIFOLIOLÉ. — *Vouapa bifolia* Aubl. Guian. tab. 7. — *Macrolobium hymenæoides* Willd. — *Macrolobium Vouapa* Gmel. Syst. — *Macrolobium bifolium* Pers.

Folioles sessiles, glabres, inéquilatérales, très-entières, ovales-lancéolées, acuminées. Grappes axillaires et terminales, denses, plus courtes que les feuilles ; bractées arrondies, concaves. Étamines de la longueur du pétale. Légume obovale, apiculé, à suture supérieure marginée.

Tronc haut de 60 pieds et plus, sur 3 à 4 pieds de diamètre. Écorce lisse, grisâtre ; bois rougeâtre, très-compacte. Branches tortueuses. Folioles longues d'environ 5 pouces, sur 2 pouces de large. Légume jaunâtre, long de 4 à 5 pouces, large de 3 pouces.

Cet arbre est nommé *Vouapa* par les naturels de la Guiane. Lorsqu'on fait des incisions dans le tronc, il en suinte une matière huileuse. Son bois est réputé incorruptible, sous l'eau comme dans la terre ; aussi est-il un des plus recherchés, à Cayenne, pour les constructions de toute espèce, de même que pour la menuiserie, le charronnage, etc.

VOUAPA A BOIS VIOLET. — *Vouapa Simira* Aubl. Guian. tab. 9.

Folioles pétiolulées, glabres, équilatérales, entières, elliptiques, acuminées. Légume arrondi, non marginé.

Tronc haut d'environ 80 pieds, sur 4 pieds de diamètre. Écorce rougeâtre, ridée, très-épaisse. Bois dur, compacte, de couleur violette.

Cette espèce est un des arbres les plus majestueux de la Guiane. Elle n'est pas moins intéressante par les propriétés tinctoriales de son bois, qui paraissent être absolument les mêmes que celles du Bois de Campêche. Les naturels de la Guiane lui donnent le nom de *Simira ;* mais cette dénomination est souvent générique, et ils l'emploient pour désigner indistinctement tous les arbres dont ils tirent des teintures rouges ou violettes.

Genre COURBARIL. — *Hymenœa* Linn.

Calice dibractéolé, turbiné : tube coriace, persistant ; limbe 4- ou 5-parti, caduc. Pétales 5, presque égaux, glanduleux. Étamines 10 ; filets renflés au milieu. Style filiforme. Légume ovale-oblong, ligneux, uniloculaire, farineux en dedans, polysperme. Cotylédons charnus. Radicule globuleuse.

Arbres. Feuilles bifoliolées. Fleurs en corymbe.

On connaît cinq espèces de *Courbaril :* une de Madagascar, et quatre de l'Amérique équatoriale. Les deux suivantes offrent le plus d'intérêt.

COURBARIL COMMUN. — *Hymenœa Courbaril* Linn.— Lamk. Ill. tab. 330, fig. 1.— Turpin, in Dict. des Sc. Nat. Ic.

Folioles coriaces, oblongues, obtuses, mucronulées, inéquilatérales à la base. Grappes paniculées. Légumes épais, non tuberculeux, stipités, polyspermes.

Arbre de première grandeur. Bois dur, compacte, rougeâtre ; écorce épaisse, rugueuse, d'un brun noirâtre. Branches étalées, très-rameuses. Folioles luisantes, ponctuées, longues d'environ 3 pouces. Fleurs purpurines. Légume long de 4 à 6 pouces, sur 2 pouces de large.

Le *Courbaril* croît aux Antilles, dans la Nouvelle-Espagne, à la Guiane et au Brésil. C'est un des plus grands arbres de ces contrées. Il fournit un bois recherché, tant pour les constructions, à cause de sa longue durée, que pour l'ébénisterie, en raison du beau poli dont il est susceptible. La résine connue sous le nom de *Gomme Animé* découle spontanément, et en abondance, de l'écorce du Courbaril. Cette résine, comme on sait, entre dans la composition de plusieurs vernis indispensables aux peintres ; elle ne se dissout que dans l'alcool presque pur, et brûle en répandant une odeur agréable. En Amérique, elle est employée à faire des fumigations contre les rhumatismes et les catarrhes. La

pulpe farineuse qui remplit l'intérieur du légume du Courbaril a
un goût de pain d'épice, et sert d'aliment aux Indiens.

Courbaril fleuri. — *Hymenæa floribunda* Kunth, Nov.
Gen. vol. 6, tab. 567.

Folioles oblongues, subacuminées, inégales à la base, coriaces,
glabres. Panicules cotonneuses - ferrugineuses, axillaires, rameuses. Ovaires non stipités, quadriovulés. Légumes ovales, hérissés, 1-2-spermes, non stipités.

Arbre de première grandeur, très-rameux. Bois rouge, très-
dur. Rameaux tortueux, fragiles. Ramules verruqueux, glabres.
Folioles longues de 4 à 5 pouces; sur 19 à 20 lignes de large.
Panicules longues de 3 à 4 pouces. Fleurs blanches, de la grandeur de celles de la Filipendule.

Cette espèce a été observée par MM. de Humboldt et Bonpland,
dans la Guiane espagnole, aux environs d'Angostura. Les colons
l'appellent *Zapatero* et *Nazarena*. Ils font de son bois les meules
qui servent à écraser la Canne à sucre.

Genre BAUHINIA. — *Bauhinia* Linn.

Calice quinquéfide ou spathacé. Pétales 5, étalés, inégaux :
le supérieur ordinairement écarté des autres. Étamines 10,
tantôt diadelphes (les 9 filets soudés stériles, le filet libre
seulement anthérifère), tantôt légèrement monadelphes à
la base et toutes fertiles, ou 5 stériles et 5 fertiles, ou 7 stériles et 3 fertiles. Ovaire allongé, stipité. Légume uniloculaire, bivalve, polysperme. Graines comprimées, ovales;
radicule ovale; cotylédons planes.

Arbres ou arbrisseaux. Feuilles simples, partagées en 2
lobes plus ou moins profonds, 2-5-nervés. Fleurs en grappes.

Les *Bauhinia* sont de magnifiques lianes dont les tiges, volubiles et sarmenteuses, sont roulées comme des serpents autour des arbres qui leur servent de soutien, et que souvent
elles étouffent sous leurs replis. Leurs fleurs offrent, en général, une admirable richesse de couleurs.

Ce genre ne dépasse guère les limites de la zone équatoriale. On en connaît environ soixante espèces, la plupart de l'Amérique équatoriale et de l'Inde. Plusieurs sont cultivées en Europe pour l'ornement des serres. Nous allons faire mention des espèces les plus curieuses.

Section Ire. CASPARIA Kunth. — Déc. Prodr.

Étamines diadelphes : les 9 filets soudés courts, stériles ; le filet libre grêle, anthérifère. Ovaire stipité. — Grappes terminales, simples, non feuillées.

Bauhinia acuminé. — *Bauhinia acuminata* Linn. — Hort. Malab. 1, tab. 34.

Feuilles glabres, subcordiformes, à 2 lobes ovales-acuminés, parallèles, quadrinervés. Pétales ovales-elliptiques, subsessiles. Légumes oblongs, rétrécis aux deux bouts.

Cette espèce croît au Malabar. Elle est remarquable par ses grandes fleurs blanches qui se succèdent durant presque toute l'année. La décoction des racines passe, dans l'Inde, pour un bon remède sudorifique et dépuratif.

Bauhinia auriculé. — *Bauhinia aurita* Ait. H. Kew. — Mill. Ic. tab. 61.

Feuilles glabres, cordiformes à la base, à 2 lobes courts, oblongs-lancéolés, subparallèles, 8-nervés. Pétales ovales, courtement stipités.

Cette espèce croît à la Jamaïque.

Section II. PAULETIA Cav. — Dec. Prodr.

Étamines monadelphes par la base, toutes fertiles ou alternativement fertiles et stériles.

Bauhinia Pauletia. — *Bauhinia Pauletia* Pers. Syn. — *Pauletia aculeata* Cav. Ic. tab. 410. — *Bauhinia spinosa* Poir. — *Bauhinia bahamensis* Spreng. Syst.

Épines stipulaires. Feuilles glabres, arrondies à la base, à 2 lobes ovales, obtus, 4-nervés, parallèles. Pédoncules axillaires, biflores, en grappes feuillées. Pétales et sépales linéaires,

pointus. Étamines fertiles beaucoup plus longues que les stériles.
— Fleurs d'un jaune tirant sur le rouge.

Cette espèce croît aux environs de Panama.

BAUHINIA ÉPINEUX. — *Bauhinia spinosa* Linn. — Plum. ed.
Burm. tab. 44, fig. 1. — Jacq. Am. tab. 177, fig. 2.

Épines stipulaires. Feuilles glabres, subcordiformes à la base,
à 2 lobes obtus, fort courts. Pétales lancéolés, incisés-crénelés.
Étamines toutes fertiles, beaucoup plus courtes que la corolle.

Arbrisseau de la hauteur d'un homme. Fleurs blanches, longues d'environ 2 pouces.

Cette espèce croît aux environs de Caracas. On la cultive dans
nos serres.

BAUHINIA PANACHÉ. — *Bauhinia variegata* Linn. — Hort.
Malab. vol. 6, tab. 35.

Inerme. Feuilles glabres, cordiformes à la base, à 2 lobes
courts, 5-nervés, obtus, ovales-elliptiques. Pétales elliptiques,
subsessiles. Étamines fertiles plus longues que les stériles.

Petit arbre très-rameux, dont le tronc, qui a 6 pouces de diamètre, atteint une hauteur de 12 pieds. Il est couvert, durant
une grande partie de l'année, de charmantes fleurs, semblables
à de petites roses panachées de pourpre et de jaune.

SECTION III. SYMPHOPODA Dec. Lég. et Prodr.

Étamines légèrement monadelphes par la base : 3 fertiles,
très-longues ; les 7 autres stériles, fort courtes ou nulles.
Ovaire à stipe adhérent au calice. — Rameaux cylindriques.

BAUHINIA POURPRE. — *Bauhinia purpurea* Linn. — Hort.
Malab. vol. 1, tab. 33.

Feuilles coriaces, subcordiformes à la base, couvertes en dessous d'un duvet ferrugineux (les adultes presque glabres), à 2
lobes, ovales-elliptiques, obtus, 4-nervés. Pétales lancéolés,
pointus. Légume linéaire, rectiligne, long d'un pied.

Cette espèce est, comme la précédente, indigène dans l'Inde,
et se distingue par des fleurs purpurines de près de trois pouces
de diamètre. Ces fleurs ont des propriétés purgatives.

SECTION IV. PHANERA Lour. — Dec. Prodr.

Étamines légèrement monadelphes par la base : 3 très-lon-
gues, fertiles ; 7 très-courtes, stériles. Ovaire subsessile.
— Tiges et rameaux comprimés, sarmenteux.

BAUHINIA SERPENT.—*Bauhinia anguina* Roxb. Corom. tab.
285.—Hort. Malab. vol. 8, tab. 30 et 31. — *Bauhinia scan-*
dens Linn. (excl. syn. Rumph.)

Tiges flexueuses, comprimées, cirrifères. Feuilles glabres,
cordiformes, à 2 lobes acuminés, 3-nervés. Fleurs en panicule
terminale. Calice urcéolé, 5-denté. Corolle petite, blanche. Légume 1-2-sperme.

Cette liane est commune dans une grande partie de l'Inde. Au
Malabar elle porte le nom de *Naga Valli*, de même que plusieurs
autres espèces, dont les troncs flexueux peuvent être comparés
aux replis d'un serpent.

BAUHINIA DES MOLUQUES. —*Bauhinia Lingua* Dec. Prodr.
— *Bauhinia scandens* Linn. — Rumph. Amb. 5, tab. 1.

Tiges flexueuses, anguleuses; rameaux comprimés, cirrifères.
Feuilles velues en dessous, cordiformes à la base, à 2 lobes semi-ovales, acuminés. Grappes pauciflores, dressées. Pétales lancéolés, pointus.

Cette espèce est une des lianes les plus communes dans les
forêts des Moluques. Son tronc a souvent un pied de diamètre. Il
suinte de son écorce une gomme semblable à celle d'Arabie. Les
pétales, d'abord blancs, deviennent jaunes après l'anthèse.

BAUHINIA ÉCARLATE. — *Bauhinia coccinea* Dec. Prodr. —
Phanera coccinea Lour. Fl. Cochinch.

Tige comprimée; rameaux sarmenteux, cirrifères. Feuilles cordiformes, ferrugineuses-soyeuses en dessous, à 2 lobes 4-nervés,
semi-ovales, acuminés. Grappes pédonculées, longues, pendantes. Pétales ovales, de couleur écarlate. Légume polysperme.
Cette plante croît dans les forêts de la Cochinchine.

SECTION V. CAULOTRETUS Rich. — Dec. Prodr.

Étamines 10, toutes fertiles, souvent plus courtes que les pé-
tales. Calice renflé, quinquédenté, subbilobé. Ovaire
sessile. —Tiges ordinairement grimpantes.

BAUHINIA ATIMOUTA. — *Bauhinia Atimouta.* Aubl. Guian.
tab. 144.

Tronc et rameaux flexueux, comprimés, cirrifères. Feuilles
partagées jusqu'à la base en 2 lobes parallèles, 4-nervés, semi-
ovales, acuminés; soyeux en dessous. Stipules orbiculaires,
obliques. Grappes courtes, denses.

On trouve cette magnifique liane dans les grandes forêts de la
Guiane. Les naturels lui donnent le nom d'*Atimouta.* Son tronc
flexueux s'accroche au moyen de longues vrilles spiralées, et
pousse des sarments alternes, également flexueux et cirrifères,
qui ne se divisent en rameaux feuillés qu'après être parvenus à
la cime des arbres. Les feuilles ont près d'un pied de long, et le
duvet soyeux de leur face inférieure est d'un jaune d'or.

BAUHINIA GLABRE. — *Bauhinia glabra* Jacq. Am. tab. 173,
fig. 3.

Tige grimpante; rameaux cylindriques. Feuilles glabres, cordiformes à la base, partagées jusqu'au milieu en 2 lobes semi-
elliptiques, obtus, parallèles, 4-nervés. Pétales ovales, rétrécis à la base. Ovaire hérissé.

Cette espèce croît dans l'Amérique méridionale. Sa corolle est
d'un jaune verdâtre panaché de pourpre.

BAUHINIA ODORANT. — *Bauhinia suaveolens* Kunth, Nov.
Gen.

Tige comprimée, cirrifère. Feuilles membranacées, pubescentes
en dessous, cordiformes, partagées jusqu'au milieu en deux lobes
ovales, obtus, 4-5-nervés. Grappes axillaires et terminales.
Calices soyeux.—Pétales de couleur blanche.

Cette espèce croît dans l'Amérique méridionale.

Genre GAINIER. — *Cercis* Linn.

Calice turbiné, gibbeux à la base, à 5 dents arrondies. Corolle subpapilionacée, à 5 pétales libres ; ailes plus grandes que l'étendard. Étamines 10, libres, inégales, déclinées. Anthères allongées, incombantes. Ovaire substipité. Légume chartacé, aplati, oblong, rétréci aux deux bouts, uniloculaire, polysperme ; suture supérieure marginée, indéhiscente. Graines obovales ; périsperme corné, assez épais.

Arbres. Feuilles simples, pétiolées, entières, multinervées, cordiformes à la base, naissant après les fleurs. Pédicelles caulinaires et raméaires, fasciculés, uniflores.

Ce genre est limité aux deux espèces dont nous allons parler.

Gainier Arbre de Judée. — *Cercis Siliquastrum* Linn. — Duham. ed. nov. vol. 1, p. 17, tab. 7. — Bot. Mag. tab. 1138. — Schkuhr, Handb. tab. 112.

Feuilles réniformes-arrondies, très-obtuses, glabres.

Arbre de moyenne grandeur ; branches étalées ; rameaux lisses. Feuilles plus larges que longues, presque réniformes, très-obtuses, quelquefois mucronulées, 7-nervées, veineuses. Stipules caduques, membraneuses, ciliolées. Fleurs en faisceaux nombreux, épars à la partie supérieure du tronc et le long des branches. Dents calicinales pubescentes aux bords. Corolle d'un rose vif, ou, dans quelques variétés, couleur de chair ou blanche. Légumes bruns, persistant quelquefois une année après leur maturité.

Ce Gainier, nommé vulgairement *Arbre de Judée,* croît spontanément dans les contrées voisines de la Méditerranée, en Europe, en Afrique et en Asie. Plusieurs voyageurs l'indiquent aussi en Perse et en Boukharie. Il supporte parfaitement le climat des environs de Paris, et tout le monde sait qu'il produit un effet charmant dans nos jardins au retour du printemps, lorsque toutes ses branches, et même une partie de son tronc, se couvrent de fleurs d'un rose plus ou moins vif, ou quelquefois blanches. Son feuillage est également d'un aspect très-agréable ; la sécheresse ne le fait point jaunir, et jamais il n'est rongé par les vers. Cet arbre supporte très-bien le ciseau, et, par cette raison, il se prête à merveille à former des palissades, des boules, des tonnelles, etc. Son bois, dur et fort compacte, peut être employé à l'ébénisterie. Dans quelques endroits, on confit les boutons de fleurs dans du vinaigre, en guise de câpres.

GAÎNIER DU CANADA. — *Cercis canadensis* Linn. — Mill. Ic. tab. 2.

Feuilles subcordiformes-arrondies, acuminées, pubescentes en dessous, ou velues aux aisselles des nervures. Légumes stipités.

Petit arbre, haut de 15 à 30 pieds; branches un peu tortueuses, à écorce lisse, grisâtre. Fascicules de 6 à 8 fleurs. Calice pubescent aux bords. Corolle d'un rose plus ou moins vif.

Cette espèce, très-semblable à celle d'Europe, croît dans les États-Unis, depuis la Caroline jusqu'au Canada. On la cultive également dans nos parcs et dans nos bosquets, mais elle y est moins commune que l'Arbre de Judée. Elle résiste à un climat beaucoup plus rigoureux que le nôtre ; ce qui la rend intéressante pour les pays plus septentrionaux que la France.

Genre ALOËXYLE. — *Aloexylum* Lour.

Calice à 4 sépales pointus, caducs : le sépale inférieur falciforme, 2 fois plus court que les sépales supérieurs. Corolle à 5 pétales inégaux. Étamines 10, libres. Style filiforme. Légume falciforme, ligneux, monosperme. Graine oblongue, courbée, arillée.

Rameaux dressés. Feuilles simples. Fleurs terminales.

Ce genre est borné à l'espèce dont nous allons faire mention.

ALOËXYLE AGALLOCHE. — *Aloexylum Agallochum* Lour. Flor. Cochinch.—*Cynometra Agallocha* Spr. Syst. —Rumph. Amb. 2, tab. 9.

Arbre de première grandeur; écorce fibreuse, mince, lisse, brunâtre. Feuilles alternes, pétiolées, très-entières, coriaces, glabres, lancéolées, longues d'environ 8 pouces. Pédoncules terminaux, multiflores.

Cet arbre, connu seulement par les descriptions très-incomplètes de Rumphius et de Loureiro, croît dans les montagnes élevées du nord de la Cochinchine. Il produit la substance autrefois si célèbre sous le nom d'*Agalloche* ou *Bois d'Aloès*. Dans son état naturel, le bois de l'arbre est blanc et inodore; mais, par l'effet d'un état maladif qui résulte sans doute de l'âge des individus, il devient spongieux et s'imprègne d'une résine amère et aromatique : c'est alors qu'on le récolte. De temps immémorial, l'*Agalloche* est recherché en Asie, et principalement dans l'Inde, comme une des substances les plus précieuses. Les habitants de ces contrées lui attribuent des vertus merveilleuses contre toutes les maladies, et le brûlent comme encens dans les temples de leurs divinités. Autrefois on l'employait aussi dans notre matière médicale, mais il est retombé en oubli depuis long-temps. Les Cochinchinois font du papier avec l'écorce de l'Aloëxyle.

Genre DIALE. — *Dialium* Burm.

Calice quinquéparti : sépales presque égaux, obtus, concaves. Corolle nulle ou à un seul pétale inséré entre les étamines. Étamines 2, insérées au bord antérieur du réceptacle; anthères épaisses, dressées. Ovaire substipité, ovoïde, comprimé, uniloculaire, biovulé. Style arqué. Légume velouté, indéhiscent, pulpeux en dedans, souvent monosperme. Graines ovoïdes, comprimées.

Arbres. Feuilles imparipennées, glabres. Fleurs petites, paniculées.

Ce genre, remarquable par la structure de ses fleurs, est limité à quatre ou cinq espèces, dont une croît à la Guiane et les autres dans l'Afrique équatoriale. Voici l'espèce qui mérite d'être mentionnée ici.

DIALE LUISANT. — *Dialium nitidum* Guill. et Perrott. in Fl.
Seneg. vol. 1, pag. 267, tab. 59.— *Dialium guineense* Willd.
—*Codarium nitidum* et *Codarium Solandri* Vahl. — *Codarium acutifolium* et *Codarium obtusifolium* Vahl.—Dec. Prodr.

Arbre très-rameux, haut de 15 à 20 pieds. Tronc tortueux ;
écorce grisâtre. Rameaux divariqués, étalés, inclinés. Feuilles
à 2 paires de folioles coriaces, luisantes, glabres, souvent
alternes, ovales ou ovales-oblongues, acuminées ou quelquefois
obtuses, longues de 3 à 4 pouces ; larges de 18 à 24 lignes.
Panicule subdichotome. Calice ferrugineux, velouté ; sépales
ovales, concaves. Corolle ordinairement nulle dans les fleurs
latérales des cimules. Légume mince, substipité, obliquement
arrondi, recouvert d'un duvet noirâtre très-épais.

Cette espèce croît dans la Sénégambie et en Guinée. Les nègres
de la presqu'île du cap Vert l'appellent *Solum* ou *Sorum*. Ses
feuilles, d'une couleur vert-glauque, sont comme vernissées
en dessus. Les fruits contiennent une pulpe farineuse légèrement humide, dont la saveur acidule est très-agréable : les nègres
et les singes s'en régalent.

Genre DÉTARE. — *Detarium* Adans.

Calice quadriparti. Corolle nulle. Étamines 10 ; filets très-
légèrement soudés par la base, alternativement plus longs.
Ovaire sessile, ovoïde, très-velu, uniloculaire, contenant 2
ovules appendants. Style arqué ; stigmate capitellé. Drupe
orbiculaire, charnu : noyau osseux, anfractueux, uniloculaire, monosperme. Graine conforme au noyau ; cotylédons
farineux, blancs ; radicule petite, conique.

Arbres. Feuilles imparipennées ou paripennées ; folioles
alternes, ponctuées. Fleurs en panicules subdichotomes,
naissant sur le vieux bois à la base des jeunes ramules.

Ce genre se rapproche beaucoup des Amygdalées et des
Chrysobalanées. Il est propre à l'Afrique équatoriale, et ne
renferme encore que les deux espèces dont nous allons parler.

DÉTARE DU SÉNÉGAL. — *Detarium senegalense* Gmel. Syst. — Dec. Prodr. — Guill. et Perrott. in Fl. Seneg. v. 1, p. 269, tab. 60.

Tronc tortueux. Rameaux très-longs, étalés. Folioles petites, ovales-oblongues, obtuses ou échancrées, légèrement crénelées. Drupe ovoïde-sphérique, comprimé : noyau fibreux. Graine irrégulièrement ovale, comprimée, un peu ridée.

Arbre très-rameux, haut de 20 à 25 pieds. Tronc tortueux, d'un pied environ de diamètre ; écorce rimeuse, brunâtre. Feuilles à 7-11 folioles subsessiles, coriaces, longues d'environ 11 lignes, sur 6 à 8 lignes de large. Stipules foliacées, falciformes, velues, caduques. Fleurs petites, brunâtres. Panicules extra-axillaires, plus courtes que les feuilles. Drupe du volume d'un abricot, recouvert d'une peau d'un gris verdâtre ; chair verte, farineuse, douceâtre, entremêlée de nombreuses fibres procédant du noyau, lequel ressemble à celui de la pêche.

Cet arbre a été observé par MM. Perrottet et Lepricur sur les bords de la Gambie ; il porte dans le pays les noms de *Detakh* et *Datakh*. Les nègres font une grande consommation de ses fruits, qu'on apporte en quantités considérables aux marchés de Gorée et de Saint-Louis. M. Perrottet pense que les graines pourraient être employées également comme substance alimentaire.

On trouve dans les mêmes contrées une variété de ce végétal à fruit amer, laquelle, selon M. Perrottet, ne se distingue guère de l'espèce à fruits mangeables ; les nègres même, à ce qu'il assure, s'y trompent fréquemment, et ne reconnaissent leur méprise qu'après avoir goûté le fruit. Ils regardent celui-ci comme un poison violent, et lui donnent le nom de *Niey Detakh*, qui signifie *Détare des Éléphants*.

DÉTARE A PETITS FRUITS. — *Detarium microcarpum* Guill. et Perrott. in Fl. Seneg. vol. 1, p. 271.

Tronc droit. Rameaux presque dressés. Folioles échancrées, ovales-oblongues, légèrement crénelées au sommet. Drupe presque sphérique, comprimé. Graine orbiculaire, comprimée, lisse.

Arbre rameux, haut de 20 à 25 pieds. Tronc d'environ 10 pouces de diamètre; écorce grisâtre, presque lisse. Feuilles à 8-12 folioles subsessiles, longues de 2 $^1/_2$ à 3 pouces, larges d'un pouce. Stipules lancéolées, caduques. Drupe de la grosseur d'une prune de Reine-Claude : peau d'un vert jaunâtre, recouvrant une chair jaunâtre, entremêlée d'un grand nombre de fibres.

Cet arbre a été observé par MM. Leprieur et Perrottet sur les bords de la Gambie, près d'*Albreida*, et dans le pays de Cayor. Les nègres le nomment *Dank*. Son fruit est beaucoup plus petit que celui de l'espèce précédente, mais d'une saveur plus sucrée et aromatique; on en apporte de grandes quantités au marché de Gorée. Les feuilles de l'arbre sont très-odorantes.

SECTION II. **GEOFFROYÉES.** — *Geoffroyeæ* Dec. Prodr.

Corolle papilionacée ou subpapilionacée. Étamines monadelphes ou diadelphes.

Genre ARACHIDE. — *Arachis* Linn.

Tube calicinal long, pédicelliforme; limbe bilabié, caduc. Corolle papilionacée, renversée, insérée à la gorge du calice. Étamines diadelphes (9 et 1), ayant même insertion que la corolle; le filet libre · stérile ou abortif. Ovaire stipité, inclus au fond du calice. Style filiforme, très-long. Légume subcylindracé, ovale - oblong, étranglé, réticulé, mince, obtus aux deux bouts, 2-4-sperme.

Ce genre ne renferme que l'espèce que nous allons décrire.

ARACHIDE PISTACHE DE TERRE. —*Arachis hypogæa* Linn. — Trew, Ehret. tab. 3, fig. 3. —Rumph. Amb. 5, tab. 136. — Turp. in. Dict. des Sciences Nat. Ic.

Herbe annuelle, rameuse, hérissée de poils mous. Feuilles

pétiolées, à 2 paires de folioles obovales, entières, obtuses. Stipules adnées au pétiole, inéquilatérales, acérées. Fleurs petites, jaunes, axillaires, sessiles, ordinairement géminées. Limbe calicinal à 4 lanières linéaires : 3 supérieures; une inférieure. Après la fécondation, le stipe de l'ovaire, d'abord court, s'allonge peu à peu, et finit par élever celui-ci au-dessus du tube calicinal, lequel persiste sous la forme d'un pédoncule; alors le jeune fruit se recourbe vers la terre, s'y enfonce et y accomplit sa maturation à plusieurs pouces au-dessous de la surface.

La *Pistache de terre* est une production fort utile dans les contrées assez chaudes pour qu'elle y réussisse. Il paraît que la plante est originaire de l'Amérique équatoriale; on la cultive généralement dans les deux Indes, en Chine, au Sénégal, et dans le midi des États-Unis. Depuis plusieurs années, elle commence à se répandre dans la France méridionale. Il lui faut une terre très-meuble, dans laquelle ses fruits puissent s'enfoncer sans difficulté; alors elle donne des récoltes abondantes.

Les *Pistaches de terre* ont la grosseur des noisettes, et une saveur analogue; mais ce goût est accompagné d'une certaine âcreté qui ne disparaît que par la torréfaction. Les habitants de la Nouvelle-Espagne et les nègres en font grand cas. Ces graines sont saturées d'une huile grasse, égale en qualité à la meilleure huile d'olive et se conservant fort long-temps sans rancir. On assure aussi que les *Pistaches de terre* sont la meilleure des substances avec lesquelles on a essayé de remplacer le Cacao dans la fabrication du chocolat. Les feuilles et les tiges vertes de la plante sont un fort bon fourrage.

Genre VOANDZÉIA — *Voandzeia* Pet. Thouars.

Fleurs polygames. — *Fleurs hermaphrodites :* Calice campanulé. Corolle papilionacée, à ailes horizontales. Étamines diadelphes. Style courbé en dedans, hérissé. — *Fleurs femelles* subsolitaires sur des pédoncules réfléchis. Calice campanulé. Pétales et étamines nuls. Ovaire biovulé. Style court. Stigmate onciné. Légume arrondi, charnu, monosperme par avortement. — Pédoncules s'enfonçant en terre après la floraison, comme ceux de l'*Arachide*.

L'espèce dont nous allons parler est la seule de ce genre.

Voandzéia souterrain. — *Voandzeia subterranea* Pet. Thouars.—*Glycine subterranea* Linn. fil. Decad. tab. 17.

Herbe à tiges rampantes, divisées en rameaux étalés. Feuilles composées de 3 folioles oblongues, obtuses; pétiole commun long de 3 à 4 pouces. Pédoncules courts, axillaires, inclinés : ceux des fleurs hermaphrodites biflores. Corolle jaune; ailes oblongues, étalées horizontalement; étendard ovale, strié.

Cette plante est cultivée à Madagascar, aux îles de France et de Bourbon, au Sénégal et dans d'autres parties de l'Afrique, ainsi qu'au Brésil et à Surinam. Ses graines sont huileuses et alimentaires comme les Pistaches de terre.

Genre ANDIRA. — *Andira* Lamk.

Calice turbiné, à 5 dents presque égales, pointues, dressées. Corolle papilionacée; étendard arrondi, échancré, plus long que la carène. Étamines diadelphes (9 et 1). Ovaire triovulé. Drupe stipité, suborbiculaire, uniloculaire, monosperme.

Arbres inermes. Feuilles imparipennées; folioles opposées, pétiolulées, stipellées. Fleurs purpurines, disposées en panicules terminales.

Ce genre, qui peut-être n'est pas bien distinct du *Geoffrœa*, renferme cinq ou six espèces, indigènes dans l'Amérique équatoriale. Plusieurs ont des propriétés anthelmintiques très-prononcées. Les fleurs de toutes sont magnifiques. Les espèces les plus intéressantes sont les suivantes.

Andira a grappes.— *Andira racemosa* Lamk. Dict.—Pis. Bras. p. 81, fig. 2.

Arbre haut de 40 à 50 pieds, à tête ample et étalée. Tronc d'environ 3 pieds de diamètre; bois dur, d'un rouge noirâtre à l'intérieur. Feuilles à 7-9 folioles lancéolées, pointues, très-entières, opposées. Fleurs petites, en grappes terminales paniculées. Drupe ovoïde, de la grosseur d'un œuf de poule, parsemé de points blanchâtres.

Cet arbre croît au Brésil, à Cayenne et aux Antilles. L'écorce, le bois et le fruit sont très-amers. L'amande de la graine possède des propriétés anthelmintiques très-efficaces; Pison assure qu'elle devient même un poison à la dose d'un scrupule.

ANDIRA INERME. — *Andira inermis* Kunth. — *Geoffrœa inermis* Swartz, Fl. Ind. Occid. — Wright. Phil. Trans. 1777, p. 512, tab. 70.

Feuilles à 13 ou 15 folioles ovales-lancéolées, pointues, glabres. Fleurs paniculées; pédicelles fort courts. Calices urcéolés, couverts d'un duvet ferrugineux.

Arbre très-élevé. Tronc droit, élancé, mais d'une grosseur médiocre en comparaison de sa hauteur. Rameaux lisses, étalés, non épineux. Feuilles longues de près d'un pied. Panicule ample, dressée, très-rameuse. Fleurs purpurines. Drupe vert, dur, du volume d'une prune : écorce et amande très-astringentes.

On trouve cet arbre aux Antilles et à la Guiane. Son écorce est un remède anthelmintique précieux, mais à forte dose l'usage en devient dangereux et même mortel. Le bois est dur et susceptible d'un beau poli.

Genre GEOFFRÉA. — *Geoffrœa* Jacq.

Calice campanulé, subbilabié, semi-quinquéfide. Corolle papilionacée; ailes et carène presque égales, plus courtes que l'étendard. Étamines diadelphes (9 et 1). Ovaire biovulé. Drupe uniloculaire, monosperme.

Arbres. Feuilles imparipennées. Grappes simples ou paniculées, axillaires.

Ce genre et le précédent sont fort curieux en ce que leurs fleurs sont celles des Papilionacées, tandis que leurs fruits et leurs graines ne diffèrent en rien de ceux des Amygdalées. La plupart des *Geoffrœa* produisent de superbes fleurs. Les drupes ou les amandes de quelques-uns sont mangeables ; dans d'autres, au contraire, le fruit est d'une astringence horrible. On connaît cinq ou six espèces de *Geoffrœa ;* elles sont indigènes dans l'Amérique équatoriale, à l'exception d'une seule qui habite le Sénégal. Nous devons nous borner à mentionner les deux suivantes.

GEOFFRÉA MAGNIFIQUE.—*Geoffrœa superba* Humb. et Bonpl. Pl. Équat. tab. 100.

Tronc et rameaux inermes. Feuilles à 13-17 folioles alternes ou opposées, subsessiles, oblongues, arrondies aux deux bouts, très-entières, poilues, quelquefois rétuses. Grappes simples, axillaires, longuement pédonculées. Fleurs pédicellées, penchées. Drupes pendants, ellipsoïdes, pointus.

Cet arbre croît sur les bords du fleuve des Amazones. Les habitants de ces contrées lui donnent le nom d'*Almendron*, c'est-à-dire *Amandier*, à cause de la ressemblance de son fruit avec une coque d'amande. La graine est très-huileuse, et d'une saveur analogue à celle du Cacao. Les fleurs, de la grandeur de celles du Genêt d'Espagne, sont d'une belle couleur jaune avec des veines rouges.

GEOFFRÉA ÉPINEUX. — *Geoffrœa spinosa* Jacq. Am. tab. 180, fig. 62.

Tronc et rameaux garnis de longues épines éparses. Feuilles à 13-15 folioles oblongues, obtuses, entières. Grappes simples, denses, axillaires. Fleurs subsessiles.

Petit arbre haut d'environ 12 pieds. Fleurs d'un brun jaunâtre.

Cette espèce est indigène dans la Nouvelle-Espagne. Ses fleurs répandent une odeur fétide. La chair du drupe, jaunâtre et molle, est d'une saveur douce peu agréable. L'amande est astringente et farineuse.

Genre BROUNÉA. — *Brownea* Jacq.

Calice pétaloïde, accompagné d'une spathelle de même nature, subbilabiée ou bifide; tube persistant, infondibuliforme ; limbe caduc, à 5 lobes plus ou moins profonds. Corolle à 5 pétales onguiculés. Étamines 10 - 15 ; filets soudés en gaîne fendue longitudinalement. Ovaire à stipe adné au tube du calice. Style filiforme. Légume acinaciforme, comprimé, uniloculaire, polysperme. Graines ovales, enveloppées dans une arille de fibres spongieuses.

Arbrisseaux. Feuilles paripennées ; folioles opposées, entières. Gemmes stipulaires, très-longues. Fleurs grandes, roses ou écarlates, capitulées ou fasciculées, naissant de bourgeons axillaires ou raméaires.

Ce genre se distingue autant par la beauté que par la structure de ses fleurs. La singularité de la gemmation n'est pas moins digne d'attention. On aperçoit d'abord de longs bourgeons cylindriques, formés des stipules imbriquées par les bords. Les feuilles, au moment de percer cette enveloppe, sont déjà fort grandes, mais flasques et comme passées à l'eau bouillante ; les folioles, ordinairement colorées en rouge, restent très-long-temps dans cet état avant d'acquérir de la consistance.

Les sept espèces connues habitent la Colombie et les Antilles. Les plus remarquables sont les suivantes.

BROUNÉA ÉCARLATE. — *Brownea coccinea* Jacq. Am. tab. 121.

Feuilles à 2 ou 3 paires de folioles ovales, acuminées, glabres, subsessiles. Fleurs fasciculées, pendantes, décandres. Spathelle ferrugineuse, bilabiée. Pétales obovales, planes, obtus, étalés, un peu moins longs que le calice.

Petit arbre haut d'environ 20 pieds ; bois dur, jaunâtre. Fleurs de 3 pouces de long. Corolle écarlate.

Cette espèce croît dans les forêts voisines du golfe de Vénézuéla.

BROUNÉA A GRAPPES. — *Brownea racemosa* Jacq. Fragm. tab. 16.

Feuilles à 1-4 paires de folioles inéquilatérales, oblongues ou ovales-oblongues, acuminées, glanduliferes à la base. Fleurs décandres ou endécandres, pédicellées, disposées en grappes. Bractées caduques. Spathelle ferrugineuse, obliquement tronquée, bidentée. Calice pubescent, quadrilobé. Pétales obovales, arrondis, ondulés, dressés, plus longs que le calice. — Fleurs longues de 2 pouces, de couleur pourpre.

Cet arbrisseau croît dans la province de Caracas.

BROUNÉA A LARGES FEUILLES. — *Brownea latifolia* Jacq. Fragm. tab. 17.

Feuilles à 1-3 paires de folioles glabres, obovales, acuminées. Fleurs fasciculées, subsessiles, dressées, endécandres. Spathelle bilabiée, tubuleuse, ferrugineuse. Calice quadrilobé. Pétales obovales, arrondis, ondulés, dressés, de la longueur du calice.

Cet arbrisseau croît dans les mêmes contrées que le précédent. Ses folioles atteignent jusqu'à un demi-pied de long, sur trois ou quatre pouces de large. Les fleurs, longues de deux pouces, sont purpurines.

BROUNÉA A GROS CAPITULES. — *Brownea grandiceps* Jacq. Coll. 3, tab. 22. — Ejusd. Fragm. tab. 22 et 23.

Feuilles à environ 12 paires de folioles lancéolées-oblongues, acuminées. Fleurs endécandres, disposées en épis capituliformes, munis d'un involucre à la base. Bractées persistantes. Spathelle tubuleuse, bilabiée, pubescente. Pétales oblongs, dressés, 2 fois plus longs que le calice.

Ce végétal magnifique croît dans les forêts des montagnes de la Nouvelle-Espagne. Ses feuilles atteignent près de deux pieds de long. Avant leur parfait développement, les folioles sont brunâtres et marbrées de vert. Les fleurs, d'un rose vif, forment des épis très-serrés d'un demi-pied de long sur quatre pouces de large.

Genre AMHERSTIA. — *Amherstia* Wallich.

Calice coloré, dibractéolé: tube long, cylindrique; limbe partagé en 4 lobes étalés. Corolle à 5 pétales inégaux : les 2 inférieurs petits, subulés; les 2 latéraux cunéiformes, diva-

riqués ; le supérieur très-grand, relevé, obcordiforme, onguiculé. Étamines 10 , toutes fertiles, insérées à la gorge du
calice. 9 filets soudés en gaîne, libres supérieurement, alternativement longs et fort courts; le dixième filet libre.
Ovaire stipité, falciforme, 4-6-ovulé; stipe adné au tube
du calice. Style filiforme. Stigmate petit; convexe. Légume
stipité, plane, oblong, oligosperme, acuminé.

Ce genre ne renferme qu'une espèce, observée par M. Wallich dans le royaume des Birmans.

AMHERSTIA MAGNIFIQUE. — *Amherstia nobilis* Wallich, Pl.
Asiat. Rar. tab. 1.

Arbre de 30 à 40 pieds de haut. Tronc épais, haut de 10 à 12
pieds. Écorce raboteuse, grisâtre. Cime ample, touffue. Ramules
glabres, cylindriques, glauques. Feuilles éparses, pétiolées, longues d'un pied à un pied et demi, paripennées, 6-8-juguées; folioles pétiolulées, opposées, très-entières, oblongues, cuspidées,
glabres en dessus, glauques et légèrement pubescentes en dessous, longues de 6 à 12 pouces. Stipules grandes, foliacées, lancéolées. Grappes longues, axillaires, pendantes. Pédicelles uniflores, grêles, longs de 5 pouces. Fleurs inodores, éparses,
rapprochées. Bractées coriaces, lancéolées, opposées, longues de
2 à 3 pouces.

Cet arbre est, sans contredit, la production la plus magnifique
de toute la classe des Calophytes, et il serait difficile d'en
trouver une autre dans le règne végétal qui lui fût supérieure à
cet égard. Les jeunes feuilles, teintes de pourpre, sont glauques
et pendantes, de même que les ramules. Les grappes, également
inclinées, atteignent jusqu'à trois pieds de long sur un pied et demi
de diamètre à la base. Chaque fleur est de la longueur de la main,
sur deux pouces de large. Les pédoncules, les bractées, les calices et les pétales sont colorés de l'écarlate le plus brillant. Le
pétale supérieur offre un disque blanc et une grande tache jaune
au sommet; cette tache est bordée d'un cercle purpurin. Les pétales latéraux sont également tachés de jaune au sommet.

Le nom birman de ce végétal est *Thoka*. M. Wallich n'en a

observé que deux individus, plantés près d'un *Kioum* (espèce de couvent), aux environs de la ville de Martaban. Les Birmans portaient journellement les fleurs en offrande aux idoles de leur pays.

Genre TONKA. — *Dipterix* Schreb.

Calice turbiné, à 5 lobes inégaux : 2 supérieurs; 2 latéraux, plus grands, aliformes; le cinquième, inférieur, petit. Corolle pentapétale, papilionacée. Étamines 8 ou 10; filets soudés en gaîne fendue longitudinalement. Style ascendant. Drupe ovoïde, comprimé, épais, uniloculaire, monosperme. Graine ovale-oblongue, pendante.

Feuilles coriaces, panipennées. Fleurs paniculées.

Ce genre se compose de deux espèces, indigènes dans la Guiane. La suivante mérite une mention particulière.

TONKA ODORANT.—*Dipterix odorata* Willd.—*Coumarouna odorata* Aubl. Guian. 3, tab. 296.—*Baryosma Tonka* Gærtn.

Arbre à tronc de 60 à 80 pieds de haut, sur 3 à 4 pieds de diamètre; bois dur et compacte, brun au centre, blanchâtre à la circonférence. Pétiole commun marginé, long d'un pied; folioles 5 ou 6, alternes, ovales, pointues, entières, lisses, inéquilatérales, subsessiles. Panicules axillaires et terminales. Fleurs octandres. Calice rougeâtre, trilobé. Corolle d'un pourpre lavé de violet. Drupe ovoïde : écorce charnue, filandreuse, épaisse, adhérente à un noyau dur, sec, comprimé.

Le *Tonka* croît dans les forêts de la Guiane; les naturels du pays l'appellent *Coumarou*. Ils emploient son écorce et son bois aux mêmes usages que le Gayac. Ses graines sont les *Fèves de Tonka* si fréquemment employées en Europe pour parfumer le tabac. L'odeur agréable de ces graines est due à l'acide benzoïque qu'elles contiennent.

Genre MORINGA. — *Moringa* Burm.

Calice pétaloïde, à 5 sépales presque égaux, oblongs, caducs, légèrement soudés à la base. Pétales 5, presque égaux, oblongs : le supérieur ascendant. Étamines 10, inégales, libres; 5 des filets quelquefois stériles. Anthères arrondies. Style filiforme, pointu. Légume fongueux, allongé, trigone, sillonné, trivalve, isthmé. Graines unisériées, trigones ou triptères, apérispermées, solitaires dans chaque rétrécissement. Embryon rectiligne. Cotylédons épais, huileux, restant renfermés dans le test pendant la germination.

Arbres. Feuilles bi- ou tripennées avec impaire. Fleurs en panicules thyrsiformes, axillaires ou subterminales.

La structure du fruit des *Moringa* diffère de celle qu'on observe dans toutes les autres plantes de la classe des Calophytes; mais, par son port et par ses fleurs, ce genre est assez voisin de la famille des Césalpiniées. M. R. Brown considère les *Moringa* comme types d'une famille particulière, à laquelle il donne le nom de *Moringées*.

M. Decandolle admet quatre espèces de *Moringa;* elles sont toutes indigènes dans l'Asie équatoriale. Les plus remarquables sont les suivantes.

MORINGA A GRAINES TRIPTÈRES. — *Moringa pterigosperma* Gærtn. Fruct. 2, p. 314, tab. 147. — Hort. Malab. 6., tab. 11. —Turpin, in Chaum. Fl. Méd. tab. 63.—*Guilandina Moringa* Linn. —*Hyperanthera Moringa* Vahl. —*Moringa oleifera* Lamk. —*Moringa zeylanica* Pers.

Étamines alternativement fertiles et stériles. Gousses triquètres. Graines à 3 angles ailés.

Arbre de grandeur moyenne. Tronc d'environ 5 pieds de circonférence. Bois mou, blanchâtre. Feuilles amples, pétiolées; pennules à 5-9 folioles ovales ou ovales-oblongues, obtuses, glabres. Panicules plus courtes que les feuilles. Fleurs blanches. Gousse de la grosseur du pouce, longue de plus d'un pied, fongueuse, mucronée, légèrement bosselée, d'un brun tirant sur le jaune. Graines ovales-arrondies, rougeâtres, assez grosses, bordées de 3 membranes blanches peu adhérentes.

Cet arbre croît dans l'Inde et dans les Moluques. Les Hindous lui donnent le nom de *Moringa;* et les Malais celui de *Ben.* Ces peuples ont coutume de le planter autour des habitations. Ses fleurs, inodores pendant le jour, exhalent une odeur agréable vers le coucher du soleil. L'écorce de la racine de ce *Moringa* a une saveur analogue à celle du raifort; les Malais l'emploient comme assaisonnement. Le suc des feuilles passe pour dépuratif, antisyphilitique et emménagogue. Rheede dit que les jeunes gousses sont un aliment très-recherché par les habitants du Malabar, qui les mangent en guise de haricots verts, après les avoir lessivées. On croit généralement, mais à tort, que l'*Huile de Ben* est exprimée des graines de cette espèce.

MORINGA A GOUSSES POLYGONES. — *Moringa polygona* Dec. Prodr. — *Anoma Moringa* Lour. Flor. Coch. — Clus. Exot. p. 278, Ic. — Burm. Zeyl. p. 162, tab. 75.

Étamines toutes fertiles. Gousses polygones. Graines à 3 angles ailés.

Arbre de moyenne grandeur; rameaux étalés. Folioles ovales, glabres, petites. Fleurs blanches. Panicules éparses, dressées, subterminales. Gousses subulées, suboctogones. Graines arrondies, à 3 ailes membraneuses.

Cette espèce, selon Loureiro, croît dans toutes les parties de l'Inde. Il paraît qu'elle a été confondue par Linné et par la plupart des auteurs, avec la précédente, dont elle ne diffère ni par le port, ni par les propriétés.

MORINGA APTÈRE. — *Moringa aptera* Gærtn. Fruct. 2, p. 215.

Gousses trigones, rostrées, souvent toruleuses. Graines arrondies, trigones, non ailées.

Panicules lâches, très-amples, presque aussi longues que les feuilles. Gousses grêles, profondément sillonnées, brunâtres, longues d'un pied et plus.

Cette espèce, dont nous avons eu occasion de voir des gousses et des panicules florifères, est certainement très-différente de toutes ses congénères. M. Bové, ancien directeur des jardins d'Ibrahim Pacha, nous apprend qu'elle croît dans l'Yémen, et qu'on en cultive quelques individus dans les jardins du Caire. Nous tenons de la même source que c'est des graines de ce *Mo-*

ringa qu'on exprime l'huile grasse célèbre sous le nom d'*Huile de Ben*. On avait cru généralement jusqu'aujourd'hui que cette huile provenait du *Moringa à graines triptères;* opinion qui n'est soutenue ni par le témoignage de Rumphius, ni par celui de Rheede ou de Loureiro.

L'*Huile de Ben* est précieuse pour les parfumeurs, parce qu'elle est inodore et qu'elle ne rancit jamais. Autrefois on la préconisait comme médicament; mais son emploi en thérapeutique est, sinon abandonné, du moins fort restreint aujourd'hui.

TROISIÈME FAMILLE.

LES SWARTZIÉES. — *SWARTZIEÆ*.

(*Swartzieæ* Dec. Légum. Mém. XI, et Prodr. vol. 2, p. 422. — Bartl.
Ord. Nat. p. 413.)

Ce petit groupe a été établi par M. Decandolle comme
sous-ordre dans ses Légumineuses. Il ne se compose
que d'environ vingt espèces, indigènes dans l'Amérique
équatoriale, à l'exception de deux qui habitent l'A-
frique intertropicale.

Un nombre fort limité de Swartziées offre des par-
ticularités assez intéressantes pour trouver place dans
ce recueil.

Caractères de la famille.

Arbres inermes.

Feuilles imparipennées ou unifoliolées, éparses,
stipulées.

Fleurs hermaphrodites, irrégulières, disposées en
grappe, ou géminées, ou ternées dans les aisselles des
feuilles.

Calice inadhérent, monophylle avant l'anthèse, s'é-
panouissant en plusieurs pièces irrégulières.

Disque ordinairement inapparent.

Corolle 5-3- ou 1-pétale, irrégulière, caduque (quelquefois nulle).

Étamines 10, ou en nombre indéfini, unisériées, hypogynes (par exception périgynes), quelquefois de
longueur inégale. Filets libres ou diversement soudés.

Pistil : Ovaire solitaire, pluriovulé ; ovules superposés, adnés à la suture supérieure. Style terminal. Stigmate très-simple.

Péricarpe : Légume bivalve, uniloculaire, oligosperme, souvent stipité.

Graines munies d'une arille incomplète. Périsperme nul. Embryon curviligne : radicule appointante; cotylédons épais.

Voici les genres qui rentrent dans cette famille.

A. Étamines hypogynes.

Swartzia Willd. (Possira Aubl. Rittera Schreb. Hœltzelia Schreb. Tounatea Aubl.)—*Baphia* Afzel.—*Zollernia* Mart.

B. Étamines périgynes.

Calycandra Rich. fil.

Genre SWARTZIA.—Swartzia Willd.

Calice formant avant l'anthèse un bouton globuleux sans lobes distincts, s'épanouissant de la base au sommet en plusieurs pièces irrégulières. Corolle à un seul pétale, ou rarement à 3, dont un plus grand que les 2 autres, plane, latéral, quelquefois nul. Étamines 10-15 ou 25, ou en nombre indéfini, hypogynes : 2 ou 4 des filets quelquefois plus longs et stériles; les autres presque toujours plus ou moins soudés par la base. Légume stipité, bivalve.

Feuilles unifoliolées ou imparipennées. Fleurs en grappes axillaires.

Ce genre contient dix-huit espèces, toutes indigènes aux Antilles ou dans l'Amérique méridionale. Voici les plus notables.

SECTION Ire.

Fleurs unipétales ou rarement à 3 pétales inégaux.

SWARTZIA COTONNEUX. — *Swartzia tomentosa* Dec. Lég.

Mém. XI, tab. 59. — *Robinia Panacoco* Aubl. Guian. tab. 307
(excl. flor. et fruct.)

Rameaux et pétioles veloutés. Feuilles imparipennées, 3-7-
foliolées ; folioles inégales, ovales-oblongues, veloutées en dessous. Stipules suborbiculaires. Grappes multiflores, infra-axil-
laires. Pétale arrondi, solitaire.

Cette espèce est un des plus grands arbres de la Guiane. Son
tronc a jusqu'à soixante pieds de haut, sur trois pieds de diamètre.
« Il est élevé, dit Aublet, sur sept à huit côtes réunies ensemble
» dans toute leur hauteur, qui est de sept à huit pieds. Elles
» s'écartent les unes des autres, se prolongent à mesure qu'elles
» s'approchent de terre, et forment des cavités de six à huit pieds
» de profondeur, sur autant de largeur. On a donné à ces côtes
» le nom d'*Arcaba*. » L'écorce est épaisse, gercée et raboteuse ;
le bois très-dur et compacte, rougeâtre ou noir. Le pétiole commun a jusqu'à deux pieds de long ; les folioles terminales, qui
sont les plus grandes, mesurent quelquefois huit pouces d'un
bout à l'autre, sur trois pouces de diamètre.

Les naturels de la Guiane donnent à cet arbre le nom d'*Anico-
co*, et les Européens celui de *Bois de fer*. Son écorce est employée dans le pays comme sudorifique ; elle contient une liqueur balsamique et résineuse, qui en découle en abondance
lorsqu'on l'entaille. Le bois est regardé comme incorruptible ; il
est fréquemment employé dans les constructions des colons.

Swartzia trifoliolé. — *Swartzia triphylla* Willd. — *Possira arborescens* Aubl. Guian. tab. 355.

Feuilles trifoliolées (les inférieures unifoliolées) ; pétiole commun court, marginé ; folioles glabres, ovales-lancéolées, acuminées. Pédoncules grêles, axillaires, 2-5-flores. Pétale jaune,
large, évasé, arrondi, frangé.

Arbre à tronc de 7 à 8 pieds de haut, sur 7 à 8 pouces de diamètre. Écorce lisse, mince, grisâtre. Branches rameuses, étalées
en tous sens. Étamines au nombre de 25, dont 6 ou 7 stériles.

Cette espèce croît dans les forêts de la Guiane. Son bois, jaunâtre, dur et compacte, est employé par les naturels à armer

leurs flèches, et par cette raison les Européens nomment l'arbre *Bois-dard*. Les graines sont très-âcres. Aublet rapporte que ses lèvres enflèrent après qu'il en eut goûté.

Section II.

Fleurs apétales. Légume onciné au sommet.

Swartzia ailé. — *Swartzia alata* Willd. — *Tounatea guianensis* Aubl. Guian. tab. 218.

Feuilles 5-foliolées; pétiole commun marginé; folioles ovales-oblongues, pointues, veloutées en dessous. Grappes raméaires, pédonculées, grêles, multiflores. Étamines nombreuses. Légume ovale-arrondi, à valves très-convexes.

Arbre à tronc de 25 pieds environ de haut, sur un pied de diamètre. Écorce lisse, cendrée. Rameaux vagues. Folioles iné-gales, les terminales plus grandes, longues de 8 pouces sur 3 pouces de large. Légume jaune. Graine noire; arille blanche, membraneuse.

Cette espèce croît dans les forêts de la Guiane; les naturels l'appellent *Tounou*.

QUATRIÈME FAMILLE.

LES PAPILIONACEES.—*PAPILIONACEÆ*.

(*Papilionaceæ* Linn. — R. Brown, Gen. Rem. in Flind. Voy. II,
p. 552. — Bartl. Ord. Nat. p. 407. — *Leguminosarum genn.* Juss.
— *Leguminosarum subordo I*, sive *Papilionaceæ*, Dec. Prodr. II,
p. 94. — *Curvembryæ* Bronn. Diss. Legum. p. 131.)

Cette famille, répandue sur tout le globe, est sans
contredit l'une des plus remarquables. Les espèces
qu'elle renferme sont très-nombreuses, et leur organisation n'intéresse pas moins le physiologiste que le botaniste. Beaucoup d'entre elles servent à la nourriture
des hommes et des animaux. Les Haricots, les Fèves, les
Pois, les Lentilles, les Lupins, les Vesces, les Luzernes, les Sainfoins, les Trèfles et autres légumes ou fourrages appartiennent à ce groupe. L'art du teinturier lui
emprunte l'Indigo : l'industrie, des bois utiles ou précieux : la médecine, des remèdes purgatifs ou émèti-
ques, comme les Baguenaudiers, les Coronilles, l'Aubours, l'Anagyre, etc. ; ou excitants, tels que les
Baumes du Pérou et de Tolu; ou astringents, tels que
le Sang-dragon; ou calmants et adoucissants, tels que la
Gomme Adragante et la Réglisse. Par l'élégance de
leurs fleurs et de leur feuillage, une foule de ces végétaux sont un ornement de la terre.

Les Papilionacées constituent la majeure partie des
Légumineuses de M. de Jussieu. Le nom de cette dernière famille lui vient de son fruit, que les botanistes
nomment *légume;* et c'est en changeant l'acception
primitive de ce mot, qu'on l'a appliqué dans le langage

commun à beaucoup de plantes très-différentes des Légumineuses.

CARACTÈRES DE LA FAMILLE.

Arbres , arbrisseaux , ou *sous-arbrisseaux ,* ou bien *herbes*. Rameaux cylindriques ou irrégulièrement anguleux.

Feuilles éparses, pétiolées, tantôt composées ou surcomposées avec articulation, tantôt, mais rarement, simples, pétioléennes. Stipules latérales.

Fleurs hermaphrodites (rarement polygames par avortement), axillaires ou terminales, solitaires, ou géminées, ou fasciculées, ou plus souvent disposées en grappe, en panicule, en épi, ou en capitule. Pédicelles souvent articulés et bractéolés dans la partie moyenne.

Calice non adhérent, tubuleux, ou turbiné, ou campanulé , à bord ayant 5 dents ou 5 découpures plus ou moins profondes , souvent inégales et formant 2 lèvres. Estivation imbricative, ou valvaire, ou distante.

Disque laminaire, périgyne, tapissant le fond de la paroi intérieure du calice.

Corolle insérée au disque, pentapétale, papilionacée, ou très-rarement à peu près régulière. Pétales interpositifs, onguiculés, caducs : le supérieur (l'étendard) enveloppant les autres (les ailes et la carène) avant l'épanouissement: (Par exception, tous les pétales sont cohérents, ou bien leur nombre est au-dessous de 5 par avortement.)

Étamines ayant la même insertion que la corolle, en nombre double, ou rarement triple, ou quadruple de celui des pétales (par exception, en même nombre que les pétales). Filets (toujours libres et subulés au sommet) souvent soudés 10 ensemble en un tube entier, ou seulement 9 en un tube fendu, le dixième, supérieur, restant libre et correspondant à la fente du tube ; ou bien soudés 5 à 5 en 2 ou 3 faisceaux distincts ; ou, enfin, tous libres et cohérents seulement par la base. Anthères dressées, à 2 bourses (par exception, à une seule) s'ouvrant longitudinalement. Pollen pulvérulent.

Pistil : Ovaire solitaire, inadhérent, opposé au lobe inférieur du calice, souvent stipité, uniloculaire ou, par exception, longitudinalement biloculaire, uni-pluri- ou multiovulé. Placentaires 2, adnés à la suture supérieure. Style terminal. Stigmate très-simple.

Péricarpe : Légume bivalve, membraneux ou coriace, s'ouvrant ou restant clos, à une seule loge ou, exceptionnellement, à 2 loges produites par le rentrement des valves, ou bien à plusieurs loges formées soit par des cloisons membraneuses transverses, soit par de étranglements, d'où résulte, dans la maturité du fruit, la séparation du légume en boîtes indéhiscentes.

Graines en nombre défini ou indéfini, superposées, se séparant en 2 séries avec les valves, lorsqu'il y a déhiscence. Funicule plus ou moins allongé, quelquefois développé en arille incomplète. Test ordinairement lisse. Tegmen membranacé. Micropyle (Exostome) rapproché du hile. Périsperme nul. Embryon curviligne. Radicule courte, appointante. Cotylédons épigés ou hypogés : plus ou moins charnus quand le périsperme manque ; foliacés quand le périsperme est épais.

Les Papilionacées sont sous-divisées en plusieurs tribus et sections que nous allons exposer, avec les genres qui s'y rapportent.

Ire TRIBU. **LES SOPHORÉES.** — *SOPHOREÆ.*

Légume inarticulé. Étamines libres.

Myrospermum Jacq. (Toluifera Linn. Myroxylon Mutis.) — *Sophora* Linn. — *Edwardsia* Salisb. — *Ormosia* Jacks. — *Virgilia* Lamk. — *Macrotropis* Dec. (Anagyris Lour.) — *Anagyris* Linn. — *Thermopsis* R. Br. (Thermia Nutt.) — *Baptisia* Vent. — *Delaria* Desv. — *Cyclopia* Vent. (Ibbetsonia Sims.) — *Podalyria* Lamk. (Aphora Neck. Hypocalyptus Thunb.) — *Chorizema* Labill. — *Podolobium* R. Br. — *Oxylobium* Andr. — *Callistachys* Vent. (Callistachya Smith.) — *Brachysema* R. Br. — *Gompholobium* Smith. — *Burtonia* R. Br. — *Jacksonia* R. Br. — *Viminaria* Smith. — *Sphærolobium* Smith. — *Aotus* Smith. — *Xeropetalum* R. Br. — *Dillwynia* Smith. — *Eutaxia* R. Br. — *Sclerothamnus* R. Br. — *Gastrolobium* R. Br. — *Euchilus* R. Br. — *Pultenœa* Smith. — *Daviesia* Smith. — *Mirbelia* Smith.

IIe TRIBU. **LES LOTÉES.** — *LOTEÆ.*

Étamines monadelphes ou diadelphes. Légume inarticulé, uniloculaire ou longitudinalement biloculaire. Cotylédons épigés.

Section Ire. **GÉNISTÉES.** — *Genisteæ.*

Étaminés le plus souvent monadelphes. Légume uniloculaire. — Herbes ou arbrisseaux. Feuilles simples, ou trifoliolées, ou rarement pennées.

Hovea R. Br. (Poiretia Smith. Physicarpos Poir.) — *Platylobium* Smith. (Cheilococca Salisb.) — *Platychilum* Delaun. — *Bossiœa* Vent. — *Westonia* Spreng. — *Goodia*

Salisb. — *Scottia* R. Br. (Scottea Dec.) — *Templetonia*
R. Br. — *Rafnia* Thunb. (OEdmannia Thunb.) — *Vascoa*
Dec. — *Borbonia* Linn. — *Achyronia* Wendl. — *Liparia*
Linn. — *Priestleya* Dec. — *Hallia* Thunb. — *Heylandia*
Dec. — *Crotolaria* Linn. — *Clavulium* Desv. — *Hypoca-*
lyptus Thunb. — *Wiborgia* Thunb. — *Loddigesia* Sims.
— *Dichilus* Dec. — *Lebeckia* Thunb. — *Sarcophyllum*
Thunb. — *Aspalathus* Linn. (Eriocalyx Neck.) — *Ulex*
Linn. — *Stauracanthus* Link. — *Spartium* Linn. —
Spartianthus Link. — *Genista* Lamk. — *Cytisus* Linn.
(Calycotome Link.) — *Adenocarpus* Dec. — *Ononis* Linn.
— *Requienia* Dec. — *Anthyllis* Linn.

SECTION II. **TRIFOLIÉES.** — *Trifolieæ*.

Étamines diadelphes. Légume uniloculaire. —Herbes ou
rarement sous-arbrisseaux. Feuilles souvent digitées-
trifoliolées , rarement imparipennées.

Medicago Linn. (Hymenocarpus Savi. Diploprion Vi-
sian.) — *Trigonella* Linn. (Buceras Mœnch. Falcatula
Brot.) — *Pocockia* Sering. — *Melilotus* Tourn. Juss. —
Trifolium Linn. (Lupinaster Mœnch. Pentaphyllum
Pers.) — *Dorycnium* Tourn. — *Lotus* Linn. (Krockeria
Mœnch. Lotea Medik.) — *Tetragonolobus* Scop. (Scan-
dalida Neck.) — *Cyamopsis* Dec.

SECTION III. **CLITORIÉES.** — *Clitorieæ*.

Étamines le plus souvent diadelphes. Légume uniculo-
laire. — Tiges herbacées ou suffrutescentes , souvent
volubiles. Feuilles primordiales opposées.

Psoralea Linn. (Dorycnium et Ruteria Mœnch.) —
Indigofera Linn. — *Clitoria* Linn. (Ternatea Kunth.) —

Neurocarpum Desv. — *Martia* Leand. (Martiusia Schult.)
— *Cologania* Kunth. — *Galactia* P. Browne. — *Odonia*
Bertol. — *Vilmorinia* Dec. — *Barbieria* Dec. — *Grona*
Lour. — *Collæa* Dec. — *Odoptera* Dec. — *Pueraria* Dec.
— *Dumasia* Dec. — *Glycine* Linn. — *Chætocalyx* Dec.
(Bœnninghausenia Spreng.)

Section IV. **GALÉGÉES.** — *Galegeæ*.

Étamines diadelphes ou quelquefois monadelphes. Légume uniloculaire.—Tiges herbacées, ou frutescentes,
ou arborescentes. Feuilles primordiales alternes ou
opposées : l'une simple, l'autre pennée.

Petalostemon Mich. — *Kuhnistera* Lamk. (Cylipogon
Rafin.) — *Dalea* Linn. (Parosella Cav.) — *Glycyrrhiza*
Linn. (Liquiritia Mœnch.)— *Galega* Linn.— *Tephrosia*
Pers. (Needhamia Scop. Brissonia Neck. Erebinthus
Mitch. Reineria Mœnch.)— *Amorpha* Linn. (Bonafidia
Neck.)—*Eysenhardtia* Humb. Bonpl. et Kth.—*Nissolia*
Jacq. (Machærium Pers.) — *Müllera* Linn. fil. — *Lon-
chocarpus* Kunth.—*Robinia* Linn.—*Poitæa* Dec. (Poitea
Vent.)—*Sabinea* Dec.—*Coursetia* Dec.— *Sesbania* Pers.
— *Agati* Rheede. Dec. — *Glottidium* Desv.— *Piscidia*
Linn. — *Daubentonia* Dec. — *Corynella* Dec. (Corynitis
Spreng.) — *Caragana* Lamk. — *Halimodendron* Fisch.
(Halodendron Dec.)—*Diphysa* Jacq.—*Calophaca* Jacq.
— *Colutea* Linn. — *Sphærophysa* Dec. — *Swainsonia*
Salisb.—*Lessertia* Dec. (Sulitra Medik.) —*Sutherlandia*
R. Br. (Colutia Mœnch.)—*Carmichaelia* R. Br.

Section V. **ASTRAGALÉES.** — *Astragaleæ*.

Étamines diadelphes. Légume longitudinalement biloculaire ou semi-biloculaire. — Herbes ou sous-arbris-

séaux. Feuilles imparipennées : les primordiales alternes.

Phaca Linn. — *Oxytropis* Dec. — *Astragalus* Linn.
— *Güldenstædtia* Fisch.— *Biserrula* Linn.

IIIᵉ TRIBU. **LES HÉDYSARÉES.** — *HEDYSAREÆ*.

*Étamines monadelphes ou diversement diadelphes, très-
rarement libres. Légume lomentacé ou rarement uniloculaire et monosperme. Cotylédons épigés.*

Section Iʳᵉ. **CORONILLÉES.** — *Coronilleæ*.

Fleurs en ombelle. Légume cylindracé ou comprimé.

Scorpiurus Linn. (Scorpius Lois.) — *Coronilla* Linn.
— *Arthrolobium* Desv. — *Ornithopus* Linn. — *Hippocrepis* Linn.—*Securigera* Dec. (Bonaveria Scop. Securilla Pers.).

Section II. **ONOBRYCHÉES.** — *Onobrycheæ*.

Fleurs en grappe. Légumes comprimés ou rarement
subcylindracés.

Diphaca Lour. — *Pictetia* Dec. — *Ormocarpum* Pal.
Beauv. — *Amicia* Kunth. — *Poiretia* Vent. (Turpinia
Pers.)—*Myriadenus* Desv.— *Zornia* Gmel.—*Stylosanthes* Swartz. — *Adesmia* Dec. (Patagonium Schrank.)
— *Heteroloma* Desv. — *Æschynomene* Linn. — *Smithia*
Ait. (Petagnana Gmel.) — *Lourea* Neck. (Christia
Mœnch.)— *Uraria* Desv. (Doodia Roxb.) — *Nicolsonia*
Dec. (Perrottetia Dec.) — *Desmodium* Desv.— *Dicerma*
Dec. (Phyllodium Desv.)— *Taverniera* Dec. —*Hedysarum* Linn. (Echinolobium Desv.)— *Onobrychis* Tourn.
Gært. — *Eleiotis* Dec. — *Lespedeza* Mich. — *Ebenus*

Linn. —*Flemingia* Roxb. (Ostryodium Desv. Lourea et
Moghania Jaume.) — *Alhagi* Tourn. Desv. (Manna
Don.) — *Alysicarpus* Neck. (Hallia Jaume. Fabricia
Scop.)— *Bremontiera* Dec.

IVe TRIBU. **LES VICIÉES.** — *VICIEÆ.*

*Étamines diadelphes. Légume inarticulé. Cotylédons épais,
hypogés. — Herbes. Feuilles pennées , ordinairement
cirrifères.*

Cicer Linn. — *Faba* Tourn. Dec. — *Vicia* Linn. —
Ervum Linn. (Ervilia Link.)— *Pisum* Linn.— *Lathyrus*
Linn. (Cicerella Mœnch.)— *Orobus* Linn.'

Ve TRIBU. **LES PHASÉOLÉES.** — *PHASEOLEÆ.*

*Étamines diadelphes ou rarement monadelphes. Légume
polysperme , inarticulé , déhiscent. Cotylédons épais ,
épigés , mais ne devenant pas des feuilles munies de stomates. Feuilles digitées ou plus souvent imparipennées :
les primordiales opposées.*

Abrus Linn.— *Sweetia* Dec. — *Macranthus* Lour.—
Rothia Pers. — *Teramnus* P. Browne. — *Amphicarpea*
Dec. (Amphicarpa Ell. Savia Rafin. Falcata Gmel.) —
Kennedya Vent. (Caulinia Mœnch.)—*Amphodus* Lindl.
— *Rhynchosia* Lour. (Arcyphyllum Ell. Glycine Nutt.)
— *Eriosema* Dec. —*Fagelia* Neck. — *Wisteria* Nutt.
(Thyrsanthus Ell. Kraunhia Raf.) — *Apios* Mœnch.
(Bradlea Adans.) — *Phaseolus* Linn. (Strophostyles
Ell. Phasellus Mœnch.) — *Soja* Mœnch. — *Dolichos*
Linn. — *Vigna* Savi. — *Lablab* Adans. (Dolichos
Gært.) — *Pachyrrhizus* Rich. (Cacara Pet. Thou.) —

Parochetus Hamilt. — *Dioclea* Kunth. (Hymenospron Spreng.) —*Psophocarpus* Neck. (Botor Adans.) — *Canavalia* Dec.(Canavali Adans. Malochia Savi.) —*Tœniocarpum* Desv. — *Mucuna* Adans. (Hornera Neck. Stizolobium Pers. Negretia R. et Pav. Citta Lour. Carpopogon Roxb.) — *Calopogonium* Desv. — *Cruminium* Desv. — *Cajanus* Dec. (Cajan Adans.) — *Lupinus* Linn. — *Cylista* Ait. — *Erythrina* Linn. (Mouricon Adans.) — *Rudolphia* Willd. — *Butea* Roxb. (Plaso Adans.)

VIᵉ TRIBU. **LES DALBERGIÉES.** — *DALBERGIEÆ*.

Étamines diversement soudées. Légume monosperme ou disperme, carcérulaire. Cotylédons charnus.—Feuilles imparipennées, très-rarement trifoliolées ou simples.

Derris Lour. — *Endespermum* Blum. — *Pongamia* Lamk. (Guadelupa Lamk.) — *Dalbergia* Linn. (Solori Adans.) — *Pterocarpus* Linn. (Moutouchia Aubl. Griselinia Neck. Amphimenium Kunth.) —*Drepanocarpus* W. Meyer.—*Ecastaphyllum* P. Browne.— *Amerimnum* P. Browne. — *Brya* P. Browne. (Adlina Adans.) — *Deguelia* Aubl. (Cylizoma Neck.)

Genres non classés.

Craffordia Rafin. — *Phyllolobium* Fisch.—*Sarcodium* Lour. — *Viborquia* Ort. (Varennea Dec.) —*Amphinomia* Dec. — *Ammodendron* Fisch.— *Lacara* Spreng.— *Harpalyce* Fl. Mex.

Iᵉ TRIBU. **LES SOPHORÉES**. — *SOPHOREÆ*

Spreng. Anl. — Bronn. Diss. — Déc. Lég. Mém. V, et
Prodr. 2, p. 94.

*Corolle papilionacée. Étamines libres. Légume inarticulé.
Cotylédons planes, foliacés.*

Genre MYROSPERME. — *Myrospermum* Jacq.

Calice campanulé, à 5 dents peu marquées. Pétales longuement onguiculés : le supérieur arrondi; les 4 inférieurs
linéaires, pointus. Étamines caduques ou persistantes, ascendantes, au nombre de 10, de 9, ou de 8. Ovaire biovulé.
Légume indéhiscent, aplati en aile membraneuse 1- ou
2-sperme au sommet.

Arbres résineux. Feuilles subparipennées ou imparipennées ; folioles alternes, parsemées de glandules linéaires,
transparentes. Grappes axillaires, simples ou rameuses.

Ce genre comprend le *Toluifera* dè Linné et les *Myroxylon* de Linné fils. Il est propre à l'Amérique équatoriale, et se
compose de cinq espèces, parmi lesquelles se trouvent les
végétaux qui produisent les *Baumes du Pérou et de Tolu*.

Myrosperme du Pérou. — *Myrospermum peruiferum* Poir.
Enc. Suppl. — *Myroxylon peruiferum* Linn. fil. Suppl.

Feuilles à 2 paires de folioles coriaces, glabres, ovales-lancéolées, entières, submucronées; pétiole et côtes pubescents.
Grappes dressées, axillaires, unilatérales, plus courtes que les
feuilles.

Très-bel arbre à écorce lisse, épaisse, résineuse. Calice d'un
blanc verdâtre. Corolle et anthères blanches. Légume vert.

Cette espèce croît au Pérou et dans la Colombie. Selon Mutis,
c'est d'elle qu'on obtient le *Baume du Pérou*, lequel, d'a-
près Joseph de Jussieu, proviendrait de l'espèce suivante.

Myrosperme pédicellé. — *Myrospermum pedicellatum*

Lamk. Ill. tab. 341 , fig. 1. — Turpin , in Chaum. Fl. Médic. tab. 59.

Feuilles à 7-13 folioles coriaces , ovales ou ovales-oblongues , entières, pointues ou échancrées. Grappes dressées, axillaires. Légume stipité, oblong, mucroné, renflé au sommet , monosperme.

Grand arbre atteignant 2 pieds de diamètre; bois très-dur, blanc à la circonférence , d'un rouge foncé à l'intérieur; écorce grisâtre. Branches d'un gris jaunâtre. Grappes longues d'environ 6 pouces. Fleurs petites, blanches. Légume mince, glabre, jaunâtre, long de 3 à 4 pouces.

Cet arbre croît au Pérou, et, selon MM. de Humboldt et Bonpland, on le trouve aussi au Mexique, dans la Nouvelle-Grenade et dans la Colombie. La dureté de son bois le rend très-propre à la construction. On l'emploie particulièrement dans les moulins à sucre.

D'après Joseph de Jussieu, c'est cette espèce qui produit le *Baume du Pérou.* M. Decandolle et plusieurs autres botanistes regardent le *Myrospermum peruiferum* et le *Myrospermum Pedicellatum* comme des variétés d'une seule espèce.

On obtient le Baume du Pérou, soit en pratiquant des incisions dans l'écorce du tronc des arbres , soit en faisant bouillir cette écorce et les rameaux dans de l'eau. Le premier procédé donne une résine presque sèche et d'un brun clair ; le Baume du Pérou liquide est le résultat de l'autre. Cette substance, comme l'on sait, a une odeur forte , mais agréable et approchante de celle de la Vanille. Elle brûle en répandant une fumée blanche, due à l'acide benzoïque qu'elle contient. Le Baume du Pérou est un médicament stimulant dont les vertus ont été hautement préconisées; son emploi est cependant assez restreint dans la thérapeutique d'aujourd'hui. Les parfumeurs en font plus souvent usage que les médecins.

MYROSPERME DE TOLU. — *Myrospermum toluiferum* Rich. fil. Ann. Sc. Nat. 1824 , p. 172.— *Toluifera Balsamum* Mill. Dict. (excl. descript. fruct.) — Linn. Mat. Med. 201.— Woodw. Med. Bot. 3, p. 526, tab. 193 (ic. mal.) — *Myroxylon toluifera* Humb. Bonpl. et Kunth, Nov. Gen. et Sp. 6, p. 375.

Ramules verruqueux, glabres. Feuilles à 7 ou 8 folioles équilatérales, oblongues ou ovales-oblongues, acuminées, glabres, luisantes. — Arbre très-élevé. Bois à odeur de rose.

Cette espèce croît dans la province de Carthagène, aux environs de Tolu. Le suc résineux qui découle des incisions faites à son tronc, est reçu dans des vases où on le laisse se sécher. Il forme alors une substance solide, d'une couleur fauve, se liquéfiant avec facilité, d'une saveur âcre, mais agréable, et d'une odeur très-suave, due à l'acide benzoïque. Tantôt le Baume de Tolu nous est apporté dans de grands vases de terre qu'on nomme *postiches;* tantôt on le verse dans des calebasses, quand il est encore liquide : il devient alors fort difficile à distinguer du Baume du Pérou sec. Le Baume de Tolu est un médicament excitant qu'on emploie dans les catarrhes chroniques; mais nos médecins en font assez peu d'usage maintenant.

Genre SOPHORA. — *Sophora* Linn.

Calice campanulé, quinquédenté. Corolle papilionacée; carène à pétales soudés au sommet. Légume moniliforme, aptère, polysperme.

Arbres, ou herbes vivaces. Feuilles imparipennées, souvent dépourvues de stipules. Fleurs en grappes ou en panicules terminales.

Ce genre se compose de treize espèces. Sur ce nombre, neuf appartiennent à la zone équatoriale; deux croissent en Sibérie; une habite la Chine et le Japon, et une l'Amérique septentrionale. Les espèces les plus intéressantes sont les deux suivantes.

SOPHORA DU JAPON. — *Sophora japonica* Linn. — Duham. ed. nov. vol. 3, tab. 21. — Andr. Bot. Rep. tab. 585.

Feuilles à 9-13 folioles ovales, pointues, glabres, glauques en dessous; pétiolules velus. Fleurs paniculées. Calices glabres, à dents cotonneuses aux bords. Légume à plusieurs renflements épais.

Arbre de 60 à 80 pieds de haut. Tronc droit, cylindrique, de 2 à 3 pieds de diamètre. Cime arrondie. Rameaux tortueux, un peu inclinés. Panicules amples. Fleurs d'un blanc verdâtre.

Le *Sophora du Japon*, qui croît également en Chine, est introduit en Europe depuis le milieu du dernier siècle. C'est un arbre fort pittoresque, qu'on emploie souvent à la décoration des parcs et des jardins. Ses fleurs répandent une faible odeur de fleur d'Oranger; elles paraissent vers la fin de l'été, après celles des arbres les plus tardifs. Les feuilles sont purgatives; les Chinois en tirent une belle teinture jaune. Le bois, uni, serré et d'une couleur jaune pâle, peut être employé à la menuiserie. On assure que ce bois provoque des coliques et des évacuations, lorsqu'on le manie pendant quelque temps à l'état frais.

On propage ce *Sophora* de jets enracinés, d'éclats de racines, et de graines. Jeune, il a besoin d'être garanti des gelées; mais, du reste, il n'est pas très-sensible au froid, ni délicat quant à la nature du sol; il vient mieux cependant en terre franche.

Le *Sophora pleureur* des pépiniéristes (*Sophora pendula*) est une fort belle variété de cette même espèce. Ses rameaux sont tout-à-fait pendants comme ceux du Saule pleureur. On en possède aussi une variété à feuilles panachées de jaune. L'une et l'autre se multiplient de greffes sur le type de l'espèce.

Sophora Queue de renard.—*Sophora alopecuroides* Linn. —Buxb. Cent. 3, tab. 46.—Dill. Hort. Elth. fig. 136.—Pall. Astrag. tab. 87.—Ledebour, Ic. Fl. Alt. tab. 365.

Feuilles à 15-25 folioles elliptiques ou oblongues, soyeuses, plus blanches en dessous qu'en dessus. Fleurs en grappes denses. Calice velu.

Ce *Sophora* croît dans la Crimée, en Perse et dans la Sibérie méridionale. C'est une grande herbe vivace, fort touffue, très-apparente par son feuillage argenté. Ses fleurs naissent en longues grappes d'un blanc jaunâtre. Elle mérite d'être multipliée comme plante d'ornement.

Genre EDWARDSIA. — *Edwardsia* Salisb.

Calice campanulé, oblique, quinquédenté, fendu latéralement vers le sommet. Corolle papilionacée; carène très-longue, à pétales libres. Légume moniliforme, bivalve, tétraptère, polysperme.

Arbres ou arbrisseaux. Feuilles imparipennées, multifoliolées, non stipulées. Fleurs jaunes, longuement pédicellées, en grappes axillaires, courtes, pendantes.

Ce genre appartient à l'hémisphère austral de l'ancien
continent. Les six espèces connues habitent la Nouvelle-
Zélande, les îles Sandwich et de Bourbon. Celles dont nous
allons parler sont de petits arbres très-élégants qui se couvrent au printemps d'une multitude de grandes fleurs d'un
jaune d'or. Le duvet des calices et des jeunes feuilles est couleur de bronze. Sous le climat de Paris, on cultive ces plantes
en orangerie; mais elles résistent en plein air aux hivers du
midi de la France et de l'Angleterre.

EDWARDSIA GRANDIFLORE. — *Edwardsia grandiflora* Salisb.
— *Sophora tetraptera* Ait. — Mill. Ic. tab. 1. — Bot. Mag.
tab. 167. — Duham. ed. nov. vol. 3, tab. 20. — Herb. de
l'Amat. vol. 3.

Feuilles à 13-19 folioles oblongues-lancéolées ou oblongues.
Pétales de la carène falciformes. — Fleurs très-grandes, naissant avec les feuilles.

Cette espèce croît à la Nouvelle-Zélande.

EDWARDSIA A PETITES FEUILLES. — *Edwardsia microphylla*
Salisb. — *Sophora microphylla* Ait. — Jacq. Hort. Schœnbr.
tab. 269. — Bot. Mag. tab. 1442. — *Sophora tetraptera* Linn.
fil.

Feuilles à 25-41 folioles obovales ou obcordiformes. Pétales de
la carène elliptiques, oncinés.

Cette espèce croît également à la Nouvelle-Zélande.

EDWARDSIA A FEUILLES DORÉES. — *Edwardsia chrysophylla*
Salisb. Trans. Linn. Soc. 9, t. 26, fig. 1. — Bot. Reg. tab. 738.

Feuilles à environ 17 folioles obovales, pubescentes. Pétales
de la carène elliptiques, non oncinés.

Cette espèce croît aux îles Sandwich.

Genre VIRGILIA. — *Virgilia* Lamk.

Calice campanulé, quinquélobé ou quinquéfide. Corolle pa-

pilionacée : pétales libres, presque égaux. Stigmate imberbe.
Légume comprimé, chartacé, oblong, bivalve, polysperme.

Arbres ou arbrisseaux. Feuilles imparipennées. Fleurs en
grappes simples ou rameuses.

Sept espèces de *Virgilia* ont été décrites par les botanistes.
Elles sont originaires de l'Afrique et de l'Amérique. Voici
celles qui méritent une mention dans ce recueil.

VIRGILIA A BOIS JAUNE. — *Virgilia lutea* Mich. fil. Arb. 3,
p. 3. — Herb. de l'Amat. tab. 197.

Feuilles à 5-11 folioles alternes, oblongues-obovales ou ovales-
oblongues, glabres. Grappes lâches, rameuses, pendantes, opposées aux feuilles. Calice pubescent, à lobes peu profonds. Légume lancéolé, pointu aux deux bouts,

Arbre haut de 40 pieds et plus, sur environ un pied de
diamètre. Écorce unie, verdâtre. Feuilles longues de 6 à 12 pouces ; folioles grandes, alternes, acuminées, longues de 2 à 3 pouces. Grappes longues d'un demi-pied à un pied. Fleurs presque
aussi grandes que celles du *Faux-Acacia*, blanches. Légumes longs
d'environ 2 pouces, larges de 6 lignes. Graines de la grosseur
d'une lentille.

Ce bel arbre croît dans les États-Unis d'Amérique, principalement dans le vaste territoire arrosé par le Mississipi. Il n'est
pas encore fort commun dans nos plantations ; mais on ne saurait
trop le multiplier, à cause de son port pittoresque et de son ample
feuillage d'un vert luisant. Son bois, de couleur jaune, est employé en Amérique par les teinturiers. Les bourgeons sont, comme
dans les Platanes, renfermés dans la base du pétiole, et on ne
les découvre qu'en arrachant les feuilles.

VIRGILIA DU CAP. — *Virgilia capensis* Lamk. — Bot. Mag.
tab. 1590. — *Podalyria capensis* Andr. Bot. Rep. tab. 347.
— *Sophora capensis* Linn.

Feuilles à environ 23 folioles opposées, linéaires-lancéolées,
mucronées, pubescentes en dessous. Grappes simples, axillaires.
Carène acuminée. Étamines laineuses à la base. Légumes cotonneux.

Arbrisseau ayant le port d'un *Amorpha*. Fleurs rougeâtres.

Cette espèce croît au cap de Bonne-Espérance. Elle est cultivée comme plante d'ornement.

VIRGILIA DORÉ. — *Virgilia aurea* Lamk. — *Podalyria
aurea* Willd. — *Robinia subdecandra* L'Hérit. Sert. Nov.
tab. 75.

Feuilles à environ 29 folioles opposées, elliptiques, obtuses,
glabres. Grappes simples, axillaires. Calice quinquélobé, soyeux
(de même que les pétioles et les pédoncules).

Petit arbre originaire de l'Abyssinie. Il orne nos serres. Ses
fleurs, très-nombreuses, sont d'un jaune foncé.

Genre ANAGYRE. — *Anagyris* Tourn. Linn.

Calice campanulé, à 5 dents inégales. Carène à pétales
libres, plus longue que les ailes ; étendard plus court que
les ailes. Légume courtement stipité, comprimé, bosselé,
bivalve, polysperme.

Feuilles trifoliolées ; folioles très-entières. Stipules connées en une seule oppositifoliée. Fleurs jaunes, en courtes
grappes axillaires.

Ce genre est limité à trois espèces, dont deux habitent
l'Europe australe et les autres contrées voisines de la Méditerranée ; les Canaries sont la patrie de la troisième.

ANAGYRE FÉTIDE. — *Anagyris fœtida* Linn. — Clus. Hist.
1, p. 93. — Lodd. Bot. Cab. tab. 740.

Arbrisseau de 6 à 12 pieds de haut, irrégulièrement ramifié. Folioles elliptiques ou ovales-lancéolées, glauques, à peu
près glabres. Grappes dressées, pauciflores. Légumes acuminés,
un peu arqués, longs de 3 à 6 pouces, contenant de 3 à 8
graines réniformes, bleuâtres.

L'*Anagyre fétide* croît sur presque tout le littoral de la Méditerranée ; il est commun en Provence et en Languedoc sur les
collines pierreuses. Ses fleurs paraissent en février ou dès la fin de
janvier. Toutes les parties de l'arbrisseau exhalent une odeur
désagréable lorsqu'on les froisse. Ses feuilles, d'après les expé-

riences du Dr Loiseleur Deslongchamps, sont purgatives et émétiques, à la dose de deux à six gros.

Genre THERMOPSIDE. — *Thermopsis* R. Br.

Calice oblong ou campanulé, quadri- ou quinquéfide, subbilabié, convexe postérieurement, rétréci à la base. Pétales presque égaux; étendard ployé; carène obtuse, à pétales libres. Étamines persistantes. Légume linéaire ou falciforme, comprimé, polysperme.

Herbes vivaces, souvent soyeuses. Feuilles trifoliolées. Stipules ovales-lancéolées, foliacées. Grappes terminales. Fleurs pédicellées, jaunes, géminées ou subverticillées.

Les *Thermopsides* sont de grandes herbes touffues, d'un port élégant. Elles habitent les contrées boréales ou alpines de l'Asie et de l'Amérique septentrionales. Les espèces que nous allons faire connaître ornent nos parterres.

THERMOPSIDE A FOLIOLES LANCÉOLÉES. — *Thermopsis lanceolata* R. Br. — *Sophora lupinoides* Pall. Astrag. tab. 89. — *Podalyria lupinoides* Willd. — Bot. Mag. tab. 1389.

Feuilles subsessiles; folioles oblongues, glabres en dessus, soyeuses en dessous; stipules ovales-oblongues, beaucoup plus longues que les pétioles. Fleurs géminées ou ternées; bractées conformes aux stipules. Calices soyeux. Carène un peu plus longue que les ailes.

Cette espèce croît dans les steppes voisines de l'Altaï, dans la Daourie, au Kamtchatka et dans le nord-ouest de l'Amérique.

THERMOPSIDE DU NÉPAUL. — *Thermopsis nepalensis* Dec. — *Thermopsis laburnifolia* Don, Prodr.— *Piptanthus nepalensis* Sweet, Brit. Fl. Gard. tab. 264. — *Baptisia nepalensis* Hook. Exot. Flor. tab. 131.

Feuilles pétiolées; folioles oblongues, rétrécies aux deux bouts. Stipules plus courtes que le pétiole. Fleurs géminées. Pédicelles 2 fois plus longs que le calice.

Cette espèce est originaire du Népaul. On la cultive en terre de bruyère, et on a soin de la couvrir pendant l'hiver.

Genre BAPTISIA. — *Baptisia* Vent.

Calice campanulé, bilabié, à 4 ou 5 dents inégales. Pétales presque égaux; étendard ployé. Étamines caduques. Légume renflé, bivalve, polysperme, stipité.

Herbes vivaces. Feuilles trifoliolées ou rarement simples. Fleurs en grappe.

Ce genre se compose de neuf espèces, toutes indigènes dans l'Amérique septentrionale. Celles dont nous allons faire mention sont cultivées dans nos jardins comme plantes d'agrément.

a) *Feuilles trifoliolées.*

Baptisia austral. — *Baptisia australis* R. Br. — *Sophora australis* Bot. Mag. tab. 509. — *Podalyria australis* Vent. Hort. Cels. tab. 56.

Feuilles pétiolées, glabres; folioles cunéiformes-oblongues, obtuses; stipules lancéolées, plus longues que le pétiole. Grappes lâches, allongées. Légumes courts, apiculés.

Cette espèce est commune dans nos jardins. Ses tiges forment de larges touffes de plusieurs pieds de haut. Ses fleurs sont d'un bleu foncé, panachées de blanc, et disposées en grappes de plusieurs pieds de long. Elle demande une terre légère et une exposition chaude. La multiplication se fait de graines et d'éclats.

Baptisia tinctorial. — *Baptisia tinctoria* R. Br. — *Podalyria tinctoria* Bot. Mag. tab. 1699. — *Sophora tinctoria* Linn.

Très-glabre. Feuilles subsessiles; folioles obovales, arrondies au sommet; stipules sétacées, inapparentes. Grappes terminales.

Tiges très-rameuses, hautes de 1 à 2 pieds. Fleurs petites, jaunes. Stipe du légume très-long.

Cette plante est fort commune dans les États-Unis, depuis la Géorgie jusqu'au Canada. Elle porte le nom d'*Indigo sauvage*, parce qu'on en extrait une teinture bleue. Plusieurs autres espèces du genre possèdent les mêmes propriétés tinctoriales.

Baptisia a fleurs blanches. — *Baptisia alba* Elliot. — R. Br. — *Podalyria alba* Willd. — Bot. Mag. tab. 1177.

Glabre. Rameaux divariqués. Feuilles pétiolées ; folioles cunéiformes-lancéolées, obtuses, mucronées ; stipules subulées, plus courtes que le pétiole. Grappes terminales.

Tiges rameuses au sommet, hautes de 1 à 2 pieds. Fleurs blanches, en grappes longues jusqu'à 2 pieds ; pédoncules communs d'un pourpre foncé.

Cette belle plante croît dans les terrains humides de la Caroline. On la cultive dans nos jardins. Le *Baptisia versicolor* (Lodd. Bot. Cab. tab. 1144) est très-semblable au *Baptisia à fleurs blancches ;* on le cultive de même comme plante d'agrément.

b) Feuilles simples , très-entières.

Baptisia perfolié. — *Baptisia perfoliata* R. Br. — Elliot. Sketch. — Lodd. Bot. Cab. tab. 1104. — Bot. Mag. tab. 3121. — *Rafnia perfoliata* Willd. — *Podalyria perfoliata* Mich. Flor. — Dillen. Elth. fig. 122.

Très-glabre. Tiges presque simples. Feuilles ovales ou arrondies, glauques, perfoliées. Fleurs axillaires, solitaires. — Fleurs petites, jaunes. Légume gros.

Cette espèce, indigène dans les Carolines, offre un feuillage fort extraordinaire pour une Légumineuse, mais d'ailleurs fort élégant.

Genre PODALYRIA. — *Podalyria* Lamk.

Calice à 5 lobes inégaux. Étendard ample ; carène recouverte par les ailes. Étamines persistantes ; filets soudés en anneau par la base. Stigmate capitellé. Légume non stipité, bouffi, polysperme.

Arbrisseaux le plus souvent recouverts de poils soyeux. Stipules petites. Feuilles simples, alternes. Pédoncules axillaires, uni- ou pauciflores.

Les *Podalyria* habitent l'Afrique australe. On en connaît quinze espèces. Plusieurs sont cultivées dans nos orangeries, à cause de la beauté de leurs fleurs. Voici les plus remarquables.

Podalyria soyeux. — *Podalyria sericea* R. Br. — Bot. Mag.

tab. 1923.—Herb. de l'Amat. vol. 3.— *Sophora sericea* Andr. Bot. Rep. tab. 440.

Feuilles oblongues ou obovales, mucronées, soyeuses. Pédoncules uniflores, 3 fois plus courts que les feuilles. — Fleurs purpurines.

Podalyria cunéiforme. — *Podalyria cuneifolia* Vent. Hort. Cels. tab. 99.

Feuilles cunéiformes, échancrées, presque sessiles. Pédoncules uniflores, de moitié plus courts que les feuilles. — Fleurs blanches.

Podalyria a feuilles d'Aliboufier. — *Podalyria styracifolia* Bot. Mag. tab. 1580.

Feuilles ovales ou obovales, mucronées, pubescentes, légèrement réticulées en dessous. Pédoncules uniflores, de la longueur des feuilles. Calices couverts d'un duvet ferrugineux. — Fleurs purpurines. Étendard large, ployé, échancré.

Podalyria argenté. — *Podalyria argentea* Salisb. Parad. Lond. tab. 7.— *Podalyria biflora* Bot. Mag. tab. 753.

Feuilles soyeuses, ovales, pointues, marginées. Pédoncules biflores, plus longs que les feuilles. Calices cotonneux, scabres. — Fleurs de couleur lilas.

Podalyria a feuilles de Buis. — *Podalyria buxifolia* Willd. — Bot. Reg. tab. 869.

Feuilles subsessiles, glabres en dessus, soyeuses en dessous, ovales, mucronulées. Pédoncules uniflores, plus longs que les feuilles. Calice cotonneux, campanulé. — Fleurs grandes, purpurines. Sept des étamines monadelphes.

Genre CHORIZÈME. — *Chorizema* Labill.

Calice semi-quinquéfide, bilabié : lèvre supérieure bifide ; lèvre inférieure tripartie. Carène bouffie, plus courte que les ailes. Style court, onciné. Stigmate oblique, obtus. Légume bouffi, uniloculaire, polysperme, à stipe court ou nul.

Sous-arbrisseaux. Feuilles alternes, simples, entières ou sinuées-dentelées. Pédicelles axillaires.

Les *Chorizèmes* sont propres à la Nouvelle-Hollande. On n'en connaît que cinq espèces : toutes sont de fort belles plantes d'ornement. Voici les espèces les plus communes dans les collections de serre tempérée.

CHORIZÈME A FEUILLES DE HOUX.—*Chorizema ilicifolia* Labill. Itin. 1, p. 405, tab. 21.

Feuilles oblongues-lancéolées, acuminées, aristées-dentées. Pédicelles bractéolés au sommet.

Tiges diffuses, longues de 1 à 2 pieds, légèrement pubescentes de même que la face inférieure des feuilles. Fleurs purpurines.

Cette espèce croît sur la côte méridionale de la Nouvelle-Hollande.

CHORIZÈME A FEUILLES OVALES. — *Chorizema ovatum* Lindl. in Bot. Reg. tab. 1518.

Tiges faibles, ascendantes, pubescentes. Feuilles ovales, acuminées. Grappes subtriflores, terminales, très-lâches; pédoncules filiformes. Lanières calicinales acuminées.

Stipules subulées. Feuilles légèrement poilues, longues d'un demi-pouce à un pouce. Étendard transversalement elliptique, échancré, écarlate, jaune à la base; beaucoup plus grand que les ailes. Ailes purpurines.

Cette belle plante vient d'être obtenue, en Angleterre, de graines récoltées sur la côte sud-ouest de la Nouvelle-Hollande.

CHORIZÈME RHOMBOÏDAL. — *Chorizema rhombea* R. Br. — Sweet, Fl. Australas. tab. 40.

Feuilles très-entières, planes, mucronées : les inférieures orbiculaires-rhomboïdales ; les supérieures elliptiques-lancéolées. Pédicelles pauciflores. —Fleurs couleur aurore.

CHORIZÈME ÉLÉGANT. — *Chorizema Henchmanni* R. Br. — Bot. Reg. tab. 986.

Rameaux cylindriques, velus. Feuilles linéaires-subulées, piquantes, fasciculées ou ternées. Fleurs solitaires ou géminées, axillaires, rapprochées en grappe. Calice tubuleux, campanulé, soyeux.

Cette plante est une des plus jolies Légumineuses de la Nouvelle-Hollande. Ses fleurs , de quatre à six lignes de diamètre, forment de longues grappes panachées de pourpre et de jaune. Elle est introduite en Europe depuis 1825.

Genre PODOLOBE. — *Podolobium* R. Br.

Calice quinquéfide, à 2 lèvres : la supérieure bifide; l'inférieure tripartie. Carène comprimée, égale en longueur aux ailes et à l'étendard. Ovaire quadriovulé. Style ascendant. Légume stipité, linéaire-oblong, légèrement bouffi.

Sous-arbrisseaux. Feuilles simples, alternes ou opposées, entières ou lobées, souvent bordées de spinules.

Ce genre mérite à peine d'être séparé du précédent. Les quatre espèces dont il se compose habitent également l'Australasie, et contribuent à l'ornement de nos serres.

Les espèces les plus notables sont les deux suivantes.

PODOLOBE A FEUILLES ÉPINEUSES.—*Podolobium staurophyllum* Sieber. — Bot. Reg. tab. 959.

Rameaux anguleux, pubescents. Feuilles opposées, subsessiles, glabres, coriaces, à 3 lobes linéaires-oblongs, divariqués, presque égaux, terminés chacun par une longue dent spiniforme. Pédoncules axillaires, biflores, de la longueur des feuilles. —Fleurs jaunes.

Cette espèce, propre à la Nouvelle-Hollande australe, a été introduite en Europe en 1821.

PODOLOBE TRILOBÉ. — *Podolobium trilobatum* R. Br. — Bot. Mag. tab. 1477. — *Pultenæa ilicifolia* Andr. Bot. Rep. tab. 320.

Rameaux cylindriques, poilus. Feuilles opposées, courtement pétiolées, pubescentes en dessous, hastiformes-trilobées, bordées de dents spiniformes. Grappes axillaires, plus courtes que les feuilles. —Corolle jaune : carène et étendard marqués d'une tache écarlate.

Cette espèce est indigène dans la Nouvelle-Hollande orientale.

Genre OXYLOBE. — *Oxylobium* R. Br.

Calice profondément quinquéfide, subbilabié. Carène comprimée, de la longueur des ailes; étendard déployé, de même longueur que les pétales inférieurs. Style ascendant. Légume polysperme, bouffi, ovale, pointu, à stipe court ou nul.

Arbrisseaux ou sous-arbrisseaux. Feuilles verticillées à 3 ou à 4, entières. Fleurs en corymbe, de couleur jaune, écarlate, ou orange.

Autre genre australasien, très-voisin des deux précédents par le port et par ses caractères. Il se compose aujourd'hui de sept espèces. Nous ne parlerons que de celles que l'on rencontre dans nos serres.

OXYLOBE ARBORESCENT. — *Oxylobium arborescens* R. Br. — Bot. Reg. tab. 392. — Lodd. Bot. Cab. tab. 163. — Bot. Mag. tab. 2442.

Feuilles linéaires-lancéolées. Pédicelles bractéolés au sommet. Corymbes denses. Légumes de la longueur du calice. Fleurs jaunes.

Cet élégant arbrisseau croît à la terre de Diémen ; il est fort probable qu'on pourrait le naturaliser dans les jardins de la France méridionale.

OXYLOBE A FEUILLES ELLIPTIQUES. — *Oxylobium ellipticum* R. Br. — *Gompholobium ellipticum* Labill. Nov. Holl. tab. 135. — *Callistachys elliptica* Vent. Malm. tab. 115.

Feuilles ovales-oblongues. Pédicelles bractéolés au-dessous du sommet. Corymbes denses. Légumes 2 fois plus longs que le calice, courtement stipités. — Fleurs jaunes.

Cette espèce croît dans les mêmes contrées que la précédente.

OXYLOBE A FEUILLES CORDIFORMES. — *Oxylobium cordifolium* Andr. Bot. Rep. tab. 492. — Bot. Mag. tab. 1544. — Lodd. Bot. Cab. tab. 937.

Feuilles cordiformes-ovales, poilues. Ombelles terminales, sessiles.

Cette espèce, originaire de la Nouvelle-Galles, se distingue par ses fleurs d'une couleur écarlate tirant sur l'orange.

OXYLOBE A FEUILLES RÉTUSES. — *Oxylobium retusum* Bot. Reg. tab. 913. — *Chorizema coriaceum* Smith, Linn. Trans.

Feuilles courtement pétiolées, glabres, réticulées, ovales ou oblongues, rétuses, apiculées. Grappes axillaires et terminales, capituliformes, pédonculées, beaucoup plus courtes que les feuilles. Calice soyeux.

Cet arbrisseau est également d'un fort bel effet par ses nombreuses fleurs de couleur orange et veinées de pourpre.

Genre CALLISTACHE. — *Callistachys* Vent.

Calice à 2 lèvres : la supérieure bifide ; l'inférieure tripartie. Étendard redressé ; ailes et carène de même longueur, plus courtes que l'étendard. Style arqué. Stigmate pointu. Légume stipité, ligneux, s'ouvrant au sommet, polysperme, cloisonné transversalement avant la maturité.

Arbrisseaux. Feuilles verticillées ou éparses, entières, soyeuses en dessous. Fleurs jaunes, disposées en grappes terminales très-denses.

Ce genre, limité aux deux espèces dont nous allons faire mention, est propre à la Nouvelle-Hollande.

CALLISTACHE LANCÉOLÉ. — *Callistachys lanceolata* Vent. Malm. tab. 115. — Bot. Reg. tab. 216.

Feuilles lancéolées, acuminées, éparses, ou opposées, ou verticillées.

CALLISTACHE OVALE. — *Callistachys ovata* Sims. Bot. Mag. tab. 1925.

Feuilles obovales, mucronulées, souvent ternées.

Ces deux arbrisseaux décorent nos serres tempérées. Leur feuillage argenté, et leurs fleurs panachées de jaune et de roux, sont très-pittoresques.

Genre BRACHYSÈME. — *Brachysema* R. Br.

Calice urcéolé, quinquéfide : lobes pointus, presque

égaux. Étendard plus court que les pétales inférieurs ; carène comprimée, aussi longue que les ailes. Ovaire à stipe entouré d'une gaînule. Style filiforme, allongé. Légume bouffi, polysperme.

Arbrisseaux procombants ou grimpants. Feuilles simples, entières, alternes, mucronées, coriaces. Grappes axillaires ou terminales, pauciflores. Fleurs grandes, jaunâtres ou rougeâtres.

Les deux espèces connues de ce genre habitent la Nouvelle-Hollande. L'élégance de leur port les a fait admettre dans les collections d'orangerie.

BRACHYSÈME A LARGES FEUILLES. — *Brachysema latifolium* R. Br.—Bot. Reg. tab. 118. — Bot. Mag. tab. 2008.

Feuilles cordiformes-ovales ou ovales elliptiques, obliques, mucronées, courtement pétiolées, glabres en dessus, pubescentes en dessous. Pédoncules axillaires, très-courts, 1-3-flores. Calice non bractéolé, cotonneux. Étendard oblong-oboval.

Arbrisseau rameux, procombant, couvert d'un duvet blanchâtre. Fleurs de couleur ponceau, longues de 15 à 18 lignes.

BRACHYSÈME ONDULÉ. — *Brachysema undulatum* Ker, Bot. Reg. tab. 642. — Lodd. Bot. Cab. tab. 778.

Feuilles ovales ou ovales-arrondies, mucronulées, ondulées, subsessiles, glabres en dessus, soyeuses en dessous. Pédoncules axillaires, subtriflores, de la longueur des feuilles. Calices bractéolés. Étendard oblong, cordiforme, convoluté vers le sommet.

Arbrisseau à rameaux subvolubiles, divariqués. Calice rougeâtre. Corolle d'un demi-pouce de long, d'un jaune pâle.

Genre GOMPHOLOBE. — *Gompholobium* Smith.

Calice campanulé, quinquéparti, à lobes presque égaux. Étendard étalé. Carène dipétale. Stigmate simple. Légume polysperme, subsphérique, très-obtus, glabre.

Arbrisseaux roides. Feuilles alternes, courtement pétiolées, trifoliolées où pennées. Pédicelles dibractéolés à la base ou au milieu. Fleurs grandes, jaunes.

Ce genre renferme une douzaine d'espèces, toutes indigènes dans la Nouvelle-Hollande. Elles se distinguent par des fleurs d'une grande beauté.

Voici les espèces cultivées le plus souvent dans nos collections.

GOMPHOLOBE GRANDIFLORE. — *Gompholobium grandiflorum* Bot. Reg. tab. 484.

Rameaux dressés. Feuilles digitées-trifoliolées; folioles étroites, linéaires, piquantes, révolutées aux bords. Pédoncules latéraux et terminaux, 1-3-flores. Carène imberbe, beaucoup plus petite que l'étendard.

Arbrisseau glabre, haut de 2 à 3 pieds. Fleurs d'un jaune d'or. Étendard large d'un pouce.

GOMPHOLOBE A LARGES FEUILLES. — *Gompholobium latifolium* Smith, Exot. Bot. tab. 58. — Labill. Nov. Holl. tab. 133.

Rameaux anguleux, lisses. Feuilles digitées, à 3 folioles linéaires-spathulées ou cunéiformes-oblongues, lisses, obtuses ou pointues. Pédoncules axillaires, solitaires, uniflores, de la longueur des feuilles. Carène fimbriée.

Les fleurs de cette espèce sont d'un jaune citron, et de la grandeur de celles du Pois de senteur.

GOMPHOLOBE POLYMORPHE. — *Gompholobium polymorphum* R. Br. — Bot. Mag. tab. 1533. — *Gompholobium grandiflorum* Andr. Bot. Rep. tab. 642 (non Smith).

Rameaux volubiles ou procombants, grêles. Feuilles pétiolées, digitées, à 3 ou 5 folioles linéaires ou cunéiformes oblongues, mucronulées, révolutées aux bords, glabres. Pédoncules axillaires, solitaires, uniflores, bractéolés, plus longs que les feuilles.

Cette espèce est l'une des plus belles du genre. Son étendard, de près d'un pouce de diamètre, est pourpre à la face supérieure ; la face inférieure est écarlate et marquée d'une grande tache jaune ; les ailes sont purpurines.

GOMPHOLOBE VEINULEUX. — *Gompholobium venulosum*
Lindl. in Bot. Reg. tab. 1574.

Feuilles à 3 folioles linéaires-lancéolées, veinuleuses, mucro-
nées, révolutées aux bords. Stipules plus longues que le pétiole.
Pédoncules subterminaux, solitaires, dibractéolés au sommet.
Corolle plus grande que le calice.

Petit arbrisseau très-glabre. Rameaux ascendants, grêles, légèrement anguleux. Étendard cordiforme-arrondi, échancré, d'un
beau jaune antérieurement, rose postérieurement. Ailes et carène
très-obtuses, jaunes.

Cette espèce a été obtenue récemment, en Angleterre, de graines
récoltées dans le midi de la Nouvelle-Hollande.

GOMPHOLOBE A CAPITULES. — *Gompholobium capitatum*
Lindl. in Bot. Reg. tab. 1563.

Feuilles 7- ou 9-foliolées, palmées ou imparipennées; folioles
linéaires-subulées, mucronées, ciliolées, lisses en dessus. Fleurs
en capitules. Carène ciliée.

Arbrisseau à rameaux grêles, poilus. Fleurs grandes, d'un
beau jaune.

Cette espèce a été trouvée au port du Roi Georges, dans la
Nouvelle-Hollande. On la possède en Angleterre depuis quelques
années.

Genre VIMINAIRE. — *Viminaria* Smith.

Calice quinquédenté, anguleux. Pétales de longueur
presque égale. Ovaire biovulé. Style capillaire. Légume
ovale, indéhiscent. Graines non strophiolées.

Arbrisseaux. Rameaux grêles : les adultes aphylles. Feuilles simples ou trifoliolées, pétiolées. Pédicelles non bractéolés. Fleurs jaunes, en grappe.

Ce genre se compose de deux espèces australasiennes; leur
port est semblable à celui des Genêts. L'espèce que nous
allons citer est cultivée dans nos collections de serre.

VIMINAIRE NUE. — *Viminaria denudata* Smith, Exot. Bot.

tab. 27.—Bot. Mag. tab. 1190.—*Daviesia denudata* Vent.
Malm. tab. 6.—*Sophora juncea* Schrad. Sert. Hanov. tab. 3.

Feuilles primordiales longuement pétiolées, ovales, trinervées,
mucronées, dentelées ; feuilles supérieures pétioléennes, linéaires-subulées, jonciformes. Grappes terminales, multiflores. Dents
calicinales courtes, dressées.

Arbrisseau originaire de la terre de Diémen. Fleurs petites,
nombreuses, rayées de pourpre, rougeâtres avant l'épanouissement.

Genre AOTE. — *Aotus* Smith.

Calice quinquéfide, bilabié, non bractéolé. Corolle et
étamines caduques. Ailes plus courtes que la carène. Ovaire
biovulé. Style filiforme. Stigmate obtus. Légume bivalve,
disperme. Graines non strophiolées.

Arbrisseaux. Feuilles simples, alternes, ou opposées, ou
verticillées-ternées, linéaires-subulées, révolutées aux bords.
Fleurs jaunes, axillaires, solitaires.

Ce genre, propre à la Nouvelle-Hollande, renferme deux
ou trois espèces. La suivante est cultivée dans nos collections.

AOTE VELU. — *Aotus villosa* Smith. — Bot. Mag. tab. 949.
— *Pultenæa villosa* Andr. Bot. Rep. tab. 309. — *Pultenæa eri-
coides* Vent. Malm. tab. 35.

Ramules nombreux, dressés, hérissés. Feuilles sessiles, pointues, pubescentes, recourbées au sommet. Grappes raméaires,
feuillées. Calice soyeux.

Arbrisseau très-élégant, ayant le port d'une Bruyère ou d'un
Diosma.

Genre DILLWYNIA. — *Dillwynia* Smith.

Calice quinquéfide, bilabié, rétréci à la base. Corolle insérée vers le milieu du tube calicinal. Étendard bilobé, plus
large que long. Ovaire biovulé. Style onciné. Stigmate capitellé. Légume bouffi. Graines strophiolées.

Arbrisseaux. Feuilles simples. Stipules nulles ou caduques. Fleurs jaunes, subsessiles.

Tous les *Dillwynia* habitent la Nouvelle-Hollande. On en connaît une douzaine d'espèces. Plusieurs ornent nos serres. Les plus remarquables sont les suivantes.

DILLWYNIA FLEURI. — *Dillwynia floribunda* Smith, Exot. Bot. 1, tab. 26. — *Dillwynia ericifolia* Bot. Mag. tab. 1545.

Feuilles subulées, mucronées, tuberculeuses. Fleurs axillaires, géminées.

Arbrisseau de 5 à 6 pieds de haut, très-rameux, velu. Corolle d'un jaune pâle.

DILLWYNIA BRUYÈRE. — *Dillwynia ericifolia* Smith, Exot. Bot. tab. 25. — *Pultenæa retorta* Wendl. Hort. Herr. 2, tab. 9.

Feuilles subulées, mucronées-piquantes, ponctuées, divariquées, tortueuses. Corymbes sessiles, terminaux.

Arbrisseau à rameaux cotonneux, étalés. Feuilles longues d'un pouce. Pétales d'un beau jaune, rayés de rouge. Calice glabre.

DILLWYNIA GLABRE. — *Dillwynia glaberrima* Smith. — Bot. Mag. tab. 944. — Lodd. Bot. Cab. tab. 582. — Labill. Nov. Holl. tab. 139.

Feuilles filiformes, dressées, lisses, mucronulées, non piquantes, recourbées au sommet. Corymbes terminaux, pédonculés.

Arbrisseau de 3 ou 4 pieds de haut ; tiges divisées en rameaux lisses, roides, très-droits. Fleurs panachées de jaune et de blanc.

DILLWYNIA A PETITES FEUILLES. — *Dillwynia parvifolia* R. Br. — Bot. Mag. tab. 1527. — Lodd. Bot. Cab. tab. 559.

Feuilles courtes, rapprochées, étalées. Capitules terminaux, pauciflores. Pédoncules dibractéolés.

DILLWYNIA A FEUILLES DE GLYCINE. — *Dillwynia glycinifolia* Dec. Prodr. — Lindl. Bot. Reg. tab. 1514.

Feuilles ovales-lancéolées ou linéaires-lancéolées, révolutées aux bords, pointues, réticulées. Grappes lâches, plus longues que les feuilles ; pédoncules capillaires, défléchis.

Rameaux filiformes, décombants ou grimpants. Feuilles subsessiles, discolores. Stipules sétacées. Grappes 2-6-flores. Étendard couleur orange; ailes roses, très-obtuses; carène blanche, incluse.

Cette charmante espèce a été récemment introduite en Angleterre.

Genre EUTAXIE. — *Eutaxia* R. Br.

Calice à 2 lèvres : la supérieure échancrée; l'inférieure trifide. Carène aussi longue que large. Ovaire biovulé. Style onciné. Stigmate capitellé. Légume peu renflé. Graines strophiolées.

L'espèce que nous allons décrire est jusqu'à présent la seule du genre.

EUTAXIE A FEUILLES DE MYRTE.—*Eutaxia myrtifolia* R. Br. — Bot. Mag. tab. 1274. — *Dillwynia myrtifolia* Smith. — *Dillwynia obovata* Labill. Nov. Holl. tab. 140.

Arbrisseau haut de 3 à 4 pieds. Rameaux dressés. Feuilles opposées, glabres, lancéolées ou oblongues-lancéolées, mucronées, longues de 8 à 12 lignes. Pétiole court. Stipules nulles. Pédoncules axillaires, géminés. Fleurs d'un jaune orangé, maculées de mordoré.

Cet arbrisseau, originaire de la Nouvelle-Hollande, décore nos orangeries.

Genre GASTROLOBE. — *Gastrolobium* R. Br.

Calice quinquéfide, bilabié, non bractéolé. Pétales de longueur presque égale. Ovaire biovulé, stipité. Style subulé, ascendant. Stigmate simple. Légume bouffi. Graines strophiolées.

Arbrisseaux. Feuilles simples, verticillées - quaternées. Stipules subulées, distinctes. Fleurs jaunes, disposées en grappes terminales, ovales, denses.

L'espèce suivante constitue à elle seule le genre.

GASTROLOBE BILOBÉ. — *Gastrolobium bilobum* R. Br. — Bot. Reg. tab. 411. — Lodd. Bot. Cab. tab. 70.

Feuilles subsessiles, cunéiformes, rétuses ou bilobées, mucronulées, glabres en dessus, pubescentes en dessous, longues d'environ un pouce. Grappes multiflores. Corolle jaune, maculée de mordoré.

Cet arbrisseau croît à la Nouvelle-Hollande. Il mérite toute l'attention des amateurs de belles plantes ; mais on ne le voit que rarement dans les collections.

Genre EUCHILE. — *Euchilus* R. Br.

Calice dibractéolé à la base, profondément quinquéfide, à 2 lèvres : la supérieure beaucoup plus grande que l'inférieure. Carène de la longueur des ailes. Ovaire biovulé, stipité. Style subulé, ascendant. Stigmate simple. Légume comprimé. Graines à strophiole non caréné.

La seule espèce connue de ce genre est la suivante.

EUCHILE A FEUILLES OBCORDIFORMES. — *Euchilus obcordatus* R. Br. — Bot. Reg. tab. 403.

Petit arbrisseau. Feuilles simples, opposées, velues en dessous, obcordiformes ou cunéiformes. Stipules sétacées. Pédoncules solitaires, axillaires, uniflores, dibractéolés. — Fleurs jaunes, maculées de pourpre.

Cette plante est indigène dans la Nouvelle-Hollande. On la cultive dans nos orangeries.

Genre PULTÉNÉE. — *Pultenæa* Smith.

Calice dibractéolé, quinquéfide, à 2 lèvres égales. Ovaire non stipité, biovulé. Style subulé, ascendant. Stigmate simple. Graines à strophiole caréné.

Arbrisseaux. Feuilles simples, alternes, petites, roides. Stipules souvent connées, intrafoliaires. Fleurs jaunes, le plus souvent en capitules terminaux.

Ce genre se compose d'environ quarante espèces, indigènes dans la Nouvelle-Hollande. Presque toutes peuvent contribuer à orner nos orangeries. Nous allons parler des plus remarquables.

PULTÉNÉE A FEUILLES DE ROMARIN. — *Pultenæa rosmarinifolia* Lindl. in Bot. Reg. tab. 1584.

Feuilles linéaires, mucronées, révolutées aux bords, pubescentes en dessous. Stipules connées en une seule bifide et plus longue que le pétiole. Capitules multiflores. Bractées plus courtes que le calice.

Arbrisseau rameux, toujours vert. Rameaux cylindriques, pubescents, grisâtres. Corolle jaune, à carène rougeâtre.

Cette espèce a été découverte récemment sur la côte sud-ouest de la Nouvelle-Hollande.

Pulténée a feuilles rétuses.—*Pultenæa retusa* Smith.— Bot. Reg. tab. 378. —Bot. Mag. tab. 2081.

Feuilles éparses, planes, linéaires ou cunéiformes, rétuses, mutiques, glabres, subsessiles. Capitules terminaux, subquinquéflores. Bractées débordant le calice, insérées vers le milieu de son tube.

Petit arbrisseau à rameaux anguleux, velus. Ramules florifères très-nombreux.

Pulténée Faux-Daphné.—*Pultenæa daphnoides* Smith.— Bot. Mag. tab. 1394.—Andr. Bot. Rep. tab. 98.

Feuilles cunéiformes-oblongues, mucronulées, glabres, subsessiles. Capitules terminaux, multiflores. Bractées ovales, plus courtes que le calice.

Arbrisseau de 3 pieds, à tige dressée, feuillue. Fleurs d'un beau jaune; carène pourpre.

Pulténée a feuilles obcordiformes.—*Pultenæa obcordata* Andr. Bot. Rep. tab. 574.

Feuilles obcordiformes, rétuses, mucronulées, cunéiformes à la base, glabres, luisantes, courtement pétiolées. Capitules terminaux, subsexflores.

Cette espèce se distingue surtout par la forme de ses feuilles, qui n'ont guère plus d'un demi-pouce de long sur autant de large au sommet. Les fleurs sont comme celles de la précédente.

Pulténée a feuilles bilobées. — *Pultenæa biloba* R. Br. — Bot. Mag. tab. 2091.

Rameaux filiformes, hérissés. Feuilles cunéiformes-bilobées, apiculées, tuberculeuses en dessus, soyeuses en dessous, carénées. Capitules terminaux, pauciflores.

Cette espèce à des fleurs de moitié plus petites que celles des précédentes, mais elle produit une multitude de ramules latéraux, florifères au sommet. Ses feuilles n'ont que quelques lignes de long.

Pᴜʟᴛᴇ́ɴᴇ́ᴇ ᴅʀᴇssᴇ́ᴇ. — *Pultenæa stricta* Sims, Bot. Mag. tab. 1588.

Tige et rameaux dressés. Feuilles obovales, mucronulées, glabres en dessus, légèrement pubescentes en dessous. Capitules terminaux, lâches, pauciflores. Calices et légumes poilus.

Cette espèce est très-commune dans les orangeries. Elle ressemble à la *Pulténée Faux-Daphné*.

Pᴜʟᴛᴇ́ɴᴇ́ᴇ ᴀ ᴏᴍʙᴇʟʟᴇs. — *Pultenæa subumbellata* Hook. in Bot. Mag. tab. 3254.

Feuilles éparses, linéaires-oblongues, obtuses, glabres. Fleurs terminales, capitulées, presque en ombelle. Calice nérissé.

Arbrisseau peu élevé. Branches flexueuses, presque dressées. Feuilles rapprochées, longues d'un demi-pouce. Fleurs étalées. Corolle panachée de jaune, de pourpre et d'orange.

Cette espèce élégante a fleuri pour la première fois, en 1833, au Jardin de l'Université de Glasgow. Elle est originaire de la terre de Diémen.

Pᴜʟᴛᴇ́ɴᴇ́ᴇ sᴛɪᴘᴜʟᴀɪʀᴇ. — *Pultenæa stipularis* Smith. — Bot. Mag. tab. 475.

Feuilles linéaires-subulées, planes, pointues, ciliées, sessiles. Stipules imbriquées, allongées, soudées presque jusqu'au sommet. Capitules terminaux, multiflores. Bractées de la longueur du calice.

Cet arbrisseau, d'un port très-élégant, ressemble à un Pin par son feuillage.

Pᴜʟᴛᴇ́ɴᴇ́ᴇ ᴠᴇʟᴜᴇ. — *Pultenæa villosa* Smith. — Bot. Mag. tab. 967.

Feuilles recouvrantes, linéaires-oblongues, obtuses, poilues de même que les ramules et les calices. Fleurs solitaires, axillaires, formant des grappes feuillées.

Petit arbrisseau à ramules très-nombreux. Feuillage semblable à celui d'un *Leptosperme*. Fleurs d'un jaune clair, non tachées de pourpre, de grandeur médiocre.

Genre DAVIÉSIA. — *Daviesia* Smith.

Calice non bractéolé, anguleux, quinquédenté ou subbilabié. Carène plus courte que l'étendard. Ovaire stipité, biovulé. Style dressé. Légume comprimé; anguleux, subtrapézoïde.

Arbrisseaux glabres, souvent épineux. Feuilles simples, ou quelquefois nulles. Pédoncules axillaires. Pédicelles bractéolés.

Ce genre est propre à la Nouvelle-Hollande, et renferme environ douze espèces, parmi lesquelles nous trouvons plusieurs plantes cultivées dans nos orangeries. Les plus intéressantes sont les suivantes.

Daviésia a larges feuilles. — *Daviesia latifolia* R. Br. — Bot. Mag. tab. 1757.

Feuilles ovales ou elliptiques, veineuses, rétrécies à la base, mucronulées, inermes. Grappes multiflores, denses, de la longueur des feuilles.

Arbrisseau d'environ 2 pieds de haut. Feuillage glauque, luisant. Fleurs petites, nombreuses, jaunes, rayées de pourpre, verdâtres après l'anthèse.

Daviésia Ajonc. — *Daviesia ulicifolia* Smith. — Bot. Rep. tab. 304.

Rameaux épineux. Feuilles lancéolées ou linéaires, piquantes, étalées, glabres. Fleurs solitaires, axillaires, subsessiles, formant des épis feuillés.

Petit arbrisseau très-rameux, se couvrant d'une multitude de fleurs à étendard maculé de pourpre.

Daviésia a feuilles cordiformes. — *Daviesia cordata* Smith. — Bot. Reg. tab. 1005.

Feuilles cordiformes, amplexicaules, acuminées, glabres, cartilagineuses. Corymbes pédonculés, multiflores, plus courts que les feuilles.

Cette espèce se distingue par ses fleurs très-nombreuses, panachées de jaune, de violet et de rouge.

Daviésia ailé. — *Daviesia alata* Smith. — Bot. Reg. tab. 728.

Rameaux ailés, aphylles. Pédoncules latéraux, alternes, courts, bractéolés, subcorymbifères. Bractées et calices ciliés. Légume dolabriforme, scarieux, monosperme.

Cet arbrisseau ressemble au *Genista sagittalis* par le port. Ses fleurs sont maculées de mordoré et d'orange.

Genre MIRBELIA. — *Mirbelia* Smith.

Calice quinquéfide, bilabié. Style réfléchi. Stigmate capitellé. Légume disperme, bouffi, biloculaire par le rentrement des sutures.

Sous-arbrisseaux. Feuilles verticillées-ternées. Fleurs purpurines.

Ce genre, propre à la Nouvelle-Hollande, est borné à six espèces, remarquables par l'élégance de leurs fleurs. Les deux suivantes sont cultivées dans nos orangeries.

Mirbelia réticulé. — *Mirbelia reticulata* Smith. — Vent. Malm. tab. 119. — *Pultenœa rubiœfolia* Andr. Bot. Rep. tab. 351. — Duham. ed. nov. vol. 4, tab. 37.

Rameaux grêles. Feuilles réticulées, linéaires-lancéolées, mucronées. Fleurs axillaires, verticillées, courtement pédicellées.

Arbuste d'environ 2 pieds de haut. Feuilles petites, glabres. Stipules linéaires, pubescentes. Fleurs très-nombreuses, de la grandeur de celles du Mélilot, fasciculées aux aisselles des feuilles.

Mirbelia dilaté. — *Mirbelia dilatata* R. Br. — Bot. Reg. tab. 1041.

Rameaux triangulaires, poilus, presque ailés. Feuilles sessiles, légèrement pubescentes, cunéiformes, 3- ou 5-fides au sommet : lanières aristées, piquantes. Capitules terminaux et axillaires, lâches, subsexflores. Calices pubescents, pédicellés, à lanières ovales. Légume oblong, glabre, plus long que le calice.

IIᵉ TRIBU. **LES LOTÉES.** — *LOTEÆ* Dec.

Étamines monadelphes ou diadelphes. Légume non articulé, uniloculaire ou quelquefois biloculaire par le rentrement de l'une des sutures. Cotylédons planes , se changeant pendant la germination en feuilles munies de stomates.

Section Iʳᵉ. **GÉNISTÉES.** — *Genisteæ* Dec. Prodr.

Légume uniloculaire. Étamines le plus souvent monadelphes. Légume subovoïde, monosperme ou disperme.

Genre HOVÉA. — *Hovea* Dec.

Calice à 2 lèvres : la supérieure semi-bifide, rétuse; l'inférieure tripartie. Carène obtuse. Étamines ordinairement monadelphes. Légume non stipité, arrondi, bouffi, disperme. Graines strophiolées.

Arbrisseaux. Feuilles coriaces, luisantes. Fleurs axillaires, courtement pédicellées , de couleur pourpre ou violette.

Les *Hovéa* croissent dans la Nouvelle-Galles du Sud. On en connaît neuf espèces; la plupart sont cultivées dans nos orangeries comme plantes d'ornement. Les plus intéressantes sont les suivantes.

Hovéa a longues feuilles. — *Hovea longifolia* R. Br. — Bot. Reg. tab. 614.

Rameaux feuillus, poilus. Feuilles linéaires , étroites , mucronulées , réticulées , révolutées aux bords , subsessiles , glabres en dessus, couvertes en dessous d'un coton ferrugineux. Grappes lâches; pédoncules courts, cotonneux de même que les calices. Filets soudés en gaîne fendue.

Fleurs violettes. Étendard maculé de jaune, et rayé de pourpre.

Hovéa a feuilles linéaires. — *Hovea linearis* R. Br. — Bot. Reg. tab. 463. — *Poiretia linearis* Smith.

Rameaux grêles , flexueux , dressés. Feuilles subsessiles , lancéolées-linéaires, terminées par une pointe recourbée , glabres en dessus, poilues en dessous. Fleurs solitaires et agrégées, courtement pédicellées.

Petit arbuste très-élégant. Fleurs d'un violet pâle. Étendard maculé de jaune.

HOVÉA A FEUILLES LANCÉOLÉES.—*Hovea lanceolata* Sims, Bot. Mag. tab. 1624.

Rameaux grêles. Feuilles lancéolées-oblongues, mucronulées, subsessiles, glabres en dessus, pubescentes en dessous. Fleurs axillaires, géminées.

Cette espèce ressemble beaucoup·à la précédente, mais on l'en distingue facilement à ses feuilles plus larges.

HOVÉA DE CELS. — *Hovea Celsii* Boupl. Nav. tab. 51. — Bot. Reg. tab. 280.

Rameaux poilus. Feuilles lancéolées ou ovales-lancéolées, acuminées, velues étant jeunes. Fleurs fasciculées. Calices et bractées poilus.

Arbrisseau de 4 à 6 pieds de haut. Étendard obcordiforme, bleu, avec une grande tache blanche à la base; ailes et carène violettes.

HOVÉA VELU.—*Hovea villosa* Lindl. in Bot. Reg. tab. 1512.

Feuilles linéaires-oblongues, obtuses, mucronulées, glabres et réticulées en, dessus, très-velues en dessous. Pédicelles géminés, plus courts que le pétiole, velus de même que les calices et les ramules.

Ramules, face inférieure des feuilles et calices couverts de poils bruns très-serrés. Étendard d'un bleu clair, veiné de lignes plus foncées, et marqué à la base d'une tache verdâtre. Ailes violettes.

Cet *Hovéa* n'est introduit que depuis peu en Angleterre. M. Lindley observe que l'espèce qui s'en rapproche le plus est le *Hovéa pourpre.*

Genre **PLATYLOBE**. — *Platylobium* Smith.

Calice bractéolé, à 2 lèvres : la supérieure très-grande, bifide, arrondie. Étamines monadelphes. Légume stipité, aplati, ailé au dos, polysperme.

Arbrisseaux. Feuilles simples, persistantes, opposées, stipulées. Fleurs axillaires, panachées de jaune et de pourpre.

Parmi le grand nombre de Papilionacées de la Nouvelle-Hollande qui décorent nos serres, les *Platylobes* se font surtout remarquer par l'abondance et l'éclat de leurs fleurs. Les six espèces que nous allons faire connaître constituent à elles seules ce genre intéressant.

PLATYLOBE ÉLÉGANT.— *Platylobium formosum* Smith, Nov. Holl. tab. 6. — Vent. Malm. tab. 31.—Bot. Mag. tab. 469.— Duham. ed. nov. vol. 4, tab. 20.

Feuilles ovales, subcordiformes. Ovaire velu. Bractées soyeuses. Stipe du légume plus court que le calice.

Arbrisseau peu élevé. Tiges rameuses, velues. Ramules grêles. Pétioles hérissés de poils blanchâtres. Fleurs subsolitaires.

PLATYLOBE A PETITES FLEURS. — *Platylobium parviflorum* Smith. — Bot. Mag. tab. 1520.

Feuilles ovales lancéolées. Ovaires pubescents aux bords. Bractées glabres. Stipe du légume plus long que le calice.

PLATYLOBE A FEUILLES OVALES.— *Platylobium ovatum* Dec. Prodr.

Feuilles ovales-lancéolées, acuminées, discolores, glabres en dessus et en dessous. Bractées et ovaires glabres. Stipe court.

PLATYLOBE TRIANGULAIRE. — *Platylobium triangulare* R. Br. — Bot. Mag. tab. 1508.

Feuilles deltoïdes ou subhastiformes, à angles épineux. Pédoncules bractéolés à la base et au sommet. Légume un peu plus long que le calice.

PLATYLOBE DE MURRAY.— *Platylobium Murrayanum* Hook. in Bot. Mag. tab. 3259.

Tige très-rameuse. Rameaux flexueux, roides. Feuilles deltoïdes à angles pointus, mucronées. Pédoncules filiformes, plus longs que les feuilles, bractéolés à la base et au sommet.

Arbuscule touffu, haut d'environ un pied. Rameaux filiformes. Corolle d'un beau jaune; étendard lavé de pourpre à la base.

Ce *Platylobe* croît à la terre de Diémen. Il est introduit depuis peu au Jardin de l'Université de Glasgow.

PLATYLOBE A ANGLES OBTUS. — *Platylobium obtusangulum* Hook. in Bot. Mag. tab. 3258.

Feuilles deltoïdes, à angles obtus, mucronulés. Pédoncules très-courts, recouverts de bractées.

Tiges faibles, filiformes, prolifères aux aisselles des feuilles. Feuilles un peu coriaces. Fleurs grandes, subgéminées, presque sessiles. Bractées brunes, concaves. Étendard orange, rayé de pourpre à la base. Ailes d'un orange tirant sur le rouge.

Cette espèce, indigène à la terre de Diémen, a été récemment introduite au Jardin de l'Université de Glasgow.

Genre PLATYCHILE. — *Platychilum* Delaun.

Calice à 2 lèvres : la supérieure très-large, échancrée; l'inférieure tridentée. Étamines monadelphes. Légume ovoïde, stipité, monosperme ou disperme.

Ce genre est borné à l'espèce que nous allons faire connaître.

PLATYCHILE DE CELS. — *Platychilum Celsianum* Delaun. Herb. de l'Amat. tab. 187. (*Gompholobium Celsianum* Hortul.)

Arbrisseau de 4 à 5 pieds. Feuilles persistantes, subsessiles, elliptiques-lancéolées. Fleurs d'un bleu d'améthyste, en grappes axillaires, rameuses, très-nombreuses.

Cette espèce, originaire de la Nouvelle-Hollande, est une des plantes les plus élégantes de nos serres tempérées.

Genre BOSSIÉA. — *Bossiæa* Vent.

Calice à 2 lèvres : la supérieure plus grande, semi-bifide, obtuse. Étamines monadelphes. Légume plane, comprimé, stipité, polysperme, à bords épais. Graines strophiolées.

Arbrisseaux. Rameaux souvent comprimés. Feuilles simples, alternes ou quelquefois nulles. Fleurs jaunes; carène souvent pourpre ou brunâtre.

Ce genre est propre à la Nouvelle-Hollande. On en connaît une quinzaine d'espèces, dont la plupart sont remarquables par la beauté de leur feuillage et de leurs fleurs.

Les espèces les plus notables que l'on cultive dans les collections sont les suivantes.

BOSSIÉA A FEUILLES DE SCOLOPENDRE. — *Bossiæa Scolopendria* Smith.—*Platylobium Scolopendrium* Andr. Bot. Rep. tab. 191.—Vent. Malm. tab. 55.—Duham. ed. nov. vol. 4, tab. 21.

Rameaux glabres, dressés, aphylles, aplatis, ensiformes, sinués-dentés. Fleurs naissant des dentelures raméaires. Bractées supérieures persistantes, imbriquées, de la longueur des pédoncules. Calices glabres. Carène non ciliée. Fleurs d'un beau jaune, tachetées de pourpre.

Cette espèce est remarquable par la forme de ses rameaux, semblables à ceux du *Cactus speciosissimus*, ou aux feuilles de certaines Fougères.

BOSSIÉA HÉTÉROPHYLLE.—*Bossiæa heterophylla* Vent. Hort. Cels. tab. 7. — *Bossiæa lanceolata* Bot. Mag. tab. 1144. — *Platylobium lanceolatum* et *ovatum* Andr. Bot. Rep. tab. 275 et 276.

Rameaux dressés, comprimés, anguleux, glabres, feuillés. Feuilles distiques, pétiolées, planes, glabres : les inférieures elliptiques ; les supérieures lancéolées, ou linéaires, ou oblongues. Pédoncules solitaires, axillaires. Légumes cloisonnés transversalement.

Arbrisseau de 1 à 2 pieds. Ailes et étendard jaunes ; carène pourpre, plus longue que les ailes.

BOSSIÉA A PETITES FEUILLES. — *Bossiæa microphylla* Smith. — Lodd. Bot. Cab. tab. 656. -- *Platylobium microphyllum* Bot. Mag. tab. 863.

Rameaux cylindriques, feuillés, spinescents. Feuilles subsessiles, cunéiformes-obovales, échancrées, glabres. Pédicelles solitaires, axillaires, plus courts que les feuilles. — Étendard et ailes jaunes, panachés de pourpre. Carène mordorée.

BOSSIÉA GRISATRE. — *Bossiæa cinerea* R. Br. —Bot. Reg. tab. 306.

Rameaux cylindriques, feuillés, laineux. Feuilles ovales-lancéolées, terminées par une pointe piquante, presque sessiles, révolutées aux bords, scabres en dessus, pubescentes en dessous. Pédicelles solitaires, axillaires, plus courts que les feuilles. — Corolle jaune, tachée de pourpre.

Cette espèce a été découverte par M. R. Brown à la terre de Diémen.

Genre GOODIA. — *Goodia* Dec.

Calice à 2 lèvres presque égales : la supérieure semi-bifide, pointue. Étendard grand, déployé. Carène tronquée, dicéphale. Étamines monadelphes. Légume stipité, comprimé. Graines strophiolées.

Sous-arbrisseaux très-rameux. Feuilles alternes, pétiolées, trifoliolées. Fleurs jaunes, grandes, en grappe.

Les *Goodia* habitent l'Australasie. Ces plantes produisent des grappes de fleurs semblables à celles des Cytises. On n'en connaît que quatre espèces. Les deux suivantes sont cultivées dans nos serres.

GOODIA A FEUILLES DE LOTIER. — *Goodia lotifolia* Salisb. Parad. Lond. tab. 41.— Bot. Mag. tab. 958.

Feuilles obovales, glabres de même que les calices. Gaîne des étamines fendue au sommet. Légumes 6-8-spermes, bosselés au dos.

Arbuste à rameaux glabres, roides. Folioles longues d'un demi-pouce. Grappes dressées, multiflores, très-simples. Corolle d'un beau jaune; étendard maculé de rouge.

Cette espèce est originaire de la terre de Diémen, et par conséquent assez rustique pour se naturaliser dans le midi de la France.

GOODIA PUBESCENT. — *Goodia pubescens* Sims, Bot. Mag. tab. 1310.

Folioles cunéiformes-obovales, pubescentes de même que les calices. Légumes lisses, dispermes.

Rameaux et pédoncules poilus. Pédicelles plus longs que les calices. Grappes simples, dressées. Fleurs tachetées de rouge.

Cette espèce croît dans les mêmes contrées que la précédente.

Genre TEMPLÉTONIA. — *Templetonia* R. Br.

Calice à 5 dents presque égales. Carène oblongue, un peu plus longue que les ailes. Étamines submonadelphes (le dixième filet quelquefois en partie libre et plus court que la gaîne). Légume stipité, aplati, polysperme. Graines strophiolées.

Arbrisseaux très-glabres. Feuilles alternes, simples, cunéiformes, rétuses, mucronées. Fleurs axillaires, solitaires, amples, écarlates. Pédicelles dibractéolés.

Les deux espèces qui constituent ce genre sont indigènes dans la Nouvelle-Hollande, et cultivées dans nos serres tempérées. Voici leur synonymie et leurs caractères distinctifs.

TEMPLÉTONIA A FEUILLES RÉTUSES. — *Templetonia retusa* R. Br. — *Rafnia retusa* Vent. Malm. tab. 53.

Bractéoles un peu distantes du calice. Tous les filets soudés. Feuilles vertes.

TEMPLÉTONIA GLAUQUE. — *Templetonia glauca* Sims, Bot. Mag. tab. 2088. — Lodd. Bot. Cab. tab. 644. — Bot. Reg. tab. 850.

Bractéoles rapprochées du calice. Le filet supérieur en partie libre. Feuilles glauques.

Genre BORBONIA. — *Borbonia* Linn.

Calice rétréci à la base, fendu en 5 lanières acuminées, piquantes. Corolle velue en dehors : étendard échancré ; carène obtuse. Étamines monadelphes ; gaîne fendue antérieurement. Stigmate capitellé, un peu échancré. Légume linéaire, aplati, beaucoup plus long que le calice, polysperme.

Arbrisseaux. Feuilles simples, alternes, amplexicaules, multinervées à la base. Stipules nulles. Fleurs axillaires ou en capitules terminaux, jaunes.

Ce genre appartient au cap de Bonne-Espérance. Il se compose d'une dizaine d'espèces. Nous allons en faire connaître quelques-unes que l'on cultive dans nos serres à cause de la beauté de leurs fleurs et de leur feuillage persistant.

Borbonia a feuilles lancéolées. — *Borbonia lanceolata* Linn. — Jacq. Schœnbr. 2, tab. 217.

Feuilles lancéolées, nerveuses en dessous, glabres de même que la tige. Fleurs fortement velues.

Borbonia a feuilles cordiformes. — *Borbonia cordata* Linn. — Jacq. Schœnbr. 2, tab. 218.

Feuilles cordiformes, multinervées, très-entières, glabres. Rameaux fortement hérissés. Corolles très-velues. Étendard obcordiforme.

Borbonia a feuilles de Houx.— *Borbonia ruscifolia* Sims, Bot. Mag. tab. 2128.

Feuilles cordiformes, multinervées, légèrement ciliées, glabres ainsi que les ramules. Fleurs légèrement velues.

Borbonia a feuilles crénelées. — *Borbonia crenata* Linn. — Bot. Mag. tab. 274.— Herb. de l'Amat. vol. 4.

Feuilles cordiformes-arrondies, pointues, denticulées, multinervées, réticulées, glabres ainsi que les ramules.

Cette espèce se voit assez fréquemment dans les collections. Ses fleurs se succèdent pendant plusieurs mois sans interruption ; elles sont petites et d'un jaune rougeâtre.

Genre LIPARIA. — *Liparia* Linn.

Tube calicinal court; limbe à 5 lobes : les 4 supérieurs lancéolés, pointus, presque égaux ; l'inférieur très-long, pétaloïde. Corolle glabre : étendard ovale-oblong ; ailes oblongues, se recouvrant l'une l'autre avant l'épanouissement ; carène pointue, étroite, dicéphale, rectiligne. Étamines diadelphes. Ovaire non stipité, très-court. Style filiforme. Légume ovoïde, oligosperme.

Ce genre, ainsi caractérisé, se trouve limité à l'espèce que nous allons décrire.

Liparia sphérique. — *Liparia sphærica* Linn. — Lodd. Bot. Cab. tab. 642.—Bot. Mag. tab. 1241.— Herb. de l'Amat. vol. 6.

Arbrisseau d'environ 4 pieds de haut. Tige forte, très-lisse. Feuilles alternes, subsessiles, distantes, glabres, lancéolées, roides, pointues, nerveuses, mucronées et piquantes, très-entières. Stipules nulles. Fleurs en capitule terminal, sessile, de la grosseur d'une tête d'artichaut, entouré de feuilles involucrales. Fleurs grandes, d'un jaune doré. Ovaires très-velus.

Cette plante, indigène au cap de Bonne-Espérance, est très-remarquable par l'élégance de son feuillage et par la beauté de ses fleurs. On la recherche pour l'ornement de nos serres tempérées.

Genre PRIESTLEYA. — *Priestleya* Dec.

Calice subbilabié, à 5 lobes presque égaux. Corolle glabre; étendard arrondi, à onglet court; ailes obtuses, subfalciformes; carène dicéphale, curviligne. Étamines diadelphes (9 et 1). Style filiforme. Stigmate capitellé ou presque triangulaire. Légume non stipité, aplati, ovale-oblong, apiculé, 4-6-sperme.

Arbrisseaux. Feuilles simples, très-entières, non stipulées. Fleurs jaunes, disposées en capitules spiciformes ou ombelliformes.

Ce genre, composé de quinze espèces, comprend la plupart des *Liparia* des auteurs. Les *Priestleya* sont des arbrisseaux très-élégants du cap de Bonne-Espérance. Nous allons en signaler plusieurs que l'on cultive pour l'ornement de nos serres tempérées.

Priestleya hérissé. — *Priestleya hirsuta* Dec. Prodr. — *Liparia hirsuta* Bot. Reg. tab. 8.

Feuilles obovales-oblongues, pointues, glabres. Rameaux, bractées et calices hérissés. Grappes capituliformes, souvent géminées. Bractées enveloppant les pédicelles.

Priestleya lisse. — *Priestleya lævigata* Dec. Lég. Mém. XI, tab. 30. — *Borbonia lævigata* Lodd. Bot. Cab. tab. 247.

Feuilles oblongues-linéaires, pointues, innervées : les inférieures glabres; les florales soyeuses. Fleurs en ombelles capituliformes. Calices velus, obtus. Ovaires velus.

Priestleya velu. — *Priestleya villosa* Dec. Prodr. — *Liparia villosa* Linn. Mant. (non Andr.)

Feuilles ovales-elliptiques, pointues, uninervées, planes, velues aux deux faces ainsi que les rameaux, les calices et les légumes. Fleurs en capitules.

Espèce remarquable par la blancheur de son feuillage.

Priestleya drapé.—*Priestleya vestita* Dec. Prodr. — *Liparia villosa* Andr. Bot. Rep. tab. 382. (non Linn.)

Feuilles ovales, concaves, obtuses, innervées, glabres en dessus, laineuses en dessous ainsi que les calices et les ramules. Fleurs en capitules.

Genre CROTOLAIRE. — *Crotolaria* Linn.

Calice campanulé, bilabié : lèvre supérieure bifide; lèvre inférieure trifide. Étendard ample, obcordiforme; carène falciforme, acuminée. Étamines monadelphes; gaîne fendue au sommet. Style pubescent à l'un des bords. Légume bouffi, stipité, polysperme.

Herbes, ou arbrisseaux, ou sous-arbrisseaux. Feuilles unifoliolées, trifoliolées ou quelquefois quinquéfoliolées. Fleurs jaunes ou purpurines, en grappes. Bractéoles minimes, insérées tantôt aux pédicelles, tantôt aux calices.

Ce genre est assez mal connu. M. Decandolle lui avait accordé plus de 150 espèces; quelques années plus tard, M. Sprengel n'en a voulu admettre que 84. La plupart des *Crotolaires* habitent la zone équatoriale. Elles n'offrent en général qu'un intérêt purement scientifique. Nous allons parler de quelques-unes des espèces les plus notables.

Crotolaire pourpre. — *Crotolaria purpurea* Vent. Malm. tab. 66.— Bot. Reg. tab. 128.

Feuilles à 3 folioles obovales, tronquées, échancrées, glabres en dessus, pubescentes en dessous. Stipules sétiformes. Grappes terminales, oppositifoliées. Légumes glabres.

Arbrisseau haut de 3 à 4 pieds. Corolle d'un pourpre foncé; étendard taché de jaune.

Cette espèce, originaire du cap de Bonne-Espérance, est cultivée comme plante d'agrément. Elle se distingue par de belles fleurs purpurines.

CROTOLAIRE ARBORESCENTE.— *Crotolaria arborescens* Lamk. —*Crotolaria incanescens* Linn. fil.—Jacq. Hort. Vind. tab. 64.

Ramules cotonneux. Feuilles à 3 folioles cunéiformes-obovales, pubescentes, légèrement échancrées. Stipules obcordiformes ou obovales, caduques, foliacées. Grappes lâches, terminales, oppositifoliées.

Arbrisseau de 5 à 6 pieds de haut. Fleurs de la grandeur de celles du Baguenaudier, d'un jaune éclatant; étendard strié de pourpre.

Cette espèce croît au cap de Bonne-Espérance. Elle est commune dans les collections de serre tempérée.

CROTOLAIRE ROUGEATRE.— *Crotolaria purpurascens* Lamk.

Feuilles à 3 folioles cunéiformes-obovales, tronquées, mucronées, glabres. Stipules sétiformes. Grappes subterminales, oppositifoliées. Calices presque aussi longs que la corolle. Légumes pendants, velus.

Cette espèce croît à l'île de France. On la cultive dans les collections de serre chaude.

CROTOLAIRE ÉLÉGANTE. — *Crotolaria pulchella* Andr. Bot. Rep. tab. 417.— Bot. Mag. tab. 1699.

Feuilles à 3 folioles linéaires-lancéolées, pointues, plus longues que le pétiole, pubescentes en dessous. Grappes terminales. Légume cylindracé, substipité, polysperme.—Fleurs jaunes, de la grandeur de celles du Genêt d'Espagne.

Cette espèce habite le cap de Bonne-Espérance. Elle est cultivée pour l'ornement des serres.

CROTOLAIRE ARGENTÉE. — *Crotolaria argentea* Jacq. Hort. Schœnbr. 2, tab. 220.

Folioles lancéolées, plus courtes que le pétiole. Pédoncules aniflores, oppositifoliés, subterminaux. Légumes stipités, légèrement comprimés.

Arbrisseau recouvert d'un duvet argenté sur toutes ses parties herbacées. Fleurs jaunes.

Cette espèce, originaire du cap de Bonne-Espérance, mérite de décorer les serres.

CROTOLAIRE TOUJOURS FLEURIE. — *Crotolaria semperflorens* Vent. Hort. Cels. tab. 17.

Feuilles simples, ovales, échancrées, mucronées, pubescentes en dessous. Stipules semi-lunées, sublancéolées, déclinées, non décurrentes. Ovaires soyeux. — Sous-arbrisseau à tiges cylindriques, striées. Fleurs d'un jaune doré.

Cette espèce habite l'Inde orientale. Elle fait souvent partie des collections de serre.

CROTOLAIRE JONCIFORME. — *Crotolaria juncea* Linn. — Roxb. Corom. 2, tab 193. — Hort. Malab. 9, tab. 26.

Tiges sillonnées, pubescentes. Feuilles cunéiformes-lancéolées, subpétiolées, pubescentes. Légumes cotonneux, pendants.

Grande herbe annuelle. Fleurs et tiges semblables à celles du Genêt d'Espagne. Légumes longs de 12 à 15 lignes.

Cette plante est cultivée dans l'Inde; on en tire, dans ce pays, une filasse peu inférieure au chanvre.

CROTOLAIRE PANACHÉE. — *Crotolaria verrucosa* Linn. — Andr. Bot. Rep. tab. 308. — Bot. Reg. tab. 1137. — Bot. Mag. tab. 3034.

Stipules semi-lunées, déclinées. Feuilles simples, ovales ou lancéolées-obovales, rétrécies à la base, sessiles. Rameaux tétragones. Grappes terminales. Ovaires velus.

Herbe annuelle, rameuse, haute d'environ un pied. Grappes 6-8-flores. Fleurs de la grandeur de celles du Pois de senteur. Corolle panachée de vert, de bleu pâle, de blanc et de violet.

Cette espèce, commune dans les Antilles et dans l'Inde, mérite la culture à cause de ses fleurs élégantes, semblables à celles d'un Lupin.

Genre LODDIGÉSIA. — *Loddigesia* Sims.

Calice renflé, à 5 dents pointues. Étendard beaucoup

plus petit que les ailes et la carène. Étamines monadelphes. Ovaire oblong, comprimé, 2-4-ovulé.

L'espèce dont nous allons faire mention constitue à elle seule ce genre.

LODDIGÉSIA A FEUILLES DE SURELLE. — *Loddigesia oxalidifolia* Sims, Bot. Mag. tab. 965. — Herb. de l'Amat. vol. 5.

Sous-arbrisseau très-rameux, glabre, haut de 1 à 2 pieds. Feuilles pétiolées, trifoliolées; folioles obcordiformes, mucronées. Ombelles à 3-8 fleurs d'un beau rose ; carène d'un pourpre noirâtre au sommet.

Cette charmante petite plante , originaire du cap de Bonne-Espérance , figure à juste titre parmi les espèces qui décorent les serres tempérées. On la cultive en terre de bruyère. Sa multiplication se fait de boutures.

Genre ASPALATHE. — *Aspalathus* Linn.

Calice quinquédenté ou quinquéfide ; lobes presque égaux. Étendard à onglet court; carène dicéphale. Étamines monadelphes; gaîne fendue supérieurement. Légume oblong, oligosperme, souvent oblique.

Arbres ou arbrisseaux. Feuilles digitées, 3- ou 5-foliolées; pétiole commun à peu près nul. (Les folioles paraissent au premier coup d'œil être des feuilles simples fasciculées.) Fleurs accompagnées de 3 bractéoles, ou d'une feuille trifoliolée. Corolles jaunes.

Ce genre est propre à l'Afrique australe tempérée. Les espèces nombreuses qu'il renferme (M. Decandolle en énumère 86 dans son Prodrome) sont fort mal connues. Plusieurs se recommandent par la beauté de leurs fleurs, mais on en trouve peu dans nos serres. Voici quelques-unes des plus remarquables.

ASPALATHE CHÉNOPODE. — *Aspalathus Chenopoda* Linn. — Bot. Mag. tab. 2225. — Lodd. Bot. Cab. tab. 316.

Feuilles fasciculées, subulées, trigones, mucronées, piquantes, roïdes, poilues. Fleurs capitulées, hérissées de même que les ramules.

Bractéoles subulées, velues. Calice à 5 côtes, et à 5 divisions profondes. Légume court, poilu au sommet.

ASPALATHE CHARNU. — *Aspalathus carnosa* Linn. — Bot. Mag. tab. 1289.

Feuilles fasciculées, charnues, obtuses, cylindriques, glabres, sétifères au sommet. Fleurs terminales, subquaternées, agrégées, bractéolées. Lobes calicinaux ovales, obtus.

ASPALATHE ARANÉEUX. — *Aspalathus araneosa* Linn. — Bot. Mag. tab. 829.

Feuilles fasciculées, filiformes, pointues, couvertes de poils étalés. Fleurs capitulées. Lanières calicinales linéaires-subulées, hérissées, de la longueur de la corolle.

ASPALATHE CALLEUX. — *Aspalathus callosa* Linn. — Bot. Mag. tab. 2329.

Feuilles trifoliolées, subulées, glabres, de longueur égale, dressées, calleuses. Épis ovales, terminaux. Corolle glabre.

ASPALATHE PÉDONCULÉ. — *Aspalathus pedunculata* L'Hérit. Sert. Angl. tab. 26.

Feuilles fasciculées, filiformes, glabres, mucronulées. Pédicelles axillaires, uniflores, plus longs que les feuilles, non bractéolés. Légumes linéaires, soyeux.

Genre AJONC. — *Ulex* Linn.

Calice dibractéolé, biparti : lèvre supérieure bidentée ; lèvre inférieure tridentée. Étendard recouvrant les ailes et la carène. Étamines monadelphes. Légume bouffi, à peine plus long que le calice, oligosperme.

Arbrisseaux velus, très-rameux, hérissés d'épines vertes formées par les feuilles et les ramules avortés. Fleurs solitaires, jaunes. Légumes velus.

Ce genre appartient à l'Europe ; il ne se compose que des deux espèces que nous allons faire connaître.

AJONC D'EUROPE. — *Ulex europæus* Linn. — Smith, Engl.

Bot. tab. 742. — Fl. Dan. tab. 608. — Schkuhr, tab. 196. — Guimp. Holz. tab. 123.

Tige dressée, haute de 3 à 5 pieds. Rameaux plus ou moins étalés. Épines primaires fortes, dressées, rameuses, cylindriques, sillonnées, longues de 1 à 2 pouces ; épines secondaires divariquées, rectilignes, inégales. Feuilles lancéolées-linéaires, mucronées, piquantes. Bractéoles ovales, soyeuses de même que les calices. Calices de la longueur de la corolle. Carène obtuse, dipétale, un peu plus courte que les ailes.

Cette plante est très-commune en France et en Angleterre, sur les coteaux arides et dans les landes sèches. On la trouve également en Allemagne ; mais elle manque dans les pays plus septentrionaux, ainsi que dans l'Europe orientale.

L'*Ajonc* est un arbrisseau fort utile aux habitants des contrées où il abonde. En Bretagne, en Normandie et en Angleterre, il fournit un excellent fourrage d'hiver ; mais il faut avoir soin de le broyer avant de le donner aux bestiaux. En outre, il produit un combustible abondant pour le chauffage des fours ; on le cultive même pour cet usage dans plusieurs cantons. Il serait difficile aussi de trouver une plante plus propre à former des haies impénétrables.

Au commencement du printemps, l'Ajonc est d'un aspect très-pittoresque par le grand nombre de fleurs jaunes dont il se couvre, et il mérite certainement de figurer, en groupes isolés, dans les jardins paysagers. A Saint-Pétersbourg, où on le cultive en serre, tout le monde l'admire comme une production végétale d'une rare beauté. Le célèbre Dillenius en fut ravi, lorsqu'il l'aperçut pour la première fois dans les pâturages de l'Angleterre.

On possède, depuis quelques années, l'*Ajonc d'Europe à fleurs doubles,* variété fort jolie, que les jardiniers ont gratifiée du nom d'*Ulex nepalensis ;* mais M. Loudon assure qu'elle a été trouvée, il n'y a pas long-temps, au Devonshire, et qu'on l'a multipliée de boutures.

AJONC NAIN. — *Ulex nanus* Smith, Engl. Bot. tab. 743. — *Ulex minor* Roth. Cat. — *Ulex europæus* var. β Linn.

L'*Ajonc nain* est commun aux environs de Paris et dans tout l'ouest de la France, ainsi qu'en Angleterre. Il croît dans les mêmes localités que l'espèce commune, dont il se distingue au premier coup d'œil par ses tiges et ses rameaux diffus ou procombants. Toutes les parties de la plante sont deux ou trois fois plus petites et en général moins velues. Il fleurit depuis le mois d'août jusqu'en hiver. Son port très-élégant, joint à sa floraison tardive, devrait engager tous les amateurs d'horticulture à l'introduire dans les jardins.

Genre SPARTIANTHE. — *Spartianthus* Link.

Calice membraneux, spathacé, à une seule lèvre quinqué-dentée au sommet. Étendard arrondi, ployé. Carène acuminée, subdipétale, un peu écartée des organes sexuels. Filets monadelphes. Stigmate latéral, introrse. Légume comprimé, oblong, polysperme.

La plante que nous allons faire connaître constitue à elle seule le genre.

SPARTIANTHE JONCIFORME. — *Spartianthus junceus* Link. — *Spartium junceum* Linn. — Duham. Arb. ed. nov. 2, tab. 22. — Bot. Mag. tab. 85. — Schkuhr, Handb. tab. 195.

Arbrisseau glabre, touffu, haut de 4 à 6 pieds. Rameaux opposés, d'un vert luisant, lisses, effilés, jonciformes. Feuilles uni- ou trifoliées, peu nombreuses ; folioles lancéolées ou ovales-lancéolées. Fleurs grandes, jaunes, odorantes, disposées en grappes lâches, terminales.

Cette espèce, connue vulgairement sous le nom de *Genêt d'Espagne*, est indigène dans le midi de l'Europe. On la cultive dans presque tous les jardins à cause de l'élégance de son port et de ses fleurs odorantes. En Italie, en Espagne et dans plusieurs départements de la France méridionale, son écorce sert à faire des cordages et des toiles. M. Desfontaines assure que les habitants des environs de Lodève n'emploient guère d'autre linge que celui de fil de Genêt d'Espagne. Les jeunes pousses de la plante fournissent un excellent fourrage d'hiver pour les moutons. Enfin, les abeilles en recherchent les fleurs avec avidité.

Genre GENÊT. — *Genista* Tourn. — Linn.

Calice à 2 lèvres : la supérieure bifide ; l'inférieure tridentée. Étendard ovale-oblong, défléchi. Carène lâche,
souvent plus courte que les étamines. Filets monadelphes.
Stigmate oblique, latéral, introrse. Légume comprimé ou
bouffi, polysperme ou oligosperme.

Arbrisseaux souvent épineux. Feuilles simples ou trifoliolées. Fleurs jaunes ou quelquefois blanches, disposées en
grappes, ou en ombelles, ou en capitules.

On connaît environ soixante-dix espèces de ce genre. La
plupart croissent dans les contrées qui, en Europe, en
Asie et en Afrique, avoisinent le bassin de la Méditerranée ;
quelques-unes habitent les Canaries et le pic de Ténériffe.
Les *Genêts* sont des arbrisseaux d'un très-bel aspect à l'époque de leur floraison ; mais il en est un certain nombre que
leurs épines rendent d'une approche dangereuse. Plusieurs
espèces sont très-utiles dans l'économie domestique ; d'autres
font la parure de nos bosquets et de nos jardins. Nous allons
faire connaître celles qui offrent le plus d'intérêt sous ces
divers rapports.

a) *Épines nulles. Feuilles toutes ou presque toutes trifoliolées.*

Genêt blanchatre. — *Genista candicans* Linn. Am. —
Watson, Dendr. Brit. tab. 80. — *Cytisus candicans* Linn. Sp.

Rameaux anguleux. Feuilles courtement pétiolées, à 3 folioles
blanchâtres, obovales ou cunéiformes, échancrées ou apiculées.
Capitules terminaux, pauciflores. Légumes hérissés de poils mous.

Arbrisseau haut de 4 à 5 pieds, assez garni de feuilles à ses
parties supérieures. Fleurs jaunes, de grandeur médiocre.

Cette espèce croît dans le midi de la France et en Italie. Son
port élégant lui a valu une place dans les orangeries. Elle supporte les hivers des environs de Paris, lorsqu'ils ne sont pas très-
rigoureux.

Genêt des Canaries. — *Genista canariensis* Linn. — Bot.
Reg. tab. 217.—*Cytisus paniculatus* Lois. in Duhamel. ed. nov.

Rameaux anguleux. Feuilles trifoliolées : les inférieures cour-
.tement pétiolées ; les supérieures subsessiles ; folioles obovales-
oblongues, soyeuses ainsi que.les calices et les ramules. Capitules
terminaux, pauciflores. Légumes hérissés de poils mous.

Cette espèce, fort semblable à.la précédente, croît en Espagne
et aux Canaries. On la cultive également dans les orangeries.

GENÊT A FEUILLES LINÉAIRES. — *Genista linifolia* Linn.
— Bot. Mag. tab. 442. — *Spartium linifolium* Desf. Atl.-2,
tab. 181.

Feuilles sessiles, à 3 folioles linéaires, soyeuses en dessous, révolutées. Grappes terminales, denses. Légumes hérissés.
Rameaux cylindriques, sillonnés.—Petit arbrisseau touffu, très-
fleuri. Corolle jaune.

Cette plante croît dans l'Europe australe et en Barbarie. Elle
mérite d'orner nos orangeries.

GENÊT TRIQUÈTRE. — *Genista triquetra* Ait. H. Kew. —
Wats. Dendr. Brit. tab. 79.

Feuilles simples ou trifoliolées ; folioles ovales-lancéolées, velues. Grappes terminales, courtes. Rameaux triquètres, décombants, velus. —Sous-arbrisseau à tiges longues de 1 à 2 pieds.
Fleurs jaunes.

Cette espèce croît en Corse. Elle est cultivée dans les collections d'orangerie.

GENÊT RAYONNANT. — *Genista radiata* Scopoli.--*Spartium
radiatum* Linn. — Mill. Ic. tab. 249, fig. 1. — Bot. Mag.
tab. 2260.

Rameaux anguleux, fasciculés. Feuilles presque sessiles,
opposées, à 3 folioles linéaires, pointues, soyeuses. Pédoncules
terminaux, 2-6-flores. Corolle et légumes soyeux. —Arbrisseau
très-touffu, haut de 3 à 4 pieds. Fleurs jaunes.

Cette espèce croît en Italie, ainsi que dans la Carniole et dans
le Valais. Elle est tout à fait rustique aux environs de Paris, et
mérite une place parmi nos arbrisseaux d'ornement.

GENÊT BLANC.—*Genista alba* Lamk. — Duham. ed. nov. 2,

tab. 23. — *Spartium multiflorum* Willd. — *Spartium album* Desf. Atl. — *Cytisus albus* Link. — Dec. Prodr. — Lodd. Bot. Cab. tab. 1052 (var. floribus carneis).

Feuilles simples ou trifoliolées , sessiles ; folioles linéaires-oblongues , soyeuses. Fleurs fasciculées, disposées en longues grappes. Légumes dispermes , hérissés. Rameaux cylindriques, effilés.

Arbrisseau de 4 à 6 pieds de haut. Rameaux presque nus, très-longs. Fleurs blanches (ou d'un rose pâle dans une variété), fort abondantes le long des rameaux.

Ce charmant arbrisseau croît en Portugal et en Barbarie. Il est parfaitement acclimaté dans les jardins des environs de Paris.

b) *Épines nulles. Feuilles toutes simples.*

GENÊT PURGATIF. — *Genista purgans* Linn. Sp. — *Spartium purgans* Linn. Syst. — Bull. Herb. tab. 115.

Rameaux cylindriques , striés , presque aphylles. Feuilles (très-rares) lancéolées, subsessiles, légèrement soyeuses. Fleurs axillaires, solitaires, subpédicellées. Légumes soyeux.

Petit arbrisseau fort touffu, haut de 1 à 2 pieds. Rameaux durs , dressés. Fleurs d'un jaune pâle, recouvrant tous les rameaux.

Ce Genêt , commun dans les endroits incultes de la France méridionale, mérite une place dans nos parterres. J. Bauhin lui a imposé l'épithète de *purgatif*, qu'on lui a conservée depuis, sans toutefois être mieux assuré de ses propriétés.

GENÊT MONOSPERME. — *Genista monosperma* Lamk. — *Spartium monospermum* Linn. — Bot. Mag. tab. 683.

Rameaux anguleux , velus, effilés. Feuilles rares, linéaires-oblongues. Fleurs en grappes latérales. Corolles soyeuses. Légumes courts, ovales, glabres , monospermes, à bords membraneux.

Arbrisseau très-rameux, haut de 6 à 8 pieds. Rameaux flexibles , très-longs, presque nus. Fleurs blanches.

Cette espèce, remarquable par ses fleurs blanches et ses longs rameaux flexibles, croît en Espagne , en Barbarie et en Égypte.

On la cultive pour l'ornement de nos orangeries. Osbeck rapporte que, sur le littoral de l'Espagne, dans des sables mouvants qui se refusent à peu près à toute autre végétation, elle forme de gros buissons, d'une grande utilité en ce que leurs racines finissent par affermir le terrain. Les feuilles et les sommités de la plante servent de fourrage aux troupeaux. Les branches sont flexibles comme des cordes de chanvre. Les Espagnols appellent ce Genêt *Retamas*, nom dérivé du mot arabe *Rœtam*.

GENÊT DES TEINTURIERS. — *Genista tinctoria* Linn. — Fuchs, Hist. tab. 109. — Engl. Bot. tab. 44.

Tiges ascendantes. Rameaux striés, les jeunes velus. Feuilles sessiles, glabres ou légèrement poilues, lancéolées ou oblongues-lancéolées. Grappes feuillées, rapprochées en panicule terminale. Légumes glabres, oblongs, comprimés.

Arbuste haut de 1 à 2 pieds, touffu, rameux dès sa base. Racines rampantes. Fleurs d'un jaune vif, nombreuses, en grappes de 1 à 2 pouces de long.

Ce Genêt, appelé vulgairement *Génestrole*, croît dans presque toute l'Europe, ainsi qu'en Sibérie. Les sommités fleuries de la plante donnent une teinture jaune; mais on en tire rarement parti, parce que la Gaude est préférable. Les fleurs, les feuilles et les racines de la Génestrole sont purgatives; les graines passent pour émétiques. En Russie, ce Genêt est regardé, à tort ou à raison, comme un bon remède contre l'hydropisie.

Le *Genêt de Sibérie* (*Genista sibirica* Linn.) n'est qu'une variété du *Genêt des teinturiers*. Cette plante, d'ailleurs d'un assez bel effet, se cultive dans les parterres.

GENÊT HERBACÉ. — *Genista sagittalis* Linn. — Jacq. Fl. Austr. tab. 209. — Mill. Ic. tab. 269, fig. 2.

Tige couchée. Rameaux ascendants, herbacés, ancipités, membranacés, articulés. Feuilles ovales-lancéolées. Fleurs terminales, rapprochées en épi aphylle. Carène à côte velue en dehors. Légumes ovales-oblongs, velus, aplatis.

Sous-arbrisseau formant des touffes très-rameuses, hautes au plus d'un pied, d'un beau vert. Fleurs d'un jaune vif, de grandeur médiocre, mais fort nombreuses.

Cette espèce abonde sur les collines et au bord des bois, dans une grande partie de l'Europe. Elle est très-propre à décorer les gazons des jardins paysagers.

c) *Rameaux et ramules spinescents. Feuilles simples.*

GENÊT SCORPION.—*Genista Scorpius* Dec. Fl. Fr. —Wats. Dendr. Brit. tab. 78. — *Spartium Scorpius* Linn.

Épines rameuses, étalées, striées, glabres. Feuilles (très-rares) oblongues, soyeuses. Fleurs fasciculées, courtement pédicellées, glabres. Carène de la longueur de l'étendard. Légume 2-4-sperme. — Buisson fort rameux, haut de 5 à 8 pieds, presque dépourvu de feuilles. Fleurs jaunes, très-abondantes.

Cette espèce, indigène dans le midi de la France, en Espagne et en Barbarie, est remarquable par son aspect hérissé. Elle est néanmoins très-pittoresque, surtout à l'époque de sa floraison; on l'emploie à juste titre à la décoration des jardins paysagers. Le climat des environs de Paris ne lui est point contraire.

GENÊT FÉROCE. — *Genista ferox* Poir. — *Spartium ferox* Desf. Atl. 2, tab. 182.

Feuilles trifoliolées ou simples, sessiles, oblongues, presque glabres. Rameaux striés, spinescents. Fleurs en grappes. Calices pubescents. Corolles glabres. Légumes linéaires, pubescents, 8-10-spermes.

Cette espèce croît en Barbarie. De même que la précédente, elle est remarquable par les fortes épines dont ses branches sont armées; les lieux qui en sont couverts deviennent inabordables.

Genre SPARTIER. — *Spartium* Linn.

Calice à 2 lèvres ringentes : la supérieure bifide; l'inférieure tridentée. Carène lâche, laissant à nu les étamines. Style épaissi au sommet, roulé en crosse après l'anthèse. Stigmate terminal, horizontal. Légume comprimé, polysperme.

L'espèce que nous allons faire connaître constitue à elle

seule ce genre. Tous les autres *Spartium* des auteurs font partie des genres *Cytise, Genét* et *Spartianthe.* Le *Spartier* diffère de ces trois genres par son stigmate terminal et horizontal.

SPARTIER GENÊT. — *Spartium scoparium* Linn.—Flor. Dan. tab. 3i3. — Engl. Bot. tab. i33g. — *Cytisus scoparius* Link.

Rameaux anguleux, glabres. Feuilles pétiolées, presque glabres : les inférieures trifoliolées; les supérieures unifoliolées; folioles oblongues ou obovales, sessiles, petites. Fleurs solitaires, axillaires, grandes, odorantes, de couleur jaune, portées sur des pédoncules plus longs que les feuilles, rapprochées en grappe. Légumes oblongs, noirs, velus aux bords. — Arbrisseau haut de 3 à 5 pieds et plus. Ramules flexibles, effilés.

Le *Spartier*, nommé vulgairement *Genêt* ou *Genêt à balais*, couvre de vastes terrains incultes dans plusieurs parties de l'Europe, et ne laisse guère croître sous son ombre que quelques Graminées. Cet arbrisseau est néanmoins d'une grande utilité. Ses cendres contiennent beaucoup d'alcali. L'écorce des branches et des rameaux est filandreuse; elle sert à faire des cordages et des toiles grossières. Les vaches, les brebis et les chèvres broutent volontiers les jeunes branches. En Belgique et dans d'autres contrées, les boutons de fleurs, confits dans du vinaigre, se mangent en guise de câpres. Toute la plante est astringente : les tanneurs en tirent quelquefois parti pour la préparation des cuirs. Les sommités, les feuilles et les graines possèdent des propriétés apéritives, diurétiques et purgatives. Les médecins anglais prescrivent la décoction des jeunes pousses contre l'hydropisie, et on assure que ce remède est souvent administré avec succès.

Le Spartier fait partie des arbrisseaux qui décorent les bosquets et les jardins paysagers. On en possède une variété à fleurs blanches, et une autre à fleurs doubles.

Genre CYTISE. — *Cytisus* Linn.

Calice à 2 lèvres : la supérieure entière ou bifide; l'inférieure tridentée. Étendard grand, ovale. Carène obtuse.

Étamines monadelphes, incluses. Stigmate terminal, capitéllé, barbu. Légume comprimé, polysperme ou rarement oligosperme.

Arbrisseaux rarement épineux. Feuilles trifoliolées. Fleurs jaunes ou purpurines.

Les *Cytises* croissent en Europe et dans les contrées de l'Asie et de l'Afrique qui avoisinent la Méditerranée. Ce genre renferme des arbrisseaux précieux pour la décoration des jardins paysagers : le *Faux-Ébène* en est un exemple connu de tout le monde. On porte à une quarantaine le nombre d'espèces de Cytises : nous n'y choisissons que celles qui offrent assez d'intérêt pour mériter une mention plus détaillée.

SECTION Iʳᵉ.

Calice campanulé. Légume polysperme, à suture supérieure non dilatée. — Rameaux non épineux, feuillés. Fleurs jaunes.

CYTISE AUBOURS. — *Cytisus Laburnum* Linn. — Jacq. Fl. Austr. tab. 306. — Lois. in Duham. ed. nov. vol. 5, tab. 44.

Rameaux lisses, verts, non anguleux. Feuilles pétiolées; folioles ovales ou ovales-lancéolées, pubescentes en dessous. Grappes lâches, terminales, pendantes. Légumes pubérules, à suture supérieure plane.

Arbre s'élevant à 15-30 pieds. Fleurs jaunes, en grappes d'un demi-pied de long. Calices et pédoncules soyeux. Ramules florifères allongés.

Ce Cytise, nommé *Aubours, Albours et Albois* par les habitants des montagnes où il croît spontanément, est appelé plus généralement par les pépiniéristes et les amateurs d'horticulture *Cytise à grappes* et *Faux-Ébénier*. Ce dernier nom lui a été donné parce que le cœur de son bois prend une teinte noirâtre en vieillissant.

L'Aubours habite les forêts subalpines de la France, de la Suisse et de l'Autriche. On sait combien il contribue, avec l'Arbre de Judée et les Lilas, à décorer les bosquets. Les longues grappes de fleurs pendantes et d'un jaune éclatant qu'il produit au retour du printemps, lui ont valu, chez les Anglais, le nom d'*Arbre de Danaé*. Du reste, il mérite autant d'être cultivé sous le rapport de l'utilité que sous celui de l'agrément. Son bois, d'un brun verdâtre, est très-dur, souple, élastique, et susceptible d'un beau poli; il est recherché par les tourneurs et les ébénistes. On assure que les Gaulois l'employaient à faire leurs arcs.

Les animaux ruminants, et surtout les chèvres et les moutons, mangent sans inconvénient les feuilles de l'Aubours; mais elles sont émétiques et purgatives pour l'homme. M. Loiseleur Deslonchamps pense qu'on pourrait les substituer au Séné. Les légumes et les graines possèdent les mêmes propriétés que les feuilles, mais à un degré plus prononcé.

A l'exception des sols marécageux ou de pure craie, tous les terrains plaisent à l'Aubours. On le multiplie ordinairement de graines semées à la fin de mars ou au commencement d'avril, dans une terre bien labourée. La croissance de l'arbre est très-rapide.

En Angleterre, on a coutume de semer l'Aubours dans les plantations infestées par les lièvres ou les lapins. Ces rongeurs ne touchent à aucune autre espèce ligneuse tant qu'ils trouvent à se nourrir du Cytise, qui, en repoussant sans cesse, préserve les arbres plus difficiles à remplacer.

La culture a produit plusieurs variétés ou hybrides du Cytise Aubours. Les plus notables sont le *Cytise à feuilles de Chêne* (*Cytisus Laburnum quercifolius*) et le *Faux-Ébénier à fleurs roses* ou, pour mieux dire, *à fleurs couleur lie de vin* : cette dernière variété est très-curieuse, car elle paraît être une hybride de l'Aubours et du *Cytise pourpre*. Du reste, ses fleurs sont loin d'avoir l'éclat qui distingue celles du type de l'espèce.

Cytise des Alpes.—*Cytisus alpinus* Mill. (non Wald et Kit. ex Reichenb.)

Rameaux cylindriques. Feuilles pétiolées; folioles ovalesoblongues, arrondies à la base, luisantes en dessus, glabres en dessous. Grappes lâches, pendantes. Légumes glabres, acuminés, réticulés, à suture dorsale carénée.

Arbre plus élevé que le *Faux-Ébénier*. Floraison beaucoup plus tardive. Grappes moins allongées. Fleurs d'un jaune d'or. Folioles larges de 8 à 10 lignes. Ramules florifères très-courts.

Cette espèce croît dans les Alpes du Dauphiné, ainsi que dans celles du Piémont et de la Carinthie. Son utilité et ses propriétés médicinales sont les mêmes que celles du Cytise Faux-Ébénier, avec lequel on la confond souvent. Elle n'est pas rare dans les plantations d'agrément. Sa floraison succède à celle de l'Aubours. D'ailleurs, celui-ci gèle souvent dans les climats plus froids que ceux de la France, tandis que l'autre brave des hivers beaucoup plus rigoureux.

CYTISE A FEUILLES ÉTROITES. — *Cytisus angustifolius* Mœnch. — *Cytisus alpinus* Wald. et Kit. tab. 260. (non Mill.) — Guimp. Holz. tab. 128.

Feuilles pétiolées ; folioles lancéolées, rétrécies à la base, pubescentes en dessous. Grappes poilues, lâches, pendantes. Légumes glabres, arrondis et recourbés au sommet : suture dorsale carénée.

Cette espèce, indigène dans les Carpathes, tient le milieu entre le Cytise Aubours et celui des Alpes, avec lesquels on la confond souvent dans nos jardins. Ses fleurs sont plus petites et paraissent en juin, quelques semaines plus tard que celles de l'Aubours.

CYTISE NOIRCISSANT. — *Cytisus nigricans* Linn. — Jacq. Fl. Austr. tab. 387. — Duham. ed. nov. vol. 5, tab. 46, fig. 1. — Lodd. Bot. Cab. tab. 270. — Bot. Reg. tab. 802. — Guimp. Holz. tab. 129.

Rameaux effilés, feuillus. Feuilles pétiolées ; folioles elliptiques ou elliptiques-lancéolées, légèrement soyeuses en dessous. Grappes terminales, dressées, denses.

Buisson de 3 à 4 pieds de haut. Sommités des ramules, pétioles, pédoncules et calices légèrement soyeux. Grappes longues de 3 à 6 pouces. Fleurs jaunes.

Le *Cytise noircissant*, ainsi nommé à cause de la couleur que prennent ses parties herbacées par la dessication artificielle, croît dans toute l'Europe australe. C'est encore un arbrisseau d'un aspect très-agréable , et fréquemment employé à la décoration des jardins.

CYTISE A FEUILLES SESSILES.— *Cytisus sessilifolius* Linn.— Duham. Arb. ed. nov. 5, tab. 45, fig. 1. — Bot. Mag. tab. 255.

Glabre. Feuilles sessiles; folioles obovales ou arrondies, mucronées. Grappes terminales , courtes , dressées. Calices tribractéolés. Légumes noirâtres.

Arbrisseau de 4 à 6 pieds de haut, formant un buisson très-rameux. Fleurs jaunes, en grappes peu garnies. Légumes noirs à la maturité.

Cette espèce, répandue dans toute l'Europe australe, est commune dans le midi de la France. Elle est fréquemment cultivée dans les jardins, et se prête fort bien à la taille; aussi en fait-on des haies et des palissades. Tous les animaux ruminants sont très-friands de ses feuilles.

SECTION II.

Calice tubuleux , bilabié au sommet. Rameaux non épineux.
  Fleurs fasciculées dans les aisselles des feuilles, ou en ca-
    pitules terminaux.

a) *Fleurs axillaires.*

CYTISE POURPRE. — *Cytisus purpureus* Scop. Del. Ins. tab. 43.—Jacq. Fl. Austr. App. tab. 48.—Bot. Mag. tab. 1176.— Lodd. Bot. Cab. tab. 892.

Glabre. Tiges ascendantes, effilées. Feuilles pétiolées; folioles ovales ou obovales. Fleurs subsolitaires, courtement pédonculées. Calices pubescents. Pétales à onglets ciliés. Légumes linéaires , glabres.

Arbuste à tiges longues de 1 à 2 pieds. Fleurs panachées de rose et de pourpre. Légume long d'un pouce.

Le *Cytise pourpre* croît en Autriche, en Croatie, en Istrie et dans l'Italie septentrionale. Il se distingue de tous les Cytises par la couleur de ses fleurs. Cet arbuste est cultivé comme plante d'ornement. On le greffe souvent sur l'Aubours pour le rendre plus apparent.

CYTISE PROLIFÈRE. — *Cytisus proliferus* Linn.— Vent. Hort. Cels. tab. 13.— Lodd. Bot. Cab. tab. 761.—Bot. Reg. tab. 121.

Tige dressée, ligneuse. Rameaux hérissés, étalés. Folioles oblongues ou oblongues-lancéolées, pointues, soyeuses en dessous. Ombelles sessiles, 6-8-flores, latérales et terminales. Calices et légumes soyeux.

Cette espèce, probablement la plus belle du genre, croît sur le pic de Ténériffe, et dans les montagnes des Canaries. Elle forme un arbuste toujours vert, assez élevé. Ses fleurs, de couleur blanche, couvrent tous les rameaux au printemps. On cultive ce Cytise en orangerie.

CYTISE BIFLORE.—*Cytisus biflorus* L'Hérit. Stirp. tab. 184. —Wald. et Kit. Hung. tab. 166.—Lois. in Duham. ed. nov. 5, tab. 45.

Tiges cylindriques, effilées, couchées, soyeuses. Folioles obovales, soyeuses en dessous. Fleurs géminées, précoces, sub-sessiles.

Cette espèce croît en Allemagne et en Hongrie. Elle est cultivée dans les jardins, souvent greffée sur l'Aubours.

CYTISE ALLONGÉ. — *Cytisus elongatus* Wald. et Kit. Hung. tab. 183.— *Cytisus biflorus* Bot. Reg. tab. 308.

Rameaux dressés, très-longs, effilés, cylindriques, densiflores. Folioles obovales, soyeuses en dessous. Fleurs pédonculées, ternées ou quaternées. Légumes couverts de longs poils couchés.

Rameaux soyeux, longs de 3 à 5 pieds. Fleurs d'un jaune pâle, paraissant en même temps que les feuilles.

Cette espèce, indigène en Hongrie, n'est pas rare dans les jardins; ses longues tiges, toutes couvertes de fleurs au printemps, sont d'un fort bel effet.

CYTISE HÉRISSÉ. — *Cytisus hirsutus* Linn. — *Cytisus supinus* Jacq. Austr. tab. 20.

Tiges décombantes, fortement velues. Folioles obovales, obtuses, pubescentes en dessus, velues en dessous. Fleurs pédonculées, subgéminées. Légumes laineux.

Rameaux noirâtres. Fleurs panachées de jaune citron et d'orange.

Cette plante, indigène en France, se cultive également dans les jardins.

CYTISE FALCIFORME.— *Cytisus falcatus* Wald. et Kit. Hung. tab. 238. — Lodd. Bot. Cab. tab. 520. — *Cytisus multiflorus* Bot. Reg. tab. 1191.

Tiges ascendantes, velues, densiflores : les adultes déclinées. Folioles obovales ou lancéolées, poilues aux deux faces. Fleurs géminées ou ternées, pédonculées, précoces. Légumes poilus aux bords.

Rameaux longs de 2 à 3 pieds. Fleurs jaunes; étendard profondément échancré. Légumes à faces glabres, d'un noir luisant, longs d'un pouce et demi ; les jeunes falciformes.

Cette espèce croît en Croatie, dans les Carpathes et dans la Styrie. Elle est commune dans les jardins.

b) *Fleurs capitulées ou fasciculées, terminales.*

CYTISE D'AUTRICHE.—*Cytisus austriacus* Linn. —Jacq. Fl. Austr. tab. 21.— Guimp. Holz. tab. 131.

Tige dressée, velue; rameaux érigés. Folioles lancéolées, soyeuses-incanes aux deux faces. Étendard pubescent à la face supérieure. Légumes velus (à poils couchés), rectilignes.

Buisson de 2 à 4 pieds de haut. Fleurs d'un jaune pâle.

Cette espèce, indigène en Autriche et en Hongrie, se cultive comme plante d'ornement.

CYTISE A FLEURS BLANCHATRES.— *Cytisus leucanthus* Wald. et Kit. Hung. tab. 132.

Tige dressée; rameaux étalés. Folioles lancéolées, couvertes (comme toutes les autres parties herbacées) de poils courts, couchés, luisants. Légumes rectilignes, garnis de poils étalés de même que les calices. — Fleurs blanchâtres, entremêlées de feuilles.

Cette espèce, peu différente de là précédente, habite les mêmes contrées, et se rencontre souvent dans les jardins.

CYTISE A CAPITULES. — *Cytisus capitatus* Jacq. Fl. Austr. tab. 33. — Lodd. Bot. Cab. tab. 497.

Rameaux prolifères, étalés, hérissés. Folioles ovales-elliptiques ou lancéolées, couvertes de poils couchés, soyeuses aux bords. Capitules multiflores. Légumes falciformes.

Tiges dressées, hautes de 2 à 4 pieds. Capitules gros, compactes. Fleurs entremêlées de bractées linéaires. Corolle grande, d'un jaune vif; étendard à disque orange.

Cette plante croît dans l'Europe australe. Elle forme de belles touffes bien garnies de feuilles, et produit des fleurs pendant plusieurs mois de suite. On la cultive dans la plupart des jardins.

Genre BUGRANE. — *Ononis* Linn.

Calice campanulé, à 5 lanières linéaires. Étendard grand, strié. Étamines monadelphes. Légume comprimé ou bouffi, oligosperme.

Arbrisseaux, sous-arbrisseaux, ou herbes. Feuilles trifoliolées, ou unifoliolées, ou rarement imparipennées. Fleurs axillaires, jaunes ou purpurines, rarement blanches. Pédicelles souvent terminés par une bractée en forme d'arête.

La plupart des *Bugranes* habitent l'Europe australe, l'Afrique boréale ou l'Orient; plusieurs cependant croissent au cap de Bonne-Espérance. On en connaît une centaine d'espèces : nous ne parlerons que des plus remarquables.

a) *Légumes oblongs. Pédoncules longs.*

BUGRANE A FEUILLES ARRONDIES. — *Ononis rotundifolia* Linn. — Jacq. Fl. Austr. App. tab. 49. — Lodd. Bot. Cab. tab. 1496.—Bot. Mag. tab. 335.

Sous-arbrisseau hérissé de petits poils glandulifères. Tiges dressées, rameuses. Feuilles pétiolées, trifoliolées; folioles arrondies ou ovales-arrondies, profondément dentées. Pédoncules distants, subtriflores, un peu plus longs que les feuilles. Légumes comprimés, 3 fois plus longs que le calice.

Tiges hautes de 2 à 3 pieds. Fleurs grandes, d'un rose vif.

On trouve cette espèce dans les Alpes de l'Europe moyenne. Elle est cultivée comme plante d'ornement.

BUGRANE ARBRISSEAU. — *Ononis fruticosa* Linn. — Duham. ed. nov. 1, tab. 58. — Mill. Dict. tab. 36. — Bot. Mag. tab. 317.— Lodd. Bot. Cab. tab. 1569.

Tige dressée, très-rameuse. Feuilles glabres, trifoliolées, subsessiles ; folioles sessiles, lancéolées ou oblongues-lancéolées, dentelées, glabres. Stipules connées, engaînantes. Pédoncules triflores, rapprochés en panicule terminale non feuillée. Légumes courtement stipités, bouffis, glanduleux, 4 fois plus longs que le calice.

Arbrisseau formant un buisson touffu de 2 à 4 pieds de haut. Feuillage luisant, d'un vert gai. Fleurs nombreuses, d'un rose vif, de la grandeur de celles de l'Aubours.

Cette Bugrane habite les Alpes du Dauphiné, de la Provence et du Piémont. C'est un arbrisseau charmant qui orne les jardins pendant plusieurs mois de l'été.

b) *Légumes ovoïdes. Fleurs subsessiles.*

BUGRANE ÉPINEUSE. — *Ononis spinosa* Linn. — *Ononis arvensis β spinosa* Smith, Engl. Bot. tab. 682.

Tiges ascendantes ou diffuses, glabres, épineuses. Épines inférieures géminées. Feuilles subsessiles, à 3 folioles ovales-oblongues, dentelées, presque glabres. Stipules cordiformes-ovales, pointues. Fleurs axillaires, solitaires, écartées. Légumes poilus, trispermes, un peu plus longs que le calice..

BUGRANE RAMPANTE. — *Ononis repens* Linn. — Dill. Hort. Elth. tab. 25, fig. 28. — *Ononis arvensis* Lamk. — Smith, Engl. Bot. tab. 243. — *Ononis spinosa* Poll. — Roth. — Bull. Herb. tab. 105. — Fl. Dan. tab. 783. — *Ononis procurrens* Wallroth.

Tiges décombantes, velues; rameaux ascendants, spinescents. Feuilles courtement pétiolées : les inférieures trifoliolées; les supérieures unifoliolées; folioles arrondies, dentelées. Fleurs solitaires axillaires. Légumes dispermes, plus courts que le calice.

Sous-arbrisseau plus ou moins velu. Folioles ovales-elliptiques ou oblongues. Fleurs écartées, panachées de rose et de blanc.

La *Bugrane épineuse* et la *Bugrane rampante* sont vulgairement confondues sous le nom de *Bugrande* ou *Arrête-bœuf*. Elles abondent sur les pelouses, dans les champs en friche, et en général dans les endroits incultes. Leurs racines, longues et rampantes, étaient renommées chez les anciens pour leurs propriétés diurétiques et apéritives. Quoiqu'on les vante moins aujourd'hui, elles ne sont pourtant pas hors d'usage.

Genre ANTHYLLIDE. — *Anthyllis* Linn.

Calice tubuleux, ou renflé, ou vésiculeux, quinquédenté. Carène, ailes et étendard de longueur presque égale. Étamines monadelphes. Légume ordinairement ovoïde, monosperme ou disperme, recouvert par le calice.

Arbrisseaux, ou sous-arbrisseaux, ou herbes. Feuilles unifoliolées, ou trifoliolées, ou imparipennées. Fleurs axillaires ou en capitules, jaunes ou moins souvent rougeâtres.

Ce genre renferme une vingtaine d'espèces, presque toutes indigènes dans la région méditerranéenne. Il nous offre plusieurs plantes qui méritent une mention plus détaillée.

.a) *Feuilles imparipennées. Fleurs en capitules bractéolés. Calices vésiculeux.*

ANTHYLLIDE VULNÉRAIRE. — *Anthyllis Vulneraria* Linn.— Fl. Dan. tab. 988.—Engl. Bot. tab. 104.

Tiges ascendantes. Feuilles à 5-13 folioles alternes, inégales : les latérales oblongues; la terminale ovale ou elliptique, beaucoup plus grande, arrondie au sommet. Calice à dents inégales. Capitules subgéminés, terminaux. Légume inclus.

Herbe vivace, touffue, plus ou moins velue ou pubescente. Fleurs jaunes, ou blanchâtres, ou rougeâtres. Légume monosperme, obtus, stipité, à suture supérieure arquée en dehors.

La *Vulnéraire* est commune dans les prés et les pâturages secs, en France et dans presque toute l'Europe. Anciennement elle était employée comme remède vulnéraire; de là lui vient son nom. Arthur Young recommande de la cultiver à titre de plante fourragère. Linné a observé qu'en OElande, où le sol est une argile calcaire rouge, les fleurs de la Vulnéraire ont cette même teinte; tandis qu'en Gothlande elles sont blanches; parce que le sol est aussi de cette couleur.

ANTHYLLIDE BARBE DE JUPITER. — *Anthyllis Barba Jovis* Linn.— Duham. ed. nov. 2, tab. 67.— Barr. Ic. tab. 378.— Bot. Mag. tab. 1927.

Tige ligneuse, dressée. Feuilles soyeuses-argentées, à 9-13 folioles linéaires-oblongues, alternes ou opposées. Capitules axillaires et terminaux, pédonculés, multiflores. Dents calicinales presque égales. Légume stipité, lancéolé, septulé, subpentasperme.

Arbrisseau de 4 à 5 pieds de haut. Capitules très-nombreux; fleurs d'un jaune pâle.

Cette espèce croît dans l'Europe australe. C'est une plante d'ornement assez commune dans les orangeries.

b) *Feuilles unifoliolées. Capitules pauciflores, bractéolés. Calices vésiculeux. Légume comprimé, lancéolé, monosperme, plus long que le calice.*

ANTHYLLIDE ÉPINEUSE.— *Anthyllis erinacea* Linn.— Andr. Bot. Rep. tab. 15.— Bot. Mag. tab. 676.

Tige dressée, très-rameuse; rameaux touffus, spinescents, presque aphylles. Folioles ovales ou ovales-oblongues.

Cette espèce, indigène en Espagne et en Barbarie, est remarquable par son aspect hérissé et ses fleurs d'un bleu rougeâtre. On la cultive dans les orangeries.

Section II. **TRIFOLIÉES.** — *Trifolieæ* Bronn. Diss. —Dec.

Légume uniloculaire. Étamines diadelphes. Feuilles trifoliolées ou quinquéfoliolées (digitées), les primordiales alternes. Herbes , ou rarement arbrisseaux.

Genre LUZERNE. — *Medicago* Linn.

Calice campanulé, quinquéfide. Carène un peu écartée de
l'étendard. Légume falciforme ou roulé en hélice, polysperme, beaucoup plus long que le calice.

Herbes annuelles ou vivaces ; rarement arbrisseaux. Feuilles pétiolées, composées de trois folioles dentées. Pédoncules uni-bi- ou pluriflores , axillaires. Fleurs jaunes ou rare-
bleues, petites.

Les *Luzernes* sont remarquables par la diversité des formes de leurs fruits , lesquelles sont souvent fort bizarres, et
fournissent, dans beaucoup de cas , les seuls caractères propres à faire distinguer les espèces. Linné en avait réuni un
grand nombre comme variétés sous le nom de *Medicago po-
lymorpha*. On en admet aujourd'hui une centaine ; mais ce
nombre est sans doute au-dessus de la réalité. Presque toutes
habitent l'Europe australe, l'Orient et l'Afrique boréale.

Les Luzernes, en général, sont d'excellentes plantes fourragères , et plusieurs se cultivent en prairies artificielles.
Voici les espèces les plus remarquables.

Luzerne Lupuline. — *Medicago Lupulina* Linn. — Engl.
Bot. tab. 971.— Fl. Dan. tab. 992.— Schkuhr, tab. 212.

Tiges couchées ou ascendantes. Folioles cunéiformes-obovales ,
denticulées au sommet. Stipules lancéolées , pointues. Grappes
multiflores , compactes. Légumes monospermes , réniformes,
réticulés.

Herbe annuelle, plus ou moins pubescente ou velue. Fleurs
jaunes. Légumes noirs à la maturité.

Cette plante, commune dans toute l'Europe, à l'exception des contrées les plus boréales, aime à croître sur les pelouses sèches, au bord des chemins, dans les décombres, etc. On l'appelle vulgairement *Minette;* sa ressemblance avec certains Trèfles lui a valu, en outre, les noms de *Trèfle jaune* et de *Trèfle noir.* Cultivée fréquemment comme fourrage, l'un des principaux avantages qu'elle offre est de réussir sur les terres calcaires, sèches et de médiocre qualité. Elle peut occuper, dans les assolements des terres à Seigle, la même place que le Trèfle prend dans ceux des terres à Froment. Son produit est de bonne qualité, et presque sans danger pour les bestiaux.

LUZERNE TACHETÉE. — *Medicago maculata* Willd.

Tiges couchées ou ascendantes. Folioles obcordiformes ou obovales, dentées, maculées. Stipules dentées. Pédoncules 3-5-flores. Légumes courts, coniques, planes aux deux bouts, à 4 ou 5 tours de spire réticulés, bordés de spinules sétacées, légèrement comprimées, entre-croisées, et plus ou moins réfléchies. Graines réniformes, jaunes.

Herbe annuelle, légèrement poilue ou pubescente. Fleurs jaunes. Folioles marquées à la face supérieure d'une grande tache noire.

Cette espèce croît dans presque toute la France et dans l'Europe australe. Elle est assez commune dans les champs et les prairies, aux environs de Paris. On la sème dans les gazons des jardins, où ses folioles, d'un vert sombre et tachetées de noir, contrastent avec la teinte plus gaie des Graminées. Plusieurs agronomes la recommandent comme fourrage annuel, et peut-être sa culture est-elle plus productive que celle de la Lupuline.

LUZERNE CULTIVÉE. — *Medicago sativa* Linn. — Engl. Bot. tab. 1749. — Schkuhr, tab. 212.

Tiges dressées ou ascendantes. Folioles ovales-oblongues ou lancéolées-oblongues, tronquées, dentelées vers le sommet. Stipules entières ou dentées, lancéolées. Pédoncules multiflores, en grappe. Légumes inermes, légèrement réticulés, contournés.

Herbe vivace, touffue. Tiges anguleuses. Fleurs grandes,
violettes. Graines subcordiformes, d'un brun clair.

La *Luzerne cultivée*, très-facile à distinguer à ses grandes
fleurs violettes, habite l'Europe australe. Sa culture, en
Espagne et en Italie, remonte aux temps les plus reculés.
Cette plante est un des fourrages les plus estimés, à cause de
sa féconde végétation et de sa longue durée. Elle ne réussit ni
dans un sol humide et tenace, ni dans un sol aride et brûlant ;
mais elle donne d'admirables récoltes dans un terrain à la fois
substantiel et meuble, frais et profond. Elle vient d'autant mieux
que ses racines s'enfoncent plus avant dans le sol. Originaire des
pays chauds, ses produits diminuent à mesure qu'on remonte
vers le nord. On en fait une coupe tous les mois, ou peu s'en faut,
dans le royaume de Valence ; elle ne supporte que trois à cinq
coupes, selon les localités, dans la France australe ; et à peine
en peut-on faire trois dans nos climats. On emploie plus fréquemment la Luzerne comme foin qu'en herbe, parce que, à l'état
frais, elle devient souvent dangereuse au bétail qui la mange avec
avidité.

La méthode ordinaire de semer la Luzerne est de la mêler
avec l'avoine ou l'orge, au printemps. Dans les terres sèches et
légères, on peut la semer avec avantage, de bonne heure, en
automne. La terre étant bien ameublie et nivelée, on exécute le
semis avec les soins que demandent les graines fines. Pour entre-
tenir les produits d'une luzernière, il est avantageux de répandre
dessus, en hiver ou au commencement du printemps, un engrais
bien consommé et à l'état de terreau, de la cendre de tourbe ou
de houille, ou encore mieux du plâtre calciné et pulvérisé : substance qui produit sur toutes les plantes de la famille des Légumineuses des effets étonnants. On choisit, pour le répandre, un
temps humide qui promette de la pluie.

Dans quelques parties de la France, la Luzerne cultivée est
appelée *Sainfoin*, nom qui appartient spécialement à une autre
Légumineuse fourragère, l'*Onobrychis sativa*, dont il sera
question plus loin.

Luzerne falciforme. — *Medicago falcata* Linn. — Engl.
Bot. tab. 1016. — Schkuhr, tab. 212.

Tiges couchées ou ascendantes ; rameaux étalés. Folioles
oblongues, dentées au sommet. Fleurs en grappe. Légumes falciformes, pubescents, 5-8-spermes.

Herbe vivace. Tiges longues de 2 à 3 pieds, plus ou moins
pubescentes. Fleurs jaunes. Graines comprimées, subréniformes.

Cette espèce croît sur les pelouses sèches, dans presque toute
l'Europe. Elle est beaucoup moins productive en fourrage que la
Luzerne cultivée ; mais, comme elle s'accommode des plus mauvais terrains, elle mérite de fixer l'attention des cultivateurs.

Luzerne arborescente. — *Medicago arborea* Linn. — Lobel. Ic. 2, p. 46.—Flor. Græc. tab. 767.—Duham. ed. nov. 4, p.
163, tab. 44.

Tige ligneuse. Folioles obcordiformes, presque entières,
glabres en dessus, soyeuses en dessous. Stipules linéaires, pointues, entières. Fleurs en grappe. Légumes stipités, contournés,
réticulés, nerveux, 2-3-spermes.

Arbrisseau très-rameux, s'élevant jusqu'à 10 ou 12 pieds. Ramules couverts d'un duvet court et blanchâtre. Feuilles d'un vert
gai en dessus. Fleurs rapprochées 4 à 8 en grappes pédonculées.
Corolle d'un jaune vif. Graines subréniformes.

Cet arbrisseau, qui est le *Cytise* des anciens, croît dans les
îles de l'Archipel, en Sicile et dans l'Italie méridionale. L'a-
bondance de ses fleurs, qui se succèdent depuis le mois d'avril
jusqu'à la fin de l'été, l'élégance de son port, et la verdure
perpétuelle de son feuillage, l'ont fait cultiver depuis long-temps
comme plante d'ornement. Dans les départements méridionaux de
la France, on le voit en plein air dans un grand nombre de jardins ; mais, sous notre climat, il faut le tenir en orangerie pendant
l'hiver, ou du moins le planter dans une exposition bien abritée.
On le multiplie de marcottes et de graines.

En Sicile et en Calabre, la *Luzerne arborescente* est une
grande ressource pour les troupeaux de chèvres et de moutons,
qui font la principale subsistance des habitants. Le vieux bois

prend une couleur foncée, et devient dur comme l'ébène. Les
Turcs l'emploient à faire des poignées de sabre, et les caloyers
ou moines grecs en fabriquent les grains de leurs rosaires.

Genre TRIGONELLE. — *Trigonella* Linn.

Calice campanulé, quinquéfide. Ailes et étendard étalés;
carène minime. Légume comprimé ou cylindrique, rostré,
polysperme.

Herbes annuelles ou vivaces. Feuilles pétiolées, trifoliolées; foliole terminale longuement pétiolulée. Fleurs jaunes
ou blanches, en ombelles, ou en grappes, ou en capitules,
ou axillaires.

Les *Trigonelles* sont remarquables par une odeur forte
particulière, qu'elles exhalent surtout à l'état sec. Le nombre
des espèces décrites se monte à près de quarante, toutes indigènes en Europe, dans l'Afrique boréale ou en Orient. Nous
devons nous borner à faire connaître les deux suivantes.

TRIGONELLE FÉNUGREC. — *Trigonella Fœnum græcum*
Linn. — Schkuhr, Handb. 2, tab. 212.

Tige pubescente ou velue, dressée. Stipules falciformes-lancéolées, entières. Folioles cunéiformes-obovales ou oblongues, rétuses, dentées. Fleurs axillaires, géminées, sessiles. Légumes
horizontaux, velus, comprimés, linéaires-falciformes, 15-20-
spermes, terminés en bec acéré.

Herbe annuelle, haute de 1 à 2 pieds, peu rameuse. Fleurs
blanches. Légumes longs de 3 à 4 pouces.

Cette plante croît en Orient, en Égypte et dans l'Europe australe. Toutes ses parties exhalent une odeur analogue à celle du
Mélilot, mais beaucoup plus pénétrante. Ses graines abondent en
matière mucilagineuse; on employait autrefois leur décoction
comme remède émollient et adoucissant. En Égypte et en Arabie,
ces graines servent d'aliment au peuple.

Le *Fénugrec* est cultivé en grand en Alsace et dans quelques
parties de l'Allemagne, où ses graines sont employées dans la

médecine vétérinaire. Dans le midi de la France , il sert comme fourrage.

TRIGONELLE BLEUE. — *Trigonella cœrulea* Sering. in Dec. Prodr. — *Trifolium Melilotus cœrulea* Linn. —*Melilotus cœrulea* Lamk. —Sturm. Ic. Fl. Germ. 1 , t. 15.—Reichenb. Plant. Crit. IV, fig. 524.

Tige dressée, glabre. Stipules membranacées, lancéolées , dentelées à la base. Folioles oblongues ou ovales , dentées. Capitules denses, axillaires et terminaux, longuement pédonculés. Légumes ovoïdes , rostrés, bouffis, 2-3-spermes, veinés longitudinalement.

Herbe annuelle, glabre, rameuse, haute de 1 à 3 pieds. Fleurs d'un bleu pâle.

Cette plante est indigène en Hongrie et en Bohême. Elle répand une odeur analogue à celle du Fénugrec, et , comme celui-ci, elle possède des propriétés émollientes. On la cultive en grand dans le canton de Glarus en Suisse, où l'on s'en sert pour aromatiser une espèce particulière de fromage , qui s'exporte en quantités considérables sous le nom de *Schabzieger.*

Genre MÉLILOT. — *Melilotus* Tourn.

Calice campanulé , quinquédenté. Carène indivisée. Ailes étalées, plus courtes que l'étendard. Légume plus long que le calice , rugueux, un peu renflé , s'ouvrant au sommet, 1-5-sperme.

Herbes annuelles ou bisannuelles. Feuilles trifoliolées; la foliole intermédiaire longuement pétiolulée. Fleurs jaunes ou blanches, petites, en grappes axillaires allongées.

Ce genre est composé d'une vingtaine d'espèces indigènes en Europe, en Sibérie, en Orient et dans l'Afrique septentrionale. Tous les *Mélilots* répandent une odeur suave, analogue à celle de la Fève de Tonka. Cette odeur devient beaucoup plus prononcée après la dessication de ces plantes. Nous allons parler de quelques espèces intéressantes de ce genre.

MÉLILOT DIFFUS. — *Melilotus diffusa* Koch. — *Melilotus arvensis* Wallr. — *Melilotus Petitpierreana* Willd. —Hayne Arzn. Gew. 2, tab. 33 — Sturm, Ic. Fl. Germ. 4, 15.

Tiges ascendantes. Folioles tronquées, dentelées : les inférieures obovales, les supérieures oblongues. Stipules sétacées. Carène plus courte que les ailes. Légumes monospermes, obovés, pointus.

Herbe bisannuelle. Tiges longues de 1 à 2 pieds. Fleurs petites, d'un jaune pâle. Ovaire triovulé. Graines ovales-oblongues.

MÉLILOT OFFICINAL. — *Melilotus officinalis* Pers. — *Trifolium Melilotus officinalis* Linn. — Fl. Dan. tab. 934. — Bull. Herb. tab. 255. — Hayn. Arzn. Gew. 2, 31.

Tige dressée, sillonnée. Folioles elliptiques ou oblongues, tronquées, dentelées. Stipules subulées, très-entières. Carène aussi longue que l'étendard. Légumes ovales, rugueux, pointus, dispermes.

Herbe bisannuelle. Tige de 3 à 4 pieds de haut; rameaux étalés. Pétales 3 fois plus longs que le calice, d'un jaune vif. Ovaire biovulé.

Cette espèce et la précédente abondent en France et dans presque toute l'Europe. On les confond ordinairement sous le nom de *Mélilot officinal.* Leurs fleurs sont émollientes et légèrement stimulantes, mais leur emploi est aujourd'hui très-borné.

MÉLILOT BLANC. — *Melilotus alba* Lamk. — *Melilotus leucantha* Koch. in Dec. Fl. Fr. — *Trifolium Melilotus vulgaris* Hayn. Arzn. Gew. 2, tab. 32.

Tige dressée. Folioles tronquées, dentelées : les inférieures subrhomboïdales; les supérieures lancéolées. Stipules sétacées. Étendard plus long que la carène et les ailes. Légumes monospermes, rugueux, obovés, mucronés.

Herbe bisannuelle. Tige haute de 2 à 6 pieds; rameaux étalés. Grappes très-longues. Fleurs petites, blanches. Pétales 2 fois plus longs que le calice. Ovaire triovulé.

Cette espèce n'est pas rare dans les endroits cultivés. On la recommande comme un fourrage très-productif dans les terrains les plus médiocres. Les abeilles recherchent ses fleurs avec avidité, ainsi que celles des autres Mélilots.

Genre TRÈFLE. — *Trifolium* Tourn.

Calice subtubuleux, évasé, quinquédenté. Pétales libres ou soudés, persistants. Carène plus courte que les ailes et l'étendard. Étamines diadelphes. Légume presque indéhiscent, inclus, ovoïde ou oblong, 1-4-sperme.

Herbes annuelles ou vivaces. Stipules adnées au pétiole. Feuilles trifoliolées (par exception quinqué- ou plurifoliolées). Fleurs pourpres, ou rougeâtres, ou blanches, ou jaunes, bractéolées, disposées en épis ou en capitules serrés.

Ce genre, très-naturel par le port, est fort riche en espèces. On en compte au moins une centaine dans les pays voisins du littoral de la Méditerranée. Quelques-unes habitent l'Amérique et le cap de Bonne-Espérance. Le nombre total des espèces reconnues est d'environ cent cinquante.

Les *Trèfles* sont d'une grande utilité comme plantes fourragères. Plusieurs aussi ont été jugés assez élégants pour orner les parterres. Nous allons faire connaître les espèces les plus importantes.

SECTION Iʳᵉ.

TRÈFLES VRAIS : Pétales soudés inférieurement en tube. Légume non stipité.

a) *Dents calicinales sétacées : l'inférieure plus longue que les 4 supérieures.*

TRÈFLE DES PRÉS. — *Trifolium pratense* Linn. — Fl. Dan. tab. 989. — Engl. Bot. tab. 1770. — Schkuhr, Handb. tab. 210. — *Trifolium microphyllum* Bastard. — Dec. Fl. Fr.

Tiges ascendantes, sillonnées, pleines. Folioles entières, ciliolées, lancéolées, ou obovales, ou obcordiformes. Capitules terminaux, arrondis, subsessiles, subsolitaires, dibractéolés à la base. Dents calicinales ciliées, de la longueur du tube, étalées après l'anthèse. Légume operculé.

Herbe vivace, plus ou moins velue. Tiges longues d'un demi-pied à un pied. Folioles souvent tachetées de blanc à la face supérieure. Fleurs rouges.

Cette espèce croît dans les prairies et sur les pelouses sèches, à peu près dans toute l'Europe. On la rencontre dans les Alpes jusqu'aux dernières limites de la végétation.

Trèfle cultivé.—*Trifolium sativum* Mill.—Reichenb. Fl. Germ. Excurs. p. 494.—*Trifolium pratense* Auctor. — Sturm. Ic. Fl. Germ. 15.

Tiges dressées, sillonnées, fistuleuses. Folioles ovales-elliptiques ou lancéolées (obcordiformes aux feuilles radicales). Capitules terminaux, ovales, pédonculés. Dents calicinales ciliées, plus courtes que le tube, dressées après l'anthèse. Légume operculé.

Herbe vivace, plus élancée que le *Trèfle des prés*. Fleurs blanches ou purpurines.

Ce Trèfle, que l'on confond ordinairement avec l'espèce précédente, croît dans l'Europe australe. C'est celui que l'on cultive si généralement en prairies artificielles, et qui porte les noms de *Grand Trèfle rouge* et de *Trèfle de Hollande*. Il se plaît dans les terrains frais et profonds. De même que la Luzerne, il peut faire périr le bétail qui en mange trop à l'état frais, surtout lorsqu'il est humecté par la rosée ou par les pluies.

Trèfle alpestre. — *Trifolium alpestre* Linn. — Jacq. Fl. Austr. tab. 433.

Tige pleine, un peu ascendante. Stipules aristées, linéaires, allongées. Folioles lancéolées-oblongues, fortement penninervées. Capitules géminés, subglobuleux, sessiles. Dents calicinales scabres : l'inférieure beaucoup plus longue que les supérieures.

Herbe vivace. Tiges simples, plus ou moins velues de même que les folioles. Capitules gros. Fleurs purpurines.

Cette plante, commune en Europe dans presque toutes les montagnes un peu élevées, se cultive dans les parterres.

TRÈFLE PURPURIN. — *Trifolium rubens* Linn. — Jacq. Fl.
Austr. tab. 385. — Schkuhr, tab. 210.

Tige dressée, feuillue. Stipules très-longues, dentelées. Folioles glabres, lancéolées-oblongues, obtuses, denticulées. Capitule ovale-cylindracé, plus long que les feuilles florales. Dents calicinales striées, non glanduleuses : les 4 supérieures très-courtes ; l'inférieure presque aussi longue que la corolle.

Herbe vivace. Tiges roides, hautes de 1 à 2 pieds, ordinairement simples, ou peu rameuses au sommet. Folioles un peu coriaces. Capitules allongés. Fleurs d'un rouge vif.

Cette espèce croît dans les prairies des montagnes. Elle est fort élégante, et mérite d'être cultivée dans les parterres.

TRÈFLE INCARNAT. — *Trifolium incarnatum* Linn. — Bot.
Mag. tab. 328. — Mill. Ic. tab. 267, fig. 1.

Tiges dressées ou ascendantes. Folioles cunéiformes-obovales ou obcordiformes, denticulées vers le sommet. Stipules ovales ou elliptiques, pointues ou tronquées, membraneuses, noirâtres au sommet. Épis pédonculés, terminaux, solitaires, coniques, nus à la base. Dents calicinales sétacées, piquantes, étalées après l'anthèse. — Herbe annuelle. Fleurs pourpres.

Le *Trèfle incarnat*, indigène dans l'Europe australe, est appelé vulgairement *Férouche* ou *Trèfle de Roussillon*. Sa culture commence à se répandre dans le nord de la France. Ce Trèfle est un fourrage précieux à cause de sa précocité et de la promptitude avec laquelle il acquiert son développement. Il vient dans presque tous les terrains, et le bétail en est très-friand. Ses jolies fleurs en font un ornement des pelouses artificielles.

b) *Calices glabres : dents supérieures un peu plus longues que les inférieures. Fleurs agrégées, presque en ombelle, réfléchies après l'anthèse. Légumes 2-4-spermes.*

TRÈFLE RAMPANT. — *Trifolium repens* Linn. — Fl. Dan.
tab. 990. — Sturm. Ic. Fl. Germ. 15. — Engl. Bot. tab. 1769.

Tiges diffuses, radicantes. Stipules membraneuses, ovales-lancéolées, aristées. Folioles obovales, ou obcordiformes, ou arrondies. Pédoncules axillaires, ascendants, très-longs. Légumes tétraspermes.

Herbe vivace, très-glabre. Fleurs blanches. Corolle plus longue que le calice.

Ce Trèfle, commun dans toute l'Europe, est nommé vulgairement *Trèfle blanc, Petit Trèfle de Hollande*. Comme fourrage, son produit n'est pas considérable; mais il offre l'avantage de venir dans les terrains, ou secs, ou humides, de la plus mauvaise qualité. Les moutons le préfèrent à tout autre fourrage. On le fait entrer ordinairement dans les pelouses artificielles.

c) *Dents calicinales glabres, égales, dressées après l'anthèse. Étendard conduplique.*

TRÈFLE DES ALPES. — *Trifolium alpinum* Linn. — Sturm. Fl. Germ. Ic. fasc. 15.

Racines longues, rampantes. Pétioles très-longs. Folioles lancéolées-linéaires, obtuses, denticulées. Stipules linéaires, acérées. Capitules ombelliformes, longuement pédonculés. Lanières calicinales très-longues, beaucoup plus courtes que la corolle. Légumes dispermes, pendants.

Cette jolie plante croît dans les Alpes de l'Europe. Elle est remarquable par ses grandes fleurs d'un pourpre foncé, et par ses racines douces comme celles de la Réglisse.

d) *Dents calicinales supérieures plus longues que les inférieures ; tube vésiculeux après la floraison.*

TRÈFLE FRAGIFÈRE. — *Trifolium fragiferum* Linn. — Engl. Bot. tab. 1050. — Fl. Dan. tab. 1042. — Sturm. Fl. Germ. Ic. fasc. 16.

Tiges rampantes. Folioles ovales ou obovales. Stipules linéaires, étroites. Capitules globuleux, longuement pédonculés. Calices pubescents.

Herbe vivace. Tiges et feuilles glabres. Fleurs roses. Calices rougeâtres après l'anthèse. Légume disperme.

Cette espèce forme des gazons épais dans les terrains glaiseux, humides et tenaces. Ses capitules défleuris ont quelque ressemblance avec une Fraise, d'où lui vient son nom spécifique.

TRÈFLE SOUTERRAIN. — *Trifolium subterraneum* Linn. — Barrel. Ic. tab. 881. — Engl. Bot. tab. 1048.

Tiges couchées. Folioles obcordiformes, denticulées. Stipules larges, lancéolées. Capitules pauciflores, hypogés après l'anthèse. Fleurs supérieures stériles, à pédoncules réfléchis sur les calices fructifères.

Herbe annuelle, velue. Fleurs blanchâtres, assez grandes.

Ce Trèfle croît dans l'Europe australe. On le retrouve dans quelques localités aux environs de Paris. Il offre ceci de particulier que ses capitules défleuris se réfléchissent et s'enfoncent à quelques pouces sous terre, pour y accomplir la maturation des fruits. On observe également ce phénomène dans l'*Arachide hypogée*, plante de la famille des Césalpiniées.

SECTION II.

LOTOPHYLLES : Pétales libres, marcescents; étendard défléchi, strié. Dents calicinales inégales : les inférieures plus longues que les supérieures. Légume stipité. — Pétiolule de la foliole terminale plus long que celui des folioles latérales. Fleurs jaunes.

TRÈFLE PROCOMBANT. — *Trifolium procumbens* Linn. — Fl. Dan. tab. 796. — Sturm. Ic. Flor. Germ. IV, 16.

Tiges couchées ou ascendantes, flexueuses. Feuilles courtement pétiolées; folioles obovales ou obcordiformes, denticulées. Stipules ovales, ciliées, plus courtes que le pétiole. Capitules axillaires, ellipsoïdes, denses, longuement pédonculés. Légumes monospermes. — Herbe annuelle, glabre. Fleurs d'un jaune pâle.

TRÈFLE AGRAIRE. — *Trifolium agrarium* Linn. — Flor. Dan. tab. 558. — Sturm. Ic. Flor. Germ. IV, 15. — *Trifolium aureum* Schkuhr, tab. 210.

Tige dressée ou ascendante, rameuse, ferme. Feuilles subsessiles; folioles ovales-oblongues, denticulées, courtement pétiolulées. Stipules foliacées, lancéolées, plus longues que le pétiole. Capitules longuement pédonculés, ovoïdes, denses.

Herbe annuelle, haute d'un pied et plus. Fleurs d'un jaune vif.

Cette espèce et la précédente sont communes dans les champs et les prairies. On les cultive en quelques endroits comme fourrage.

Genre LOTIER. — *Lotus* Linn.

Calice campanulé, à 5 divisions profondes, étroites, presque égales. Étendard étalé. Ailes conniventes. Carène rostrée. Style rectiligne, subulé. Légume cylindrique ou comprimé, aptère, allongé, polysperme.

Herbes annuelles, ou vivaces, ou rarement arbrisseaux. Stipules grandes, foliacées. Feuilles pétiolées, trifoliolées. Pédoncules uni- pauci- ou multiflores, axillaires, munis au sommet d'une feuille florale. Fleurs jaunes, ou blanches, ou rougeâtres.

Ce genre, dans lequel Linné comprenait les *Dorycnium* et les *Tetragonolobus*, renferme aujourd'hui quarante à cinquante espèces, la plupart indigènes dans les contrées voisines de la Méditerranée. On en trouve quelques-unes seulement aux Canaries, dans l'Inde orientale et en Arabie. Nous ne parlerons ici que des espèces qui offrent quelque intérêt.

a) *Légume bouffi, un peu arqué. Pédoncules 1-3-flores.*

Lotier comestible. — *Lotus edulis* Linn. — Cav. Ic. tab. 157.

Stipules grandes, ovales, de la longueur du pétiole. Folioles oblongues ou obovales, cunéiformes vers la base. Pédoncules plus longs que les feuilles. Bractées de la longueur des calices. Légumes glabres.

Herbe annuelle, poilue, à tiges ascendantes ou dressées, longues d'environ un pied. Fleurs jaunes, de grandeur médiocre.

Cette plante croît dans l'Europe australe et en Orient. Ses légumes ont une saveur analogue à celle des gousses de Pois, et, dans l'île de Candie, ils servent d'aliment aux habitants.

b) *Légume cylindrique. Pédoncules corymbifères.*

LOTIER DE SAINT-JACQUES. — *Lotus jacobæus* Linn. — Commel. Hort. 2, p. 165, tab. 83. — Bot. Mag. tab. 79.

Tiges dressées, suffrutescentes. Stipules, folioles et bractées linéaires. Pédoncules plus longs que les feuilles; pédicelles courts. Légumes glabres.—Sous-arbrisseau touffu, glauque et pubescent. Tiges hautes de 1 à 2 pieds. Fleurs d'un brun noirâtre.

Cette jolie plante est originaire des îles du cap Vert. L'abondance de ses fleurs, d'une couleur peu commune, jointe à leur longue durée, en a fait depuis long-temps une plante d'agrément très-recherchée. On la cultive en plein air dans le midi de la France; mais chez nous il faut l'abriter en orangerie pendant l'hiver, et ordinairement elle meurt au bout de la seconde année.

LOTIER DE CANDIE. — *Lotus creticus* Linn. — Cav. Ic. 2, tab. 156.

Tiges frutescentes, ascendantes. Stipules ovales, soyeuses de même que les feuilles et presque aussi longues qu'elles. Pétiole très-court. Folioles cunéiformes-oblongues ou obovales, pointues. Pédoncules beaucoup plus longs que les feuilles. Corymbes pauciflores. Légumes glabres, pendants.

Cet arbrisseau, indigène en Espagne, dans l'île de Candie et en Syrie, est cultivé dans les orangeries à cause de son feuillage argenté.

LOTIER CORNICULÉ. — *Lotus corniculatus* Linn. — Engl. Bot. tab. 2090 et 2091. — Fl. Dan. tab. 991. — Schkuhr, tab. 211.

Tiges ascendantes ou diffuses, herbacées. Stipules et folioles obovales, ou ovales, ou lancéolées. Corymbes subquinquéflores, longuement pédonculés. Légumes grêles, horizontaux.

Herbe vivace, plus ou moins velue ou pubescente. Tiges longues d'un demi-pied à un pied. Fleurs d'un jaune vif, devenant vertes par la dessiccation. Légumes longs d'environ 8 lignes.

Cette plante, fort commune en Europe, croît dans tous les terrains et dans toutes les localités; mais elle abonde surtout dans les prairies et dans les endroits herbeux des bois. Son port et sa grandeur varient beaucoup. Sinclair, dans son ouvrage sur les Graminées de la Grande-Bretagne, la recommande comme un fourrage très-profitable dans les terrains humides.

Genre TÉTRAGONOLOBE. — *Tetragonolobus* Scop.

Ce genre ne diffère du Lotier que par son légume bordé de quatre ailes membraneuses. Il renferme quatre espèces, toutes herbacées, indigènes en Europe, en Orient ou en Barbarie. La suivante est celle qui offre le plus d'intérêt.

TÉTRAGONOLOBE A FLEURS ROUGES. — *Tetragonolobus purpureus* Mœnch. — *Lotus Tetragonolobus* Linn. — Bot. Mag. tab. 151.

Tiges ascendantes. Stipules ovales, de la longueur du pétiole. Folioles obovales ou ovales-rhomboïdales, obliques, acuminées. Pédoncules subbiflores. Bractées trifoliolées, plus longues que le calice. Légume glabre, à ailes très-larges, ondulées et plissées.

Herbe annuelle, rameuse, très-poilue, haute d'environ un pied. Fleurs d'un rouge vif.

Cette plante, indigène dans l'Europe méridionale, ainsi qu'en Barbarie et en Orient, se cultive assez généralement dans nos jardins à cause de la singularité de ses fruits. En Espagne et en Italie, le peuple en mange les jeunes gousses, qui ont une saveur sucrée comme celles des Pois. On assure aussi que le *Tétragonolobe* fournit un excellent fourrage.

Section III. CLITORIÉES. — *Clitorieæ* Dec.

Légume uniloculaire. Étamines le plus souvent diadelphes. Tiges ligneuses ou herbacées, souvent volubiles. Feuilles diversement composées : les primordiales opposées, non dissemblables.

Genre PSORALÉA. — *Psoralea* Linn.

Calice quinquéfide, glanduleux. Étamines ordinairement

diadelphes. Légume monosperme, indéhiscent, de la longueur du calice.

Herbes ou arbrisseaux souvent glanduleux. Stipules adnées au pétiole. Feuilles unifoliolées, ou trifoliolées, ou plurifoliolées, digitées ou imparipennées. Pédoncules axillaires, multiflores, ou pauciflores, ou uniflores. Fleurs bleues ou rougeâtres.

On connaît environ soixante *Psoraléa*. Le cap de Bonne-Espérance et l'Amérique sont les parties du monde où ce genre offre le plus grand nombre d'espèces. Deux ou trois seulement croissent dans les pays voisins de la Méditerranée. On en cultive plusieurs dans les orangeries comme plantes d'ornement.

Voici les espèces les plus remarquables.

PSORALÉA BITUMINEUX. — *Psoralea bituminosa* Linn. — Schkuhr, tab. 210. — Besl. Eyst. tab. 11, fig. 2.

Feuilles trifoliolées-pennées. Folioles ovales ou ovales-lancéolées; pétiole pubescent, lisse. Pédoncules axillaires, 3 ou 4 fois plus longs que les feuilles. Fleurs capitulées.

Cet arbrisseau, remarquable par la forte odeur de bitume qu'exhalent toutes ses parties, est la seule espèce, parmi ses congénères, qui soit indigène en Europe; on le trouve dans quelques localités du midi de la France.

PSORALÉA COMESTIBLE. — *Psoralea esculenta* Pursh, Fl. Am. Bor. 2, tab. 22.

Feuilles digitées-quinquéfoliolées; folioles ovales-elliptiques, glabres en dessous. Fleurs en épis axillaires, pédonculés, subcapitulés. Bractées triflores. Corolle de la longueur du calice.

Herbe vivace, velue, à racines grosses et charnues. Fleurs bleues.

Cette plante croît dans l'intérieur de l'Amérique septentrionale, dans les savanes ou *prairies* arrosées par les affluents supérieurs du Missouri. Les peuplades sauvages qui habitent ces contrées la cultivent autour de leurs villages, et en mangent les tubercules, soit torréfiés, soit bouillis.

Psoraléa pubescent.—*Psoralea pubescens* Balb.— Willd. —Bot. Reg. tab. 968.

Tiges cylindriques, pubescentes-grisâtres. Feuilles longuement pétiolées, velues, glanduleuses, pennées-trifoliolées ; folioles presque égales, ovales ou ovales-lancéolées, subobtuses, ponctuées. Épis interrompus, de la longueur des feuilles. Bractées ovales, soyeuses, presque aussi longues que les calices. — Sous-arbrisseau. Fleurs d'un bleu clair.

Cette espèce, indigène au Pérou, fait partie des collections d'orangerie.

Psoraléa glanduleux. — *Psoralea glandulosa* Linn. — Feuill. Per. 7, tab. 3. — Sweet, Brit. Fl. Gard. 3, tab. 296.

Feuilles trifoliolées-pennées ; folioles ovales-lancéolées, acuminées ; pétiole glanduleux. Grappes lâches, axillaires, un peu plus longues que les feuilles.

Arbrisseau glabre. Fleurs d'un bleu rougeâtre, panachées de blanc.

Cette plante croît au Chili, où elle porte le nom de *Culen*. Les habitants du pays regardent l'infusion de ses feuilles comme stomachique et vermifuge, et ils les appliquent en cataplasme sur les plaies. L'espèce se cultive aussi dans nos orangeries.

Psoraléa soyeux.— *Psoralea sericea* Poir.— *Psoralea pedunculata* Bot. Reg. tab. 223.

Feuilles trifoliolées-pennées ; folioles ovales-lancéolées, soyeuses en dessous. Pédoncules axillaires, 2 ou 3 fois plus longs que les feuilles ; capitules déprimés, accompagnés d'un involucre à bractées débordant les calices.

Psoraléa bractéolé. — *Psoralea bracteata* Linn. — Jacq. Hort. Schœnb. 2, tab. 224. — Bot. Mag. tab. 446.

Feuilles trifoliolées ; folioles ponctuées, cunéiformes, plus longues que le pétiole, terminées par une pointe recourbée en dehors. Capitules terminaux, bractéolés. — Petit arbrisseau. Fleurs panachées de blanc et de violet.

Psoraléa multicaule.— *Psoralea multicaulis* Jacq. Hort.
Schœnbr. 2 , tab. 230.

Feuilles trifoliolées (les supérieures unifoliolées); folioles
linéaires-lancéolées, mucronées. Pédicelles axillaires, très-courts,
agrégés en capitule.

Herbe vivace, très-rameuse. Fleurs panachées de blanc et de
violet.

Psoraléa penné. —*Psoralea pinnata* Linn.— Herm. Lugd.
p. 273 , Ic.

Feuilles imparipennées, à 7 folioles linéaires, pubescentes de
même que les ramules. Pédicelles axillaires, uniflores, beaucoup
plus courts que les feuilles.

Arbrisseau haut de 3 à 4 pieds. Rameaux grêles, dressés.
Fleurs bleuâtres.

Psoraléa arborescent. — *Psoralea arborea* Sims , Bot.
Mag. tab. 2090.

Feuilles imparipennées, à 11 folioles linéaires - lancéolées.
Pédicelles axillaires, uniflores, plus longs que les feuilles.

Arbrisseau de 6 à 8 pieds. Fleurs bleues.

Psoraléa odorant. — *Psoralea odoratissima* Jacq. Hort.
Schœnbr. 2 , tab. 229.

Feuilles imparipennées, à 15 folioles linéaires - lancéolées.
Pédicelles axillaires, uniflores, plus courts que les feuilles.

Arbrisseau de 7 à 8 pieds. Fleurs panachées de jaune et de blanc.

Psoraléa tuberculeux. — *Psoralea verrucosa* Willd. —
Psoralea angustifolia Jacq. Hort. Schœnbr. 2 , tab. 226.

Feuilles imparipennées, à 3 ou 5 folioles glabres, glauques,
lancéolées. Rameaux tuberculeux. Pédicelles solitaires, ou géminés, ou ternés, axillaires, uniflores. — Arbrisseau de 4 à 6 pieds.
Fleurs bleuâtres.

Cette espèce et les six précédentes, toutes indigènes au cap de
Bonne-Espérance, se cultivent comme plantes d'ornement de serre
tempérée.

Genre INDIGOTIER. — *Indigofera* Linn.

Calice campanulé, quinquéfide ou quinquédenté. Étendard arrondi, échancré. Carène biappendiculée. Légume bivalve, cylindrique, rectiligne ou arqué, polysperme ou rarement oligo- ou monosperme.

Herbes ou arbrisseaux, souvent couverts d'une pubescence étoilée. Stipules petites, inadhérentes. Feuilles digitées, ou imparipennées, où quelquefois unifoliolées. Folioles petites, ordinairement stipellées. Grappes axillaires. Fleurs de couleur pourpre, ou violette, ou blanchâtre.

Ce genre renferme environ cent espèces, presque toutes indigènes dans la zone équatoriale. Outre celles que l'on cultive dans les pays chauds pour la préparation de l'*Indigo* du commerce, plusieurs autres sont intéressantes parce qu'elles contribuent à orner nos serres. Nous allons faire connaître les espèces curieuses sous l'un ou l'autre de ces rapports.

INDIGOTIER ARGENTÉ. — *Indigofera argentea* Linn. — L'Hérit. Stirp. tab. 79.— *Indigofera articulata* Gouan.— *Indigofera glauca* Lamk.

Feuilles imparipennées, à 3-7 folioles obovales, entières, sessiles, soyeuses-argentées. Grappes lâches, plus courtes que les feuilles. Légumes pendants, rectilignes, bosselés, un peu comprimés, 2-4-spermes.—Sous-arbrisseau. Fleurs purpurines.

Cette espèce croît en Barbarie, en Égypte, en Arabie et dans l'Inde orientale. Elle est cultivée en grand dans les possessions anglaises de ce dernier pays, ainsi qu'aux environs de Tunis.

INDIGOTIER TINCTORIAL. — *Indigofera tinctoria* Linn. — Hort. Malab. 1, tab. 54. — *Indigofera sumatrana* Gært. 2, tab. 148. — Pluck. tab. 165, fig. 5.

Feuilles imparipennées, à 9-11 folioles ovales, légèrement pubescentes en dessous. Grappes plus courtes que les feuilles. Légumes pendants, cylindriques, arqués, bosselés, mucronés.

Sous-arbrisseau haut de 2 ou 3 pieds. Fleurs petites, violettes.

De même que la précédente, cette espèce est l'objet d'une culture très-étendue dans l'Inde orientale. Il paraît qu'en Amérique on donne la préférence à la suivante.

INDIGOTIER FRANC. — *Indigofera Anil* Linn. — Sloan. Jam. tab. 176, fig. 3. — Lamk. Ill. tab. 626, fig. 2. — Turpin, in Dict. des Sc. Nat. Ic.

Feuilles imparipennées, à 7 - 15 folioles obovales ou ovales, pubescentes en dessous. Grappes plus courtes que les feuilles. Légumes pendants, arqués, comprimés, non bosselés, 2-4-spermes.

Sous-arbrisseau haut de 3 à 4 pieds. Tige dressée, cylindrique, rameuse, pubescente. Fleurs petites, d'un vert pourpré.

Cet Indigotier se cultive fréquemment aux Antilles et dans les autres établissements coloniaux de l'Amérique. Du reste, il paraît fort probable que plusieurs autres espèces, confondues avec celle-ci ou avec la précédente, sont également cultivées comme plantes tinctoriales.

Il faut aux Indigotiers un sol fertile, bien labouré, et de fréquents arrosements. On a coutume de les ressemer chaque année, parce que les jeunes pieds fournissent des feuilles plus grandes et plus nombreuses. La récolte se fait au moment où les premières fleurs commencent à paraître, ce qui a lieu dans le courant du troisième mois après les semailles. La première coupe des feuilles est suivie d'une seconde, six ou sept semaines après; puis d'une troisième, et plus, selon la nature du terrain.

On emploie différents procédés pour retirer la substance tinctoriale des feuilles et des tiges des Indigotiers. A Saint-Domingue, l'appareil destiné à la fabrication de l'Indigo se compose de trois cuves d'une moyenne capacité, et d'un petit vase. Ces cuves sont élevées les unes au-dessus des autres au moyen d'une bâtisse en pierres, de manière que l'eau contenue dans la plus haute, qu'on nomme le *trempoir*, puisse se vider dans la seconde, qui s'appelle la *batterie*, et passer de celle-ci dans la troisième, qu'on désigne sous le nom de *reposoir*. Le petit vase, nommé le *bassi-*

not, ou *diablotin*, est placé entre la seconde et la troisième cuve. Il est destiné à recevoir la fécule qui en sort, et se termine en cul-de-lampe, pour faciliter l'enlèvement de cette fécule. Quatre poteaux sont fixés aux coins du trempoir, et servent à maintenir les planches qu'on place sur l'Indigo, pour l'empêcher d'être rejeté dehors par l'effet de la fermentation. On se sert, pour battre l'Indigo, d'un instrument appelé *buquet*, qu'un nègre fait mouvoir en tous sens, afin d'introduire dans l'eau la plus grande quantité d'air possible ; on emploie aussi des machines mues par des hommes, par des chevaux ou par un courant d'eau. Toutes les eaux ne conviennent pas à la préparation : celles qui tiennent en dissolution de la craie ou de la sélénite, comme la plupart des eaux de puits, ne valent rien.

Les tiges et les feuilles des Indigotiers sont entassées légèrement dans le trempoir et recouvertes de trois ou quatre pouces d'eau ; on fixe ensuite les planches qui doivent les empêcher de déborder. La fermentation s'établit dans la masse plus ou moins rapidement, selon la chaleur de l'atmosphère. On juge qu'il est temps de l'arrêter, en mettant un peu d'eau, prise dans la cuve à diverses profondeurs, dans une tasse d'argent : si la fermentation est parvenue au degré convenable, la fécule se précipite au fond de la tasse en grains bien caractérisés. Alors on fait écouler toute l'eau du trempoir dans la batterie, et on l'agite en tous sens avec les buquets. Il suffit de deux ou trois heures à une cuve convenablement battue, pour que toute la fécule qu'elle contient soit précipitée ; alors l'eau est très-claire et d'une belle couleur ambrée. On commence par ouvrir le premier robinet, afin de faire écouler, sans troubler le fond de la cuve, l'eau qui est au-dessus ; ensuite on en fait autant au second ; le troisième est destiné à faire écouler dans le diablotin l'Indigo encore semblable à une vase noire liquide.

La fécule retirée du diablotin est d'abord mise dans des sacs suspendus, afin de faire écouler l'eau surabondante ; puis dans des caisses plates, qu'on expose en plein air sous des hangars, où elle prend encore plus de consistance; enfin, on la divise en petits parallélogrammes, qu'on fait sécher au soleil. Foulée ensuite dans une barrique, elle y éprouve une nouvelle fermentation, s'échauffe, rend de grosses gouttes d'eau, exhale une odeur désagréable, et se couvre d'une poussière fine et blanchâtre. Au bout d'un mois, on l'ôte de cette barrique, et on la fait sécher de nouveau pendant cinq ou six jours. Ainsi préparé, l'Indigo peut entrer dans le commerce, quoiqu'il faille encore six mois avant qu'il soit arrivé à son dernier point de perfection; alors il n'est plus sujet à subir de déchet ni d'altération, s'il est tenu dans un lieu bien sec.

Dans plusieurs contrées de l'Inde, on sépare les feuilles des tiges, et on ne met dans le trempoir que les premières. On prétend que cette méthode procure une plus belle fécule; mais aussi il s'en perd une grande quantité, parce que l'écorce des tiges en contient comme les feuilles. Les Chinois font entrer de la chaux dans le trempoir, comme nos teinturiers dans leur cuve. Sur la côte occidentale d'Afrique, on fabrique l'Indigo comme nous fabriquons le Pastel en France : on pile les feuilles et les tiges, et on en forme des boules qu'on fait sécher à l'ombre.

En Égypte, on emploie pour la fabrication de l'Indigo une méthode peu suivie, qui n'en est pas moins la plus simple, la plus sûre et la plus économique. On jette les tiges avec les feuilles dans de grandes chaudières remplies d'eau, qu'on fait bouillir pendant trois heures; après quoi, l'eau chargée de fécule est conduite dans d'autres vaisseaux, où on la bat avec de larges pelles, jusqu'à ce que la fécule se soit précipitée; puis on décante l'eau, et on fait sécher la pâte. L'ébullition donne ici, en peu d'heures, le même résultat que la fermentation, c'est-à-dire qu'elle désorganise le parenchyme de l'écorce et des feuilles, et facilite la séparation de la fécule. Par ce moyen, on ne perd jamais le produit de la récolte, comme il arrive assez souvent en Amérique, quand l'opération de la fermentation est manquée.

Voici encore quelques observations intéressantes faites à ce sujet par M. Perrottet, ancien directeur des cultures du gouvernement au Sénégal.

L'*Indigofera tinctoria* atteint souvent, dans les bons terrains, une hauteur de quatre à six pieds et plus. Les nègres le cultivent autour de leurs habitations, et l'emploient, sans beaucoup d'apprêts, pour teindre en bleu leurs tissus de coton. A cet effet, ils ne prennent que les feuilles de la plante, qu'ils arrachent à la main, et, pour ainsi dire, une à une. Après les avoir broyées légèrement dans un mortier, ils les font fermenter dans un baquet avec une certaine quantité d'eau, de gomme, et de cendre de *Salsola*, de *Tamarix* ou de *Salvadora*. Ils plongent à différentes reprises leurs pagnes ou autres tissus dans ce bain jusqu'à ce que ces étoffes, exposées à l'air, aient pris une teinte bleue, couleur qui n'est ni brillante, ni d'une grande solidité.

Les colons du Sénégal coupent, au moment de la floraison, l'*Indigofera tinctoria*, et en font des bottes d'environ deux mètres de circonférence, qu'ils placent dans des cuves par lits superposés, en les recouvrant de quelques pouces d'eau. Au bout de neuf ou dix heures, l'eau prend une couleur verdâtre et se couvre d'une pellicule irisée cuivrée. Dès ce moment, la fermentation commence à s'établir, et on la reconnaît aux bulles d'air qui viennent crever à la surface. On décante aussitôt, et on procède au battage en se servant de pagaies avec lesquelles on agite fortement pendant une heure ou deux. Lorsque la liqueur d'essai indique le point exact de la fermentation de l'Indigo, on ajoute une certaine quantité d'eau de chaux limpide, et on laisse reposer le liquide pendant environ une heure, temps suffisant pour la précipitation de la matière colorante. Celle-ci est placée sur des claies pour laisser l'eau s'égoutter ; on la fait ensuite bouillir dans une chaudière pendant trois heures, puis on la fait passer sur des claies couvertes de toile, pour l'écoulement complet de l'eau ; enfin, on achève la dessiccation en la mettant en presse.

« L'expérience nous a prouvé, dit M. Perrottet, que l'*Indi-
» gofera tinctoria* et l'*Indigofera Anil* ne peuvent se travailler

» ensemble, et qu'il ne résulte de leur mélange qu'une faible
» quantité d'Indigo de mauvaise qualité. L'*Indigofera tinctoria*
» entre en fermentation deux heures au moins avant l'*Anil*; en
» sorte que, si l'on veut attendre la fermentation complète de
» celui-ci, on perd la totalité du premier. Le battage de l'un
» s'opère également avec plus de célérité que celui de l'autre.

» Des essais comparatifs, poursuit M. Perrottet, nous ont dé-
» montré que la variété d'*Indigofera tinctoria* indigène au Sé-
» négal, produisait une plus grande quantité d'Indigo, à masses
» égales de plantes, que l'*Anil* d'Amérique introduit dans la co-
» lonie. En effet, cent vingt bottes de plantes de la première,
» chacune de deux mètres de circonférence et de quatre pieds et
» demi de longueur, ont produit net douze livres d'Indigo de
» bonne qualité; tandis que la même quantité de la dernière es-
» pèce n'a donné que huit livres de même qualité.

« Avant de semer, on triture légèrement les graines dans un
» mortier avec un peu d'eau, de la brique pilée, du charbon
» ou du sable, pour rendre la tunique séminale perméable à l'eau.
» Si l'on négligeait de prendre cette précaution, les graines reste-
» raient une année en terre avant de germer. »

La qualité d'Indigo la plus estimée dans le commerce est celle
qui vient du Pérou sous le nom d'*Indigo Guatimala* ou *Indigo
Flor*. On en tire également de Saint-Domingue, de la Caroline,
du Sénégal, du Bengale, de Java, etc. On distingue en général
deux principales variétés de cette substance colorante : l'*Indigo
bleu* et l'*Indigo cuivré*. La cassure de ce dernier est d'un aspect
cuivré.

M. Chevreul a prouvé, par des expériences pleines d'intérêt,
que l'Indigo est une substance particulière, qui existe toute formée dans les végétaux, et qu'il n'est point le produit de la fermentation. On retrouve l'Indigo, non seulement dans beaucoup
d'autres Légumineuses, mais encore dans des plantes de familles
différentes, et notamment dans le Pastel (*Isatis tinctoria*). La
couleur bleue ne s'y développe que par la combinaison avec l'oxy-
gène. Les Indigos du commerce sont loin d'être à l'état de pu-

reté : ils contiennent de 55 à 65 pour cent de matières étrangères.

Aucune autre substance tinctoriale n'est comparable à l'Indigo sous le rapport de la solidité. Les divers procédés au moyen desquels on l'applique sur les étoffes sont appelés par les teinturiers *cuve de Pastel*, *cuve d'Inde* et *cuve à l'urine*.

On a tenté la culture de l'Indigo dans le midi de la France, il n'y a pas très-long-temps ; mais on y a renoncé, parce que les produits ne couvraient pas les frais.

INDIGOTIER A ONZE FOLIOLES. — *Indigofera endecaphylla* Willd. — Jacq. Ic. Rar. 3, tab. 569. — Beauv. Fl. d'Ow. tab. 84.

Feuilles imparipennées, à environ 11 folioles glabres, oblongues, obtuses, rétrécies à la base. Grappes axillaires, plus courtes que les feuilles. Légumes tétragones, réfléchis, un peu velus.

Herbe vivace, à racines fusiformes, charnues. Tiges couchées, longues d'environ 2 pieds. Fleurs d'un beau rouge. Légumes longs d'un pouce.

Cette espèce croît en Guinée et dans les pays d'Oware et de Benin. Les nègres s'en servent pour teindre en bleu. On la cultive dans nos serres.

INDIGOTIER JONCIFORME. — *Indigofera juncea* Delaun. Herb. de l'Amat. tab. 227. — *Indigofera aphylla* Link. — *Lebeckia contaminata* Ait. Hort. Kew. — Bot. Reg. tab. 104.

Pétioles allongés, filiformes, aphylles ou garnis de 6 à 9 folioles obovales-oblongues, très-glabres. Grappes dressées, plus courtes que les pétioles.

Arbrisseau de 2 à 3 pieds, très-touffu et lisse. Rameaux jonciformes. Fleurs purpurines.

Cette espèce, remarquable par ses pétioles dont la plupart sont dépourvus de folioles, croît au cap de Bonne-Espérance. Elle est cultivée dans nos serres.

INDIGOTIER AUSTRAL. — *Indigofera australis* Willd. — Bot. Reg. tab. 368.

Rameaux cylindriques. Feuilles imparipennées, à 9 ou 11 folioles elliptiques-oblongues, obtuses, glabres. Grappes plus courtes que les feuilles. Légumes horizontaux, cylindriques, rectilignes, glabres, 8-10-spermes.

Arbrisseau haut de 2 à 3 pieds. Fleurs roses.

Cette espèce, indigène dans la Nouvelle-Hollande, fait partie des collections de serre tempérée.

INDIGOTIER A LONGS ÉPIS. — *Indigofera macrostachya* Vent. Malm. tab. 44.

Feuilles imparipennées, à 17-21 folioles ovales-oblongues, obtuses, mucronées. Grappes multiflores, plus longues que les feuilles. — Fleurs roses, assez grandes.

Cet arbrisseau élégant, originaire de la Chine, décore également les serres.

INDIGOTIER ÉLÉGANT. — *Indigofera amœna* Ait. Hort. Kew. —Jacq. Hort. Schœnbr. 2, tab. 234. — Bot. Reg. tab. 300.

Feuilles trifoliolées-pennées ; folioles ovales-oblongues, mucronées, poilues en dessus, pubescentes-blanchâtres en dessous. Grappes pédonculées, multiflores, 2 à 4 fois plus longues que les feuilles. Légumes pendants, cylindriques.

Arbrisseau rameux, haut de 2 à 3 pieds. Tige dressée, blanchâtre. Fleurs d'un rose vif, en grappes de 3 à 4 pouces de long.

Cette espèce, indigène au cap de Bonne-Espérance, mérite une place dans toutes les collections de serre. Elle est très-distincté par la grandeur de ses fleurs.

INDIGOTIER GRISATRE. — *Indigofera incana* Thunb. — Bot. Reg. tab. 956.

Tiges suffrutescentes, couchées, très-rameuses, soyeuses. Feuilles trifoliolées-pennées ; folioles ovales, ou obovales, ou arrondies, apiculées, vertes en dessus, soyeuses en dessous. Grappes pédonculées, multiflores, 3 ou 4 fois plus longues que les feuilles. — Fleurs grandes, purpurines.

Cette espèce, originaire du cap de Bonne-Espérance, n'est pas moins élégante que la précédente. Elle décore également nos serres.

Genre CARMICHÉLIA. — *Carmichaelia* R. Br. (1).

Calice cupuliforme, quinquédenté. Pétales de longueur égale. Étendard plus large que long. Ovaire multiovulé. Style ascendant. Légume oligosperme; bords, suturaux persistant après la chute des valves.

Ce genre est limité à l'espèce suivante.

CARMICHÉLIA AUSTRAL — *Charmichaelia australis* R. Br. — Bot. Reg. tab. 912. — *Lotus arboreus* Forst.

Arbrisseau très-rameux, souvent dépourvu de feuilles à l'époque de la floraison. Ramules comprimés ou ancipités. Feuilles imparipennées, à 3-7 folioles obcordiformes. Stipules courtes, sétacées. Grappes simples, axillaires, pauciflores. Pédicelles courts, bractéolés.

Cette plante croît à la Nouvelle-Zélande. On la cultive dans les serres. Ses fleurs, très-abondantes et panachées de blanc, de violet et de noirâtre, lui donnent un aspect assez particulier.

Genre CLITORIA. — *Clitoria* Linn.

Calice tubuleux ou campanulé, quinquéfide, dibractéolé. Étendard ample. Étamines diadelphes, insérées avec la corolle un peu au-dessus de la base du calice. Légume linéaire, comprimé, rectiligne, bivalve, polysperme.

Herbes grimpantes. Feuilles imparipennées, paucifoliolées; folioles souvent stipellées. Fleurs grandes, axillaires, pédonculées, blanches, ou bleues, ou rouges.

---

(1) Dans l'exposition des genres, p. 154, nous avons suivi M. Bartling, en plaçant le *Carmichaelia* à la fin de la section des Galégées; nous préférons cependant suivre M. Sweet, en le mettant à côté de l'*Indigofera*.

Les *Clitoria* appartiennent à la zone équatoriale. Ce sont en général des plantes remarquables par la grandeur et la beauté de leurs fleurs. On en connaît une quinzaine d'espèces, parmi lesquelles les suivantes sont les plus notables.

CLITORIA DE TERNATE. — *Clitoria Ternatea* Linn. — Bot. Mag. tab. 1542.

Feuilles bi- ou trijuguées; folioles ovales, obtuses, échancrées. Stipelles sétacées. Pédoncules solitaires, uniflores. Bractées arrondies. Calice tubuleux, évasé. Légume glabre.

Herbe vivace, glabre. Tiges longues, volubiles. Fleurs grandes, d'un beau bleu; étendard à disque blanc.

Cette plante orne la plupart des collections de serre chaude. Elle croît spontanément dans les deux Indes, ainsi qu'à l'île de France et en Arabie.

CLITORIA DE PLUMIER. — *Clitoria Plumieri* Turp. in Pers. — Bot. Reg. tab. 268.— Plum. Am. 1, tab. 108.

Feuilles trifoliolées-pennées; folioles ovales ou ovales-oblongues, acuminées, un peu ondulées. Grappes pauciflores. Calice campanulé. Étendard gibbeux, soyeux en dehors. Légume linéaire, subtétragone.

Herbe grimpante, glabre. Bractées ovales, plus courtes que le calice. Fleurs blanches, tachetées de pourpre.

Cette espèce croît aux Antilles et au Mexique. Ses fleurs ont plus d'un pouce de diamètre.

CLITORIA DE VIRGINIE. — *Clitoria virginiana* Linn.— Dill. Hort. Elth. tab. 76. — *Clitoria calcarigera* Salisb. Parad. Lond. tab. 51.

Feuilles trifoliolées-pennées; folioles ovales ou ovales-oblongues, mucronées, un peu scabres en dessus, lisses en dessous. Grappes axillaires, courtes, triflores. Calice campanulé, de la longueur des bractées. Légumes subensiformes.

Herbe vivace. Tiges volubiles, un peu scabres. Corolle grande, d'un violet pâle.

Cette espèce, indigène dans la Caroline et dans la Virginie, mérite d'être cultivée dans les parterres.

Genre GALACTIA. — *Galactia* P. Browne.

Calice campanulé ou tubuleux, quadrifide ou quadridenté, dibractéolé. Étendard oblong, incombant. Étamines diadelphes. Style glabre. Stigmate obtus. Légume cylindrique ou comprimé, allongé, bivalve, uniloculaire, polysperme.

Herbes ou sous-arbrisseaux. Tiges grimpantes. Feuilles imparipennées, tri- à multifoliolées; folioles stipellées. Fleurs en grappes axillaires.

Ce genre se compose d'une quinzaine d'espèces, toutes indigènes en Amérique. Les suivantes sont les plus intéressantes.

GALACTIA A FLEURS PENDANTES. — *Galactia pendula* Pers. — Bot. Reg. tab. 269.— Sloane, Jam. 1, tab. 114, fig. 4.— *Clitoria Galactia* Linn.

Tiges ligneuses, pubescentes. Feuilles à 3 folioles glabres en dessus, velues en dessous, ovales-oblongues, mucronulées. Stipules subulées. Stipelles sétiformes, colorées. Grappes simples; plus longues que les feuilles. Fleurs géminées, pendantes. Calice campanulé-tubuleux, à 4 lobes inégaux. Corolle 3 à 4 fois plus longue que le calice.

Cet arbrisseau croît dans la Guiane et aux Antilles. On le cultive dans les serres comme plante d'ornement. Ses fleurs, de couleur rouge, ont environ un pouce de long.

GALACTIA CORIACE. — *Galactia coriacea* Nees et Mart. in Act. Nat. Cur.

Feuilles à 3 folioles ovales, cuspidées, très-entières. Grappes terminales, solitaires, dressées. Pédicelles ternés, pendants. Calice tubuleux, quadrifide, subbilabié.

Tiges ligneuses, cylindriques, glabres, hautes de 2 pieds. Grappes longues de 2 pouces. Corolle rouge, longue d'un pouce.

Cette plante magnifique croît dans les savanes (*campos*) du Brésil méridional.

Section IV. **GALÉGÉES.** — *Galegeæ* Bronn. Diss.—
Dec. Prodr.

Légume uniloculaire. Étamines ordinairement diadelphes. Feuilles primordiales alternes ou opposées,
dissemblables : l'inférieure simple ; la supérieure
composée. — Arbres, ou arbrisseaux, ou herbes.

Genre **PÉTALOSTÈME.** — *Petalostemum* Mich.

Calice quinquéfide ou quinquédenté. Corolle presque régulière. Étendard libre, condupliqué. Étamines 5; filets
soudés en gaîne avec les onglets de la carène et des ailes.
Légume monosperme, indéhiscent, inclus.

Herbes vivaces. Feuilles imparipennées, glanduleuses.
Fleurs en épis pédonculés, oppositifoliés.

Les *Pétalostèmes* ont un port très-élégant, et méritent
d'être cultivés comme plantes d'ornement. On en connaît
sept espèces. Toutes habitent les États-Unis d'Amérique.
Nous allons en signaler quelques-unes des plus notables.

Pétalostème violet. — *Petalostemum violaceum* Mich.
Flor. — Bot. Mag. tab. 1707. — *Dalea purpurea* Vent. Hort.
Cels. tab. 40.

Feuilles bijuguées; folioles linéaires. Épis cylindriques, courtement pédonculés. Bractées de la longueur du calice. Calice
soyeux, quinquédenté. Pétales longuement onguiculés, arrondis
au sommet.

Pétalostème blanc. — *Petalostemum candidum* Mich.
Flor. 2, tab. 37, fig. 1.

Feuilles trijuguées; folioles lancéolées, obtuses, glabres. Épis
cylindriques, longuement pédonculés. Bractées plus longues que
les fleurs. Lanières calicinales subulées. Légumes pubescents.

Herbe vivace, glabre. Épis denses; fleurs blanches.

Cette espèce et la précédente croissent dans le Tennessée, dans l'Illinois et dans l'état du Missouri.

PÉTALOSTÈME INCARNAT. — *Petalostemum carneum* Mich. Flor.

Feuilles trijuguées; folioles linéaires-lancéolées. Épis cylindriques, pédonculés. Bractées subulées, de la longueur des fleurs. Calice glabre. — Herbe vivace, glabre. Fleurs couleur de chair.

Cette espèce croît dans la Floride et dans la Géorgie.

PÉTALOSTÈME CORYMBIFÈRE. — *Petalostemum corymbosum* Mich. Flor. — *Dalea Kuhnistera* Willd.

Feuilles 3- ou 4-juguées; folioles linéaires, mutiques, glabres. Capitules rapprochés en corymbe. Bractées scarieuses, arrondies, ciliées, mucronées ou tricuspidées, formant un involucre à la base de chaque capitule. Calice quinquéparti, à lanières plumeuses.

Herbe à tiges glabres, hautes d'environ 2 pieds. Fleurs blanches.

Cette plante croît dans les landes sablonneuses de la Caroline et de la Géorgie.

Genre DALÉA. — *Dalea* Linn.

Calice quinquéfide ou quinquédenté. Ailes et carène soudées en tube avec la gaîne des filets. Étendard libre, court. Étamines 10, monadelphes. Légume ovoïde, monosperme, inclus.

Herbes ou sous-arbrisseaux. Tiges, feuilles et calices souvent glanduleux. Stipules adnées au pétiole par leur base. Feuilles imparipennées; la foliole terminale sessile. Fleurs en épis pédonculés, oppositifoliés.

Ce genre, propre à l'Amérique, renferme une trentaine d'espèces. Les suivantes méritent d'être cultivées comme plantes d'ornement.

DALÉA À FLEURS DORÉES. — *Dalea aurea* Nuttal, Gen.

Feuilles 4-juguées; folioles obovales, poilues en dessous. Épis denses, cylindriques. Bractées rhomboïdales-ovales, de la longueur du calice. Calices laineux, à lanières subulées.

Herbe vivace, couverte de poils soyeux. Tiges dressées. Fleurs d'un jaune très-vif.

Cette espèce croît dans la haute Louisiane.

DALÉA QUEUE DE RENARD. — *Dalea alopecuroides* Nutt. Gen. — *Dalea Linnæi* Mich. Flor. 2, tab. 38. — *Psoralea Dalea* Linn.

Feuilles multijuguées; folioles linéaires-elliptiques, rétuses, cunéiformes à la base, légèrement dentées au sommet. Épis oblongs, soyeux. Calices de la longueur des bractées, à dents subulées.

Herbe annuelle. Tige haute de 1 à 3 pieds, glabre. Étendard blanc; ailes et carène violettes.

Cette plante habite la Géorgie, la Floride et la Louisiane.

DALÉA AROMATIQUE.—*Dalea citriodora* Willd.—*Psoralea citriodora* Cav. Ic. 3, tab. 271.

Tige dressée, glabre, tuberculeuse. Feuilles 9-11-juguées; folioles obovales, non glanduleuses. Épis ovoïdes. Calices velus, striés. Bractées ovales, mucronées, un peu plus longues que le calice.

Herbe annuelle. Fleurs panachées de blanc et de pourpre.

Cette espèce est indigène au Mexique.

DALÉA A FLEURS CHANGEANTES.— *Dalea mutabilis* Willd.— Bot. Mag. tab. 2486.—*Dalea bicolor* Willd. Hort. Berol. tab. 89.— Hook. Exot. Flor. tab. 43.

Feuilles 5- à 10-juguées; folioles obovales ou obcordiformes. Épis cylindriques; pédoncule hispide au sommet. Calices glabres, striés de 10 nervures noires. Bractées ovales, sétifères, plus courtes que le calice.

Herbe vivace, glabre. Corolles passant du blanc au violet.

Cette espèce croît au Mexique.

Genre RÉGLISSE. — *Glycyrrhiza* Tourn. — Linn.

Calice tubuleux, quinquéfide, à 2 lèvres : la supérieure à 4 dents inégales; l'inférieure à une seule dent linéaire.

Étendard dressé. Carène dipétale. Légume ovale ou oblong, comprimé, 1-4-sperme.

Herbes vivaces, ou sous-arbrisseaux. Feuilles imparipennées. Fleurs blanches ou violettes, en grappes ou en capitules axillaires.

Ce genre se compose de sept ou huit espèces. Une seule habite l'Amérique septentrionale. Les autres croissent en Europe et dans l'Asie moyenne; les racines de toutes ont une saveur sucrée, jointe à des propriétés adoucissantes et pectorales. Nous nous bornerons à faire connaître l'espèce cultivée le plus fréquemment.

RÉGLISSE OFFICINALE. — *Glycyrrhiza glabra* Linn. — Lamk. Ill. tab. 625, fig. 2.—Turp. in Chaum. Fl. Méd., et in Dict. des Sc. Nat. Ic.— *Liquiritia officinalis* Mœnch.

Racines cylindriques, traçantes, ligneuses, roussâtres extérieurement, jaunes intérieurement. Tiges dressées, herbacées, simples, glabres, glanduleuses. Feuilles à 13 ou 15 folioles ovales, échancrées, visqueuses en dessous. Stipules très-petites. Grappes pédonculées, spiciformes, lâches, plus courtes que les feuilles. Fleurs petites, violettes. Légumes oblongs, lisses, glabres, 3-4-spermes.

Cette plante est cultivée en grand en Italie, en Espagne, dans plusieurs parties de la France et de l'Allemagne, ainsi qu'en Angleterre. Elle demande un terrain substantiel et profond. Sa multiplication se fait facilement de drageons ou d'éclats de racines.

La *Racine de Réglisse* entre dans la plupart des tisanes, non seulement à cause de ses propriétés adoucissantes, mais encore parce qu'elle rend plus agréables au goût toutes les décoctions qu'on ne veut pas sucrer. Le *Suc* ou *Jus de Réglisse*, extrait noir et solide qu'on prépare en Espagne, est d'un usage général contre les affections catarrhales. La Racine de Réglisse, réduite en poudre, sert à rouler les pilules et à leur donner de la consistance. En Anlgeterre, on l'emploie en quantités énormes dans les brasseries.

Suivant M. Robiquet, la Racine de Réglisse est formée : 1.º d'amidon ; 2° d'albumine ; 3° d'une matière sucrée particulière, qu'on appelle *Glycyrrhize* ; 4° d'une matière oléo-résineuse ; 5° d'une matière organique cristallisable , qui a quelques propriétés communes avec l'Asparagine ; 6° de ligneux ; 7° de phosphate de magnésie ; 8° de malate de magnésie.

Genre GALÉGA . — *Galega* Linn.

Calice à 5 dents subulées, presque égales. Étendard ovale-oblong. Carène obtuse. Étamines submonadelphes (le dixième filet libre seulement vers le sommet). Légume cylindrique ou comprimé, polysperme, obliquement strié.

Herbes vivaces. Feuilles imparipennées. Grappes axillaires, pédonculées. Fleurs blanches, ou rougeâtres, ou bleues.

Ce genre n'est composé que des trois espèces suivantes.

GALÉGA OFFICINAL. — *Galega officinalis* Linn. — Mill. Ic. tab. 137. — Blackw. Herb. tab. 192.

Feuilles multijuguées ; folioles lancéolées-oblongues , tronquées, mucronées. Stipules larges , lancéolées. Grappes plus longues que les feuilles.

Herbe vivace glabre. Tiges dressées, rameuses, hautes de 3 à 4 pieds. Fleurs blanches ou d'un rose pâle. Légume cylindrique, presque dressé.

Cette plante, vulgairement nommée *Rue de Chèvre, Faux-Indigo,* etc., est employée à la décoration des jardins. Elle forme de grandes touffes , fleuries pendant plusieurs mois. On l'a recommandée comme un fourrage très-productif ; mais il paraît que le bétail ne s'en accommode pas volontiers. Quant aux vertus médicinales pour lesquelles ce Galéga était préconisé anciennement, elles sont tombées dans un oubli complet.

GALÉGA DE PERSE. — *Galega persica* Pers. Syn.

Folioles lancéolées , mucronées , glabres. Stipules lancéolées, étroites. Grappes plus courtes que les feuilles.

Cette espèce, très-semblable à la précédente, est également cultivée comme plante d'agrément.

GALÉGA D'ORIENT. — *Galega orientalis* Lamk. — Bot. Mag. tab. 2192. — Bot. Reg. tab. 326.

Feuilles multijuguées ; folioles ovales, acuminées, pubescentes en dessous. Stipules ovales, larges. Grappes plus longues que les feuilles.

Herbe vivace. Tiges dressées, rameuses, hautes de 3 à 4 pieds. Grappes denses ; fleurs d'un bleu d'azur. Légumes comprimés, pendants.

Cette espèce orne les parterres et mérite sous ce rapport la préférence sur les deux précédentes.

Genre TÉPHROSIA. — *Tephrosia* Pers.

Calice non bractéolé, à 5 dents presque égales. Étendard ample, arrondi, réfléchi ou étalé, soyeux ou pubescent en dehors. Carène obtuse, adhérente aux ailes. Étamines monadelphes, ou diadelphes. Style filiforme. Stigmate terminal. Légume aplati, linéaire, polysperme. Graines comprimées.

Arbrisseaux ou herbes. Stipules inadhérentes, lancéolées ou subulées, non sagittiformes. Feuilles imparipennées, ou trifoliolées, ou digitées. Grappes axillaires, ou moins souvent oppositifoliées. Fleurs blanches ou purpurines.

Ce genre renferme près de quatre-vingts espèces, la plupart indigènes dans les contrées intertropicales des deux continents. Nous ne parlerons ici que des plus remarquables.

a) *Feuilles imparipennées. Lobes calicinaux longs, acuminés, élargis à la base. Étamines monadelphes. Style barbu latéralement. Légume plus ou moins velu ou hispide.*

TÉPHROSIA ENIVRANT. — *Tephrosia toxicaria* Pers. — *Galega toxicaria* Swartz.—Tussac, Flore des Antilles, tab. 20. — Plum. Icon. tab. 135.

Tiges suffrutescentes. Feuilles 18-20-juguées; folioles oblongues-lancéolées, obtuses, mucronulées, pubescentes en dessus,
soyeuses-argentées en dessous. Grappes axillaires, multiflores.
Légumes horizontaux, linéaires-cylindracés, velus, mucronulés.

Sous-arbrisseau très-rameux. Fleurs pourpres.

Cette espèce est cultivée à la Jamaïque, ainsi que dans d'autres
contrées de l'Amérique équatoriale. On croit qu'elle y a été appor-
tée d'Afrique par les nègres. Ses feuilles et ses branches, broyées
et jetées dans une eau, soit courante, soit stagnante, enivrent les
poissons, et les font flotter comme morts à la surface.

TÉPHROSIA DE VIRGINIE. — *Tephrosia virginiana* Pers. —
Pluck. Alm. tab. 23, fig. 2.

Tiges herbacées, dressées. Feuilles 8-11-juguées; folioles
ovales-oblongues, mucronées, soyeuses-argentées en dessous.
Grappes terminales et axillaires, multiflores. Calices laineux.

Herbe vivace, touffue, d'environ 2 pieds de haut. Corolle
d'un jaune lavé de pourpre. Étendard plus long que les pétales
inférieurs. Légumes subfalciformes, très-velus.

Cette espèce croît dans les landes sablonneuses des États-Unis,
depuis la Floride jusqu'au Canada. Elle est cultivée comme
plante d'ornement.

b) *Feuilles imparipennées. Lobes calicinaux longs, acuminés,
élargis à la base. Étamines diadelphes. Style barbu.*

TÉPHROSIA OCHRACÉ. — *Tephrosia ochroleuca* Pers. — *Galega ochroleuca* Jacq. Ic. Rar. tab. 150.

Tiges suffrutescentes, dressées. Feuilles 1-3-juguées; folioles
ovales. Grappes axillaires, pédonculées, plus longues que les
feuilles. Légumes rectilignes, pendants, linéaires, très-glabres,
polyspermes.

Sous-arbrisseau fortement pubescent. Fleurs d'un jaune pâle,
très-nombreuses.

Cette plante, originaire des Antilles, est cultivée pour l'ornement des serres.

c) *Feuilles imparipennées. Dents calicinales linéaires-subu-
    lées. Étamines diadelphes ou submonadelphes.*

TÉPHROSIA DES ANTILLES. — *Tephrosia caribœa* Dec. Prodr.
— *Galega caribœa* Jacq. Am. tab. 123.

Feuilles 10-12-juguées; folioles elliptiques, aristées. Grappes
axillaires, pauciflores, un peu plus longues que les feuilles. Étamines diadelphes. Légumes linéaires, défléchis, glabres, striés
transversalement.

Arbrisseau haut de 2 pieds. Fleurs inodores, panachées de blanc
et de rose.

Cette espèce, originaire des Antilles, est cultivée dans les
collections de serre.

TÉPHROSIA GRANDIFLORE: — *Tephrosia grandiflora* Pers. —
Bot. Reg. tab. 769. — *Galega grandiflora* Vahl. — *Galega
rosea* Lamk.

Feuilles 7-9-juguées; folioles oblongues, mucronulées, pubescentes en dessous. Stipules ovales, acuminées. Grappes terminales, subquadriflores, oppositifoliées. Étamines submonadelphes. Légumes subfalciformes, pendants.

Cet arbrisseau, originaire du cap de Bonne-Espérance, orne
souvent les serres. Il est remarquable par des fleurs d'un rose
vif, de la grandeur de celles du Pois de senteur.

TÉPHROSIA DES PÊCHEURS. — *Tephrosia piscatoria* Pers. —
Galega littoralis Forst. — *Galega piscatoria* Ait.

Arbrisseau. Feuilles 5-6-juguées; folioles oblongues, obtuses,
poilues en dessous. Stipules subulées. Pédoncules ancipités. Légumes rectilignes, ascendants, velus.

Cette espèce croît dans l'Inde et dans les îles de la mer du Sud.
Comme le *Téphrosia enivrant* et quelques autres de ses congénères, elle possède la propriété d'étourdir les poissons.

TÉPHROSIA A FEUILLES DE CORONILLE. — *Tephrosia coronillifolia* Dec. Prodr. — *Galega coronillifolia* Desf. Cat.
Hort. Par.

Rameaux anguleux. Feuilles 5-jugées ; folioles cunéiformes-obovales, obtuses, mucronées. Grappes axillaires. Légumes velus.

Arbrisseau couvert d'une pubescence blanchâtre. Fleurs très-belles, pourpres.

Cette espèce est cultivée dans les serres. On la croit originaire de l'île de Bourbon.

Téphrosia tinctorial. — *Tephrosia tinctoria* Pers. — *Galega tinctoria* Linn.

Feuilles quinquéjuguées ; folioles elliptiques ou oblongues, échancrées, soyeuses en dessous. Stipules lancéolées. Grappes axillaires, de la longueur des feuilles. Légumes défléchis ou pendants, glabres, rectilignes.— Fleurs roses.

Cette espèce est cultivée à Ceylan sous le nom d'*Anil ;* on en extrait une substance tinctoriale semblable à l'Indigo.

Téphrosia du Cap. — *Tephrosia capensis* Pers.— *Galega capensis* Thunb. — Jacq. Ic. Rar. tab. 574.

Tiges suffrutescentes, décombantes, glabres. Feuilles 4- ou 5-juguées ; folioles oblongues, mucronées. Stipules lancéolées-subulées. Pédoncules très-longs, oppositifoliés. Épis filiformes, lâches. Légume dressé, pubescent.

Cette espèce, originaire du cap de Bonne-Espérance, est culti-vée dans les collections de serre.

Genre AMORPHE. — *Amorpha* Linn.

Calice obconique, quinquédenté. Étendard obovale, con-voluté. Ailes et carène nulles. Étamines saillantes, monadel-phes vers la base. Légume comprimé, tuberculeux, subfal-ciforme, très-court, monosperme ou disperme.

Arbrisseaux. Feuilles multijuguées ; folioles ponctués, or-dinairement stipellées. Grappes terminales, denses, spici-formes. Étendard d'un violet foncé. Anthères de couleur orange. Filets rougeâtres.

Les *Amorphes* forment des buissons d'un aspect pittores-que par leurs épis panachés de violet et d'orange. Ce genre, fort caractérisé par l'avortement des quatre pétales inférieurs, appartient à l'Amérique septentrionale, et se compose d'une dizaine d'espèces. Voici celles que la culture a répandues dans les plantations.

Amorphe Faux-Indigo. — *Amorpha fruticosa* Linn. — Mill. Icon. tab. 27.— Bot. Reg. tab. 427.

Folioles elliptiques-oblongues, mucronulées, entières ou échancrées, pubescentes en dessous. La dent calicinale supérieure acuminée ; les 4 inférieures obtuses. Légumes semi-lunés, monospermes.

Arbrisseau de 10 à 16 pieds de haut. Folioles larges, grisâtres. Stipules lancéolées , scarieuses. Stipelles sétiformes. Grappes longues de 4 à 6 pouces, ordinairement réunies 3 à 3 à l'extrémité des ramules. Calice légèrement pubescent. Étendard obovale , obtus, 2 fois plus long que le calice. Filets pourpres.

Cette espèce , indigène dans le midi des États-Unis, supporte néanmoins le climat des environs de Paris, si ce n'est que les extrémités des branches gèlent lorsque l'hiver est rigoureux. Un terrain sec et léger lui convient mieux qu'un sol humide. Autrefois on en retirait, en Amérique, de l'Indigo ; mais cette industrie a été abandonnée , parce que la culture des vrais Indigotiers est beaucoup plus productive.

Amorphe jaunatre. — *Amorpha croceolanata* Watson, Dendrol. Brit. tab. 139.

Folioles oblongues, obtuses, mucronulées , fortement pubescentes aux deux faces. Calices pubescents : 3 des dents sétacées ; les 2 autres arrondies au sommet. Légumes oblongs-pyriformes, obliques, dispermes.

Buisson haut d'environ 5 pieds. Branches cylindriques, couvertes d'une pubescence grisâtre. Ramules dressés, couverts de poils d'un jaune ferrugineux. Pétiole commun pubescent, long d'environ 6 pouces. Feuilles à environ 18 folioles longues d'un demipouce , couvertes d'une pubescence de même nature que celle des ramules. Épis denses, ordinairement ternés, longs de 4 à 5 pouces. Étendard à lame cunéiforme-obovale, rétuse. Filets grêles, glabres.

L'auteur de cette espèce soupçonne qu'elle est originaire des bords du Missouri. Dans les jardins, on la confond souvent avec la précédente.

AMORPHE ODORANTE. — *Amorpha fragrans* Sweet, Brit. Flow. Gard. tab. 241.— *Amorpha nana* Bot. Mag. tab. 2112 (non Nuttal).

Folioles elliptiques, mucronulées, glabres. Dents calicinales toutes prolongées en pointe sétiforme.

Arbuscule glabre, ne s'élevant guère à plus d'un pied de haut. Fleurs odorantes. Dents calicinales supérieures beaucoup plus courtes que les inférieures.

Cette Amorphe croît dans les plaines arides du bassin du Missouri. Elle couvre dans ces contrées des espaces immenses, comme la Bruyère qui domine sur les tristes landes du nord de l'Europe.

AMORPHE GLABRE. — *Amorpha glabra* Desfont. Cat. Hort. Par.

Folioles oblongues ou elliptiques-oblongues, mucronées, cunéiformes à la base, glabres. Quatre des dents calicinales obtuses; la cinquième acuminée. Étendard glabre en dehors. Légumes oligospermes.

Buisson haut de 4 à 5 pieds. Ramules, feuilles adultes et calices glabres. Feuilles à 7 ou 9 paires de folioles longues de 12 à 15 lignes : la paire inférieure un peu écartée de la base du pétiole commun. Stipelles sétiformes, plus courtes que le pétiolule. Grappes denses, longues de 4 à 6 pouces.

AMORPHE PUBESCENTE. — *Amorpha pubescens* Willd. — *Amorpha pumila* Mich. Flor. — *Amorpha herbacea* Walt. Carol. — Lodd. Bot. Cab. tab. 689.

Tiges suffrutescentes. Feuilles à 20-24 paires de folioles

subsessiles, incanes, elliptiques ou ovales-elliptiques, mucronulées, arrondies aux deux bouts : la paire inférieure très-rapprochée de la base du pétiole. Fleurs subsessiles. Dents
calicinales toutes acuminées, presque égales. Légumes monospermes.

Arbuste haut de 2 à 4 pieds. Tiges pubescentes. Épis velus,
disposés en panicule. Calices rougeâtres. Étendard obcordiforme.

Cette espèce croît dans les Carolines et dans la Géorgie. Elle
aime les terrains humides.

AMORPHE INCANE. — *Amorpha canescens* Nuttal, Gen.

Tiges suffrutescentes, cotonneuses-incanes de même que les feuilles et les ramules. Folioles elliptiques, mucronées : la paire inférieure très-rapprochée de la base du pétiole. Calices cotonneux : dents ovales, égales, toutes pointues. Légumes monospermes. — Arbuste peu élevé.

Cette espèce croît dans la haute Louisiane, sur les bords du
Missouri et du Mississipi.

Genre NISSOLIA. — *Nissolia* Jacq.

Calice campanulé, quinquédenté. Corolle papilionacée.
Étamines 10, diadelphes, ou monadelphes à gaîne fendue.
Légume stipité, mono- ou oligosperme, uniloculaire ou
transversalement pluriloculaire, indéhiscent ou lomentacé,
terminé en aile liguliforme ou cultriforme.

Arbrisseaux souvent grimpants. Feuilles imparipennées.

Ce genre a de l'affinité avec les Hédysarées et les Dalber-
giées. Il contient quinze ou dix-huit espèces, indigènes dans
l'Amérique équatoriale. Les deux suivantes sont les plus intéressantes.

NISSOLIA ARBRISSEAU. — *Nissolia fruticosa* Jacq. Am. tab.
145, fig. 44; et Hort. Vind. tab. 167.

Feuilles bijuguées; folioles ovales, obtuses, mucronulées,
très-entières, glabres, pétiolulées. Pédoncules axillaires et terminaux, courts, multiflores; pédicelles allongés. Dents calicinales

sétacées. Carène indivisée. Étamines monadelphes. Légume uniloculaire, indéhiscent, monosperme par avortement, cylindracé-
oblong, terminé en languette membranacée. Graine oblongue,
cylindrique.

Arbrisseau inerme. Tiges et rameaux volubiles, nombreux,
s'élevant sur les corps voisins à une quinzaine de pieds de haut.
Feuilles longues de 3 à 4 pouces. Fleurs petites, jaunes, inodores, formant de belles panicules feuillées et longues de près d'un
pied.

Cette espèce, originaire de la Nouvelle-Espagne, est cultivée
comme plante d'ornement dans les collections de serre.

NISSOLIA FERRUGINEUX. — *Nissolia ferruginea* Willd. —
Nissolia quinata Aubl. Guian. tab. 297.

Feuilles 3-5-juguées; folioles alternes, ovales-oblongues, mucronulées, glabres en dessus, cotonneuses-ferrugineuses en dessous. Panicules terminales, composées de grappes simples ou rameuses, lâches. Calices dibractéolés, à 5 lobes arrondis. Carène
subdipétale. Étamines monadelphes. Légumes monospermes,
indéhiscents, comprimés, oblongs, veloutés, verruqueux, terminés en languette large, membranacée.

Cette espèce habite les forêts de la Guiane. Elle forme un arbrisseau sarmenteux, à tronc de 7 à 8 pieds de haut. Il en suinte
une gomme rougeâtre très-astringente. Le duvet ferrugineux qui
couvre la plante, et ses panicules de fleurs violettes, lui donnent
un aspect très-pittoresque.

Genre ROBINIA. — *Robinia* Linn.

Calice campanulé, quinquédenté : les 2 dents supérieures
courtes, rapprochées. Étendard ample. Carène obtuse. Style
barbu antérieurement. Légume aplati, chartacé, oblong,
polysperme, marginé à la suture séminifère.

Arbres souvent armés d'épines stipulaires. Feuilles imparipennées, multijuguées; folioles pétiolulées, stipellées.

Grappes axillaires, le plus souvent pendantes. Fleurs blanches, ou couleur de chair, ou roses.

Le genre *Robinia* de Linné était composé d'une foule d'espèces hétérogènes, dont une partie constitue aujourd'hui
le genre *Caragana*. Il ne reste que cinq ou six vrais *Robinia*,
tous indigènes dans l'Amérique septentrionale. Ces végétaux n'intéressent pas moins le forestier que l'horticulteur.

ROBINIA FAUX-ACACIA. — *Robinia Pseudacacia* Linn. —
Duham. Arb. ed, nov. 2, tab. 16.—Mich. fil. Arb. 3, tab. 1.

Rameaux armés d'épines stipulaires. Folioles ovales, échancrées, légèrement pubescentes en dessous. Grappes lâches, pendantes. Légumes lisses.

Arbre de 60 à 80 pieds de haut. Rameaux armés, surtout dans leur jeunesse, de fortes épines. Feuilles à 15-25 folioles presque opposées, entières, d'un vert gai. Fleurs d'un
blanc éclatant, très-odorantes, disposées en longues grappes pendantes. Calice rougeâtre, pubescent, à dents pointues.

Le *Faux-Acacia* croît dans les États-Unis, depuis la Caroline jusqu'au Canada. Jean Robin fut le premier qui le cultiva en
France, sous le règne de Henri IV, vers l'an 1600. C'est à sa
mémoire que Linné a dédié le genre.

« Ce Robinia, dit M. Desfontaines, est l'un des plus beaux
» que l'on puisse employer à l'ornement des jardins et des bos-
» quets. Les usages nombreux auxquels il peut servir lui assi-
» gnent un des premiers rangs parmi les végétaux utiles qui nous
» ont été apportés des pays étrangers. Les troupeaux mangent
» avec avidité les feuilles du Faux-Acacia nouvellement cueillies;
» et, lorsqu'elles sont sèches, elles fournissent un excellent
» fourrage pour l'hiver. Le bois du Faux-Acacia est dur, pe-
» sant, d'un grain serré, uni, et susceptible d'un beau poli; on
» en fait des meubles et des ouvrages de tour. Sa couleur est
» jaune, veinée de bandes brunes tirant sur le vert. En Amé-
» rique, on l'emploie dans les constructions, et les Anglais le
» préfèrent à tout autre bois pour des chevilles de vaisseaux. Il

» résiste à l'humidité et est très-bon pour des pilotis. Il est excel-
» lent pour le chauffage. On fait, avec les jeunes branches, des
» cerceaux et des échalas d'une longue durée.

» Le Faux-Acacia se multiplie de graines et de drageons. On
» sème les graines en automne ou vers le commencement de
» mai, dans une terre légère et ombragée, que l'on arrose de
» temps en temps, si la saison est sèche. Lorsqu'on sème au prin-
» temps, il est bon de laisser tremper la graine dans l'eau pen-
» dant deux ou trois jours avant de la mettre en terre, pour
» favoriser la germination : on abrite les jeunes plants des gelées
» de l'hiver en les couvrant avec de la paille, et l'on peut les
» transplanter à demeure lorsqu'ils ont deux ou trois ans. Si on
» veut multiplier le Faux-Acacia de rejets, et s'en procurer une
» grande quantité, il faut scier par la base de jeunes pieds, dé-
» couvrir un peu les racines, et leur faire de petites entailles
» d'espace en espace ; alors on verra paraître au printemps des
» forêts de pousses nouvelles, qu'on pourra planter l'année sui-
» vante. Le Faux-Acacia vient également bien isolé ou en mas-
» sifs ; il ne craint pas le voisinage des autres arbres, et il réus-
» sit très-bien au milieu de jeunes Chênes et de Châtaigners, aux-
» quels il sert d'abri contre l'ardeur du soleil. Son accroissement
» est très-rapide ; on en a mesuré des jets d'une année qui avaient
» jusqu'à six pieds, et plus, de longueur. Quoiqu'il parvienne
» à une grande élévation, on peut cependant le tailler et le tenir
» à la hauteur que l'on veut ; et, comme il pousse un grand
» nombre de branches latérales armées de fortes épines, il est
» très-propre à former des clôtures. Lorsqu'on veut en obtenir
» des cerceaux et des échalas, on lui coupe la tête à l'âge de
» trois ou quatre ans. Il vient dans presque tous les terrains,
» mais il préfère ceux qui sont légers et exposés au nord. »

Le *Faux-Acacia* a produit différentes variétés ou hybrides
plus ou moins éloignées de leur type. De ce nombre sont les suivantes :

L'*Acacia Boule*, aussi nommé *Acacia Parasol* ou *Acacia
inerme* (*Robinia Pseudacacia* var. *umbraculifera* Dec. —
Robinia inermis Dum. Cours.), remarquable en ce que ses

branches forment naturellement une tête arrondie. Cette variété ou, pour mieux dire, cette monstruosité, ne produit jamais de fleurs; mais elle est d'un bel effet. Comme elle ne s'élève pas beaucoup, on aime à la planter au voisinage immédiat des habitations. Sa multiplication se fait de greffes sur l'Acacia commun.

L'*Acacia tortueux* (*Robinia Pseudacacia* var. *tortuosa* Dec. Prodr.) se distingue à ses rameaux tortueux et très-touffus. Il est aussi très-rare que cette variété fleurisse.

L'*Acacia monstrueux* ou *crépu* a des branches inermes, et des folioles tantôt toutes crépues, tantôt crépues et planes sur la même feuille.

L'*Acacia élégant* (*Robinia spectabilis* Dum. Cours. — *Robinia Pseudacacia* var. *inermis* Dec. Prodr.) diffère du type de l'espèce par ses feuilles plus amples et par ses rameaux inermes, ou munis d'un petit nombre d'aiguillons.

Les *Robinia dubia* Dec. Prodr., *amorphæfolia* Link, et *sophoræfolia* Loddig., sont ou des espèces distinctes intermédiaires entre le *Faux-Acacia* et le *Robinia viscosa*, ou des hybrides de ces deux dernières espèces. On ignore leur origine, et leurs caractères n'ont été étudiés jusqu'aujourd'hui que superficiellement.

ROBINIA VISQUEUX. — *Robinia viscosa* Vent. Hort. Cels. tab. 4. — Duham. ed. nov. 2, tab. 17. — *Robinia glutinosa* Bot. Mag. tab. 560.

Épines stipulaires, fort courtes. Ramules et pétioles visqueux, glanduleux. Folioles ovales, glabres, mucronées. Grappes dressées, densiflores. Bractées concaves, caduques, sétifères. Dents calicinales acuminées. Légumes glanduleux.

Arbre haut de 30 à 45 pieds. Ramules, pétioles et pédoncules de couleur purpurine. Feuilles à 11-21 folioles d'un vert foncé en dessus, pâles en dessous. Fleurs inodores, d'un rose très-pâle. Grappes plus courtes que les feuilles. Légume (selon Elliot) lancéolé, mucroné, 3-5-sperme.

Cet arbre croît au bord des torrents, dans les montagnes des Carolines et de la Géorgie. Il est aujourd'hui très-répandu en Europe, et mérite de fixer l'attention des horticulteurs. Ses nombreuses grappes de fleurs paraissent près d'un mois plus tard que celles du Faux-Acacia, lorsque la floraison de la plupart des espèces qui décorent les bosquets est déjà passée. Son bois, peu différent de celui du Faux-Acacia, peut être employé aux mêmes usages. La multiplication du *Robinia visqueux* se fait de graines, ou de greffes sur le Faux-Acacia, ou de drageons enracinés.

ROBINIA HISPIDE. — *Robinia hispida* Linn. — Duham. ed. nov. 2, tab. 18. — Bot. Mag. tab. 311. — Mill. Icon. tab. 244.

Épines stipulaires nulles. Rameaux, pédoncules, calices et légumes hérissés de poils roides, rougeâtres. Folioles arrondies ou obovales, mucronées, presque glabres. Grappes très-lâches, pendantes. Dents calicinales acuminées.

Arbrisseau haut de 3 à 6 pieds. Racines rampantes, très-longues. Rameaux étalés, un peu inclinés. Feuilles à 13-15 folioles alternes, pétiolulées. Fleurs purpurines ou d'un rose très-vif. Calice court, d'un brun roussâtre.

Cette espèce croît dans les montagnes de la Caroline. C'est à Lemonnier, dit M. Desfontaines, que les amateurs d'horticulture doivent ce charmant arbrisseau, l'un des plus beaux ornements de nos parterres, lorsque, au retour du printemps, il est paré de son feuillage et couvert de ses belles grappes de fleurs, qui sont inodores, mais qui brillent du plus vif éclat. On ne le voit presque jamais fructifier dans nos climats. Il se greffe en fente ou en écusson sur le Faux-Acacia; comme son bois est cassant, il faut le greffer très-bas, recouvrir la souche de terre et l'appuyer avec des tuteurs, ou bien l'abriter contre un mur : sans quoi, il court risque d'être brisé par les vents, ou même par son propre poids, quand il est chargé de fleurs.

Le *Robinia macrophylla* des pépiniéristes diffère du *Robinia hispide* en ce qu'il est plus grand dans toutes ses parties, que ses folioles sont plus ovales, et que ses pédoncules et ses calices sont lisses. Cette espèce ou variété n'est pas rare dans les jardins.

Robinia rose. — *Robinia rosea* Elliot, Bot. of South Carolina and Georgia, vol. 2, p. 243.

Arbrisseau de 3 pieds, non hispide. Stipules spinescentes. Folioles elliptiques, pubescentes en dessous ainsi que les pétioles et les ramules. Pétales de couleur rose.

Robinia nain. — *Robinia nana* Elliot, l. c.

Toute la plante haute à peine d'un pied. Fleurs roses.

Cette espèce et la précédente croissent dans les landes sablonneuses de la Caroline méridionale et de la Géorgie. Le *Robinia* rose est cultivé en Angleterre depuis 1812. Il est à regretter que ces deux arbustes curieux n'existent pas encore dans les collections du continent.

Genre SESBANE. — *Sesbania* Pers.

Calice à 5 divisions plus ou moins profondes, presque égales. Étendard arrondi, condupliqué, plus grand que la carène. Étamines diadelphes. Légume comprimé ou cylindracé, grêle, cloisonné transversalement, mais inarticulé.

Arbrisseaux ou herbes. Stipules inadhérentes, lancéolées. Feuilles paripennées, multifoliolées; pétiole sétifère au sommet. Pédoncules axillaires. Fleurs jaunâtres, en grappe.

Genre appartenant presque exclusivement à la zone équatoriale. On en connaît dix-sept espèces; voici celles qui offrent de l'intérêt.

Sesbane d'Égypte. — *Sesbania ægyptiaca* Pers. — *Sesban*, Prosp. Alp. p. 82, Ic. — *Æschynomene Sesban* Linn. — *Coronilla Sesbania* Willd.

Folioles linéaires-oblongues, obtuses, mucronulées, glabres. Grappes multiflores. Légumes toruleux, subcylindracés, 2 fois plus longs que le pétiole.

Tiges ligneuses, rameuses, hautes de 4 à 6 pieds. Calice court, à 5 dents égales. Corolle petite, jaune. Étendard obcordiforme, tacheté de noir.

Cette plante croît en Égypte, où elle est employée pour former des haies. En moins de trois ans sa tige acquiert la grosseur du bras : grande ressource pour un pays où il n'existe guère d'autre bois de chauffage.

SESBANE A FLEURS PONCTUÉES.—*Sesbania picta* Pers.—Bot. Reg. tab. 873.—*Æschynomene picta* Cav. Ic. 4, tab. 314.

Folioles linéaires ou linéaires-oblongues, obtuses, échancrées ou mucronulées. Stipules subulées, persistantes. Grappes multiflores, penchées. Corolle 3 fois plus longue que le calice. Légumes filiformes, légèrement comprimés, toruleux, 2 fois plus longs que le pétiole.

Arbrisseau de 5 à 6 pieds de haut. Corolle jaune; étendard marbré de brun et de noir à la face supérieure.

Cette espèce croît dans la Nouvelle-Espagne. On la cultive dans les serres comme plante d'ornement.

SESBANE TEXTILE. — *Sesbania cannabina* Pers. — *Coronilla cannabina* Willd.

Folioles linéaires, obtuses, mucronulées; pétiole lisse. Pédoncules uniflores, géminés. Légumes filiformes, comprimés.

Herbe annuelle, un peu velue. Légumes fort longs, linéaires.

Cette espèce croît dans l'Inde. Ses tiges fournissent une filasse aussi bonne que celle du chanvre.

Genre HERMINIÉRA. — *Herminiera* Guill. et Perrott.

Calice biparti : lobes inégaux, carénés, pointus. Pétales presque égaux : étendard arrondi; ailes dolabriformes; carène dipétale, cuculliforme. Étamines 10, monadelphes : gaîne fendue antérieurement jusqu'à la base, et postérieurement jusqu'au milieu. Légume linéaire-oblong, contourné en spirale, comprimé, subtoruleux, 6-10-sperme.

L'espèce que nous allons faire connaître constitue à elle seule le genre.

Herminiéra a bois léger. — *Herminiera elaphroxylon* Guill. et Perrott. in. Fl. Seneg. 1, p. 201, tab. 51.

Petit arbre haut de 8 à 10 pieds. Tronc de la grosseur de la cuisse, ou plus. Rameaux cylindriques, striés, hérissés (de même que les pétioles) d'aiguillons coniques, rectilignes, durs, jaunâtres. Feuilles paripennées, à 10-20 paires de folioles alternes, ovales-oblongues, échancrées, légèrement pubescentes, longues de 4 à 6 lignes, sur 2 lignes de large. Stipules grandes, lancéolées, persistantes. Fleurs grandes, de couleur orange, disposées en grappes plus courtes que les feuilles.

Cet arbre est indigène au Sénégal, où les nègres lui donnent le nom de *Bilor*. M. Perrottet dit que son tronc acquiert souvent un diamètre de six pouces, et qu'alors il est susceptible d'être débité en planches d'une excessive légèreté. Il doit cette propriété à la grande quantité de tissu cellulaire spongieux dans lequel sont plongées les fibres ligneuses, qui cependant sont disposées par couches concentriques, et présentent la structure du bois des Dicotylédones. Les nègres coupent ce bois par tronçons, d'environ un pied de long, qu'ils attachent en guise de liège à leurs filets.

Genre AGATI. — *Agati* Rheed. — Adans.

Calice campanulé, tronqué, à 5 sinus arrondis. Étendard ovale-oblong. Ailes oblongues, plus longues que l'étendard. Carène rectiligne, dicéphale. Étamines diadelphes, peu saillantes : gaîne biauriculée à la base. Style filiforme, rectiligne. Légume linéaire, comprimé, rétréci à la base, bivalve, isthmé, polysperme. Graines solitaires dans chaque séparation, comprimées, ovales.

Arbres. Stipules lancéolées. Feuilles paripennées, multifoliolées. Grappes pauciflores, subsessiles. Fleurs très-grandes.

Les deux espèces dont nous allons parler constituent à elles seules le genre.

Agati grandiflore. — *Agati grandiflora* Desv. — Hort.

Malab. 1, tab. 51. — Rumph. Amb. 1, tab. 76. — *Æschynomene grandiflora* Linn. — *Sesbania grandiflora* Poir.

Folioles glabres, oblongues, échancrées. Grappes 3-5-flores. Légumes rectilignes, comprimés.

Arbre de 20 à 30 pieds de haut. Tronc épais, ramifié dès le milieu. Rameaux dressés.

Cette espèce croît dans l'Inde et dans les Moluques; selon Forskal, on la retrouve en Arabie, si toutefois l'espèce observée par ce botaniste n'est pas différente de celle de Rheede et de Rumphius, nommée *Agati* sur la côte de Malabar, et *Touri* dans les Moluques. Probablement il n'existe pas de Papilionacée à fleurs plus volumineuses, car celles de l'Agati ont quatre à cinq pouces de long, sur deux à trois pouces de large. La corolle, blanche avant l'anthèse, passe successivement au jaune, au rose et au pourpre. La dimension de la gousse répond à celle de la fleur: quoique à peine de la largeur d'un doigt, elle atteint un pied et demi à deux pieds de long. Les graines sont comestibles et se rapprochent des Haricots par leur saveur. Dans les Moluques, on mange aussi les fleurs cuites.

AGATI A FLEURS ÉCARLATES. — *Agati coccinea* Desv. — Rumph. Amb. 1, tab. 77. — *Æschynomene coccinea* Linn. — *Sesbania coccinea* Poiret.

Folioles oblongues, échancrées, pulvérulentes. Grappes subtriflores. Légumes filiformes, subtétragones, toruleux, légèrement arqués.

Cette espèce, indigène aux Moluques, forme un arbre moins élevé, mais plus touffu que le précédent. Ses fleurs, d'une belle couleur écarlate, sont aussi moins grandes, et ses légumes ne mesurent qu'environ quinze pouces de long. Les graines servent d'aliment aux Malais.

Genre PISCIDIA. — *Piscidia* Linn.

Calice campanulé, quinquéfide. Carène obtuse. Étamines monadelphes : le dixième filet libre à la base. Style filiforme, glabre. Légume stipité, linéaire, tétraptère, isthmé. Graines ovales, comprimées; hile latéral; radicule oncinée.

Arbres. Feuilles imparipennées. Fleurs panachées de blanc et de pourpre, disposées en panicules terminales.

Les *Piscidia* sont ainsi nommés parce que leurs feuilles et leurs écorces possèdent à un haut degré la propriété si fatale aux poissons, que nous avons déjà signalée dans plusieurs *Tephrosia*. Les deux espèces suivantes constituent à elles seules le genre.

Piscidia Érythrine. — *Piscidia Erythrina* Linn. — Lunan. Hort. Jam. 1, p. 269. — Sloane, Jam. 2, tab. 176, fig. 4 et 5.

Folioles ovales ou arrondies, pointues, très-entières, coriaces. Stipe du légume 3 fois plus long que le calice; ailes interrompues.

Arbre haut d'une trentaine de pieds, ou plus. Fleurs naissant avant les feuilles.

Cet arbre, fort commun à la Jamaïque, y porte le nom de *Dogwood*. Son bois, pesant, d'un grain serré et de couleur brunâtre, est regardé dans l'île comme l'un des meilleurs pour les constructions. L'écorce de la racine est la partie la plus énergique pour étourdir les poissons; on l'emploie très-fréquemment à cet usage. P. Browne remarque que les anguilles résistent quelque temps à son action délétère.

Piscidia de Carthagène. — *Piscidia carthagenensis* Jacq. — Lunan. Hort. Jam. 1, p. 270. — Plum. ed. Burm. tab. 133, fig. 2.

Folioles obovales. Stipe du légume un peu plus long que le calice; ailes continues. — Fleurs naissant après les feuilles.

Cette espèce croît dans l'Amérique méridionale, où elle est employée aux mêmes usages que la précédente.

Genre CARAGAN. — *Caragana* Lamk.

Calice campanulé ou tubuleux, quinquédenté, gibbeux à

la base. Pétales presque égaux. Carène obtuse, rectiligne. Étendard arrondi, ployé. Étamines diadelphes. Style glabre. Stigmate tronqué. Légume non stipité, cylindracé, mucronulé, polysperme.

Arbrisseaux. Feuilles paripennées; folioles petites, mucronulées. Stipules souvent spinescentes. Fleurs jaunes; pédicelles solitaires ou fasciculés axillaires.

Ce genre, confondu par Linné avec les *Robinia*, se compose d'une quinzaine d'arbrisseaux plus ou moins élevés, qui forment un des traits caractéristiques de la flore des steppes de la Sibérie et des plateaux de l'Asie centrale. On ne trouve guère dans ces immenses plaines d'autres Papilionacées ligneuses, et souvent, au rapport des voyageurs, les *Caragans* en constituent à eux seuls toute la végétation. Au printemps, ces plantes se couvrent d'une innombrable quantité de fleurs d'un beau jaune. Plusieurs espèces décorent nos jardins; on cultive assez généralement les suivantes.

CARAGAN ALTAGANE. — *Caragana Altagana* Poir. — Dec. Prodr. — L'Hérit. Stirp. tab. 76.

Feuilles à 6-8 paires de folioles !glabres, obovales-arrondies, rétuses; pétioles mutiques, non persistants. Stipules spinescentes; persistantes. Pédicelles solitaires. Légumes un peu comprimés.

Buisson de 5 à 8 pieds de haut; indigène en Daourie.

CARAGAN À PETITES FEUILLES. — *Caragana microphylla* Dec. Prodr. — *Robinia microphylla* Pallas, Astrag. — *Robinia Altagana* var. Pall. Fl. Ross. tab. 52, fig. latéral.

Feuilles à 5 - 7 paires de folioles elliptiques ou obovales, mucronulées, pubescentes (les adultes presque glabres). Stipules recourbées, horizontales, spinescentes, persistantes. Pétioles mucronés-piquants, non marcescents. Pédicelles solitaires, articulés au-dessus du milieu. — Arbrisseau touffu, haut de 3 à 4 pieds.

Cette espèce croît dans les steppes arrosées par le Sélenga et dans les plaines situées au pied de l'Altaï.

Caragan arborescent. — *Caragana arborescens* Lamk. — *Robinia Caragana* Linn. — Duham. ed. nov. 2, tab. 19. — *Robinia Altagana* Pall. Fl. Ross. tab. 52, fig. intermed.

Feuilles à 4-8 paires de folioles elliptiques, mucronulées, velues (les adultes glabres). Stipules subspinescentes. Pétioles mucronés-piquants ou presque mutiques, non marcescents. Pédicelles fasciculés, articulés au-dessus du milieu.

Cette espèce croît dans presque toute la Sibérie, excepté dans les régions arctiques. Elle est fort commune dans nos jardins, où elle devient un petit arbre haut d'une vingtaine de pieds. On s'en sert aussi pour greffer les autres espèces du genre. Les Tartares et les Kalmouks en mangent les graines.

Caragan Chamlagu. — *Caragana Chamlagu* Lamk. — L'Hérit. Stirp. tab. 77. — Duham. Arb. 2, tab. 21.

Rameaux inclinés. Feuilles à 2 paires de folioles distantes, ovales ou obovales, glabres. Stipules (horizontales) et pétioles spinescents. Pédicelles solitaires. Fleurs pendantes.

Arbrisseau haut de 3 à 4 pieds, tout à fait glabre. Fleurs grandes, d'un jaune vif, passant au rouge après l'anthèse.

Cette espèce, très-distincte par la couleur de ses fleurs ainsi que par leur grandeur, est originaire de la Mongolie chinoise.

Caragan frutescent. — *Caragana frutescens* Dec. Prodr. — Sweet, Brit. Flow. Gard. 3, tab. 227. — *Caragana digitata* Lamk. — *Robinia frutescens* Linn. — Pall. Fl. Ross. tab. 45.

Feuilles à 2 paires de folioles rapprochées, obovales-cunéiformes, un peu échancrées, mucronées. Stipules membranacées. Pétioles piquants. Pédicelles solitaires, articulés au-dessus du milieu. Calices pubescents, velus aux bords.

Arbrisseau touffu, haut de 4 à 6 pieds. Fleurs d'un jaune vif.

Cette espèce croît en Crimée, ainsi que dans les steppes caspiennes et en Sibérie.

Caragan grandiflore. — *Caragana grandiflora* Dec. Prodr.

Feuilles à 2 paires de folioles très-rapprochées, cunéiformes-oblongues. Stipules et pétioles spinescents. Pédicelles solitaires, de la longueur du calice.

Arbrisseau touffu, haut de 2 à 4 pieds. Fleurs d'un jaune vif, longues d'un pouce.

Cette espèce est originaire de la Géorgie.

CARAGAN PYGMÉE. — *Caragana pygmæa* Dec. Prodr. — Bot. Reg. tab. 1021. — *Robinia pygmæa* Linn. — Pall. Flor. Ross. tab. 45.

Feuilles à 2 paires de folioles très-rapprochées, glabres, linéaires-cunéiformes, obtuses, mucronulées. Stipules et pétioles spinescents. Pédicelles solitaires, articulés au-dessous du milieu. Calices glabres, légèrement velus aux bords.

Arbuste rameux, haut de 2 à 3 pieds, très-épineux. Rameaux diffus, feuillus.

Cette espèce croît en Daourie et dans les steppes situées au midi des chaînes altaïques.

CARAGAN ÉPINEUX. — *Caragana spinosa* Dec. Prodr. — *Caragana ferox* Lamk. — Duham. ed. nov. 2, tab. 20. — *Robinia spinosa* Linn. — *Robinia ferox* Pall. Fl. Ross. t. 44.

Feuilles à 2-4 paires de folioles cunéiformes-linéaires, mucronées. Stipules sétacées spinescentes, persistantes. Pétioles persistants, spinescents. Fleurs solitaires, subsessiles. Calices glabres, velus aux bords. Légumes glabres.

Arbrisseau très-touffu, haut de 2 à 4 pieds, hérissé de longues épines roides. Fleurs jaunes.

Cette espèce habite les steppes altaïques, la Daourie et toute la Mongolie chinoise. Peu d'arbustes sont plus propres à former des haies impénétrables. On l'emploie fréquemment à cet usage aux environs de Pékin.

CARAGAN FAUX-TRAGACANTHE. — *Caragana tragacanthoides* Poir. — *Robinia tragacanthoides* Willd. — Pall. Nov. Act. Petrop. v. 10, p. 371, tab. 7. — Pall. Astrag. p 115, tab. 86.

Feuilles à 2-4 paires de folioles oblongues, soyeuses, piquantes. Stipules et pétioles spinescents, persistants. Pédicelles solitaires, courts. Calices et légumes couverts d'un duvet incane. — Arbuste très-rameux, armé de fortes épines recourbées.

Cette espèce croît sur les rochers granitiques des montagnes altaïques et daouriennes. Elle est remarquable par son aspect semblable à celui de la *Tragacanthe*.

CARAGAN À CRINIÈRES. — *Caragana jubata* Poir. — *Robinia jubata* Pall. Nov. Act. Petrop. v. 10, tab. 6, et Astrag. p. 113, tab. 85.

Feuilles à 4 ou 5 paires de folioles oblongues-lancéolées, laineuses aux bords. Stipules sétacées. Pétioles subspinescents, persistants : les adultes réfléchis, filiformes. Fleurs solitaires, subsessiles. Légumes glabres.

Arbuste diffus, feuillu, très-épineux, à peine haut d'un pied. Fleurs rougeâtres.

Cette plante croît dans la Daourie. Ses pétioles, qui persistent pendant plusieurs années sous la forme de longs crins roides, lui donnent un aspect tout particulier.

Genre HALIMODENDRE. — *Halimodendron* Fisch.

Calice urcéolé, campanulé, quinquédenté. Corolle, étamines et pistil comme dans les Caragans. Légume stipité, bouffi, subovoïde, oligosperme, à suture séminifère déprimée.

Ce genre ne renferme que l'espèce suivante.

HALIMODENDRE ARGENTÉ. — *Halimodendron argenteum* Fisch. — Dec. Prodr. — *Robinia Halodendron* Linn. fil. — Pall. Flor. Ross. tab. 46. — Bot. Mag. tab. 1016.

β ? *Robinia triflora* L'Hérit. Stirp. tab. 162.

Buisson haut de 4 à 8 pieds. Rameaux grêles, blanchâtres, armés d'épines stipulaires et pétiolaires. Feuilles à 2-4 paires de folioles soyeuses-argentées, cunéiformes-oblongues ou spathulées, mucronées. Pédoncules biflores ou triflores, latéraux. Fleurs roses.

La variété β diffère par ses folioles vertes aux deux faces, et par ses pédoncules toujours triflores. Sweet la regarde comme une espèce distincte.

Cet arbrisseau, que l'on cultive souvent dans les jardins, habite les déserts salins de la Sibérie méridionale, de la Soongarie et des régions voisines de la mer Caspienne. Au mois de mai, tous ses rameaux sont inclinés sous le poids des fleurs qui les couvrent, et son feuillage satiné n'est pas moins élégant.

Genre CALOPHAQUE. — *Calophaca* Fisch.

Calice tubuleux, quinquéfide. Carène obtuse. Style barbu à la base, rectiligne, onciné au sommet. Stigmate terminal. Légume non stipité, oblong, bouffi, mucroné, uniloculaire, hérissé de poils glandulifères.

Ce genre est limité à l'espèce suivante.

CALOPHAQUE DU VOLGA. — *Calophaca volgarica* Fisch. — Dec. Prodr. — Wats. Dendr. Brit. tab. 83. — *Cytisus pinnatus* Pallas, Fl. Ross. tab. 47. — *Cytisus volgaricus* Linn. fil. — Duham. ed. nov. v. 5, tab. 48. — *Colutea volgarica* Lamk.

Arbrisseau très-rameux. Tiges longues, flexibles. Feuilles imparipennées, à 13-21 folioles ovales, ou ovales-elliptiques, ou arrondies, veloutées en dessous. Stipules lancéolées. Grappes lâches, axillaires, longuement pédonculées. Pédoncules, pédicelles, bractéoles et calices pubescents, parsemés de poils glanduleux. Fleurs courtement pédicellées, d'un jaune d'or, de la grandeur de celles du Baguenaudier.

Cet arbrisseau élégant, indigène dans la Russie méridionale, décore fréquemment nos jardins.

Genre BAGUENAUDIER. — *Colutea* Linn.

Calice cupuliforme, quinquédenté. Étendard ample, déployé, suborbiculaire, muni à la base de deux callosités. Étamines diadelphes. Style barbu à la face postérieure. Stigmate onciné, latéral. Légume stipité, vésiculeux, cymbiforme, membraneux.

Arbrisseaux non épineux. Feuilles imparipennées. Sti-

pules petites, caulinaires. Grappes axillaires, lâches, pauciflores.

Ce genre se trouve maintenant réduit à quatre espèces,
indigènes en Europe et en Orient. Toutes les espèces exotiques que Linné comprenait dans le *Colutea* sont reportées
à d'autres genres, ou en constituent de nouveaux.

La facilité avec laquelle les *Baguenaudiers* viennent dans
les terrains les plus arides, leur port élégant, joint à la longue durée de leur floraison et à la singularité de leurs fruits,
font cultiver ces arbustes dans toutes les plantations d'agrément.

BAGUENAUDIER COMMUN. — *Colutea arborescens* Linn. —
Duham. ed. nov. 1, tab. 22. — Bot. Mag. tab. 81.

Folioles elliptiques, rétuses, glauques en dessous. Pédoncules
sex- ou pluriflores. Bosses de l'étendard peu saillantes. Légumes
non béants.

Buisson haut de 10 à 15 pieds. Fleurs d'un jaune foncé.

Cette espèce, indigène en France et dans tout le midi de
l'Europe ; prospère même dans les terrains de pure craie. Ses
feuilles sont purgatives et peuvent remplacer le Séné. Les graines, selon M. Loiseleur Deslongchamps, sont émétiques à la dose
d'un scrupule.

BAGUENAUDIER A FLEURS ROUGEATRES. — *Colutea cruenta*
Ait. — *Colutea orientalis* Lamk. — Duham. ed. nov. 1,
tab. 23. — *Colutea sanguinea* Pall.

Folioles obovales ou obcordiformes, mucronées, échancrées,
glauques aux deux faces. Pédoncules 4- ou 5-flores. Bosses de
l'étendard peu saillantes. Légumes béants au sommet.

Arbrisseau haut de 4 à 6 pieds. Fleurs rougeâtres. Étendard
tacheté de jaune à la base.

Cette espèce croît dans l'Archipel, dans l'Asie mineure et
dans le Caucase. On en forme souvent des haies dont l'aspect est
très-agréable.

BAGUENAUDIER D'ALEP. — *Colutea haleppica* Lamk. —
Schmidt, Arb. tab. 120. — *Colutea Pocockii* Ait. — *Colutea
istria* Mill. Ic. tab. 100.

Folioles elliptiques-arrondies, mucronées. Pédoncules triflores. Bosses de l'étendard saillantes , ascendantes. Légume non béant.

Arbrisseau haut de 4 à 5 pieds. Fleurs jaunes. Légumes rougeâtres.

Genre SUTHERLANDIA. — *Sutherlandia* R. Br.

Ce genre diffère du précédent par son étendard non calleux et ployé. Il renferme deux sous-arbrisseaux du cap de Bonne-Espérance, cultivés très-fréquemment dans les collections d'orangerie, à cause de leurs fleurs d'un écarlate très-brillant et de leur feuillage argenté. L'espèce suivante est très-commune.

SUTHERLANDIA FRUTESCENT.—*Sutherlandia frutescens* R. Br.—*Colutea frutescens* Linn.—Mill. Ic. tab. 99.—Bot. Mag. tab. 81.

Tiges hautes de 1 à 2 pieds, couvertes, ainsi que les feuilles et les calices, d'un duvet satiné. Folioles oblongues ou elliptiques, obtuses. Grappes 4-6-flores.

Genre SWAINSONIA. — *Swainsonia* Salisb.

Calice quinquédenté, calleux. Étendard ample, déployé. Carène obtuse, un peu plus longue que les ailes. Étamines diadelphes. Stigmate terminal. Style barbu à la face inférieure. Légume bouffi.

Sous-arbrisseaux. Feuilles imparipennées. Grappes axillaires, multiflores. Fleurs pourpres ou écarlates.

Ce genre appartient à la Nouvelle-Hollande et ne renferme que quatre espèces. Celles dont nous allons faire mention sont cultivées en serre tempérée, comme plantes d'ornement.

SWAINSONIA A FEUILLES DE CORONILLE. —*Swainsonia coronillifolia* Salisb.—Bot. Mag. tab. 1725.—Herb. de l'Amat. vol. 3.

Tiges suffrutescentes , dressées. Feuilles à 19-23 folioles ovales, obtuses. Filets persistants, un peu plus longs que le stipe de l'ovaire. — Fleurs d'un rose vif, se succédant depuis juin jusqu'en octobre.

Swainsonia a feuilles de Galéga. — *Swainsonia galegifolia* Ait. Hort. Kew. — *Colutea galegifolia* Sims, Bot. Mag. tab. 139. — *Vicia galegifolia* Andr. Bot. Rep. tab. 792. — Herb. de l'Amat. vol. 3.

Tiges suffrutescentes, dressées. Feuilles à environ 19 folioles ovales, échancrées. Filets persistants, plus courts que le stipe de l'ovaire. — Fleurs écarlates.

Genre LESSERTIA. — *Lessertia* Dec.

Calice semi-quinquéfide. Étendard déployé. Carène obtuse. Étamines diadelphes. Stigmate capitellé. Style barbu au sommet. Légume comprimé ou bouffi, scarieux, indéhiscent, oblique.

Herbes ou rarement sous-arbrisseaux. Feuilles imparipennées. Fleurs violettes ou roses, pendantes, petites, disposées en grappes axillaires longuement pédonculées.

Ce genre, confondu par Linné avec les *Colutea*, est propre au cap de Bonne-Espérance et renferme une vingtaine d'espèces. Nous allons en signaler quelques-unes que l'élégance de leurs fleurs a fait admettre dans les collections de serre tempérée.

Lessertia annuel. — *Lessertia annua* Dec. Prodr. — Hook. Exot. Flor. tab. 84. — Commel. Hort. 2, tab. 44.

Feuilles à 9 ou 11 folioles glabres, échancrées : les inférieures oblongues; les supérieures linéaires. Grappes plus longues que les feuilles. Calices dibractéolés, poilus. Légumes bouffis, comprimés.

Herbe annuelle, d'un pied de haut. Fleurs nombreuses, d'un pourpre noirâtre.

Lessertia vivace. — *Lessertia perennans* Dec. — *Colutea perennans* Jacq. Hort. Vind. 3, tab. 3.

Folioles ovales-oblongues, soyeuses en dessous, pubescentes en dessus. Grappes subterminales, multiflores, plus longues que les feuilles. Calices non bractéolés. Légumes comprimés, stipités.

Herbe vivace. Tiges dressées, simples, hautes de 1 à 2 pieds. Fleurs panachées de pourpre et de rose, très-nombreuses. Grappes rapprochées en corymbe terminal.

Lessertia élégant. — *Lessertia pulchra* Hook. in Bot. Mag. tab. 2064.

Feuilles à environ 45 folioles ovales, pointues, presque glabres. Grappes unilatérales, subcapitulées ; pédoncules plus longs que les feuilles.

Sous-arbrisseau. Stipules ovales-lancéolées. Bractées petites, lancéolées. Fleurs longues de plus d'un demi-pouce. Calice couvert de poils noirs. Étendard profondément bilobé, rose et veiné de pourpre. Carène d'un pourpre noirâtre.

Lessertia frutescent. — *Lessertia fruticosa* Lindl. in Bot. Reg. tab. 970.

Feuilles à 5 ou 6 paires de folioles linéaires, obtuses, poilues ainsi que la tige, les pétioles, les pédoncules et les calices. Grappes dressées, très-lâches, un peu plus longues que les feuilles. Légumes obovales, non stipités, 4-spermes.

Sous-arbrisseau, haut de 1 à 2 pieds. Corolle lavée de pourpre et de violet.

Section V. **ASTRAGALÉES.** — *Astragaleæ* Adans. — Dec.

Légume biloculaire ou semi-biloculaire par le rentrement des bords de l'une des sutures. Étamines diadelphes. Feuilles pennées : les primordiales alternes.

Genre ASTRAGALE. — *Astragalus* Linn.

Calice quinquédenté. Carène obtuse. Légume biloculaire ou semi-biloculaire par le rentrement de la suture inférieure.

Tiges ligneuses ou herbacées. Stipules libres, ou adhérentes au pétiole. Feuilles imparipennées. Fleurs jaunes, ou rouges, ou bleues, axillaires, tantôt solitaires, tantôt en grappes, ou en épis, ou en capitules.

La plupart des *Astragales* n'intéressent que le botaniste. Quelques-uns cependant sont très-curieux, parce qu'ils produisent la Gomme Adragante ; d'autres se font remarquer par la beauté de leurs fleurs. Nous ne parlerons ici que des espèces les plus notables.

a) *Tige ligneuse. Stipules adnées. Pétioles persistants,*
spinescents.

ASTRAGALE GUMMIFÈRE. — *Astragalus gummifer* Labill.
Journ. de Physique, 1790, p. 46, Ic.

Feuilles à 9-13 paires de folioles linéaires-oblongues, glabres. Fleurs axillaires, sessiles, agrégées. Calices quinquéfides,
laineux de même que les légumes. — Fleurs jaunes.

Cet arbrisseau croît dans le Liban. M. de Labillardière a pu
s'assürer sur les lieux que c'est l'une des espèces qui produisent
de la Gomme Adragante.

ASTRAGALE D'OLIVIER. — *Astragalus verus* Oliv. Voyage,
vol. 3, tab. 44.

Feuilles à 17 ou 19 folioles linéaires, mucronées, poilues.
Fleurs axillaires, sessiles, agrégées. Calice cotonneux, à 5
dents obtuses. — Fleurs jaunes.

Arbuste très-touffu, n'excédant guère 2 ou 3 pieds de haut.
Tige d'environ un pouce de diamètre. Branches écailleuses et hérissées d'épines formées par les anciens pétioles durcis.

Cette espèce croît dans le nord de la Perse. La Gomme Adragante, qui en découle abondamment, est récoltée, et on l'exporte
en Russie, dans l'Inde, à Bassora et à Bagdad. Aucune autre
espèce, selon Olivier, ne produit une aussi grande quantité de
gomme.

ASTRAGALE DE CANDIE. — *Astragalus creticus* Lamk. — Dec.
Astrag. tab. 33.

Feuilles à 11-17 folioles oblongues, pointues, cotonneuses.
Calices à 5 lanières subulées, plumeuses, débordant la corolle.
— Fleurs purpurines, striées.

Cette plante croît dans l'île de Candie et dans l'Asie mineure.
Selon Tournefort, il en suinte de la Gomme Adragante, mais en
quantité peu considérable.

ASTRAGALE DU CAUCASE. — *Astragalus caucasicus* Pallas, Astrag. tab. 2.

Feuilles à 11-15 folioles linéaires-oblongues, cotonneuses-
grisâtres. Fleurs géminées ou ternées, axillaires, sessiles. Calices
quinquéfides, laineux. — Fleurs jaunâtres.

Cet Astragale croît en Géorgie, dans les endroits rocailleux du Caucase. Nous avons vu de la Gomme Adragante très-blanche, récoltée sur cette espèce par M. Ravergie, naturaliste-voyageur du Muséum.

ASTRAGALE DE MARSEILLE. — *Astragalus massiliensis* Lamk. — *Astragalus Tragacantha* à Linn. — Pallas, Astrag. tab. 4, fig. 1, 2. — Duham. Arb. ed nov. vol. 2, tab. 100.

Feuilles à 19-23 folioles elliptiques, incanes. Pédoncules axillaires, sub-4-flores, presque aussi longs que les feuilles. Calice tubuleux, courtement 5-denté.

Arbuste touffu, haut d'environ 2 pieds. Fleurs blanches.

Cet Astragale croît dans le midi de la France et sur presque tout le littoral de la Méditerranée. On le nomme vulgairement *Adragant*, parce qu'on croyait autréfois à tort qu'il produisait de la Gomme Adragante. Le port de l'espèce est assez particulier pour la faire planter sur les rochers des jardins paysagers.

b) *Stipules libres. Tiges herbacées. Fleurs en épis axillaires.*

ASTRAGALE RÉGLISSE. — *Astragalus glycyphyllos* Linn. — Flor. Dan. tab. 1108. — Engl. Bot. tab. 203.

Tiges couchées. Feuilles à 11 ou 13 folioles ovales, obtuses, mucronées, glabres. Épis ovales-oblongs. Pédoncules plus courts que les feuilles. Légumes glabres, dressés, oblongs, trigones, arqués.

Herbe vivace à tiges très-longues. Fleurs d'un vert jaunâtre.

Cette espèce habite la plupart des contrées de l'Europe, ainsi que la Sibérie. Elle est connue sous le nom de *Réglisse sauvage*, à cause de la saveur douceâtre de ses racines et de ses feuilles. Jadis on lui attribuait des qualités médicinales peu estimées aujourd'hui.

ASTRAGALE QUEUE DE RENARD. — *Astragalus alopecuroides* Linn. — Mill. Ic. tab. 58. — *Astragalus Alopecurus* Pall. Astrag. tab. 8.

Tiges dressées. Folioles ovales-lancéolées, pubescentes. Stipules acuminées. Épis ovales-oblongs, sessiles. Calice à 5 lanières subulées, de la longueur de la corolle, laineux ainsi que les légumes.

Herbe vivace , haute de 4 à 5 pieds. Épis gros, nombreux , très-laineux. Fleurs jaunâtres.

Cette plante , indigène en Sibérie, est propre à orner les grands parterres.

ASTRAGALE DE NARBONNE. — *Astragalus narbonensis* Gouan. — Pall. Astr. tab. 10.

Tiges dressées , hérissées de poils mous. Folioles oblongues , velues. Épis subglobuleux. Dents calicinales sétacées, plus courtes que la corolle , de la longueur du tube.

Herbe vivace , semblable par le port à la précédente. Fleurs jaunes.

Cet Astragale croît aux environs de Narbonne et en Espagne. Il mérite d'être cultivé comme plante d'ornement.

ASTRAGALE ESPARCETTE. — *Astragalus Onobrychis* Linn. — Jacq. Fl. Austr. tab. 38.

Tiges ascendantes. Folioles linéaires, ou oblongues, ou ovales-oblongues, pubescentes. Épis oblongs. Étendard 2 fois plus long que les ailes. Légumes dressés, rectilignes , triquètres.

Herbe vivace, haute d'un demi-pied à un pied. Fleurs panachées de bleu et de violet.

Cette espèce , indigène dans le midi de l'Europe, est cultivée comme plante de parterre.

c) *Stipules adnées. Pétioles inermes. Fleurs en capitules axillaires.*

ASTRAGALE DE MONTPELLIER. — *Astragalus monspessulanus* Linn. — Bot. Mag. tab. 375. — Bot. Cab. tab. 981. — *Astragalus Polygala* Pall. Astr. tab. 83.

Feuilles à 21-41 folioles ovales-lancéolées, décrescentes. Tiges aphylles , plus longues que les feuilles radicales , déclinées ou ascendantes. Dents calicinales subulées. Étendard allongé. Légumes subcylindracés , grêles , arqués , couverts de poils apprimés.

Herbe vivace , touffue, plus ou moins glauque. Fleurs grandes , purpurines.

Cette espèce, indigène dans l'Europe australe , est fort propre à orner les rocailles.

IIIe TRIBU. **LES HÉDYSARÉES.** — *HEDYSAREÆ* Dec.

(*Coronillæ* et pars *Galegearum* Bronn. — *Coronillæ* et pars *Phaseo-
lorum* Adans.)

*Étamines monadelphes ou diadelphes, ou rarement libres.
Légume divisé en loges monospermes par des articulations transversales, ou quelquefois uniloculaire. Cotylédons se changeant par la germination en feuilles munies
de stomates.*

Section Ire. **CORONILLÉES.** — *Coronilleæ* Dec.

Fleurs en ombelle. Légumes cylindracés ou comprimés.

Genre CHENILLETTE. — *Scorpiurus* Linn.

Calice à 5 lobes égaux, pointus. Carène dipétale. Étamines diadelphes. Légume spiralé, à 5-6 articulations sillonnées , relevées de côtes souvent spinelleuses ou tuberculeuses.

Herbes annuelles. Stipules membraneuses, linéaires-lancéolées. Feuilles simples, entières, pétiolées. Pédoncules
axillaires, plus longs que les feuilles, 1-4-flores. Fleurs jaunes ou rarement rougeâtres.

Ce genre n'offre de curieux que la forme de ses légumes,
semblables à une chenille roulée sur elle-même, ou à un li-
maçon. On mêle ces fruits aux fournitures de salade, pour
surprendre les personnes qui ne les connaissent pas. Les
botanistes ont décrit sept espèces de *Scorpiurus;* elles habitent l'Europe australe , la Barbarie et l'Orient. Voici celles
que l'on a coutume de cultiver.

CHENILLETTE TUBERCULEUSE. — *Scorpiurus muricata* Linn.
— Moris. Oxon. ser. 2, tab. 11, fig. 4.

Légumes glabres : les côtes intérieures lisses ; les côtes exté
rieures légèrement tuberculeuses. Pédoncules biflores.

CHENILLETTE SILLONNÉE. — *Scorpiurus sulcata* Linn. —
Gærtn. Fr. 2, tab. 155.

Légumes glabres : les côtes intérieures lisses ; les côtes extérieures munies de 6 à 8 spinules roides, oncinées. Pédoncules
subtriflores.

CHENILLETTE VERMICULAIRE.—*Scorpiurus vermiculata* Linn.
— Gærtn. Fr. 2, tab. 155.

Légumes glabres : les côtes intérieures presque nulles ; les extérieures couvertes de tubercules stipités. Pédoncules uniflores.

Genre CORONILLE. — *Coronilla* Linn.

Calice campanulé, court, quinquédenté ; les 2 dents supérieures rapprochées. Pétales à onglets souvent plus longs que
le calice. Carène rostrée. Étamines diadelphes. Légume grêle,
cylindracé, à articulations oblongues. Graines oblongues.

Herbes, arbrisseaux ou sous-arbrisseaux. Pédoncules pauciflores ou multiflores, axillaires. Fleurs jaunes ou rougeâtres, pédicellées.

Presque toutes les *Coronilles* habitent l'Europe australe.
La beauté de leurs fleurs a valu à plusieurs espèces une
place dans les jardins. On en connaît une vingtaine ; les
suivantes sont les plus remarquables.

a) *Tiges ligneuses.*

CORONILLE BAGUENAUDIER. — *Coronilla Emerus* Linn. —
Bot. Mag. tab. 445.—Duham. Arb. ed. nov. vol 4, tab. 31. —
Emerus major et *minor* Mill. Ic. tab. 132, fig. 1 et 2.

Feuilles à 7 ou 9 folioles obovales ou obcordiformes. Pédoncules subtriflores. Onglets 3 fois plus longs que les calices. Légumes presque continus.

Buisson de 3 à 5 pieds de haut. Feuilles d'un vert gai. Stipules petites. Fleurs jaunes ; étendard strié de pourpre.

Cet arbrisseau croît en France et dans tout le midi de l'Europe. On en forme, dans les jardins, des massifs et des palissades. Il fleurit d'avril en juin. Ses feuilles sont légèrement purgatives; mais on ne les emploie pas en médecine.

CORONILLE JONCIFORME. — *Coronilla juncea* Linn. — Bot. Reg. tab. 820. — Bot. Cab. tab. 235. — Barrel. Ic. tab. 133.

Rameaux jonciformes, lisses, peu feuillés. Feuilles à 3 - 7 folioles linéaires-oblongues, obtuses, un peu charnues. Ombelles 7 - 8 - flores. Onglets un peu plus longs que le calice. Légumes moniliformes, légèrement comprimés.

Arbrisseau glabre et glauque, très-rameux, de 2 à 3 pieds de haut. Fleurs d'un jaune vif, très-nombreuses. Stipules petites.

Cette espèce est indigène dans le midi de la France et dans presque toute l'Europe australe. Elle résiste avec peine aux hivers du nord de la France; mais elle est fort commune dans les orangeries.

CORONILLE GLAUQUE. — *Coronilla glauca* Linn. — Bot. Mag. tab. 13. — Duham. ed. nov. vol. 4, tab. 32.

Rameaux anguleux. Feuilles à 5 ou 7 folioles obovales ou obcordiformes. Ombelles 7-8-flores. Onglets peu saillants. Légumes moniliformes.

Arbrisseau glabre et glauque, très-touffu, haut de 2 à 3 pieds. Stipules petites. Fleurs très-nombreuses, d'un beau jaune.

Cette Coronille, indigène en Sicile et en Provence, est précieuse pour les orangeries à cause de sa floraison prolongée durant presque toute l'année. Les fleurs exhalent, pendant le jour, un parfum très-suave; mais, la nuit, elles sont inodores.

b) *Tiges herbacées.*

CORONILLE BIGARRÉE. — *Coronilla varia* Linn. — Bot. Mag. tab. 258. — Clus. Hist. p. 237, fig. 2. — Schkuhr, Handb. tab. 205.

Tiges diffuses. Stipules sétiformes. Feuilles à 9 - 15 folioles oblongues-lancéolées, mucronées (la première paire presque basilaire dans les feuilles supérieures). Ombelles multiflores. Légumes moniliformes, subtétragones.

Herbe bisannuelle, glabre. Tiges rameuses, longues de 2 à 3 pieds. Fleurs panachées de blanc, de rose et de violet. Les jeunes légumes pendants, les adultes dressés. Suture supérieure sillonnée.

Cette espèce, l'une des plus communes en France ainsi que dans toute l'Europe, croît de préférence dans les endroits secs et herbeux des bois, ou sur les collines. On la distingue sans peine à ses fleurs panachées de blanc, de rose et de pourpre. La plante est élégante, mais dangereuse : on connaît des exemples d'empoisonnements mortels causés par la décoction de ses feuilles ou de ses racines.

CORONILLE DE GÉORGIE. — *Coronilla iberica* Marsch. — Lodd. Bot. Cab. tab. 789. — Sweet, Br. Fl. Gard. tab. 25. — Schrank, Hort. Monac. tab. 71. — *Coronilla cappadocica* Willd.

Tiges ascendantes. Stipules membranacées, ciliolées-denticulées. Feuilles à 7 ou 9 folioles obovales, rétuses ou échancrées, pubescentes aux bords. Ombelles 7-8-flores. Onglets un peu plus longs que les calices. Légumes moniliformes, subtétragones.

Herbe vivace, touffue, à tiges de 1 à 2 pieds de long. Fleurs grandes, jaunes.

Cette espèce, originaire d'Orient, est cultivée à juste titre dans les parterres.

Genre ORNITHOPE. — *Ornithopus* Desv.

Calice bractéolé, tubuleux, quinquédenté. Carène fort petite, comprimée. Étamines diadelphes. Légume grêle, comprimé, arqué : articulations nombreuses, courtes, tronquées aux deux bouts.

Herbes annuelles. Feuilles imparipennées. Stipules petites, adnées au pétiole. Fleurs en ombelles simples, portées sur de longs pédoncules axillaires.

Le nom de ce genre, qui signifie *Pied d'oiseau*, fait allusion à la forme du légume, tout à fait semblable à une griffe articulée. On ne connaît que deux espèces, indigènes en Barbarie et dans l'Europe australe.

L'Ornithope nain (*Ornithopus perpusillus* Linn.—Fl. Dan. tab. 730. — Engl. Bot. tab. 369) est commun dans les endroits sablonneux de toute la France. C'est une herbe à tiges couchées et filiformes, souvent à peine longues de quelques pouces. Ses feuilles sont composées d'un grand nombre de folioles obovales ou arrondies, et ses fleurs, jaunâtres ou violettes, sont fort petites.

Genre HIPPOCRÉPIDE. — *Hippocrepis* Linn.

Calice campanulé, à 5 lobes étroits et pointus. Carène dipétale. Étamines diadelphes. Légume comprimé, arqué : articulations en forme de fer à cheval.

Herbes ou sous-arbrisseaux. Feuilles imparipennées. Pédoncules axillaires, tantôt simples et presque nuls, tantôt allongés et portant plusieurs fleurs disposées en ombelle.

Ce genre est curieux par la structure de son fruit, qui représente une suite de fers à cheval soudés bout à bout. Les huit espèces connues habitent les contrées voisines de la Méditerranée; une seule d'entre elles s'avance jusque dans l'Europe moyenne. Voici celles qu'il convient de citer.

Hippocrépide commune. — *Hippocrepis comosa* Linn. — Engl. Bot. tab. 31.— Jacq. Austr. tab. 431.

Tiges touffues, diffuses. Folioles obovales ou cunéiformes-oblongues, tronquées. Pédoncules très-longs, multiflores. Légumes pédicellés, sinués au bord extérieur.

Herbe vivace, glabre, touffue. Tiges longues de 1 à 2 pieds. Fleurs jaunes. Graines arquées.

Cette espèce embellit les prairies sèches de l'Europe moyenne et de l'Europe australe; on la retrouve en Barbarie.

Hippocrépide des Baléares.— *Hippocrepis balearica* Linn. — Jacq. Ic. Rar. 1, tab. 149.

Tiges suffrutescentes, dressées. Pédoncules plus longs que les

feuilles, multiflores. Légumes glabres, légèrement arqués, pé
dicellés.

Sous-arbrisseau haut de 2 à 3 pieds. Feuilles glauques, glabres
ou quelquefois poilues de même que les calices. Fleurs jaunes,
nombreuses.

Cette espèce, indigène dans les Baléares, orne les orangeries.

SECTION II. **ONOBRYCHÉES.** — *Onobrycheæ* Bartl. —
Euhedysareæ Dec. Prodr.

Fleurs en grappe. Légumes comprimés.

Genre DESMODE. — *Desmodium* Linn.

Calice dibractéolé, subbilabié : lèvre supérieure bifide;
lèvre inférieure tripartie. Étendard suborbiculaire. Carène
obtuse, non tronquée, plus courte que les ailes. Étamines diadelphes. Légume comprimé, membraneux ou coriace, plu-
riarticulé.

Herbes ou sous-arbrisseaux. Feuilles unifoliolées ou trifoliolées-pennées. Folioles stipellées. Grappes terminales. Pédicelles solitaires ou ternés, filiformes, accompagnés d'une
bractée. Fleurs blanches, on bleues, ou purpurines.

Ce genre, dans lequel M. De Candolle admet cent trente-
cinq espèces, est presque exclusivement cantonné dans la zone
équatoriale. Nous n'y voyons que trois espèces d'un intérêt
assez général pour trouver place dans ce recueil.

DESMODE OSCILLANT. — *Desmodium gyrans* Dec. Prodr. —
Hedysarum gyrans Linn. — Jacq. Ic. Rar. tab. 562.

Feuilles trifoliolées-pennées ; folioles elliptiques-oblongues : la
terminale 4 fois plus longue que les latérales. Grappes nombreuses, paniculées. Légumes pubescents, membraneux : articulations subtétragones, subdéhiscentes.

Sous-arbrisseau indigène au Bengale, où il porte le nom de
Buram Chadali. Cette plante offre des phénomènes tout aussi
curieux que ceux qu'on observe dans les Sensitives. La foliole terminale n'a qu'un mouvement de ginglyme qui paraît

dépendre de l'action de la lumière; les folioles latérales ont un double mouvement de ginglyme et de torsion, qui s'exécute sans l'intervention apparente d'un stimulant extérieur. Elles tournent continuellement sur leur charnière. Les mouvements sont brusques, interrompus, irréguliers. En même temps qu'elles se meuvent de haut en bas, elles se rapprochent ou s'éloignent de la grande foliole; quelquefois l'une est en repos, tandis que l'autre s'agite. Cette irritabilité est indépendante de la plante-mère; car la feuille, détachée de la tige, continue à en donner des marques. Chaque foliole même, fixée sur la pointe d'une aiguille, se balance encore. Enfin, le pétiole isolé laisse apercevoir un reste d'irritabilité.

DESMODE DU CANADA.—*Desmodium canadense* Dec. Prodr. — *Hedysarum canadense* Linn. — Cornut. Canad. p. 45, Ic. — Moris. Oxon. ser. 2, tab. 11, fig. 9.

Feuilles pennées-trifoliolées; folioles ovales-lancéolées ou oblongues-lancéolées, obtuses, mucronulées : la terminale plus grande que les latérales. Grappes terminales, multiflores. Légumes minces, sinueux à l'un des bords, presque rectilignes à l'autre.

Herbe vivace. Tiges dressées, rameuses, poilues, hautes de 3 à 4 pieds. Fleurs purpurines.

Cette espèce, indigène dans l'Amérique septentrionale, est cultivée dans les parterres.

DESMODE PLEUREUR.— *Desmodium pendulum* Wall. Plant. Asiat. Rar. tab. 94.

Feuilles à 3 folioles cunéiformes oblongues, obtuses, mucronulées, nerveuses, velues. Stipules et bractées grandes, scarieuses, aristées. Grappes solitaires, terminales, pendantes. Fleurs géminées. Légumes comprimés, moniliformes, 4-spermes, stipités : articulations réniformes, gibbeuses.

Arbrisseau haut de 3 à 4 pieds. Rameaux étalés. Ramules grêles, poilus, pendants. Grappes cylindriques, longues de 5 à 7 pouces, sur un pouce de diamètre. Fleurs violettes, de la grandeur de celles d'un Cytise. Légume grêle, long d'un pouce.

Cette espèce, remarquable par son élégance, croît dans les montagnes de l'Inde septentrionale et du Népaul.

Genre SAINFOIN. — *Hedysarum* Linn.

Calice campanulé, partagé en 5 lanières presque égales. Étendard ample. Carène obliquement tronquée, beaucoup plus longue que les ailes. Étamines diadelphes. Légume moniliforme, comprimé, à articulations orbiculaires ou elliptiques.

Herbes ou sous-arbrisseaux. Feuilles imparipennées, multifoliolées. Fleurs pourpres, ou blanches, ou jaunâtres, disposées en grappes axillaires.

Ce genre renferme environ trente espèces, indigènes en Europe, en Orient, en Barbarie et en Sibérie. La plupart des *Sainfoins* sont remarquables par la beauté de leurs fleurs. Voici les espèces les plus notables.

a) *Articulations du légume à disque velu, ou tuberculeux, ou rugueux, ou garni de spinules crochues.*

SAINFOIN GRANDIFLORE.— *Hedysarum grandiflorum* Pallas, It. 2, p. 743, tab. 21. Ed. gall. App. n. 367, tab. 82. — *Hedysarum sericeum* Marsch. — *Hedysarum argenteum* Lamk. (non Linn.)

Folioles elliptiques, soyeuses-incanes en dessous. Calices de la longueur des ailes. Carène plus courte que l'étendard. Articulations du légume velues, rugueuses, hérissées de spinules crochues.

Herbe vivace, presque acaule. Fleurs grandes, d'un jaune pâle.

Cette espèce croît dans la Russie méridionale. Elle n'est pas commune dans nos jardins, quoiqu'elle mérite d'y figurer à cause de l'élégance de son feuillage et de ses fleurs.

SAINFOIN ARGENTÉ. — *Hedysarum argenteum* Linn. fil. — Gmel. Sib. 4, tab. 31.

Folioles elliptiques ou ovales, velues en dessus, soyeuses-argentées en dessous. Calices plus courts que la corolle. Carène 2 fois plus longue que les ailes, égale à l'étendard. Articulations du légume colonneuses, tuberculeuses.

Herbe vivace, presque acaule. Fleurs purpurines.

Cette espèce croît sur les collines calcaires du Caucase et dans la Sibérie méridionale.

SAINFOIN ÉCLATANT. — *Hedysarum splendens* Fisch. — Ledebour, Ic. Fl. Alt. tab. 52.

Folioles ovales-orbiculaires, poilues en dessus, soyeuses-argentées en dessous. Pédoncules plus longs que les feuilles. Grappes oblongues. Ailes débordant le calice. Étendard échancré, plus court que la carène. Légume à 4 articulations suborbiculaires, rugueuses, réticulées, velues.

Herbe vivace. Tiges courtes. Fleurs grandes, d'un jaune pâle. Feuilles à 3-7 folioles.

Cette espèce croît dans les steppes qui s'étendent au midi des chaînes altaïques.

SAINFOIN POLYMORPHE. — *Hedysarum polymorphum* Ledeb. Ic. Fl. Alt. tab. 51. — *Hedysarum roseum* Dec. Prodr.

Feuilles multifoliolées ; folioles elliptiques ou oblongues, soyeuses ou incanes en dessous. Grappes pédonculées. Carène un peu plus courte que l'étendard, un peu plus longue que les ailes. Légumes dressés : articulations rugueuses, incanes.

Herbe vivace, touffue. Tiges longues d'un pied, ou plus, ou fort courtes dans une variété. Grappes ordinairement longues de 6 à 7 pouces. Fleurs roses, ou purpurines, longues de près d'un pouce.

Cette espèce croît dans l'Altaï.

SAINFOIN A BOUQUETS. — *Hedysarum coronarium* Linn. — Gærtn. Fruct. 2, tab. 155.

Folioles elliptiques ou arrondies, légèrement pubescentes en dessous et aux bords. Grappes ovales, denses. Ailes 2 fois plus longues que le calice. Légume à 2-5 articulations orbiculaires, spinelleuses, glabres.

Herbe bisannuelle. Tiges ascendantes ou couchées, longues de de 2 à 3 pieds. Feuilles à 7-9 folioles. Fleurs d'un pourpre foncé (blanches dans une variété), odorantes, très-nombreuses.

Cette plante, connue vulgairement sous les noms de *Sainfoin de Malte* ou *Sainfoin d'Espagne,* se cultive dans tous les parterres. Elle ne fleurit que la seconde année, et il faut la garantir des fortes gelées. En Espagne et en Calabre, où ce Sainfoin croît spontanément, il fournit un excellent fourrage pour les bestiaux.

SAINFOIN A CAPITULES. — *Hedysarum capitatum* Desf. — Bot. Mag. tab. 1251.

Folioles linéaires-oblongues, tronquées, apiculées. Épis ovales-arrondis, lâches. Ailes 2 fois plus longues que le calice. Légumes à articulations orbiculaires, velues, spinelleuses.

Herbe annuelle. Tiges diffuses, longues d'un demi-pied à un pied. Feuilles à environ 11 ou 13 folioles. Fleurs grandes, d'un rose vif.

Cette espèce est commune en Corse, en Italie et en Barbarie. On la cultive souvent dans les parterres.

SAINFOIN FLEXUEUX. — *Hedysarum flexuosum* Linn. — Schkuhr, Handb. 2, tab. 107.

Folioles elliptiques ou oblongues. Épis ovoïdes. Légumes flexueux : articulations suborbiculaires, spinelleuses.

Herbe annuelle. Tiges diffuses, flexueuses, longues de 1 à 2 pieds. Feuilles à environ 9 folioles. Fleurs purpurines.

Cette espèce, originaire d'Orient, est cultivée dans les parterres.

> b) *Légume à articulations lisses.*

SAINFOIN FONCÉ. — *Hedysarum obscurum* Linn. — Jacq. Fl. Austr. tab. 168.— Loddig. Bot. Cab. tab. 1434.

Folioles elliptiques ou ovales-elliptiques, presque glabres. Grappes allongées. Bractées plus longues que les pédicelles. Étendard un peu plus court que la carène, d'un tiers plus court que les ailes. Légumes pendants : articulations elliptiques.

Herbe vivace à tiges dressées. Feuilles à 5-9 paires de folioles. Corolle d'un pourpre foncé ou quelquefois blanche, 3 fois plus grande que le calice.

Cette plante croît dans les Alpes de France, de Suisse, d'Autriche, etc. Elle mérite d'être cultivée dans les jardins.

SAINFOIN DU CAUCASE. — *Hedysarum caucasicum* Marsch. Flor. Taur. Cauc.

Folioles elliptiques ou oblongues, mucronulées, glabres. Grappes grêles, longuement pédonculées. Bractées plus longues que le pédicelle. Légumes pendants. Étendard un peu plus court que la carène.

Herbe vivace, haute de 1 à 2 pieds. Feuilles à environ 19 folioles. Pédoncules plus longs que les feuilles. Corolle 4 ou 5 fois plus longue que le calice, d'un pourpre vif.

Cette belle plante croît dans le Caucase. Elle est cultivée au Jardin du Roi, et mérite d'être multipliée pour l'ornement des parterres.

SAINFOIN DE SIBÉRIE. — *Hedysarum elongatum* Fischer.— Loddig. Bot. Cab. tab. 1401.

Folioles oblongues, mucronulées, légèrement soyeuses en dessous. Pédoncules plus longs que les feuilles. Grappes allongées. Étendard un peu plus court que la carène. Légumes pendants : articulations orbiculaires ou elliptiques, marginées.

Herbe vivace. Tiges dressées, hautes d'environ 2 pieds. Feuilles à 19 ou 21 folioles. Corolle environ 4 fois plus longue que le calice ; étendard rose ; ailes et carène couleur de chair.

Cette espèce est cultivée dans les parterres.

Genre ESPARCETTE. — *Onobrychis* Tourn.

Ce genre ne diffère du précédent, auquel Linné et beaucoup d'autres auteurs l'avaient réuni, que par son légume carcérulaire et inarticulé. Il renferme une trentaine d'espèces, indigènes en Europe, dans l'Afrique boréale, en Orient et en Sibérie.

Voici les espèces assez curieuses pour être citées ici.

a) *Légume oblique, à bord denté ou découpé en crête.*

ESPARCETTE CULTIVÉE.— *Onobrychis sativa* Lamk.— Engl. Bot. tab. 96. — Jacq. Fl. Austr. tab. 352.

Folioles linéaires-lancéolées ou linéaires-oblongues, pointues ou tronquées et mucronulées, rétrécies à la base. Pédoncules 2 ou 3 fois plus longs que les feuilles. Grappes cylindracées. Ailes plus courtes que le calice. Légumes pubescents, courts, obliques, rugueux, dentés aux bords.

Herbe vivace, glabre ou plus souvent velue ou pubescente. Tiges ascendantes ou décombantes, longues de 2 à 3 pieds. Feuilles multifoliolées. Fleurs rougeâtres.

L'*Esparcette cultivée*, aussi nommée *Sainfoin* ou *Bourgogne*, est une des plantes les plus précieuses pour former des prairies artificielles dans les sols calcaires et crayeux, trop arides pour la culture d'autres fourrages. Elle améliore les terrains médiocres. M. Yvart a réussi à convertir, par ce moyen, en terres à Froment des champs où, malgré des tentatives antérieures, on n'avait jamais pu récolter que du Seigle.

La durée ordinaire de l'Esparcette est de huit à dix ans. Elle n'atteint son développement que la troisième année; son produit commence à diminuer vers la huitième ou la dixième, dans les terrains calcaires, et vers la septième ou la huitième, dans les terrains graveleux. On connaît cependant beaucoup d'exemples de champs de Sainfoin existant encore en pleine vigueur cinquante ans après l'époque du semis, et l'on a déterré dans des carrières des racines de cette plante ayant seize à vingt pieds de long.

Lorsqu'on destine une prairie de Sainfoin à être fauchée, on doit, selon M. Vilmorin, éviter de faire pâturer le regain, surtout les premières années. Mais il est des cas, particulièrement sur de mauvais terrains, où on cultive le Sainfoin exprès pour le pâturage des bêtes à laine. On le sème ordinairement au printemps, ou quelquefois en automne, et presque toujours avec les grains.

Sir Humphry Davy a trouvé, sur 1000 parties d'Esparcette, 39 parties de matière nutritive, proportion qui est la même que pour le Trèfle de Hollande et le Petit Trèfle blanc. L'Esparcette verte est moins dangereuse au bétail que les Trèfles et la Luzerne.

ESPARCETTE TÊTE DE COQ. — *Onobrychis Caput galli* Lamk. —Lobel. Ic. 2, p. 81, fig. 1. — *Hedysarum Caput galli* Linn.

Folioles oblongues ou cunéiformes-obovales, cuspidées, pubescentes. Épis pauciflores, longuement pédonculés. Ailes de la longueur du calice. Carène un peu plus courte que l'étendard. Légume hérissé d'aiguillons subulés, presque imbriqués.

Herbe annuelle, diffuse ou ascendante. Tiges longues d'un demi-pied environ. Fleurs d'un rose pâle.

Cette espèce, remarquable par la forme de ses fruits, est commune dans l'Europe australe.

ESPARCETTE CRÊTE DE COQ. — *Onobrychis Crista galli* Lamk. — Gært. Fr. 2, tab. 148. — *Hedysarum Crista galli* Linn.

Folioles cunéiformes-oblongues ou obovales, obtuses ou rétuses, pubescentes. Épis pauciflores, longuement pédonculés. Calice de la longueur de la corolle. Ailes et carène presque aussi grandes que l'étendard. Légumes glabres : bord dorsal à crête découpée en lanières oblongues, planes ; disque rugueux, légèrement spinelleux.

Herbe annuelle à tiges couchées. Fleurs petites, rougeâtres.

Cette espèce, indigène dans l'Europe australe, est également remarquable par son légume à bord semblable à une crête de coq, d'où lui vient son nom spécifique.

b) *Légume semi-circulaire, rugueux et spinelleux au centre, membraneux et denticulé aux bords.*

ESPARCETTE DE PALLAS. — *Onobrychis Pallasii* Marsch.

Folioles elliptiques-oblongues, pointues, velues ou pubescentes en dessous. Épis cylindriques. Calices velus. Ailes oblongues, plus courtes que le calice. Légumes pubescents, spinelleux.

Herbe vivace. Tiges plus ou moins velues, ascendantes, longues d'environ 2 pieds. Corolle d'un jaune pâle : étendard ample, strié de pourpre.

ESPARCETTE RAYONNANTE. — *Onobrychis radiata* Marsch.

— *Hedysarum radiatum* Desf. Ann. du Mus. 12, tab. 13. — *Hedysarum Buxbaumii* Marsch. Fl. Taur.

Folioles ovales, obtuses, mucronées, hérissées en dessous. Épis cylindriques. Calices et légumes velus. Ailes sagittiformes, plus courtes que le calice.

Herbe vivace. Tiges dressées ou ascendantes, plus ou moins hispides, longues d'environ 2 pieds. Fleurs grandes, denses. Corolle d'un jaune pâle; étendard strié de nervures purpurines.

ESPARCETTE DE MICHAUX. — *Onobrychis Michauxii* Dec. Prodr.

Folioles elliptiques-oblongues, mucronées, glabres. Épis allongés, un peu lâches. Calices velus. Ailes sagittiformes, plus courtes que le calice. Légumes veloutés.

Herbe vivace. Tige presque glabre, dressée. Fleurs d'un jaune pâle; étendard strié.

Cette espèce et les deux précédentes croissent dans le Caucase. Elles méritent d'être cultivées comme plantes d'ornement.

Genre URARIA. — *Uraria* Desv.

Calice quinquéparti, subbilabié, à lanières sétacées. Corolle ringente; étendard ample, redressé. Étamines diadelphes. Légume subspiralé ou flexueux, à articulations monospermes.

Herbes ou sous-arbrisseaux. Feuilles imparipennées ou simples. Folioles stipellées. Stipules membraneuses. Pédoncules axillaires et terminaux. Bractées grandes, caduques, imbriquées avant l'anthèse. Pédicelles géminés ou fasciculés, disposés en longues grappes simples ou rameuses.

Ce genre, propre à l'Asie équatoriale, contient sept espèces généralement remarquables par l'élégance de leur feuillage et de leurs fleurs. En voici les plus notables.

URARIA CORDIFORME.—*Uraria cordifolia* Wall. Plant. Asiat. Rar. 1, tab. 37.

Feuilles simples, cordiformes-ovales, pointues, velues en

dessus, blanchâtres en dessous. Grappes rapprochées en panicu-les terminales, feuillées à la base. Pédicelles ternés ou fasciculés, hérissés. Légume plus court que le calice, déprimé, spiralé, velu, 2- ou 3-articulé.

Arbrisseau rameux, dressé, haut de 2 à 3 pieds, couvert de poils ferrugineux. Feuilles de la largeur de la main, longues de 8 à 12 pouces. Panicule ample. Grappes lâches, longues de 6 à 8 pouces. Fleurs panachées de jaune et de violet.

Cette plante a été observée par M. Wallich dans l'empire des Birmans, sur les bords de l'Irawaddi.

URARIA HÉRISSÉ. — *Uraria crinita* Desv. — Wall. Plant. Asiat. Rar. 2, tab. 110.

Feuilles à 7 ou 9 folioles subsessiles, opposées, ovales-oblongues, subobtuses, glabres et luisantes en dessus, incanes en dessous. Grappes sessiles, très-longues, denses, cylindracées-claviformes. Pédicelles géminés, étalés. Légume pubérule, un peu plus long que le calice, à 5 ou 6 articulations lenticulaires.

Arbrisseau à tige haute d'environ 2 pieds. Rameaux et pétioles hérissés de longs poils. Feuilles longues d'un pied et plus; folioles coriaces, longues d'environ 5 pouces. Grappes solitaires ou agrégées, longues de 1 à 2 pieds, larges d'un pouce et demi. Bractées d'un rose pâle. Fleurs panachées de violet, de lilas et de jaune.

Cette espèce est fort curieuse à cause de ses énormes grappes, recouvertes de longues bractées scarieuses qui tombent à mesure que les fleurs s'épanouissent. Elle croît au Bengale, dans l'empire birman et en Chine.

URARIA A FEUILLES MACULÉES. — *Uraria picta* Desv. — *Hedysarum pictum* Jacq. Ic. Rar. vol. 3, tab. 567.

Feuilles à 7 ou 9 folioles sessiles sur une glandule, linéaires-lancéolées, subobtuses, glabres et panachées en dessus, réticulées et pubescentes en dessous. Grappes terminales, sessiles, lâches. Bractées ciliées, ovales-acuminées. Pédicelles étalés, subgéminés. Légume flexueux, un peu plus long que le calice.

Arbrisseau à rameaux pubescents. Folioles longues de 6 à 8 pouces, marbrées de taches jaunâtres bordées de rouge. Stipelles sétacées, rougeâtres. Stipules et bractées grandes, membraneuses, jaunâtres et panachées de rose. Grappes longues d'un pied et plus. Fleurs rosés.

Cette espèce, qu'on voit quelquefois dans nos serres, est originaire de l'Inde. Elle est remarquable par l'élégance de ses grappes, et par ses longues folioles panachées.

Genre LOURÉA. — *Lourea* Neck. — Desv.

Calice campanulé, persistant, quinquéfide, renflé après l'anthèse; lobes égaux, étalés, connivents après l'anthèse. Étendard obcordiforme. Carène obtuse. Étamines diadelphes. Légume inclus, à 4-6 articulations planes, monospermes, enchaînées en zigzag.

Herbes. Stipules sétacées. Feuilles simples ou trifoliolées. Fleurs en grappes terminales.

Les trois *Lourea* connus croissent dans l'Inde. L'espèce suivante est la plus remarquable.

LOURÉA CHAUVE-SOURIS. — *Lourea vespertilionis* Desv. — *Hedysarum vespertilionis* Linn. — Jacq. Ic. Rar. vol. 3, tab. 566.

Herbe annuelle. Feuilles à une seule foliole presque semi-lunée, échancrée, 10 fois plus large que longue. Corolle blanche.

Cette plante, originaire de la Cochinchine, est cultivée dans les serres à cause de la singularité de ses feuilles, qu'on a comparées aux ailes étalées d'une chauve-souris.

Genre SMITHIA. — *Smithia* Ait.

Calice biparti, dibractéolé. Gaîne des étamines fendue en 2 phalanges égales. Légume inclus : articulations monospermes, enchaînées en zigzag.

Herbes. Feuilles paripennées. Grappes axillaires, pauci-flores.

Les trois *Smithia* connus croissent dans la zone équato-riale de l'ancien continent. Nous n'en décrirons qu'un seul, intéressant par ses folioles irritables au contact, comme celles des Sensitives.

Smithia Sensitive.— *Smithia sensitiva* Ait.—Salisb. Parad. Lond. tab. 92.

Tige lisse, couchée; rameaux diffus. Feuilles à 5-10 paires de folioles ovales ou oblongues, obtuses, subsessiles, opposées, soyeuses aux bords. Stipules sagittiformes-lancéolées. Grappes moins longues que les feuilles, 3-5-flores. Pédoncule commun plus long que le pétiole. Fleurs jaunes. Étendard obcordiforme. Ailes oblongues, obtuses, plus courtes que l'étendard. Légume hé-rissé.

Cette plante croît dans l'Inde.

Genre ESCHYNOMÈNE. — *Æschynomene* Linn.

Calice dibractéolé, quinquéfide, bilabié : lèvre supérieure bifide ou bidentée; lèvre inférieure trifide ou tridentée. Gaîne des étamines fendue en 2 phalanges égales, pen-tandres. Légume comprimé, rectiligne, plus long que le ca-lice, à articulations monospermes.

Herbes ou sous-arbrisseaux. Feuilles imparipennées, mul-tifoliolées. Stipules semi-sagittées. Grappes axillaires. Fleurs ordinairement jaunes.

On connaît environ quarante espèces de ce genre, entiè-rement propre à la zone équatoriale. Plusieurs *Eschynomè-nes* sont remarquables en ce que leurs folioles se rabattent les unes contre les autres au moindre contact. Voici quelques-unes des espèces douées de cette propriété.

Eschynomène Sensitive.—*Æschynomene sensitiva* Swartz. — Plum. Icon. tab. 139.

Tige ligneuse, lisse, cylindrique. Folioles linéaires. Grappes pauciflores, glabres. Légumes à 8-10 articulations presque carrées, poilues à la suture supérieure. — Fleurs blanches.

Cette espèce croît aux Antilles.

ESCHYNOMÈNE DE L'INDE. — *Æschynomene indica* Linn. — Hort. Malab. vol. 9, tab. 18.

Herbe annuelle, glabre, dressée, rameuse. Folioles linéaires. Grappes pauciflores. Légumes ponctués, à 8-10 articulations rectilignes à l'un des bords, curvilignes à l'autre.

Cette espèce croît dans l'Inde, où on la nomme *Néli Tali*. Les Hindous lui portent une grande vénération, et lui attribuent des propriétés surnaturelles.

ESCHYNOMÈNE NAINE. — *Æschynomene pumila* Linn. — Hort. Malab. vol. 9, tab. 21.

Herbe annuelle, glabre, diffuse. Folioles linéaires, obtuses, mucronulées. Grappes pauciflores. Légumes à articulations scabres au centre, rectilignes à l'un des bords, curvilignes à l'autre.

Cette plante croît également dans l'Inde, où elle jouit de la même réputation que la précédente.

Genre ÉBÈNE. — *Ebenus* Linn.

Calice tubuleux, à 5 lanières subulées, de la longueur de la corolle. Ailes fort courtes. Étamines monadelphes. Légume plus court que le tube calicinal, obovale, monosperme ou disperme.

Herbes ou arbrisseaux. Feuilles imparipennées; folioles sessiles. Stipules inadhérentes. Fleurs purpurines, disposées en épi serré.

Ce genre, très-voisin des *Anthyllis*, se compose de trois espèces. La suivante seule mérite d'être signalée ici.

ÉBÈNE DE CANDIE. — *Ebenus cretica* Linn. — *Anthyllis cretica* Lamk. — Bot. Mag. tab. 1092. — Herb. de l'Amat. vol. 8.

Feuilles tri- ou quinquéfoliolées; folioles oblongues-linéaires,

pointues, soyeuses. Stipules connées. Épis terminaux ou oppositifoliés, denses, ovales-cylindriques. Calices très-velus.

Arbrisseau à rameaux touffus, haut de 4 à 6 pieds. Fleurs
d'un rose vif.

Cette espèce est fréquemment cultivée dans les jardins du midi
de la France, et dans les orangeries. Son feuillage satiné et ses
nombreux épis de fleurs pourprées lui donnent un aspect très-élégant. Du reste, ce n'est point, comme pourrait le faire croire son
nom, la plante qui produit le Bois d'Ébène.

Genre ALHAGI. — *Alhagi* Tourn.

Calice à 5 dents courtes, presque égales. Pétales de longueur presque égale : étendard obovale ; carène obtuse. Étamines diadelphes. Ovaire pluriovulé. Légume stipité, coriace, oligosperme, à plusieurs étranglements inarticulés.

Sous-arbrisseaux ou herbes. Feuilles simples. Stipules minimes. Pédoncules axillaires, spinescents. Fleurs rouges,
disposées en grappe.

Trois espèces rentrent dans ce genre, réuni par Linné aux
Sainfoins. Celle que nous allons décrire est la seule qui
offre de l'intérêt.

Alhagi Manne. — *Alhagi Maurorum* Tourn. Coroll. 54,
tab. 489. — *Hedysarum Alhagi* Linn. — Rauwolf, Itin. p. 64,
tab. 14. — *Manna hebraica* Desv.

Petit arbrisseau touffu, hérissé d'épines (provenant des pédoncules) étalées, très-acérées au sommet, longues d'environ 2 pouces.
Rameaux et ramules ascendants ou étalés, peu feuillés. Feuilles
petites, obovales ou cunéiformes-oblongues, obtuses ou rétuses,
pubescentes-incanes. Pédicelles plus courts que les calices. Fleurs
petites, disposées en grappe très-lâche le long des épines pédon-
culaires. Calice turbiné : dents triangulaires, pointues. Corolle
3 fois plus longue que le calice. Légumes grêles, brunâtres,
longs de 1 à 2 pouces.

Cette plante abonde dans les déserts de l'Égypte, de la Syrie,
de l'Arabie, de la Mésopotamie et de la Perse. Les Arabes la nom-

ment *Al Ghul, Aghul* ou *Alhagi*. Sous la forme de petits grains jaunâtres, il en suinte une substance gommeuse et sucrée, qui sert d'aliment aux nomades de ces contrées, et qui n'est autre chose que la Manne dont se nourissaient les Hébreux pendant leur séjour dans les déserts de l'Arabie Pétrée.

IVe TRIBU. **LES VICIÉES.** — *VICIEÆ* Bronn. — Dec. Mém., et Prodr.

Étamines diadelphes. Légumes inarticulés. Cotylédons charnus, farineux, hypogés. Feuilles paripennées (excepté dans le Cicer *); pétiole commun non articulé à la tige, terminé en vrille simple ou rameuse.*

Genre CICHE — *Cicer* Tourn. — Linn.

Calice gibbeux, quinquéparti, bilabié : lèvre supérieure à 4 lanières ; lèvre inférieure à une seule. Corolle de la longueur du calice. Étendard ample. Carène dipétale. Filets alternativement claviformes et filiformes. Style épaissi vers le sommet. Stigmate tronqué. Légume bouffi, oblique, oligosperme. Graines arrondies, à un seul angle saillant.

Herbes annuelles couvertes de poils glandulifères. Feuilles imparipennées ou paripennées ; folioles 13 ou 15, dentetelées : les inférieures alternes. Pédoncules axillaires, articulés, uniflores. Fleurs rougeâtres, bleuâtres ou blanchâtres.

Les graines des *Ciches* ou *Cicerolés* sont connues vulgairement sous les noms de *Pois chiches, Pesettes* et *Garvances* (de leur nom espagnol *Garbanzillo*). Leur forme ressemble à celle de la tête d'un bélier. Déjà fort estimées chez les Romains, elles sont encore un des mets favoris des Espagnols, qui en font le principal ingrédient de leur *Olla podrida*. Ce légume, d'un goût assez agréable, surtout à l'état vert ou en purée, est nutritif ; mais difficile à digérer. Réduits en farine et appliqués en cataplasmes, les Pois chiches sont émollients et résolutifs ; autrefois ils passaient pour diurétiques et même pour lithontriptiques. En les torréfiant, on peut en faire une sorte de café.

Le liquide visqueux qui suinte des glandules dont sont couvertes toutes les parties herbacées des Ciches, est de l'acide oxalique presque pur.

Les botanistes ne sont pas d'accord sur le nombre et la distinction des espèces qui rentrent dans ce genre, ainsi qu'il arrive pour beaucoup d'autres plantes cultivées depuis long-temps. Linné et la plupart des auteurs n'en ont reconnu qu'une seule ; mais il ne paraît pas que cette opinion soit bien fondée. Nous allons exposer ici les caractères des trois espèces admises par M. Reichenbach dans un ouvrage très-récent.

Ciche Tête de bélier. — *Cicer arietinum* Linn. — Moris. sect. 2, tab. 6, fig. 3. — Gærtn. Fruct. tab. 151. — Schkuhr, tab. 202, fig. i, k, l, m, n, o.

Légumes courts, rhomboïdaux, à bec sublatéral. — Fleurs et graines rougeâtres.

Tiges dressées, rameuses, hautes d'environ un pied, velues. Folioles ovales, dentelées, veineuses. Stipules lancéolées, incisées-dentées. Pédoncules 3 fois plus courts que les feuilles, articulés et bractéolés au milieu.

Cette espèce, indigène dans l'Europe australe, est cultivée moins souvent que les suivantes.

Ciche bouffi. — *Cicer physodes* Reichenb. Fl. Germ. Excurs. p. 532. — *Cicer arietinum* Lamk. Ill. tab. 632. — Bot. Mag. tab. 2274.

Légumes ellipsoïdes, à bec terminal. — Fleurs d'un bleu pâle.

Cette espèce est cultivée plus fréquemment que la précédente.

CICHE CULTIVÉ. — *Cicer sativum* Sckhuhr, Handb. tab. 202.

Légumes rétrécis vers la base , renflés vers le sommet. — Fleurs et graines blanches.

Cette espèce est aussi très-fréquemment cultivée.

Genre VESCE. — *Vicia* Linn.

Calice campanulé, à 5 dents inégales, plus ou moins profondes, beaucoup plus courtes que la corolle. Étendard déployé, ascendant. Style dressé, filiforme, dilaté et le plus souvent barbu ou velu au sommet. Légume comprimé, polysperme, oblong. Graines globuleuses ou ovales ; hile ovale ou linéaire, latéral.

Herbes. Feuilles multifoliolées. Vrilles ordinairement rameuses. Stipules souvent semi-sagittées. Pédoncules pauciflores ou multiflores, axillaires.

On admet dans ce genre une centaine d'espèces. La plupart habitent les contrées de l'Europe, de l'Asie et de l'Afrique qui avoisinent la Méditerranée ; plusieurs cependant remontent vers le nord en Europe et en Sibérie. L'Amérique septentrionale en produit aussi quelques-unes.

Les *Vesces*, en général, fournissent d'excellents fourrages, et les graines de plusieurs espèces sont d'une grande utilité dans l'économie domestique et rurale. D'autres se cultivent dans les parterres à cause de l'élégance de leurs fleurs. Nous allons faire connaître les plus intéressantes.

a) *Style muni, au-dessous du sommet, d'une collerette de poils. Stigmate capitellé. Légumes non bosselés. Pédoncules allongés, multiflores.*

VESCE MULTIFLORE. — *Vicia Cracca* Linn. — Fl. Dan. tab. 804. —Engl. Bot. tab. 1168.

Folioles lancéolées-linéaires, mucronulées, pubescentes. Stipules semi-sagittées, divergentes. Pédoncules plus longs que les feuilles. Grappes multiflores, très-denses. Légumes glabres, pendants, courts, larges, aplatis. Graines brunes.

Herbe vivace. Tiges grêles, diffuses ou grimpantes, longues de 2 à 4 pieds. Fleurs d'un bleu vif. Légumes longs de 8 à 9 lignes, sur 3 lignes de large.

Cette plante est commune par toute l'Europe dans les prairies, les champs incultes, etc. On peut la cultiver avec avantage comme fourrage, et ses fleurs sont assez apparentes pour lui valoir une place dans les jardins.

VESCE A FEUILLES MENUES. — *Vicia tenuifolia* Roth. — Sturm, fasc. VIII, tab. 31.

Folioles linéaires, acuminées, trinervées, presque glabres. Stipules linéaires, semi-sagittées, divergentes. Pédoncules plus longs que les feuilles. Grappes allongées, multiflores. Étendard 2 fois plus long que la carène. Légume allongé, ensiforme. Graines noirâtres.

Herbe vivace. Tiges rameuses, dressées, flexueuses. Fleurs d'un bleu clair, tirant sur le lilas. Légumes longs de 14 lignes environ.

Cette plante est commune sur les collines, principalement dans les terrains sablonneux et calcaires. Son port touffu et ses grappes très-abondantes la recommandent pour l'ornement des parterres.

b) *Style poilu vers le sommet à la face extérieure. Fleurs presque sessiles dans les aisselles. Légumes bosselés.*

VESCE CULTIVÉE.—*Vicia sativa* Linn.—Engl. Bot. tab. 334. —Flor. Dan. tab. 522.—Gærtn. Fruct. tab. 151.— Sturm, fasc. VIII, tab. 31.

Folioles obovales ou oblongues, rétuses, mucronées. Stipules incisées-dentées, maculées. Légumes sessiles, dressés, subgéminés, ensiformes. Graines globuleuses.

Herbe glabre ou poilue, annuelle. Tiges grêles, faibles, longues de 2 à 3 pieds. Fleurs violettes. Ovaires soyeux. Légumes noirs lors de la maturité. Graines le plus souvent noires (rougeâtres ou jaunâtres dans des variétés).

La *Vesce cultivée* ou *Vesce commune* croît spontanément dans l'Europe méridionale, en Orient et dans l'Afrique septentrionale. Ce fourrage croît avec une grande rapidité; il peut être semé jusqu'en juin sur les terres fortes et fraîches. On en cultive aussi une variété qui se sème en automne, et qui est préférable dans les terrains secs et légers. Du reste, la Vesce fraîche n'est pas moins dangereuse que le Trèfle et la Luzerne, lorsque le bétail en mange en trop grande quantité. Les graines sont la meilleure nourriture que l'on puisse donner aux pigeons, mais elles ne conviennent pas autant aux autres oiseaux de basse-cour. Enfouie en vert, la Vesce est un fort bon engrais; on la sème quelquefois dans cette intention.

VESCE BLANCHE. — *Vicia leucosperma* Mœnch.

Herbe annuelle, très-semblable à la précédente par le port. Folioles obcordiformes. Légumes courtement pédonculés, soyeux, subfalciformes, toruleux. Graines blanchâtres, lenticulaires, plus grosses que celles de la Vesce commune.

Cette espèce est cultivée en Suisse, comme plante légumière.

c) *Stigmate subbilabié. Légume renflé. Graines oblongues.*

VESCE FÈVE. — *Vicia Faba* Linn. —Blackw. tab. 19. — Rivin. tab. 23. — *Faba vulgaris* Mœnch.

Folioles ovales ou obovales, très-entières, cuspidées; vrilles courtes, simples, canaliculées. Stipules ovales-triangulaires, presque entières. Légumes subsessiles, réticulés, rostrés, toruleux. Graines blanchâtres.

Herbe annuelle. Tiges dressées, fermes, anguleuses, hautes de 2 à 3 pieds. Dents calicinales linéaires. Corolle blanche : ailes marquées d'une grande tache noire.

Cette Vesce, nommée vulgairement *Fève de marais*, passe pour originaire de la Perse. Tout le monde connaît l'usage alimentaire qu'on fait de ses graines. Ses principales variétés sont : la *Grosse Fève ordinaire*, la *Fève de Windsor*, très-grosse aussi et de forme arrondie; la *Petite Fève* dite *Julienne*; la *Fève naine*, très-productive, et propre, selon M. Poiteau, à être cultivée sous châssis.

La *Fève violette* (*Vicia porphyrea* Reichenb. Fl. Germ. Excurs. p. 532), qu'on cultive dans les potagers comme variété de la Fève de marais, est peut-être une espèce particulière. Elle se distingue par ses folioles au nombre de 6 ou de 8, alternes, décrescentes, ovales-lancéolées ; ses fleurs, de couleur pourprée, sont réunies en grappes, au nombre de 3 à 5, le long d'un pédoncule axillaire dressé. Les graines, également de couleur rougeâtre, sont tronquées aux deux bouts.

M. Poiteau distingue encore la *Fève verte*, dont le fruit, mûr et sec, reste vert : elle est originaire de la Chine, très-productive, mais un peu plus tardive que les autres ; et la *Fève à longue cosse*, variété hâtive, dont les légumes contiennent un nombre considérable de graines, ce qui peut lui valoir la préférence sur les autres.

Vesce Féverolle. — *Vicia equina* Bauh. — Reichenb. Fl. Germ. Exc. p. 532. — *Faba minor* Rivin. tab. 24. — *Vicia Faba β minor* Linn.—*Vicia Faba* Sturm, fasc. VIII, tab. 32.

Feuilles à 2 ou 3 paires de folioles elliptiques, cuspidées ; vrilles sétacées, canaliculées. Stipules semi-hastées, incisées-dentées. Légumes subsessiles, pulvérulents, acuminés, bosselés. Graines oblongues, blanchâtres.

Herbe annuelle, plus petite dans toutes ses parties que la Fève de marais. Fleurs d'un blanc tirant sur le bleu.

De même que la Fève de marais, la *Féverolle* peut servir d'aliment à l'homme ; mais elle est plus généralement cultivée en grand pour la nourriture des animaux, qui ne sont pas moins friands de son herbe verte, et même de ses fanes, que de ses graines.

Loin d'épuiser le terrain qui les nourrit, les Fèves et les Féverolles le rendent, au contraire, plus propre à produire d'abondantes récoltes de Céréales. Enfouies en vert, elles sont un des meilleurs engrais végétaux que l'on connaisse.

La farine des Fèves et des Féverolles est plus nutritive que celle de l'Orge, mais elle donne un pain fort indigeste. On l'emploie aussi à faire des cataplasmes émollients.

Genre ERS. — *Ervum* Linn.

Calice à 5 lanières égales, de la longueur de la corolle. Style épaissi au sommet. Stigmate capitellé ou introrse. Légume court, comprimé, oligosperme. Graines lenti-culaires.

Herbes annuelles. Pédoncules axillaires, solitaires ou gé-minés, grêles, uniflores ou pauciflores.

Les *Ers* ne se distinguent guère des Vesces que par une corolle qui ne dépasse point le calice. On en connaît environ douze espèces. Les suivantes sont d'un grand intérêt comme plantes fourragères ou alimentaires.

a) *Style cilié au sommet. Stigmate introrse.*

Ers Lentillon. — *Ervum dispermum* Roxb. — *Lens* Riv. tab. 35. — *Ervum camelorum* Spreng. Syst.

Folioles elliptiques; vrilles sétacées, souvent bifurquées, poi-lues. Stipules semi-ovales. Pédoncules 1- ou 2-flores. Bractéole de plus de moitié moins longue que le pédicelle. Légumes sub-rectangulaires, dispermes. Graines convexes aux deux faces, rousses ou d'un vert tirant sur le jaune.

Cette espèce, indigène dans l'Europe australe, est cultivée en grand, et dans les jardins, sous les noms de *Lentillon, Len-tille à la reine, Lentille rouge.* Elle produit moins que la suivante, mais on la préfère généralement (excepté aux environs de Paris) pour l'usage alimentaire, à cause de sa saveur plus recherchée. La plante, en vert, est un fourrage très-estimé et cultivé dans plusieurs départements.

Ers Lentille. — *Ervum Lens* Linn. —Sturm fasc. VIII, tab. 32. — Schk. Handb. tab. 202 (fl. et fruct.) — *Cicer Lens* Willd. — *Lens esculenta* Mœnch. — *Lens major* Rivin. tab. 35.

Folioles elliptiques ou oblongues; vrilles sétacées, souvent bifurquées, poilues. Stipules lancéolées. Pédoncules 2-4-flores. Bractéole plus longue que le pédicelle. Légumes subrectangulaires, dispermes. Graines convexes aux deux faces, amincies aux bords, jaunâtres.

Cette espèce, également indigène dans l'Europe australe, est appelée *Lentille commune, Grosse Lentille, Lentille blonde.* C'est celle que l'on cultive généralement aux environs de Paris comme plante légumière.

Les Lentilles, ainsi que le prouve l'histoire d'Ésaü, sont un aliment connu en Orient depuis la plus haute antiquité. En Égypte et en Syrie, on a coutume de les faire frire; les habitants les regardent comme un mets très-fortifiant. Les anciens Romains les faisaient germer avant de les cuire, afin de mieux développer leur principe sucré.

La culture de ces plantes réussit mieux dans un terrain sec et sablonneux que dans un terrain gras.

b) *Style muni d'une houppe de poils vers le sommet.*
   Stigmate terminal. Ovaire ondulé. Légume toruleux.

Ers Ervilier.—*Ervum Ervilia* Linn.— Blackw. tab. 3o8, f. 3.—Gærtn. Fruct. tab. 151.—Sturm, fasc. VIII, tab. 32.— *Vicia Ervilia* Willd.— *Ervilia sativa* Link.

Feuilles multifoliolées; folioles linéaires-oblongues, tronquées, mucronulées, glabres. Vrilles sétiformes, très-courtes. Stipules semi-hastées, incisées. Pédoncules subbiflores, plus courts que les feuilles. Pédicelles recourbés. Légumes oblongs, bosselés, sub-4-spermes. Graines subglobuleuses, obtusangulées.

Herbe glabre, d'environ un pied de haut. Tiges anguleuses. Corolle un peu plus grande que le calice, blanchâtre; carène bleue au sommet; étendard strié de violet. Graines d'un gris tirant sur le roux.

Cette plante, nommée vulgairement *Komin*, est cultivée dans le midi de la France; mais elle ne paraît pas très-recommandable comme fourrage, parce qu'on ne peut la laisser manger au bétail qu'en petite quantité. On assure qu'elle est mortelle aux porcs. Les graines aussi sont suspectes, et l'on doit se garder de les mêler au pain, ou de les donner à la volaille sans ménagement.

c) *Style poilu au-dessous du sommet ; stigmate terminal. Ovaire non ondulé.*

Ers uniflore. — *Ervum monanthos* Linn. — Sturm, fasc. VIII, tab. 32. — *Vicia articulata* Willd. Enum. — *Vicia multiflora* Wallroth.

Folioles linéaires, tronquées, mucronées. Vrilles simples. Stipules dissemblables : l'une linéaire-lancéolée, entière ; l'autre multifide-fimbriée. Pédoncules uniflores : les fructifères plus longs que les feuilles. Légumes glabres, ovales, réticulés, bosselés, 3-4-spermes.

Herbe de 2 à 3 pieds de haut. Corolle violette, 4 fois plus longue que le calice. Graines d'un jaune pâle, ponctuées.

Cette plante, indigène dans l'Europe méridionale, est cultivée dans quelques parties de la France comme plante fourragère, sous le nom de *Lentille d'Auvergne*. Elle réussit dans les plus mauvais terrains sablonneux, incapables de produire la Vesce ou le Pois gris. M. Vilmorin assure qu'on en a obtenu les résultats les plus avantageux, et il pense qu'on ne saurait trop engager les propriétaires qui manquent de fourrages, à introduire chez eux cette culture. Du reste, les graines de l'*Ers uniflore* sont comestibles comme les Lentilles.

Genre POIS. — *Pisum* Linn.

Calice campanulé, à 5 divisions foliacées : les deux supérieures plus courtes que les inférieures. Étendard ample, relevé ; carène velue en dessus. Style triangulaire. Légume oblong, non ailé. Graines subglobuleuses ; hile ovale ou arrondi.

Herbes annuelles. Feuilles 1-3-juguées. Vrilles rameuses. Stipules très-grandes.

Ce genre, ainsi que la plupart des plantes cultivées de temps immémorial, est fort mal connu pour ce qui concerne la distinction des espèces. Il est probable que les nombreuses variétés qu'on possède, doivent leur origine à des croisements entre plusieurs espèces dont les types sont aujourd'hui inconnus. L'emploi alimentaire des *Pois* est trop général pour qu'il soit nécessaire de rien ajouter à ce sujet : nous devons nous borner ici à l'énumération des variétés les plus communes dans les jardins.

Pois CULTIVÉ.— *Pisum sativum* Linn.

Tiges presque tétragones. Feuilles 1-3-juguées ; folioles alternes ou opposées, ovales, dentées ou entières, mucronées. Stipules ovales, semi-cordiformes, crénelées ou presque entières. Pédoncules axillaires, uni- ou pluriflores, plus ou moins allongés. Fleurs blanches ou violettes. Légumes subcylindracés. Graines globuleuses ou presque carrées.

M. Poiteau divise les Pois en deux sections principales : les *Pois à écosser*, dont on ne mange que le grain; et les *Pois sans parchemin* ou *Mange-tout*, *Goulus* ou *Gourmands*, dont on mange la cosse et le grain. Parmi les uns et les autres, on distingue les variétés *naines* et celles *à rames*.

Section Ire. Pois a écosser.

a) **Variétés naines.** — *Pois nain hâtif;* haut de 15 pouces à 2 pieds, plus précoce que les autres nains, et sous ce rapport propre aux châssis. Il prend fleur dès le deuxième ou troisième nœud, ce qui le distingue de tous les autres Pois. — *Nain de Hollande;* plus nain que le précédent, et un peu plus tardif. — *Nain de Bretagne;* le plus petit de tous, et ne s'élevant qu'à 5 ou 6 pouces. Son mérite principal est d'être très-propre aux bordures. — *Gros nain sucré;* tardif, productif et de fort bonne qualité. — *Nain vert, petit;* cette variété s'élève un peu plus haut; elle se distingue par la finesse de son grain. — *Nain vert de Prusse;* aussi élevé que le précédent et très-productif.

b) **Variétés à rames.** — *Pois Michaux de Hollande;* fort recherché à cause de sa précocité.—*Pois Michaux* ou *Petit Pois de Paris;* autre variété précoce, cultivée très-généralement. — *Pois hâtif à la moelle;* il succède au Michaux à huit jours environ de distance.— *Pois de Clamart;* c'est celui qu'aux environs de Paris on sème le plus tard, pour l'arrière-saison. — *Carré blanc*, et *Carré à œil noir;* plus tardifs et plus élevés que les précédents. — *Pois Fève;* très-grand et tardif; grains très-gros, tendres, mais peu sucrés. — *Pois géant;* plus grand encore que le précédent; grain d'une grosseur extraordinaire, moelleux, peu sucré. — *Gros vert normand;* tardif et à grandes rames, estimé surtout pour son excellente qualité en sec. — Le *Pois ridé* ou *de Knight* l'emporte, selon M. Poiteau, sur tous les autres, par la qualité sucrée et moelleuse de son grain, lequel est carré, gros et ridé.

Section II. Pois sans parchemin ou Mange-tout.

Pois sans parchemin nain et hâtif; variété cultivée ordinairement sous châssis, mais tout aussi bonne pour la pleine terre. —*Sans parchemin nain ordinaire;* haut de 2 à 3 pieds; cosses petites, fort nombreuses et très-tendres. — *En éventail;* le seul sans parchemin tout à fait nain, ayant à peine un pied de haut; tardif, peu productif. — *Sans parchemin blanc à grandes cosses;* le meilleur de cette section, selon M. Poiteau : il est à grandes rames, tardif, et très-productif dans les bons terrains; ses cosses sont grandes, larges, charnues, crochues, ce qui le fait encore nommer *Corne de bélier.* — *Sans parchemin à demi-rames;* variété également très-productive, plus précoce que la précédente. — *Sans parchemin à fleurs rouges;* fort élevé, très-tardif; cosse grande, crochue. — *Pois turc* ou *couronné* (nom tiré de la disposition des fleurs en bouquets); variété à grandes rames; cosses très-nombreuses, fort sucrées.

Pois Bisaille. — *Pisum arvense* Linn. — Sturm, fasc. I, tab. 4.—J. Bauh. Hist. II, 297, Ic.—Moris. s. 2, tab. 1, fig. 4.

Feuilles à 4-6 folioles sinuées-crénelées ainsi que les stipules. Pédoncules ordinairement uniflores. Étendard bleuâtre; ailes et carène pourpres. Légumes rectilignes. Graines globuleuses, distantes.

Cette espèce est fréquemment cultivée en grand sous les noms

de *Pois gris*, *Pois Agneau*, *Pois de brebis* ; et *Bisaille*. De
même que les Fèves et les Vesces, elle est très-propre à être semée sur les jachères, afin de les préparer à la reproduction des
Céréales. Les terres à Froment, peu humides, conviennent le
mieux au Pois gris. Cette plante est un fort bon fourrage, particulièrement pour les moutons, et ses graines servent à engraisser la volaille. Les Pois gris entrent ordinairement dans les mé-
langes fourrageux, appelés par les cultivateurs *Dragées*.

Genre GESSE. — *Lathyrus* Linn.

Calice campanulé, à 5 divisions : les 2 supérieures plus
courtes. Étendard ample, redressé. Carène semi-circulaire.
Style ancipité, redressé, dilaté au sommet, velu à la face
supérieure. Légume comprimé, oblong, polysperme. Graines
globuleuses ou anguleuses.

Herbes souvent grimpantes. Stipules semi-sagittées. Vrilles
rameuses. Feuilles paucifoliolées. Pédoncules axillaires, le
plus souvent pauciflores.

Ce genre contient près de cinquante espèces, lesquelles, ainsi
que la plupart des autres Viciées, abondent principalement
dans les contrées voisines de la Méditerranée. Comme fourrages, les *Gesses* ne sont pas moins intéressantes que les
Vesces. Plusieurs espèces ornent aussi les jardins.

Nous allons faire connaître celles qui méritent une mention
particulière.

a) *Folioles opposées ou nulles. Pétiole ailé. Étendard non
calleux.*

Gesse a larges feuilles. — *Lathyrus latifolius* Linn. —
Engl. Bot. tab. 1108. — Svensk Bot. tab. 254.

Tiges diffuses ou grimpantes, ailées. Feuilles à une seule paire
de folioles coriaces, glauques, 3- ou 5-nervées, ovales-elliptiques ou ovales-lancéolées, obtuses, mucronulées ; membranes
pétioléaires très-larges. Pédoncules roides, dressés, multiflores,
plus longs que les feuilles. Légumes lancéolés-oblongs.

Herbe vivace, glabre. Tiges rameuses, longues de 3 à 4 pieds. Fleurs grandes, d'un rouge vif.

Cette espèce, indigène en France, est cultivée comme plante d'ornement. Elle est très-propre à couvrir des treillages, de vieux murs, etc.

GESSE TUBÉREUSE. — *Lathyrus tuberosus* Linn. — Lobel. Ic. 2, p. 70, fig. 2. — Bot. Mag. tab. 111.

Tiges grêles, diffuses, tétragones. Feuilles à une seule paire de folioles elliptiques-oblongues, obtuses, mucronées, veineuses; entre-nœuds anguleux. Stipules linéaires, acuminées. Pédoncules 3-6-flores, plus longs que les feuilles.

Herbe vivace, à racine tuberculeuse. Fleurs grandes, d'un pourpre vif.

Cette plante croît parmi les moissons, en France et dans la plus grande partie de l'Europe. Ses racines offrent des tubercules charnus, de couleur noirâtre, et d'une saveur analogue à celle des Châtaignes. Ces tubercules sont fort recherchés en Hollande, où on les vend dans tous les marchés.

GESSE CULTIVÉE. — *Lathyrus sativus* Linn. — Jacq. fil. Ecl. tab. 116. — Bot. Mag. tab. 115.

Tiges diffuses, ailées. Feuilles à une seule paire de folioles linéaires-lancéolées. Stipules ovales, ciliées. Pédoncules uniflores, plus longs que les pétioles. Légumes ovales, courts, comprimés : suture supérieure bicarénée. Graines anguleuses, presque carrées.

Herbe annuelle, d'environ 2 pieds de haut. Fleurs bleues ou moins souvent blanches.

Cette plante, originaire d'Espagne, est cultivée en grand sous le nom de *Lentille d'Espagne.* Elle fournit un excellent fourrage, qui convient surtout aux moutons, et qui est moins échauffant que la Vesce. Elle réussit dans les terrains forts ou légers, pourvu qu'ils ne soient pas trop humides.

Dans plusieurs parties de l'Allemagne, on fait du pain avec la farine de cette Gesse, mêlée à de la farine de Céréales; il paraît qu'il n'en résulte aucun accident, lorsque le mélange est fait par parties égales. L'emploi de la farine de Gesse pure, au contraire, produit des paralysies incurables, non seulement chez les hommes, mais encore chez les animaux, et principalement chez les porcs : les moutons, à ce qu'il paraît, n'en sont pas affectés. Les grands ducs de Wirtemberg rendirent, à différentes époques, des édits contre l'emploi de cette farine, et le gouvernement de Florence fit la même interdiction en 1786. Les paysans italiens ont néanmoins conservé l'habitude de la mêler, dans la proportion d'un quart, à la farine de blé, et ils l'emploient toute pure à faire des bouillies. Dans plusieurs parties de la France, les habitants de la campagne en font également des purées, sans qu'on ait signalé jusqu'aujourd'hui qu'il en soit résulté des empoisonnements. Il est probable que la nature du sol influe sur les qualités malfaisantes de la Lentille d'Espagne; mais comme on manque de données certaines à ce sujet, la plante doit demeurer suspecte.

GESSE JAROSSE. — *Lathyrus Cicera* Linn. — Jacq. fil. Ecl. tab. 115.

Tiges diffuses, ailées. Feuilles à une seule paire de folioles linéaires-lancéolées. Pédoncules uniflores, plus longs que les feuilles. Stipules ovales, ciliées. Légumes ensiformes-oblongs, comprimés, canaliculés à la suture supérieure. Graines anguleuses.

Herbe annuelle, plus diffuse que la précédente, à laquelle elle ressemble beaucoup par le port. Fleurs rougeâtres. Graines grosses, blanchâtres ou marbrées.

Cette espèce, indigène dans l'Europe australe, est cultivée en grand sous les noms de *Gesse chiche, Jessette, Jarosse, Garousse, Jarat,* et *Petite Gesse.* Selon M. Vilmorin, elle est aussi rustique que la Vesce d'hiver. Elle fournit un fourrage excellent pour les moutons, mais trop échauffant pour les chevaux. Sa graine, est un aliment très-dangereux pour l'homme, car il en résulte des empoisonnements tout à fait analogues à ceux que produit l'espèce précédente, ainsi qu'il a été constaté par des observations assez récentes.

GESSE VELUE. — *Lathyrus hirsutus* Linn. — Engl. Bot. tab. 1255. — Roch. Bann. tab. 16, fig. 4.

Tiges diffuses, ailées. Feuilles à une seule paire de folioles linéaires-oblongues ou lancéolées. Stipules linéaires, de la longueur du pétiole. Pédoncules 1-3-flores, un peu plus longs que les pétioles. Légumes oblongs, velus. Graines globuleuses, chagrinées.

Herbe annuelle, velue, haute de 1 à 2 pieds. Fleurs bleuâtres.

Cette Gesse est commune dans les moissons, en France et dans toute l'Europe australe. M. Vilmorin la recommande comme un fourrage rustique et très-productif. Elle donne une quantité considérable de semences qui paraissent être une bonne nourriture pour les pigeons.

GESSE ODORANTE. — *Lathyrus sativus* Linn. — Bot. Mag. tab. 160.

Tiges diffuses ou grimpantes, ailées. Feuilles à une seule paire de folioles ovales ou ovales-oblongues, mucronées. Stipules lancéolées. Pédoncules bi- ou triflores, beaucoup plus longs que les feuilles. Légumes oblongs, hérissés.

Herbe annuelle, plus ou moins velue. Fleurs grandes, panachées de bleu et de violet, ou de rose et de blanc, très-odorantes.

Cette plante, connue de tout le monde sous le nom de *Pois de senteur,* est originaire de Ceylan, selon l'opinion généralement reçue. M. Gussone l'a cependant trouvée parfaitement indigène en Sicile.

GESSE DE TANGER. — *Lathyrus tingitanus* Linn. — Bot. Mag. tab. 100.

Tiges diffuses, ailées. Feuilles à une seule paire de folioles ovales, obtuses, mucronulées. Stipules ovales, beaucoup plus courtes que le pétiole. Pédoncules biflores, plus longs que les feuilles. Dents calicinales presque égales, plus courtes que le tube. Légumes oblongs-linéaires, réticulés, comprimés, toruleux, à bords épais.

Herbe annuelle, glabre, haute de 2 à 3 pieds. Fleurs grandes, d'un pourpre vif, inodores.

Cette espèce, indigène en Barbarie, est cultivée comme plante d'agrément.

Genre OROBE. — *Orobus* Tourn. — Linn.

Calice campanulé, quinquéfide : les 2 lobes supérieurs plus courts. Style linéaire, plane, pubescent vers le sommet. Stigmate infléchi. Légume comprimé, oblong, polysperme ; valves tordues en spirale après la déhiscence. Graines globuleuses.

Herbes vivaces, non grimpantes. Pétioles terminés en vrille mucroniforme ou sétiforme. Feuilles paucifoliolées. Stipules semi-sagittées. Grappes axillaires, multiflores, pédonculées.

On connaît environ quarante espèces de ce genre ; elles croissent de préférence dans les montagnes ; toutes habitent les zones tempérées et boréales de l'hémisphère septentrional. La plupart des *Orobes* sont remarquables par la beauté et l'abondance de leurs fleurs. Il est à regretter qu'ils ne réussissent guère dans nos jardins qu'en terre de bruyère et dans des expositions ombragées. Les espèces les plus intéressantes sont les suivantes.

a) *Feuilles bifoliolées.*

OROBE FAUSSE-GESSE. — *Orobus lathyroides* Linn. — Bot. Mag. tab. 2098. — Amman. Ruth. 151, tab. 7, fig. 2.

Tiges dressées. Feuilles ovales ou ovales-lancéolées, acuminées, luisantes. Stipules larges, acuminées, dentées, plus longues que le pétiole. Pédoncules de la longueur des feuilles. Grappes denses.

Herbe touffue, haute de 2 à 3 pieds. Fleurs panachées de bleu et de violet.

Cette espèce, originaire de Sibérie, ne saurait être trop multipliée dans les parterres. Elle s'accommode de tous les terrains et de toutes les expositions. Son port est très-élégant ; sa floraison dure près de deux mois.

b) *Feuilles à 2-4 paires de folioles.*

OROBE PRINTANIER. — *Orobus vernus* Linn.— Clus. Hist. 2, p. 230, Ic. — Flor. Dan. tab. 1226. — Bot. Mag. tab. 521. — Sturm, fasc. I, tab. 7.

Tiges dressées, presque simples. Feuilles à 2 ou 3 paires de folioles ovales-lancéolées, acuminées. Stipules courtes, ovales, très-entières. Pédoncules plus courts que les feuilles. Grappes lâches, 5-8-flores.

Tiges touffues, hautes d'un pied. Fleurs d'un pourpre vif, concolores, bleuâtres après l'anthèse (blanches dans une variété). Graines jaunâtres, ponctuées.

Cette espèce croît sur les collines et dans les bois de l'Europe moyenne et australe. Elle est recherchée pour les parterres à cause de sa floraison précoce. On en obtient une seconde floraison en automne, en coupant les tiges immédiatement après la première.

OROBE PANACHÉ.— *Orobus variegatus* Tenor. Fl. Napol. tab. 68. — Bot. Cab. tab. 1158. — *Orobus venetus* Clus. Hist. p. 232, Ic.

Tiges dressées, simples. Feuilles à 2 ou 3 paires de folioles ovales, acuminées. Stipules ovales, très-entières. Grappes multiflores. Dents calicinales sétacées.

Herbe touffue, ayant le même port que l'Orobe printanier et fleurissant à la même époque. Fleurs plus petites, panachées de bleu et de lilas.

Cette espèce croît dans les bois de l'Europe australe. Elle est cultivée dans quelques jardins, et mérite d'être rendue plus commune.

•OROBE TUBÉREUX. — *Orobus tuberosus* Linn. — Engl. Bot. tab. 1153.—Flor. Dan. tab. 781.—Schkuhr, Handb. tab. 200.— Sturm, fasc. I, tab. 21.

Racines tuberculeuses. Tiges rameuses, ailées. Feuilles à 3 ou 4 paires de folioles lancéolées, cuspidées, incanes en dessous :

vrille mucroniforme. Stipules semi-sagittées, très-entières. Pédoncules un peu plus longs que les feuilles. Grappes 5-8-flores.
Dents calicinales inférieures linéaires-lancéolées.

β *Orobus tenuifolius* Roth. Folioles plus étroites.
Rhizome renflé de distance en distance. Fleurs roses, livides
après l'anthèse.

Cette plante est commune dans les bois des montagnes de presque toute l'Europe. Les tubercules de ses racines sont comestibles
et d'un goût analogue aux Châtaignes. Il s'en fait une grande consommation en Flandre, en Hollande et en Ecosse ; dans le Ross-
shire, on en prépare une liqueur fermentée.

 OROBE VERSICOLORE.—*Orobus versicolor* Gmel. Syst.—*Orobus varius* Bot. Mag. tab. 675. — *Orobus angustifolius* Linn.

Racines tubéreuses. Tiges ailées vers le sommet. Feuilles à 2
ou 3 paires de folioles lancéolées ou linéaires, flasques : vrille
mucroniforme. Stipules semi-sagittées, souvent unidentées. Grappes multiflores, unilatérales. Style filiforme.
Tubercules de la racine fusiformes, allongés, jaunâtres. Étendard rose ; ailes et carène jaunes.
Cet Orobe croît dans les bois des montagnes de l'Italie. Il fleurit au commencement du printemps, et mérite d'être multiplié
dans les jardins.

OROBE POURPRE-NOIR. — *Orobus atropurpureus* Desf. Atl. 2,
tab. 196.

Tige simple ou rameuse, striée. Feuilles à 3 paires de folioles linéaires, pointues. Stipules semi-sagittées, très-étroites. Pédoncules plus longs que les feuilles. Grappes denses, courtes.
Fleurs unilatérales, pendantes. Dents calicinales presque égales, obtuses, très-courtes. Style filiforme.
Tiges touffues, grêles, hautes d'environ un pied. Fleurs grandes,
d'un pourpre foncé. Légume court, ellipsoïde, réticulé.
Cette belle plante croît en Barbarie et en Sicile. Elle fait partie de nos collections d'orangerie.

Orobe noircissant. — *Orobus niger* Linn. — Fl. Dan. tab. 1170.

Tige grêle, rameuse, flexueuse. Feuilles à 3-6 paires de folioles ovales-elliptiques, mucronulées : vrille mucroniforme. Stipules courtes, linéaires-cuspidées. Pédoncules multiflores, plus longs que les feuilles. Dents calicinales inégales, plus courtes que le tube.

Herbe glabre, haute de 2 à 3 pieds. Fleurs pourpres. Légumes réticulés, acuminés. Graines globuleuses.

Cet Orobe, remarquable par la teinte noire que lui donne la dessiccation, croît dans les forêts des montagnes en France, en Allemagne, etc. Son port est très-élégant.

Orobe jaune. — *Orobus luteus* Linn. — Lodd. Bot. Cab. tab. 783. — Gmel. Sib. IV, tab. 4. — *Orobus montanus* Scop. Del. Iusubr. tab. 41.

Tige simple. Feuilles à 4 ou 5 paires de folioles oblongues, ou elliptiques-lancéolées, mucronulées, glauques en dessous : vrille mucroniforme. Stipules semi-sagittées, dentées à la base. Pédoncules multiflores, un peu plus courts que les feuilles. Dents calicinales courtes, inégales.

Herbe glabre, haute d'environ 2 pieds. Folioles amples. Fleurs grandes, très-belles, d'un jaune pâle. Graines globuleuses, marbrées.

Cette espèce, l'une des plus belles du genre, croît dans les forêts des Alpes.

Vᵉ TRIBU. **LES PHASÉOLÉES.** — *PHASEOLEÆ*
Bronn. — Dec. Mém., et Prodr.

Étamines monadelphes ou plus souvent diadelphes. Légume polysperme, déhiscent, inarticulé, souvent cloisonné transversalement par des membranes celluleuses. Cotylédons épigés, ne devenant point foliacés, ou se changeant en feuilles dépourvues de stomates. Feuilles imparipennées ou plus rarement digitées : les primordiales opposées. Tiges herbacées ou ligneuses, souvent volubiles, mais dépourvues de vrilles.

Genre ABRE. — *Abrus* Linn.

Calice à 4 lobes peu exprimés : lobe supérieur plus large. Étamines 9, monadelphes. Légume oblong, comprimé, 4-6-sperme, cloisonné transversalement. Graines arrondies.

L'espèce dont nous allons parler constitue à elle seule le genre.

ABRE A CHAPELETS. —*Abrus precatorius* Linn. — Hort. Mal. 8, tab. 39. — Rumph. Amb. 5, tab. 32. — Turp. in Dict. des Sc. Nat. Ic.

Sous-arbrisseau à tiges volubiles. Feuilles paripennées, multifoliolées. Fleurs rouges, disposées en grappes axillaires. Graines noires ou plus souvent écarlates avec une tache noire à l'ombilic, ou blanches, ou rousses, luisantes.

Cette plante, connue aux Antilles sous le nom de *Liane à Réglisse,* est originaire de l'Inde et des Moluques. Autrefois ses graines étaient souvent employées à faire des colliers, des chapelets, etc. Les habitants de quelques contrées de l'Inde les mangent, mais elles sont très-inférieures aux Haricots, et en général à la plupart des graines légumières. Les racines ont une saveur douceâtre et les mêmes propriétés que celles de notre Réglisse.

Les fruits de l'Abre sont souvent charriés par les courants marins jusque sur les côtes occidentales de l'Écosse.

Genre MACRANTHE. — *Macranthus* Lour.

Calice tubuleux, coloré, persistant, quadrifide : lobes pointus : les 2 latéraux plus courts. Étendard incombant, concave, ovale, échancré. Ailes oblongues, 3 fois plus longues que l'étendard. Carène plus longue que les ailes, pointue, ascendante. Étamines diadelphes : 4 des filets plus épais, portant des anthères ovales, pendantes; les 6 autres grêles, portant des anthères dressées, oblongues. Style filiforme, poilu. Stigmate obtus. Légume rectiligne, subcylindracé, épais, polysperme.

Ce genre n'est constitué que par l'espèce que nous allons indiquer.

MACRANTHE DE COCHINCHINE. — *Macranthus cochinchinensis* Lour. Fl. Coch.

Herbe à tiges volubiles, cylindriques, longues, rameuses. Feuilles trifoliolées; folioles ovales-rhomboïdales, poilues; stipules filiformes. Pédoncules axillaires, multiflores. Fleurs grandes, blanches. Graines ovales.

Cette plante est cultivée en Cochinchine, où l'on en mange les gousses, quoiqu'elles ne soient ni savoureuses, ni salubres.

Genre KENNÉDYA. — *Kennedya* Vent.

Calice bilabié : lèvre supérieure bidentée; lèvre inférieure trifide. Étendard relevé. Étamines diadelphes. Légume linéaire, comprimé, multiloculaire par des cloisons transversales. Graines strophiolées.

Arbrisseaux volubiles. Feuilles pennées-trifoliolées, ou unifoliolées. Pédoncules axillaires. Fleurs rouges ou bleues.

On connaît sept espèces de *Kennédya*, toutes indigènes dans la Nouvelle-Hollande. Elles sont cultivées assez généralement dans les orangeries comme plantes d'agrément.

a) *Feuilles trifoliolées. Carène rectiligne, un peu plus longue que l'étendard.*

KENNÉDYA DILATÉ.—*Kennedya dilatata* Lindl. in Bot. Reg. tab. 1526.

Folioles ovales, très-obtuses, cunéiformes à la base, mucronées, subsinuolées, soyeuses en dessous. Stipules ovales, caduques. Ombelles capituliformes, 6-8-flores. Pédoncules filiformes, flexueux, beaucoup plus longs que les feuilles. Calices hérissés de poils noirs.

Plante décombante ou grimpante. Tiges filiformes, flexueuses, garnies de poils roux couchés. Fleurs plus petites que dans les autres *Kennédya* : étendard écarlate avec une tache jaune à la base ; ailes pourpres.

Cette espèce, fort élégante, vient d'être obtenue en Angleterre de graines récoltées sur la côte sud-ouest de la Nouvelle-Hollande.

KENNÉDYA DIFFUS. — *Kennedya prostrata* R. Brown, in Hort. Kew. — *Glycine coccinea* Bot. Mag. tab. 270.

Folioles obovales, velues, ondulées. Stipules et bractées cordiformes, apiculées, étalées. Pédoncules 1-2-flores. Légumes pubescents.

Folioles longues d'environ 6 lignes. Fleurs de couleur écarlate. Carène longue de 8 à 9 lignes.

KENNÉDYA ROUGEATRE.—*Kennedya rubicunda* Vent. Malm. tab. 104. — *Glycine rubicunda* Bot. Mag. tab. 268.

Folioles ovales-lancéolées, mucronulées. Stipules lancéolées, réfléchies. Pédoncules subtriflores, plus courts que les feuilles. Étendard plus court que les ailes et la carène.— Fleurs grandes, purpurines.

b) *Feuilles trifoliolées. Carène plus courte que les ailes et l'étendard.*

KENNÉDYA ÉCARLATE. — *Kennedya coccinea* Vent. Malm. tab. 105 (excl. syn.) — Bot. Mag. tab. 2664.

Folioles obovales. Stipules lancéolées , étalées. Ombelles 3-6-flores. Pédoncules plus longs que les feuilles. Légumes presque glabres.

KENNÉDYA DE COMPTON. — *Kennedya Comptoniana* Link. Enum. — *Glycine Comptoniana* Ker, Bot. Reg. tab. 298.

Folioles ovales-oblongues , obtuses , mucronulées. Stipules ovales, acuminées, aristées. Grappes multiflores, plus longues que le pétiole. — Fleurs pourprées.

c) *Feuilles unifoliolées. Carène plus courte que les ailes et l'étendard.*

KENNÉDYA A FEUILLES OVALES. — *Kennedya ovata* Sims, Bot. Mag. tab. 2169. — *Kennedya cordata* Bot. Reg. tab. 944.

Feuilles ovales, ou subcordiformes, pointues. Stipules lancéolées , dressées. Grappes pauciflores , de la longueur du pétiole. — Fleurs petites, panachées de pourpre et de bleu.

KENNÉDYA BIMACULÉ. — *Kennedya monophylla* Vent. Malm. tab. 106. — Bot. Reg. tab. 336. — *Glycine bimaculata* Bot. Mag. tab. 263.

Feuilles linéaires-oblongues, obtuses, mucronulées, échancrées à la base. Stipules lancéolées, dressées. Pédoncules multiflores, de la longueur des feuilles. — Fleurs petites ; étendard bleu de ciel, taché de jaune ; ailes et carène violettes.

Genre WISTÉRIA. — *Wisteria* Nuttal.

Calice campanulé, subbilabié : lèvre supérieure bidentée ; lèvre inférieure à 3 lanières subulées. Étendard calleux. Carène dipétale, conforme aux ailes. Étamines diadelphes. Légume substipité, coriace, bivalve, non cloisonné, un peu toruleux.

Arbrisseaux volubiles. Feuilles imparipennées, multifoliolées, non stipulées. Grappes terminales. Fleurs accompagnées de bractées caduques.

Ce genre ne renferme que les deux espèces suivantes.

WISTÉRIA FRUTESCENT. — *Wisteria frutescens* Dec. Prodr. —
Wisteria speciosa Nutt. — *Glycine frutescens* Linn. — Bot.
Mag. tab. 2103. — Sweet, Brit. Flow. Gard. ser. 2, tab. 104.

Folioles ovales-lancéolées, pubescentes en dessous. Grappes
dressées, denses. Calices soyeux. Ovaires glabres. Légumes
allongés, subcylindracés, un peu ridés.

Tiges longues de 15 pieds, ou plus. Fleurs d'un bleu pâle.
Bractées grandes, ovales-lancéolées, acuminées, colorées. Graines réniformes, marbrées.

Cette jolie plante, indigène aux États-Unis, est employée dans
nos jardins à orner des murs, des treillages, etc. Ses fleurs, qui
paraissent en automne, sont odorantes et d'un fort bel effet.

WISTÉRIA DE CHINE. — *Wisteria sinensis* Dec. Prodr. —
Sweet. Br. Fl. Gard. 3, tab. 211. — *Glycine sinensis* Bot.
Mag. tab. 2083. — Bot. Reg. tab. 650. — Bot. Cab. tab. 773.

Folioles ovales-lancéolées, soyeuses. Grappes pendantes,
lâches, allongées. Ovaires velus.

Tiges très-longues. Fleurs de la grandeur de celles du Faux-
Ébénier, panachées de bleu et de violet.

Cette plante, encore assez rare, deviendra sans doute une acquisition précieuse pour nos jardins. Depuis quelques années seulement on a essayé de la cultiver en pleine terre, et il est certain
qu'elle brave les hivers les plus rigoureux du nord de la France.
Du reste, elle ne mérite pas moins d'être cultivée dans les serres,
qu'elle décore, dès les premiers jours du printemps, de ses longues grappes d'un bleu éclatant.

Genre APIOS. — *Apios* Boerh. — Mœnch.

Calice campanulé, à 4 dents peu exprimées : l'une, placée
sous la carène, plus longue que les supérieures. Carène falciforme, subspiralée, renversée. Étamines diadelphes. Légume substipité, cylindracé, oblong-linéaire, polysperme,
cloisonné transversalement. Graines arrondies.

L'espèce dont nous allons faire mention constitue à elle seule ce genre.

APIOS TUBÉREUX. — *Apios tuberosa* Mœnch. — *Glycine Apios* Linn. — Bot. Mag. tab. 1198.

Herbe vivace, à racines tubéreuses. Tiges volubiles, longues de 15 à 20 pieds. Feuilles imparipennées, composées de 5 ou 7 folioles ovales-lancéolées, glabres, ou pubérules aux bords; pétioles velus. Stipules nulles. Pédoncules axillaires, étalés ou défléchis , plus courts que les feuilles. Fleurs panachées de pourpre noirâtre et d'incarnat, disposées en grappes courtes et denses.

Cette plante, indigène aux États-Unis, est cultivée dans les jardins pour garnir les vieux murs, les treillages, les berceaux, etc. En Amérique, on mange les tubercules de ses racines.

Genre HARICOT. — *Phaseolus* Linn.

Calice campanulé, bilabié : lèvre supérieure bidentée; lèvre inférieure tripartie. Étamines diadelphes, contournées en spirale avec la carène et le style. Légume comprimé ou cylindracé, bivalve, polysperme, cloisonné transversalement. Hile ovale-oblong.

Herbes ou sous-arbrisseaux. Tiges le plus souvent volubiles. Feuilles trifoliolées-pennées; folioles stipellées. Grappes axillaires. Pédicelles uniflores, souvent géminés.

Ce genre renferme environ soixante espèces, toutes indigènes dans la région équatoriale. Les plus intéressantes sont les suivantes.

A. LÉGUMES COMPRIMÉS.

a) *Racines fasciculées, tubéreuses. Tiges frutescentes, volubiles. Folioles entières.*

HARICOT CARACOLLE.— *Phaseolus Caracalla* Linn.—Andr. Bot. Rep. tab. 341.— Herb. de l'Amat. tab. 31.

Folioles ovales-rhomboïdales , acuminées. Pédoncules plus

longs que les feuilles. Dents calicinales presque égales. Légumes allongés, rectilignes, bosselés, pendants.

Cette plante, originaire de l'Inde, est fréquemment employée dans l'Europe australe à garnir des berceaux, des treillages, etc. Ses fleurs, plus grandes que celles du Pois de senteur, répandent une odeur fort suave. La corolle est panachée de jaune, de violet et de rose. On cultive aussi ce Haricot dans les serres, mais il y fleurit rarement.

HARICOT TUBÉREUX.—*Phaseolus tuberosus* Lour. Flor. Coch.

Cette espèce, fort mal connue, croît en Cochinchine. Ses racines, composées de gros tubercules, sont mangeables, selon Loureiro.

b) *Racines fibreuses. Tiges herbacées, volubiles. Folioles entières.
Pédoncules plus longs que les feuilles.*

HARICOT BRACTÉOLÉ. — *Phaseolus bracteolatus* Nees et Mart. Act. Soc. Leop. Car. vol. 12, p. 27.

Folioles ovales-trapéziformes, mucronées, soyeuses. Pédoncules 4 fois plus longs que les feuilles, munis à la base de 2 faisceaux de bractées non florifères. Dents calicinales subulées. Légumes linéaires, hérissés, oncinés.

Tiges longues d'environ 4 pieds. Fleurs grandes. Ailes et étendard d'un pourpre noirâtre; carène lavée de vert et de violet. Bractées de la longueur de la corolle.

Cette espèce, remarquable par la beauté de ses fleurs, croît au Brésil.

HARICOT MULTIFLORE. — *Phaseolus multiflorus* Willd. — Schk. Handb. 2, tab. 199.

Folioles ovales, acuminées. Pédicelles géminés. Grappes plus longues que les feuilles. Bractées plus courtes que le calice. Légumes pendants, bosselés, scabres, subfalciformes. Fleurs grandes, de couleur écarlate ou blanche.

Tout le monde connaît cette plante d'ornement, si généralement cultivée sous le nom de *Haricot d'Espagne*, parce que les Espagnols furent les premiers qui l'introduisirent d'Amérique en Europe. Ses graines, quoique plus dures que les Haricots ordinaires, peuvent néanmoins servir d'aliment.

c) Racines fibreuses, annuelles. Tiges herbacées. Pédoncules plus courts que les feuilles. Folioles entières.

HARICOT COMMUN. — *Phaseolus vulgaris* Savi, Mem.

Tiges volubiles, glabres. Folioles ovales, acuminées. Pédicelles géminés. Légumes pendants, rectilignes, bosselés, rostrés. Graines ovoïdes, légèrement comprimées.

Tiges le plus souvent volubiles, plus ou moins élevées. Graines de couleurs très-variées, souvent panachées ou marquées de bandes longitudinales.

HARICOT COMPRIMÉ.—*Phaseolus compressus* Dec. Prodr. — *Phaseolus romanus* Savi, Mem. 3, p. 17, tab. 10, fig. 20.

Tiges subvolubiles, presque glabres. Folioles ovales, acuminées. Pédicelles géminés. Légumes comprimés, bosselés, mucronés. Graines comprimées.

Fleurs et graines blanches. Légumes longs de 5 à 6 pouces.

C'est à cette espèce que se rapportent le *Haricot de Soissons* et le *Haricot de Hollande*.

HARICOT OBLONG. — *Phaseolus oblongus* Savi, Mem. 3, p. 17, tab. 10, fig. 14.

Tiges subvolubiles, presque glabres. Folioles ovales, acuminées. Légumes rectilignes, subcylindracés, rostrés. Graines subcylindracées, obtuses ou tronquées.

Fleurs ordinairement d'un violet pâle. Graines concolores ou marbrées, 2 fois plus longues que larges, livides, ou blanchâtres, ou brunâtres.

HARICOT MARBRÉ.— *Phaseolus saponaceus* Savi, Mem. 3, p. 19, tab. 10, fig. 15.

Tiges naines. Folioles ovales, acuminées. Légumes presque

rectilignes, mucronés, plus ou moins bosselés. Graines oblongues, obtuses, comprimées, marbrées à la face inférieure.

Fleurs blanches. Légumes longs de 5 à 6 pouces. Graines blanches à l'une des faces, marbrées de noir à l'autre.

HARICOT RENFLÉ. — *Phaseolus tumidus* Savi, Mem. 3, p. 19, fig. 16.

Tiges naines, subvolubiles. Folioles ovales, acuminées. Légumes subrectilignes, mucronés, plus ou moins bosselés. Graines sphériques ou ovoïdes, renflées à la face inférieure.

Fleurs et graines blanches. Légumes longs de 3 à 4 pouces.

C'est à cette espèce qu'on doit rapporter, selon M. Savi, les Haricots appelés vulgairement *Princesse*, *Nain Flageolet*, et *Nain d'Amérique*.

HARICOT A GOUSSES ROUGES. — *Phaseolus hæmatocarpus* Savi, Mem. 3, p. 20, fig. 17.

Tiges volubiles, très-longues. Folioles ovales, acuminées. Légumes rectilignes, bosselés, mucronulés, marbrés de rouge avant la maturité. Graines ovoïdes, renflées, panachées. — Fleurs d'un violet pâle. Légumes longs de 4 à 5 pouces.

HARICOT SPHÉRIQUE. — *Phaseolus sphæricus* Savi, Mem. 3, p. 20, fig. 18.

Tiges volubiles, élancées. Folioles ovales, acuminées. Légumes rectilignes, bosselés, mucronés. Graines arrondies (jamais blanches).

Fleurs d'un violet pâle. Légumes longs de 4 à 5 pouces. Graines rouges, ou roussâtres, ou violettes, ou jaunâtres.

Les *Haricots d'Orléans* et de *Prague* rentrent dans cette espèce.

HARICOT A GRAINES ANGULEUSES. — *Phaseolus gonospermus* Savi, Mem. 3, p. 21, fig. 19.

Tiges volubiles, élancées. Folioles ovales, acuminées. Légumes rectilignes, bosselés, mucronés. Graines comprimées, irrégulièrement anguleuses.

Fleurs blanches ou d'un violet pâle. Légume long de 3 pouces, quelquefois marbré de rouge. Graines petites, blanches, ou lilas, ou brun châtain.

C'est dans les huit espèces que nous venons de citer, et dont nous empruntons les caractères au travail approfondi de M. Savi, que rentrent les innombrables variétés de Haricots cultivés comme plantes alimentaires.

Voici celles que M. Poiteau recommande comme les meilleures.

A. Haricots a rames.

Haricot de Soissons. L'un des plus estimés en sec. — *Haricot Sabre.* Cette variété passe pour l'une des meilleures ; son produit est considérable ; ses cosses peuvent être mangées presque jusqu'à leur maturité ; le grain, soit vert, soit sec, ne le cède point en qualité au Haricot de Soissons. — *Haricot Prédome, Prudhomme,* ou *Prodommet.* Graine blanche, ronde, petite. Cosse absolument sans parchemin, encore bonne lorsqu'elle est presque sèche. Le grain, en sec, est d'une qualité estimée. — *Haricot de Prague* ou *Pois rouge.* Graine ronde, d'un rouge violet. Il rame très-haut. On le mange soit vert, soit sec. — *Haricot de Prague bicolore.* Variété peu différente de la précédente et, comme elle, fort tardive. — *Haricot Riz.* Graine blanche, oblongue, très-menue, bonne en vert. — *Haricot de Lima.* Très-gros, épais, d'un blanc sale. Légume large, court, un peu rude. Cette variété est remarquable par son produit et par la qualité farineuse de ses graines. Tardive sous le climat de Paris, elle pourrait devenir une acquisition précieuse pour le midi de la France.

B. Haricots nains ou sans rames.

Haricot Flageolet ou *Haricot hâtif de Laon.* Graine blanche, étroite, allongée. Cette variété est l'une des plus estimées, et peut-être la plus répandue aux environs de Paris. Elle est très-naine, très-hâtive, propre aux châssis, fort employée en vert, et assez bonne en sec. — *Haricot nain hâtif de Hollande.* Semblable au Flageolet ; le plus hâtif et le plus propre de tous pour le châssis. Gousse excellente en vert. — *Haricot de Soissons nain* ou *Gros pied*. Presque aussi hâtif que le Flageolet; très-bon en grain frais écossé, et en sec. — *Haricot nain blanc sans parchemin*, et *Sabre nain*. Variétés fort voisines l'une de l'autre. Graines blanches, aplaties, assez petites, très-bonnes, tant en vert qu'en sec. —*Nain blanc d'Amérique*. Légume gros, renflé, un peu arqué, se colorant fortement en rouge-brun. Cette variété, très-féconde, porte des gousses sans parchemin. Le grain, petit, blanc, un peu allongé, est très-bon en sec. — *Haricot suisse*. Graines allongées, excellentes en vert. On distingue comme sous-variétés le *blanc*, le *rouge*, le *gris*, le *gris de Bagnolet*, et le *ventre de biche*. — *Haricot noir* ou *Nègre nain*. Aussi estimé que le Haricot suisse pour sa qualité en vert. — *Haricot rouge d'Orléans*. Graines rouges, aplaties, petites, fort bonnes en sec. — *Haricot nain jaune du Canada*. Cette variété est la plus naine de toutes, et l'une des plus hâtives. Sa cosse est sans parchemin. La graine, presque ronde, d'un jaune pâle, avec un petit cercle brunâtre autour de l'ombilic, est fort bonne en sec. — *Haricot de la Chine*. Variété très-productive, excellente en vert et en sec.

B. Légume subcylindracé. (*Strophostyles* Elliot.)

Haricot a grand étendard. — *Phaseolus vexillatus* Linn. — Jacq. Hort. Vind. tab. 102. —*Phaseolus helvolus* Mich. Flor. Am. Bor.

Tiges volubiles, poilues. Folioles ovales-oblongues, pointues, entières. Pédoncules très-longs, à 5-7 fleurs agglomérées. Légumes poilus. Graines cotonneuses.

Herbe annuelle, haute de 4 à 6 pieds. Fleurs grandes, odorantes, d'un rouge pâle à l'épanouissement, passant successivement au pourpre, au violet et au brun.

Cette espèce croît aux Antilles, et dans le midi des États-Unis jusque dans la Caroline. On la cultive dans nos serres comme plante d'ornement.

HARICOT POURPRE. —*Phaseolus semi-erectus* Linn. — Jacq. Ic. Rar. 3 , tab. 233. — Bot. Reg. tab. 743.

Tige subvolubile. Folioles ovales. Fleurs en épi. Calices non bractéolés. Ailes très-grandes.

Herbe annuelle , haute de 2 à 3 pieds, subvolubile. Pédoncules dressés, longs d'un pied, multiflores au sommet. Fleurs très-grandes, d'un rose vif. Légumes linéaires, rectilignes, subcylindracés, brunâtres. Graines petites, marbrées de brun et de noir.

Cette espèce, originaire de l'Amérique méridionale, se cultive dans les collections de serre.

Genre SOJA. — *Soja* Mœnch.

Calice dibractéolé, quinquéfide : les 2 lanières supérieures connées jusqu'au delà du milieu; les 3 inférieures redressées, acérées. Étendard ovale, non calleux. Carène oblongue, rectiligne. Étamines diadelphes. Style court. Légume oblong, mince, oligosperme, cloisonné transversalement. Graines arrondies.

L'espèce que nous allons décrire constitue à elle seule le genre.

SOJA HÉRISSÉ. — *Soja hispida* Mœnch. — *Dolichos Soja* Linn. — Jacq. Ic. Rar. 1 , tab. 145.

Herbe annuelle. Tiges volubiles, hérissées (ainsi que les feuilles) de poils roux. Feuilles pennées-trifoliolées; folioles larges, ovales, acuminées. Pédoncules axillaires, courts, pauciflores. Corolle violette ou jaunâtre, à peu près de même longueur que le calice. Légume court, 3-5-sperme, velouté.

Cette plante est cultivée en Chine, au Japon, et dans l'Inde. Les Japonais préparent de ses graines vertes une espèce de conserve avec laquelle ils assaisonnent la plupart de leurs mets. Du reste, ces graines sont farineuses et comestibles comme les Haricots.

Genre DOLIC. — *Dolichos* Linn.

Calice dibractéolé, campanulé, quinquédenté : les 2 dents supérieures rapprochées ou connées. Étendard suborbiculaire plissé et calleux à la base. Ailes oblongues, obtuses. Carène curviligne, non spiralée ni défléchie. Étamines diadelphes. Style aplati, barbu en dessous. Légume linéaire, comprimé, déhiscent, cloisonné transversalement : sutures non ailées ni carénées. Graines ovales, plus ou moins comprimées. Hile ovale, petit.

Les caractères de la végétation des *Dolics* sont les mêmes que ceux des Haricots, dont on les distingue sans peine à leur carène non tordue en spirale.

Ce genre appartient presque en entier à la zone équatoriale. On en connaît une cinquantaine d'espèces. Plusieurs se cultivent dans les pays chauds comme plantes alimentaires. Leurs graines sont farineuses, mais moins bonnes que les Haricots ; assez souvent même elles renferment un poison âcre, qu'on leur enlève en les faisant tremper à différentes reprises dans de l'eau bouillante.

Voici les espèces les plus remarquables.

a) Légumes comprimés, terminés en pointe courte.

DOLIC LIGNEUX. — *Dolichos lignosus* Linn. — Hort. Cliff. tab. 20. — Smith, Spicil. tab. 21. — Bot. Mag. tab. 382.

Tiges frutescentes. Rameaux volubiles, velus. Folioles ovales, subrhomboïdales, pointues, glabres. Pédoncules plus longs que les feuilles. Fleurs presque en ombelle. Légumes linéaires, dressés, glabres. — Fleurs purpurines.

Cette plante, originaire de l'Inde, n'est pas rare dans les collections de serre. Ses gousses vertes servent d'aliment aux Hindous ; mais elles sont beaucoup moins estimées que les Haricots.

DOLIC TUBÉREUX. — *Dolichos tuberosus* Lamk. — Plum. cd. Burm. tab. 220.

Tige ligneuse, volubile. Folioles ovales-arrondies, acuminées. Grappes longuement pédonculées, allongées. Légumes rectilignes, toruleux, velus. Graines réniformes.

Ce Dolic croît aux Antilles. Ses racines produisent de gros tubercules comestibles, d'une saveur analogue à celle des Raves.

DOLIC FILIFORME. — *Dolichos filiformis* Linn.

Tiges volubiles, herbacées. Folioles linéaires, obtuses, mucronées, glabres en dessus, pubescentes en dessous.

Cette espèce croît à la Jamaïque. Les graines en sont purgatives.

b) *Légumes cylindracés.*

DOLIC CATIANG. — *Dolichos Catiang* Linn. — Rumph. Amb. 5, tab. 139, fig. 1.

Tiges dressées, peu rameuses. Folioles ovales-lancéolées, pointues, glabres. Pédoncules très-longs, 2- ou 3-flores. Légumes grêles, linéaires, rectilignes, toruleux, glabres.

Herbe annuelle. Tiges hautes de plusieurs pieds. Fleurs bleuâtres, tachetées de jaune. Légumes longs de 4 à 5 pouces. Graines blanches, ou rouges, ou noires, ou jaunâtres.

Cette plante est généralement cultivée dans toute l'Inde et aux Moluques. Partout où le riz n'est pas abondant, les graines du *Catiang* font la principale nourriture des habitants de ces pays. Les variétés blanches sont réputées les plus délicates.

DOLIC DE LA CHINE. — *Dolichos sinensis* Linn. — Rumph. Amb. 5, tab. 134.

Tiges subvolubiles, glabres. Folioles ovales, acuminées. Pédoncules biflores, plus courts que les feuilles. Légumes toruleux, curvilignes.

Herbe annuelle. Fleurs grandes, rougeâtres ou blanchâtres. Légumes de la grosseur du petit doigt, longs d'un pied et demi. Graines petites, rougeâtres ou blanches.

Cette plante est fréquemment cultivée dans l'Asie équatoriale.

Ses gousses vertes sont fort recherchées comme légume, et pré-
férées à celles de tous les autres Dolics.

c) Légume cylindracé, terminé en bec aplati, calleux.
Folioles entières.

DOLIC ONGUICULÉ. —*Dolichos unguiculatus* Jacq. Hort.
Vind. 1, tab. 23.

Tiges volubiles, glabres ainsi que les feuilles. Folioles ovales,
pointues. Pédoncules de la longueur des feuilles, bi- ou triflores
au sommet. Légumes à bec crochu. Graines ovales-arrondies,
blanches ou rougeâtres; hile blanc.

Herbe annuelle de 2 ou 3 pieds de haut. Fleurs violettes.

Ce Dolic est généralement cultivé aux Antilles comme plante
légumière.

DOLIC MONGETTE.—*Dolichos melanophthalmus* Dec. Prodr.
— *Dolichos unguiculatus* Thore, Chlor.

Tiges subvolubiles, glabres ainsi que les feuilles. Pédoncules
de la longueur des feuilles, portant au sommet 3 ou 4 fleurs en
ombelle. Légumes à bec rectiligne ou peu courbé. Graines blanches; hile orbiculaire, noir.

Cette espèce, qui peut-être n'est qu'une variété de la précédente,
est cultivée en Provence sous le nom de *Mongette* ou *Banette*,
et dans le département des Landes sous celui de *Habine*. Les
Italiens la nomment *Haricot à œil noir* (*Faseolo all'occhio nero*).

DOLIC A LONGUE GOUSSE. — *Dolichos sesquipedalis* Linn.
— Jacq. Hort. Vind. 1, tab. 67.

Tiges volubiles, glabres de même que les feuilles. Folioles larges, ovales. Légumes très-longs, toruleux, lisses, subcylindracés,
oncinés.

Cette espèce, remarquable par son légume, qui atteint jusqu'à
dix-huit pouces de long, est également cultivée comme plante
alimentaire, aux Antilles et dans l'Europe australe.

DOLIC A GRAINES RONDES. — *Dolichos sphærospermus* Dec

Prodr.—*Phaseolus sphærospermus* Linn. —Sloan. Jam. Hist. tab. 117.

Tige dressée, rameuse, glabre. Folioles ovales, pointues. Pédoncules allongés, pauciflores. Légumes rectilignes, grêles. Graines arrondies, à hile noir.

On cultive cette espèce à la Jamaïque, sous le nom de *Pois à œil noir* (*Black-eyed Pea*). Ses graines sont un mets fort recherché, même pour les tables des riches.

Genre LABLAB. — *Lablab* Adans.

Ce genre ne diffère du Dolic que par son légume large, acinaciforme, et à sutures tuberculeuses. Les graines sont ovales, un peu comprimées, à hile linéaire, formant une callosité blanchâtre.

Les graines et les gousses de la plupart des espèces servent d'aliment aux habitants des contrées équatoriales.

Nous nous bornons à faire mention de l'espèce suivante.

LABLAB COMMUN.—*Lablab vulgaris* Savi, Mem.—*Dolichos Lablab* Linn.—*Dolichos purpureus* Jacq. Fragm. tab. 55.— Bot. Reg. tab. 830. — Smith, Exot. Bot. tab. 74. — *Dolichos bengalensis* Jacq. Hort. Vind. 2, tab. 124.

Herbe annuelle, à tiges volubiles. Feuilles pennées-trifoliolées; folioles stipellées, larges, entières, ovales, acuminées, obliquement tronquées vers la base. Pédoncules oppositifoliés, de la longueur des feuilles. Pédicelles subverticillés. Fleurs blanches, ou purpurines, ou violettes, grandes. Légumes pendants. Graines noirâtres, ou rougeâtres, ou brunâtres.

Cette plante est généralement cultivée en Égypte, en Orient et dans les Indes. Ses gousses et ses graines, quoique inférieures aux Haricots, servent, dans ces contrées, à la nourriture des gens du peuple. Il faut, pour enlever leur âcreté, les faire tremper à plusieurs reprises dans de l'eau bouillante. Les Malais mangent aussi les fleurs cuites de ce *Lablab;* Rumphius assure que ce mets peut se comparer à des choux très-tendres.

Le Lablab est cultivé dans nos jardins comme plante d'agrément.

Genre CYRTOTROPE. — *Cyrtotropis* Wallich.

Calice à 2 lèvres : la supérieure unidentée; l'inférieure tridentée. Étendard réfléchi, bicalleux à la base. Ailes cunéiformes-oblongues, courtes, divariquées. Carène linéaire-falciforme, très-longue, ascendante, à pétales libres. Étamines diadelphes. Légume sessile, linéaire, comprimé, isthmé, multiloculaire.

Ce genre, voisin du *Dolic* et du *Kennédya*, ne renferme que l'espèce suivante, qui, sans contredit, est l'une des plus belles Papilionacées que l'on connaisse.

Cyrtotrope incarnat. — *Cyrtotropis carnea* Wall. Plant. As. Rar. 1, tab. 62.

Plante herbacée, volubile. Tige très-longue. Rameaux grêles, rougeâtres. Feuilles imparipennées, 5-foliolées, pétiolées, longues d'un demi-pied; folioles ovales-oblongues, acuminées, pubérules, longues de 4 à 6 pouces. Stipules petites, lancéolées, caduques. Grappes solitaires, axillaires, penchées, multiflores, lâches, de la longueur des feuilles. Fleurs grandes, d'un rose vif, panachées de pourpre. Légume étroit, brunâtre, long d'un demi-pied. Graines oblongues, obtuses, brunes, lisses.

Cette plante habite les montagnes les plus élevées du Népaul.

Genre PACHYRRHIZE. — *Pachyrrhizus* Rich. — Dec.

Calice urcéolé, quadrilobé : lobe supérieur échancré, plus large. Étendard arrondi, étalé, non calleux, plissé à la base. Étamines diadelphes : gaîne renflée et béante à la base. Ovaire sessile sur un disque urcéolaire. Style imberbe, recourbé, dilaté au sommet. Légume comprimé, allongé, 7- ou 8-sperme. Graines réniformes.

Sous-arbrisseaux à tiges volubiles. Racines tubéreuses.

Feuilles pennées-trifoliolées. Fleurs bleuâtres, disposées en grappes axillaires.

Les *Pachyrrhizes* sont remarquables par leurs racines renflées de distance en distance en gros tubercules charnus, fort recherchés comme aliment dans les Indes. On n'en connaît que trois espèces; les deux suivantes sont les plus intéressantes.

PACHYRRHIZE A FEUILLES ANGULEUSES.—*Pachyrrhizus angulatus* Rich. —Dec. Prodr. — Rumph. Amb. 5, tab. 132. — *Dolichos bulbosus* Linn.

Tiges presque glabres. Pétioles velus. Folioles larges, inégales, glabres : la terminale plus grande, anguleuse, dentée, acuminée; les latérales inéquilatérales, entières à l'un des bords, dentées à l'autre. Grappes courtes, pauciflores.

Cette plante, selon Rumphius, est originaire des Philippines. On la cultive dans plusieurs parties de l'Inde et aux Moluques. Les tubercules de ses racines ont la forme et le volume de notre Rave; quelquefois ils deviennent beaucoup plus gros. On ne les mange guère autrement que cuits; en les accommodant avec du beurre, du sucre et des épices, on peut en faire un mets très-agréable. M. Perrottet rapporte qu'aux Philippines ces racines sont si abondantes, qu'on en nourrit les bestiaux.

Le *Pachyrrhize anguleux* n'est pas délicat sur la nature du sol; mais ses tubercules deviennent plus volumineux et acquièrent un meilleur goût lorsque la plante est cultivée dans une terre substantielle un peu humide. Les racines qu'on laisse en terre jusqu'à la maturité des fruits perdent toute leur saveur, et ne peuvent plus servir d'aliment.

PACHYRRHIZE TRILOBÉ. — *Pachyrrhizus trilobus* Dec. Prodr. — *Dolichos trilobus* Lour. Flor. Coch.

Tiges et feuilles hérissées. Folioles trilobées. Fleurs purpurines, tachetées de jaune.

Cette espèce est cultivée comme plante alimentaire, en Chine et en Cochinchine. Les tubercules de ses racines, de forme cylindrique, acquièrent une longueur de deux pieds.

Genre PSOPHOCARPE. — *Psophocarpus* Neck.

Calice urcéolé, à 2 lèvres inégales. Étendard suborbiculaire, réfléchi, muni à la base de 2 bosses cylindriques. Onglets des ailes enveloppés par les bords de l'étendard. Carène oblongue, dicéphale. Étamines diadelphes. Légume oblong, tétraptère, 7-8-sperme. Graines arrondies.

L'espèce dont nous allons parler constitue à elle seule le genre.

Psophocarpe Pois carré.— *Psophocarpus Tetragonolobus* Dec. Prodr.—*Dolichos Tetragonolobus* Linn.—Rumph. Amb. 5, tab. 133.

Herbe à racines tuberculeuses. Tiges volubiles. Feuilles trifoliolées-pennées; folioles ovales, acuminées. Fleurs grandes, bleuâtres, disposées en grappes axillaires, géminées.

Cette plante est cultivée aux Moluques sous le nom de *Botor*, et à l'île de France sous celui de *Pois carré*. Ses jeunes gousses se mangent en guise de Haricots.

Genre CANAVALIA. — *Canavalia* Dec.

Calice tubuleux, bilabié : lèvre inférieure unidentée ou tridentée; lèvre supérieure à 2 grands lobes arrondis. Étendard ample, à 2 bosses parallèles. Ailes stipitées, oblongues, auriculées. Carène dipétale. Étamines monadelphes ou sub-diadelphes. Légume comprimé, tricaréné, terminé en pointe infléchie. Graines ovales-oblongues, séparées les unes des autres par des membranes transversales; hile linéaire.

Herbes ou sous-arbrisseaux. Tiges volubiles. Feuilles pennées-trifoliolées. Grappes axillaires, multiflores. Pédicelles ternés. Fleurs grandes, pourpres.

On connaît une dizaine de *Canavalia*. Ces plantes en général se distinguent par la beauté de leurs fleurs. Nous allons en signaler quelques-uns qui ornent les serres.

a) *Lèvre inférieure du calice tridentée.*

CANAVALIA A GOUSSES ENSIFORMES. — *Canavalia gladiata* Dec. Prodr. — *Dolichos gladiatus* Jacq. Ic. Rar. v. 3, tab. 560. — Banks, Ic. Kæmpf. tab. 39. — *Malocchia gladiata* Savi, Mem.

Folioles ovales, pointues, un peu scabres. Grappes plus longues que les feuilles. Étendard oblong. Légumes 5 fois plus longs que larges, rectilignes au sommet. — Sous-arbrisseau. Fleurs d'un blanc lavé de rose.

Cette espèce croît aux Indes.

CANAVALIA POIS SABRE. — *Canavalia ensiformis* Dec. Prodr. — *Dolichos ensiformis* Linn. — Hort. Malab. 8, tab. 44. — Sloan. Jam. Hist. 1, tab. 114, fig. 1, 2, 3. — *Dolichos acinaciformis* Jacq. Ic. Rar. 3, tab. 561. — *Malocchia ensiformis* Savi, Mem.

Folioles ovales, pointues. Légumes au moins 5 fois plus longs que larges. — Sous-arbrisseau. Fleurs pourprées. Graines blanches.

Cette espèce, indigène aux Antilles, est remarquable par ses longues gousses en forme de sabre.

b) *Lèvre inférieure du calice unidentée.*

CANAVALIA DE BUÉNOS-AYRES. — *Canavalia bonariensis* Lindl. in Bot. Reg. tab. 1199.

Folioles ovales-acuminées, obtuses, coriaces, glabres. Grappes plus longues que les feuilles.

Tige cylindrique, sarmenteuse. Grappes longues d'un demi-pied. Fleurs pourpres, de la grandeur de celles du Pois de senteur. Étendard obcordiforme, d'un pouce de diamètre, muni à sa base d'une bosse blanche. Ailes subfalciformes, obtuses, plus courtes et plus pâles que l'étendard.

Cette plante, originaire de Buénos-Ayres, est introduite depuis peu en Angleterre.

Genre MUCUNA. — *Mucuna* Adans.

Calice campanulé, bilabié : lèvre inférieure à 3 lanières
pointues, inégales : l'intermédiaire plus longue ; lèvre supérieure large, entière, obtuse. Étendard ascendant, plus
court que les ailes et la carène. Ailes oblongues, aussi longues
que la carène. Carène oblongue, rectiligne, pointue. Étamines diadelphes : 5 des anthères oblongues-linéaires ; les 5
autres ovales, hérissées. Légume oblong, toruleux, bivalve,
cloisonné transversalement. Graines arrondies ; hile linéaire,
formant un cercle autour de la graine.

Herbes ou arbrisseaux. Tiges sarmenteuses, très-longues.
Feuilles trifoliolées-pennées. Grappes axillaires : les fructifères ordinairement pendantes. Légumes le plus souvent
hérissés de poils très-roides et piquants.

Ce genre, réuni par Linné à ses Dolics, comprend les
Zoophthalmum et les *Stizolobium* de P. Browne. On en connaît environ douze espèces. Toutes croissent dans les régions
équatoriales. Voici celles qui méritent d'être décrites dans
ce recueil.

a) *Légumes munis en dehors de lamelles transversales.*
(Zoophthalmum P. Br.)

Mucuna brulant. — *Mucuna urens* Dec. Prodr. — Plum.
Amer. tab. 107. — Pluck. tab. 213, fig. 2. — *Dolichos urens*
Linn. — Jacq. Amer. tab. 182, fig. 84. — *Stizolobium urens*
Pers.

Liane à sarments très-longs. Folioles veloutées en dessous.
Fleurs grandes, inodores, jaunâtres ou blanchâtres. Légumes
mucronés, coriaces, atteignant jusqu'à un demi-pied de long, sur
2 pouces de large, hérissés de petits poils jaunâtres. Graines lenticulaires, noirâtres, bordées d'une ligne blanche le long du hile,
osseuses, d'un pouce environ de diamètre.

Cette plante, commune aux Antilles et dans l'Amérique méridionale, est appelée par les créoles *Pois à gratter* ou *Pois pouil-
leux*, parce que les poils rudes qui couvrent ses gousses péné-

trent sous la peau au moindre attouchement et causent des démangeaisons douloureuses. Autrefois ces poils passaient pour ver-
mifuges. Les graines portent le nom de *Yeux de bourrique*,
c'est-à-dire, *Yeux d'âne*, parce qu'en effet elles ressemblent
grossièrement à l'œil de cet animal. La superstition des colons
attribue à ces semences toutes sortes de propriétés merveilleuses.

MUCUNA SERPENT. — *Mucuna anguina* Wall. Plant. Asiat.
Rar. tab. 28.

Folioles très-entières, acuminées, subobtuses, glabres en dessus, poilues en dessous : les latérales semi-cordiformes ; la terminale ovale. Fleurs en cyme dense. Légume arrondi, monosperme, très-hispide.

Tige très-longue, épaisse, creusée de deux sillons profonds
qui lui donnent l'aspect de deux troncs connés. Ramules et toutes les parties herbacées de la plante hérissées de sétules brunes,
fragiles, très-roides. Cymes hémisphériques, penchées. Fleurs
grandes, d'un pourpre noirâtre. Légume d'environ 3 pouces
de diamètre.

Cette espèce, découverte par Roxburgh, dans le Chittagong,
est remarquable par la rare beauté de ses fleurs ; mais les poils
dont elle est hérissée occasionnent des douleurs insupportables.

       b) *Légumes non lamelleux*. (STIZOLOBIUM P. Br.)

MUCUNA IRRITANT. — *Mucuna pruriens* Dec. Prodr. —
Hort. Malab. 8, tab. 85. — Rumph. Amb. 5, tab. 142. —
P. Brown. Jam. tab. 131, fig. 4. — *Dolichos pruriens* Linn.

Liane ligneuse. Sarments très-longs. Folioles hérissées en dessous, acuminées, inégales : la terminale rhomboïdale ; les latérales inéquilatérales. Fleurs violettes, disposées en grappes verticillées, pendantes. Légumes hérissés de poils roides; suture
seminifère carénée.

Cette plante, indigène dans les deux Indes, passe pour un
puissant diurétique. Ses légumes sont couverts de poils piquants.

Mucuna a gros fruits. — *Mucuna macrocarpa* Wallich, Plant. As. Rar. 1 , tab. 47.

Folioles égales, poilues, acuminées, très-entières : les latérales semi-cordiformes, très-obliques; la terminale ovale-rhomboïdale. Grappes solitaires ou géminées, latérales, ovales ou oblongues, lâches. Légumes très-longs, ensiformes, acuminés, cotonneux, à suture dorsale tricarénée.

Tronc de la grosseur du bras. Sarments très-longs, ferrugineux. Folioles longues de 5 à 7 pouces. Fleurs inodores, longues de 2 à 3 pouces, disposées en grappes de près d'un pied de long. Étendard verdâtre. Ailes purpurines. Carène brunâtre. Légumes d'un brun roux, longs de 12 à 13 pouces.

Cette espèce élégante croît dans les montagnes du Népaul. De même que beaucoup de ses congénères, elle est couverte de poils roides dont la piqûre produit de fortes démangeaisons. Ses longues grappes de fleurs panachées de vert, de violet et de brun, font un effet très-pittoresque.

Mucuna élancé. — *Mucuna altissima* Dec. Prodr. — *Dolichos altissimus* Jacq. Amer. tab. 182, fig. 85. (excl. syn. Rheed.)

Folioles ovales, entières, acuminées, glabres aux deux faces. Grappes denses, très-allongées. Légumes hérissés.

Ce magnifique végétal des Antilles couvre de ses sarments la cime des arbres les plus élevés, d'où ses fleurs retombent en longs festons. Chaque grappe mesure souvent plus de douze pieds. La corolle, de près d'un pied de long, est panachée de bleu, de violet et de jaune. Les gousses, réunies par gros paquets, ressemblent à celles du *Mucuna brûlant*.

Genre CAJAN. — *Cajanus* Dec.

Calice campanulé, quinquéfide; lanières subulées, recourbées au sommet : les 2 supérieures soudées inférieurement. Étendard ample, muni de 2 callosités à la base. Carène obtuse, rectiligne. Étamines diadelphes. Légume oblong, comprimé, toruleux, bivalve. Graines sphériques,

Arbrisseaux couverts d'une pubescence veloutée. Feuilles pennées-trifoliolées. Folioles lancéolées ou ovales-lancéolées, stipellées. Fleurs en grappes axillaires. Pédicelles géminés : chaque paire accompagnée d'une seule bractée. Fleurs blanches. Cotylédons accolés.

Ce genre, confondu par Linné avec les Cytises, est limité aux deux espèces dont nous allons parler.

CAJAN JAUNE. — *Cajanus flavus* Dec. Prodr.—*Cytisus Cajan* Linn. — Jacq. Obs. 1, tab. 1. — Plum. ed. Burm. tab. 114, fig. 2.

Stipelles de moitié plus courtes que les pétiolules des folioles latérales. Étendard concolore. Légumes 2- ou 3-spermes, immaculés.

Cette plante, nommée vulgairement *Pois d'Angola*, est très-fréquemment cultivée aux Antilles, où on l'emploie ordinairement aux défenses qui entourent les plantations de Cannes à sucre. Elle s'accommode des terrains les plus médiocres. Les nègres et le bas peuple font une grande consommation de ses graines, qui passent pour un légume assez salubre. A la Martinique, ce mets paraît sur les tables des classes aisées, et beaucoup de personnes le préfèrent à nos Pois. A la Jamaïque, on ne se sert guère de ses graines que pour nourrir les pigeons; aussi y portent-elles le nom de *Pois à pigeons*. Les branches vertes, les feuilles et les gousses de la plante font un excellent fourrage pour les chevaux, les porcs et autres animaux domestiques.

CAJAN BICOLORE. — *Cajanus bicolor* Dec. Prodr. — *Cytisus Pseudocajan* Jacq. Hort. Vind. 2, tab. 119. — Hort. Malab. 6, tab. 13.

Stipelles de la longueur des pétiolules des folioles latérales. Étendard pourpre à la face interne. Légumes 4- ou 5-spermes, maculés de noir.

Cette espèce, originaire de l'Inde ainsi que la précédente, est également cultivée dans beaucoup de contrées équatoriales, comme plante légumière.

Genre LUPIN. — *Lupinus* Linn.

Calice bilabié. Corolle papilionacée. Étendard reployé.
Ailes grandes, cohérentes au sommet. Carène rostrée. Étamines monadelphes : 5 des filets plus courts, à anthères
oblongues ; les 5 autres plus longs, à anthères arrondies.
Légume coriace. Style filiforme. Stigmate capitellé, poilu,
oblong, comprimé, bosselé, souvent polysperme.

Sous-arbrisseaux ou herbes. Stipules adnées au pétiole.
Feuilles digitées ou rarement simples, longuement pétiolées.
Folioles condupliquées en estivation et pendant leur sommeil.
Pédoncules oppositifoliés, terminaux. Fleurs en grappe ou
en épi ; pédicelles accompagnés à la base d'une bractéole ;
2 autres bractéoles (quelquefois nulles ou caduques) adnées
à la partie inférieure du calice.

Les *Lupins* sont d'un grand intérêt, tant pour l'agronome
que pour l'horticulteur. De temps immémorial plusieurs espèces furent cultivées dans l'Europe australe, en Orient et
dans l'Afrique septentrionale comme plantes alimentaires,
officinales et fourragères. Aujourd'hui une douzaine d'espèces nouvelles, dues en grande partie aux découvertes faites par le célèbre voyageur Douglas dans la Californie et
dans le nord-ouest de l'Amérique, embellissent nos jardins.

En général les Lupins ne supportent pas la transplanta-
tion ; il faut ou les semer sur place, ou les élever séparé-
ment en pots jusqu'à ce qu'ils soient assez forts pour supporter la pleine terre. Plusieurs espèces ne prospèrent qu'en
terre de bruyère. Les graines des Lupins vivaces ne germent
souvent qu'au bout de plusieurs années, lorsqu'elles ne sont
pas confiées au sol dès l'instant de leur maturité. Pour ob-
vier à cet inconvénient, on les met tremper pendant vingt-
quatre heures dans de l'eau tiède, après les avoir échancrées.

Ce genre comprend aujourd'hui plus de soixante espèces,
dont un grand nombre habitent l'Amérique tempérée australe et septentrionale, ainsi que les régions alpines des Andes du Pérou et du Mexique. Plusieurs croissent dans les

contrées voisines de la Méditerranée. Nous allons faire connaître toutes les espèces remarquables.

a) *Herbes annuelles ou bisannuelles.*

LUPIN BLANC. — *Lupinus albus* Linn. — Blackw. Herb. tab. 282. — Clus. Hist. 2, p. 228, fig. 1.

Tige dressée. Feuilles à 7 ou 9 folioles oblongues-obovales, velues en dessous. Pédicelles épars. Calice non bractéolé : lèvre supérieure entière ; lèvre inférieure tridentée. Légumes larges, lisses, 3-4-spermes.

Tige cylindrique, assez simple dans le bas, velue comme toute la plante, haute de 1 à 2 pieds. Fleurs et graines blanches.

Le *Lupin blanc* passe pour originaire du Levant. Il est cultivé en grand dans le midi de l'Europe. On peut, dans ces contrées, le semer immédiatement après la moisson, et récolter ses graines à la fin de la belle saison ; mais son principal emploi est de servir d'engrais vert. Tous les agronomes s'accordent à dire qu'étant enterré à la charrue au moment de sa floraison, il engraisse le sol comme le meilleur fumier. Le climat du nord de la France est trop froid et trop humide pour que cette plante y réussisse, ailleurs que dans les jardins. On la cultive néanmoins en Saxe comme fourrage.

Les graines du Lupin blanc étaient, chez les Grecs et les Romains, un mets assez estimé ; on avait soin de les priver de leur saveur amère et désagréable, en les mettant tremper pendant quelque temps dans de l'eau chaude. Toutefois cet aliment est fort inférieur aux Pois et aux Haricots, et l'on n'en fait guère usage aujourd'hui. La décoction de ces graines était employée jadis comme apéritive, diurétique, vermifuge et emménagogue. Réduites en farine, elles servent encore à faire des cataplasmes émollients.

LUPIN D'ÉGYPTE. — *Lupinus Termis* Forsk. Descr.

Feuilles à 7 ou 9 folioles oblongues-obovales, velues en dessous. Pédicelles épars. Calices bractéolés : lèvre supérieure entière ; lèvre inférieure subtridentée.

Herbe très-semblable à la précédente par le port. Fleurs blanches : le sommet de l'étendard bleuâtre.

Cette espèce est cultivée en Égypte et dans l'Italie australe comme plante fourragère et alimentaire.

LUPIN BIGARRÉ. — *Lupinus varius* Linn.

Feuilles à 7 ou 9 folioles linéaires-oblongues, velues en dessous. Pédicelles subverticillés. Calices bractéolés : lèvre supérieure bifide ; lèvre inférieure tridentée. Légumes larges, poilus, sub-5-spermes.

Tiges hautes de 1 à 2 pieds, grêles, rameuses au sommet, couvertes de poils couchés. Fleurs panachées de bleu de ciel et de blanc. Légumes larges d'environ 8 lignes, longs de 2 à 3 pouces. Graines grosses, carrées, marbrées de noir.

Cette plante croît dans l'Europe australe. On la cultive dans les parterres.

LUPIN HÉRISSÉ. — *Lupinus hirsutus* Linn.

Feuilles à 7 ou 9 folioles oblongues ou oblongues-obovales, hérissées (comme toute la plante) de poils mous. Pédicelles épars ou subverticillés. Calices bractéolés : lèvre supérieure bipartie ; lèvre inférieure trifide. Légumes larges, très-hérissés. Graines grosses, carrées, rousses.

Tiges hautes de 2 à 3 pieds, très-branchues vers le haut. Fleurs grandes, tantôt panachées de bleu et de violet, tantôt rougeâtres.

Ce Lupin croît dans l'Europe australe. C'est une plante élégante très-commune dans nos jardins. Sa floraison dure presque tout l'été.

LUPIN A FEUILLES ÉTROITES. — *Lupinus angustifolius* Linn.

Feuilles à 7 ou 9 folioles linéaires-oblongues, tronquées, pubescentes. Pédicelles épars. Calices non bractéolés : lèvre supérieure bifide ; lèvre inférieure entière. Légumes étroits, poilus. Graines arrondies, grisâtres, maculées de blanc.

Herbe rameuse haute de 1 à 2 pieds. Folioles étroites, d'un vert gai. Fleurs bleu de ciel, panachées de blanc.

Cette espèce, indigène dans l'Europe australe, est cultivée comme plante d'ornement.

LUPIN A FOLIOLES LINÉAIRES.— *Lupinus linifolius* Roth.

Folioles linéaires, infléchies. Pédicelles épars. Calices bractéolés : lèvre supérieure bifide; lèvre inférieure subtridentée. Légumes étroits, hérissés, sub-4-spermes. Graines lenticulaires, blanchâtres.

Espèce semblable par le port à la précédente. Fleurs bleues. Légume long seulement d'un pouce.

Ce Lupin est également originaire de l'Europe australe et souvent confondu, dans les jardins, avec le précédent.

LUPIN CHARMANT. — *Lupinus pulchellus* Sweet, Brit. Flow. Gard. ser. 2, tab. 67.

Tige dressée, rameuse au sommet, pubescente. Feuilles à 5 ou 7 folioles lancéolées-oblongues, pointues, mucronées, pubescentes en dessous. Stipules sétacées. Grappes denses, assez courtes; Fleurs verticillées. Bractées caduques, sétacées, plus longues que les pédicelles. Calices non bractéolés, à lèvres entières.

Herbe bisannuelle. Tige haute de 2 à 3 pieds, divisée au sommet en rameaux touffus. Feuilles légèrement soyeuses en dessus, blanchâtres en dessous. Grappes longues de 3 à 4 pouces. Fleurs de la grandeur de celles du *Lupin blanc,* panachées de bleu, de violet et de jaune.

Cette espèce, originaire du Mexique, n'est connue que depuis quelques années.

LUPIN BICOLORE. — *Lupinus bicolor* Douglas. — Bot. Reg. tab. 1109.

Feuilles à 5 ou 7 folioles linéaires-spathulées, soyeuses. Pédicelles verticillés. Calices non bractéolés : la lèvre supérieure bifide; l'inférieure entière. Légumes étroits, 5-6-spermes, poilus, toruleux. Graines très-petites, anguleuses, grisâtres, ponctuées de noir.

Tiges touffues, hautes d'un pied et plus, très-poilues. Fleurs petites, panachées de bleu, de violet et de blanc.

Lupin a petites fleurs. — *Lupinus micranthus* Dougl. — Bot. Reg. tab. 1251.

Feuilles à 5-8 folioles linéaires-spathulées, poilues. Fleurs subsessiles, subverticillées. Calices bractéolés, presque aussi longs que la corolle : la lèvre supérieure bifide; l'inférieure entière. Légumes sub-6-spermes, pubescents, toruleux. Graines petites, ovales, brunâtres, marbrées.

Racines munies de petits tubercules granulaires. Tiges touffues, rameuses, longues d'un pied et plus. Fleurs très-petites, violettes. Étendard maculé de noir.

Cette espèce et la précédente croissent dans le nord-ouest de l'Amérique. Elles ne méritent pas d'orner les parterres; mais, puisque leur végétation est très-rapide, et qu'elles s'accommodent des terrains arides et graveleux, on pourrait peut-être les utiliser comme plantes fourragères.

Lupin jaune. — *Lupinus luteus* Linn. — Riv. tab. 26. — Schk. Handb. tab. 198.—Bot. Mag. tab. 140.

Feuilles à 7 ou 9 folioles obovales ou oblongues, pubescentes. Fleurs subsessiles, verticillées. Calice bractéolé : la lèvre supérieure bipartie; l'inférieure tridentée. Légumes étroits, pubescents, sub-5-spermes. Graines arrondies, blanchâtres, ordinairement marbrées de brun.

Tige droite, rameuse vers le sommet, poilue, haute d'un demi-pied à un pied. Épis interrompus, composés de 8 à 12 verticilles 6-8-flores. Fleurs jaunes, odorantes.

Le *Lupin jaune* croît spontanément dans l'Europe australe. On le cultive dans les jardins à cause de l'odeur de ses fleurs, qui est assez analogue à celle de la Giroflée.

Lupin odorant.—*Lupinus Crukshanksii* Hook. in Bot. Mag. tab. 3056.—Sweet, Brit. Flow. Gard. ser. 2, tab. 203. —*Lupinus mutabilis* Lindl. in Bot. Reg. tab. 1539.

Feuilles à 7 ou 9 folioles lancéolées-oblongues, obtuses, mucronulées, glabres. Pédicelles verticillés; verticilles distants. Calices bractéolés : la lèvre supérieure bifide; l'inférieure acuminée. Légumes pubescents, réticulés, 3-5-spermes. Graines très-blanches, lisses, arrondies.

Tige haute de 3 à 4 pieds, dressée, lisse, branchue au sommet. Grappes à 4 ou 5 verticilles sub-6-flores. Fleurs grandes, très-odorantes. Corolle d'un bleu clair, panachée de blanc et de jaune. Légumes noirs ou jaunâtres, longs de 2 à 3 pouces.

Le *Lupin odorant* croît au bord des neiges éternelles, dans les Andes du Pérou. Au Chili, on le cultive dans les jardins, et c'est de là que le célèbre mais infortuné voyageur Bertero en envoya des graines au Jardin du Roi, en 1830. Cette plante mérite une place dans tous les parterres. Sa tige, ferme comme celle d'un arbuste, se divise au sommet en un grand nombre de rameaux. Ses fleurs, d'un fort bel aspect, répandent une odeur de Jonquille et se succèdent sans interruption depuis le mois de juin ou de juillet jusqu'à la fin de l'automne.

Pour jouir plus long-temps des fleurs de ce Lupin, il est bon de le semer en pots, sous châssis, dès le mois de février, et de le mettre en pleine terre lorsque les gelées ne sont plus à craindre. Semée en automne, et tenue en serre chaude ou tempérée, elle est parée de fleurs pendant tout l'hiver. Une exposition un peu ombragée lui convient mieux que le grand soleil, mais elle n'est pas délicate quant à la nature du terrain.

LUPIN A FLEURS CHANGEANTES.— *Lupinus mutabilis* Sweet, Brit. Flow. Gard. tab. 130.— Bot. Mag. tab. 2682.

Cette plante ne diffère guère de la précédente que par la couleur de ses fleurs, qui sont blanches lors de l'épanouissement, et qui passent, après l'anthèse, à un violet pâle ; l'étendard est marqué à la base d'une grande tache brunâtre.

Ce Lupin croît, comme celui qui précède, dans les régions alpines des Andes du Pérou. Il n'est introduit en Europe que depuis 1825, mais on le trouve déjà dans beaucoup de collections. Sa culture ne diffère pas de celle du Lupin odorant ; ses fleurs exhalent le même parfum, mais les couleurs en sont beaucoup moins vives. Il paraît que l'un et l'autre sont des sous-arbrisseaux dans leur pays natal, mais chez nous ils ne durent pas plus d'une année, même quand on a le soin de les rentrer en serre.

LUPIN ÉLÉGANT. — *Lupinus elegans* Kunth, in Humb. et Bonpl. Nov. Gen. et Spec.— Bot. Reg. tab. 1581.

Tige dressée, velue. Feuïlles à 5-9 folioles lancéolées, étroites, pointues, couvertes en dessous de poils couchés. Grappes allongées, pédonculées, denses. Fleurs subverticillées. Calices soyeux, bractéolés : lèvre supérieure ovale, obtuse ; lèvre inférieure acuminée, entière.

Herbe annuelle, haute d'environ 2 pieds. Folioles pendantes, de la longueur du pétiole. Stipules discolores, triangulaires à la base, subulées au sommet. Bractées petites, subulées, caduques. Fleurs de la grandeur de celles du Lupin hérissé, panachées de bleu, de blanc et de jaune au moment de l'épanouissement, puis lavées de rose.

Cette espèce a été obtenue, dans le Jardin de la Société horticulturale de Londres, de graines envoyées du Mexique en 1831. M. Lindley observe qu'elle est beaucoup plus belle que tous les autres Lupins annuels ; mais il ne nous paraît pas qu'elle l'emporte sur le Lupin odorant, auquel elle ressemble.

b) *Herbes vivaces.*

LUPIN POLYPHYLLE. — *Lupinus polyphyllus* Douglas. — Bot. Reg. tab. 1096.

β *albiflorus* Bot. Reg. tab. 1377.

Feuilles à 11-15 folioles subbisériées, lancéolées, poilues en dessous. Pédicelles verticillés, pubescents. Verticilles rapprochés. Calice non bractéolé, à lèvres entières. Légumes poilus, étroits, sub-8-spermes. Graines noirâtres ou brunâtres, ovales, petites.

Tiges touffues, dressées, glabres, ordinairement simples, hautes d'environ 3 pieds. Feuilles d'un vert gai ; les radicales à pétiole long de 1 à 2 pieds. Grappes longues de 2 pieds. Fleurs assez grandes, panachées de bleu et de violet. Légumes noirs, longs de 2 pouces, larges d'environ 4 lignes.

Cette magnifique plante a été découverte par M. Douglas, dans le nord-ouest de l'Amérique; et c'est assurément une des acquisitions les plus précieuses pour les parterres. Un seul pied de ce Lupin produit souvent plus de cinquante grappes de fleurs dans le courant d'un mois, et forme des touffes de plusieurs pieds de circonférence. Il est à regretter qu'il ne prospère qu'en terre de bruyère. Sa floraison a lieu à la fin de mai et en juin. La variété à fleurs blanches est moins commune que celle à fleurs bleues.

LUPIN A FEUILLES BLANCHES. — *Lupinus leucophyllus* Douglas. — Bot. Reg. tab. 1124.

Feuilles à 7 ou 9 folioles oblongues-lancéolées, hérissées. Grappes denses. Fleurs subsessiles, éparses. Calices bractéolés : la lèvre supérieure bifide; l'inférieure entière. Légumes sub-5-spermes, très-velus. Graines petites, brunâtres.

Tiges touffues, rameuses, dressées, hautes de 2 à 3 pieds, fortement hérissées (de même que les feuilles) de longs poils blancs. Grappes de près d'un pied de long. Fleurs blanches, lavées de rose.

Cette espèce croît dans les déserts sablonneux des Rocheuses, depuis les cataractes du Colombia jusqu'aux sources du Missouri. M. Douglas l'a introduite en Angleterre en 1827, mais elle est encore fort rare dans les jardins du continent. C'est une plante dont la multiplication doit intéresser les horticulteurs. Sa floraison dure depuis le mois de mai jusqu'en octobre.

LUPIN PLUMEUX. — *Lupinus plumosus* Dougl. — Bot. Reg. tab. 1217.

Feuilles à 5 ou 7 folioles lancéolées, soyeuses. Grappes denses. Fleurs subsessiles, verticillées. Calices bractéoles : la lèvre supérieure bifide; l'inférieure entière. Bractéoles caduques, ciliées, subulées, beaucoup plus longues que les fleurs.

Tiges dressées, rameuses, très-velues. Grappes d'un pied de long. Fleurs d'un bleu tirant sur le violet, panachées de blanc.

Cette espèce, non moins belle que les deux précédentes, croît dans le nord de la Californie. Elle a été introduite en An-

gleterre par les soins de M. Douglas, et nous devons regretter de
ne pas la posséder dans nos collections.

Lupin Sabine. — *Lupinus Sabinianus* Douglas.—Bot. Reg.
tab. 1433.

Feuilles à 7 - 12 folioles lancéolées, acuminées, soyeuses en
dessous. Grappes denses; pédicelles subverticillés. Calices non
bractéolés : la lèvre supérieure ovale , pointue ; l'inférieure cymbiforme, révolutée. Graines blanches.

Tiges dressées, peu rameuses, hautes de 2 à 3 pieds. Pétioles
des feuilles radicales longs d'un pied environ. Grappes longues
de près d'un pouce. Bractéoles caduques, plus longues que les
fleurs. Corolle jaune.

Cette espèce a été découverte par M. Douglas dans les régions
subalpines des Rocheuses. Son port est semblable à celui du Lupin
polyphylle, et ses fleurs sont d'un jaune vif. Malheureusement
il paraît que le climat humide de l'Angleterre a été funeste à tous
les individus qu'on en possédait au Jardin de la Société horticulturale de Londres.

Lupin argenté. — *Lupinus ornatus* Douglas. — Bot. Reg.
tab. 1216. — Sweet, Brit. Flow. Gard. ser. 2, tab. 212.

Feuilles à 7 - 12 folioles lancéolées , soyeuses-argentées.
Pédicelles verticillés. Calices non bracteolés : la lèvre supérieure
bifide, l'inférieure entière. Légumes pubescents, 4-5-spermes.
Graines jaunâtres, arrondies.

Tiges touffues, dressées ou ascendantes , soyeuses , rameuses ,
hautes d'environ 2 pieds. Grappes d'un demi-pied de long.
Fleurs panachées de blanc et de bleu de ciel.

Cette espèce , indigène dans les vallées des Rocheuses , et due
également aux recherches de M. Douglas , est une des plus élégantes que nous possédions. Ses fleurs se succèdent depuis le
mois de mai jusqu'à l'époque où les gelées font périr ses tiges.
On la cultive en terre de bruyère.

Lupin incane. — *Lupinus incanus* Hook. in Bot. Mag.
tab. 3283.

Tige suffrutescente. Feuilles à 7 ou 9 folioles lancéolées-linéaires, très-pointues, soyeuses aux deux faces, 2 fois plus courtes que le pétiole. Grappes allongées; pédicelles alternes, étalés. Calice inappendiculé: la lèvre supérieure bidentée, l'inférieure tridentée. Carène échancrée, plus courte que les ailes. Légumes laineux, redressés.

Plante entièrement couverte (à l'exception de la corolle et des étamines) d'un duvet satiné. Tiges dressées, rameuses. Stipules subulées. Grappes longues d'un pied et demi. Corolle d'un lilas pâle. Étendard lavé de jaune et de bleu à la base.

Cette espèce a été obtenue en Angleterre, en 1833, de graines récoltées aux environs de Buénos-Ayres.

Lupin du Mexique.— *Lupinus mexicanus* Lagasca.—Bot. Reg. tab. 1109.

Feuilles à 5-9 folioles linéaires - oblongues ou spathulées, poilues en dessous. Pédicelles épars. Grappes lâches. Calices bractéolés : la lèvre supérieure échancrée ; l'inférieure subtridentée.

Tiges poilues. Grappes longues d'un demi-pied et plus. Fleurs panachées de blanc, de bleu et de pourpre.

Cette espèce, qu'on cultive en Angleterre depuis 1819, paraît ressembler beaucoup à la précédente.

Lupin vivace.— *Lupinus perennis* Linn. — Bot. Mag. tab. 202.— Mill. Ic. tab. 170, fig. 1.— Herb. de l'Amat. vol. 2.

Feuilles à 5 - 9 folioles oblongues, mucronées, velues en dessous. Pédicelles alternes. Calices bractéolés : la lèvre supérieure échancrée; l'inférieure entière.

Tiges peu rameuses, velues, hautes de 1 à 2 pieds. Grappes un peu lâches, à environ 20 fleurs. Corolle panachée de bleu et de violet, ou blanche dans une variété.

Cette espèce, indigène aux États-Unis, est cultivée dans les jardins d'Angleterre depuis 1658. Quoique inférieure en beauté aux Lupins du nord-ouest de l'Amérique, elle mérite néanmoins l'attention des amateurs.

Lupin de Nootka. — *Lupinus nootkatensis* Pursh. — Bot. Mag. tab. 1311 et 2136.— Bot. Cab. tab. 897.

Feuilles à 7 - 11 folioles oblongues - obovales, hérissées. Pédicelles subverticillés. Calices non bractéolés, à lèvres entières. Légumes sub-8-spermes, poilus. Graines petites, marbrées de brun et de noir.

Tiges ascendantes, peu rameuses, plus ou moins hérissées, longues d'un pied à un pied et demi. Fleurs panachées de bleu, de blanc et de violet; étendard marqué à la base d'une tache jaune ponctuée de pourpre.

Ce Lupin, assez commun dans les jardins, croît dans les îles Aléoutiennes et sur la côte nord-ouest de l'Amérique. On le possède en Angleterre depuis 1794.

Lupin tricolore. —*Lupinus versicolor* Sweet, Brit. Flow. Gard. ser. 2, tab. 12.

Tige frutescente, dressée, rameuse. Feuilles à 6-9 folioles lancéolées-spathulées, obtuses, submucronulées, presque glabres en dessus, pubescentes en dessous, poilues aux bords. Grappes longues, courtement pédonculées. Pédicelles subverticillés. Bractéoles des pédicelles caduques, plus longues que les fleurs. Calice non bractéolé: la lèvre supérieure entière; l'inférieure bifide.

Tige haute de 2 à 3 pieds. Grappes longues d'un demi-pied. Fleurs petites, mais très-nombreuses, panachées de blanc, de rose et de bleu. Étendard ovale. Ailes et carène oblongues, obtuses.

Ce beau Lupin a été obtenu très-récemment, en Angleterre, de graines recueillies au Mexique.

Lupin touffu. — *Lupinus arbustus* Douglas. — Bot. Reg. tab. 1230.

Feuilles à 7 - 13 folioles obovales-oblongues, velues. Pédicelles subverticillés. Calices bractéolés : la lèvre supérieure bifide; l'inférieure entière. Légumes 2-3-spermes. Graines petites, blanches.

Tiges décombantes, glabres, longues de 1 à 2 pieds. Grappes

longues d'un demi-pied. Fleurs panachées de rose, de violet et de jaune.

Ce Lupin croît dans le nord-ouest de l'Amérique, aux environs du fort Vancouver.

LUPIN PANACHÉ. — *Lupinus lepidus* Dougl. — Bot. Reg. tab. 1149.

Feuilles à 5 ou 7 folioles lancéolées, poilues. Pédicelles épars. Calices non bractéolés, soyeux : la lèvre supérieure bipartie; l'inférieure entière.

Tiges hautes de 8 à 12 pouces, poilues, dressées. Grappes longues de 3 à 4 pouces. Fleurs panachées de blanc, de jaune et de plusieurs nuances de bleu.

Cette espèce croît dans les mêmes contrées que la précédente.

LUPIN A GRAPPES LACHES. — *Lupinus laxiflorus* Dougl. — Bot. Reg. tab. 1140.

Feuilles à 7 ou 9 folioles linéaires-lancéolées, poilues. Pédicelles épars. Calices non bractéolés; lèvres entières : la supérieure gibbeuse à la base.

Tiges grêles, poilues, dressées, hautes de 1 à 2 pieds. Fleurs d'un bleu vif. Carène rose.

Cette espèce croît dans les plaines arrosées par le Colombia.

LUPIN POURPRE-NOIR. — *Lupinus aridus* Dougl. — Bot. Reg. tab. 1242.

Feuilles à 5 - 9 folioles linéaires-lancéolées, velues. Pédicelles verticillés. Calices bractéolés : la lèvre supérieure bifide; l'inférieure entière. Légumes hérissés, 2-3-spermes. Graines petites, allongées, blanches.

Tiges dressées, touffues, hautes d'environ un pied, hérissées (de même que les feuilles) de longs poils luisants. Grappes denses, multiflores, longues d'un demi-pied. Fleurs panachées de pourpre noirâtre et de blanc.

Cette espèce habite également le nord-ouest de l'Amérique. Elle forme de belles touffes très-fleuries, et se distingue par ses corolles d'un pourpre noirâtre. Elle prospère dans les sables arides.

Le *Lupin pourpre-noir* et les trois précédents n'enrichissent pas encore nos collections, mais on les cultive en Angleterre depuis 1827.

LUPIN RIVULAIRE. — *Lupinus rivularis* Dougl. ex Lindl. in Bot. Reg. tab. 1595.

Tiges dressées, soyeuses. Feuilles à 7 folioles soyeuses en dessous, lancéolées, de la longueur du pétiole. Grappes subverticillées, un peu lâches. Bractées de la longueur du pédicelle. Calices non bractéolés; lèvres entières : la supérieure gibbeuse à la base. Étendard sessile.

Herbe vivace, haute de 2 à 3 pieds. Folioles un peu charnues. Stipules petites, subfalciformes. Grappes longues, multiflores. Verticilles subsexflores. Fleurs de la grandeur de celles du Lupin blanc. Étendard arrondi, échancré, blanc, légèrement lavé de rose, marqué d'une tache basilaire bleue. Ailes oblongues, lavées de bleu et de violet. Carène blanche, bleue au sommet.

Ce Lupin, découvert par M. Douglas en Californie, a fleuri pour la première fois en 1833, dans le Jardin de la Société horticulturale de Londres.

c) *Tiges ligneuses.*

LUPIN ARBORESCENT. — *Lupinus arboreus* Bot. Mag. tab. 682.

Feuilles à 5 ou 7 folioles lancéolées-oblongues, pointues, soyeuses en dessous. Pédicelles verticillés ; grappes lâches. Calices non bractéolés, à lèvres entières. Carène pubescente aux bords. Légumes pubescents, 3-5-spermes. Graines globuleuses, noires.

Arbuste très-branchu dès la base, s'élevant à 6 - 8 pieds de haut. Rameaux grêles, dressés, couverts (de même que la face inférieure des feuilles) de petits poils luisants, apprimés. Fleurs d'un jaune pâle, odorantes.

Cette espèce, originaire du Mexique, supporte néanmoins les hivers des environs de Paris sans aucun abri, pourvu qu'elle ait été élevée la première année en orangerie. Elle se recommande par l'élégance de son port, par sa croissance rapide, ainsi que par l'abondance de ses fleurs, qui sont très-odorantes, et qui se succèdent pendant les mois de juin et de juillet. Les terrains les plus médiocres lui conviennent.

Genre ÉRYTHRINE. — *Erythrina* Linn.

Calice tubuleux, tronqué, ou denté, ou fendu latéralement. Étendard très-long, linéaire, enveloppant les ailes et la carène. Carène à pétales libres, très - courte ainsi que les ailes. Étamines diadelphes; filets rectilignes : le dixième tantôt libre et beaucoup plus court que les ailes, tantôt peu dégagé des 9 autres (quelquefois nul). Légume long, toruleux, bivalve, polysperme.

Sous-arbrisseaux, ou arbrisseaux, ou rarement herbes. Stipules petites, inadhérentes. Feuilles pétiolées, trifoliolées; folioles munies à la base de 2 glandules au lieu de stipelles. Tiges et pétioles quelquefois aiguillonnés. Fleurs en grappes allongées, le plus souvent d'un écarlate brillant. Pédicelles souvent ternés. Graines luisantes, osseuses, ordinairement moitié rouges, moitié noires.

Les *Érythrines* se distinguent généralement par le luxe de leur inflorescence. On en connaît environ quarante espèces; presque toutes croissent dans les contrées intertropicales. Nous ne ferons mention que de celles qui ornent les serres.

a) *Rameaux herbacés, annuels, partant d'une souche ligneuse souterraine.*

ÉRYTHRINE HERBACÉE. — *Erythrina herbacea* Linn. — Bot. Mag. tab. 877. — Bot. Cab. tab. 851.

Feuilles et rameaux glabres, inermes. Folioles rhomboïdales. Grappes allongées. Fleurs distantes, ternées. Calice tronqué. Étendard lancéolé.

Rameaux longs de 3 à 4 pieds. Feuilles et fleurs naissant ensemble. Grappes longues de 2 pieds. Corolle écarlate.

Cette plante croît dans la Géorgie, dans la Floride, dans la

Louisiane, et dans la Caroline méridionale; Chez nous, il faut la tenir dans une serre tempérée près des jours, pendant l'hiver, et la planter, en été, dans une exposition très-chaude. M. Poiteau conseille de la cultiver constamment en serre chaude, si l'on veut qu'elle se montre dans tout son éclat.

b) *Tiges ligneuses, plus ou moins élevées.*

ÉRYTHRINE COULEUR DE CHAIR. — *Erythrina carnea* H. Kew. — Trew, Ehret. 2, tab. 8. — Bot. Reg. tab. 389.

Tige arborescente, armée d'aiguillons peu nombreux. Pétioles inermes. Folioles ovales-rhomboïdales, pointues, glabres ou pubérules. Étendard linéaire. Calice campanulé, tronqué. —Fleurs couleur de chair, longues de 2 à 3 pouces.

Cette espèce est indigène aux Antilles.

ÉRYTHRINE ARBRE DE CORAIL. —*Erythrina Corallodendron* Linn. —Commel. Hort. Amst. 1, tab. 108. — Herb. de l'Amat. vol. 3.

Tige arborescente, aiguillonnée. Pétioles inermes. Folioles ovales-rhomboïdales, pointues, glabres. Calices tronqués, quinquédentés. Étendard oblong. Le dixième filet libre, presque aussi long que les ailes. — Corolle écarlate, longue d'environ 2 pouces.

Cette espèce est originaire des Antilles. Aux Canaries et aux environs de Cadix, on la cultive dans les jardins. Chez nous, elle n'est pas rare dans les serres.

ÉRYTHRINE NUDIFLORE. — *Erythrina poianthes* Brotero. — Bot. Reg. tab. 1246.

Tronc aiguillonné, arborescent. Folioles pubescentes en dessous : les latérales ovales; la terminale ovale-rhomboïdale. Pétiole commun aiguillonné. Calice obliquement tronqué, entier ou fendu. Étamines diadelphes, presque aussi longues que l'étendard.

Cette espèce croît en plein air dans les jardins du Portugal, où elle étale ses magnifiques grappes de fleurs en janvier, février, et mars, avant le développement des feuilles. Elle a de dix à quinze pieds de haut. Sa patrie est inconnue.

ÉRYTHRINE SUPERBE. — *Erythrina speciosa* Andr. Bot. Rep. tab. 443. — Bot. Reg. tab. 750.

Tige arborescente, aiguillonnée. Pétiole aiguillonné. Folioles glabres, acuminées, sinuolées : les latérales ovales-rhomboïdales, inéquilatérales ; la terminale trilobée. Calice tubuleux-campanulé, subbidenté, velouté. Étendard linéaire-lancéolé, allongé.

Cette espèce croît dans les Indes occidentales. Les fleurs, de couleur pourpre, ont trois pouces de long. Elle est rare dans les collections de serre. Après l'*Erythrina Crista galli*, c'est l'une des plus belles du genre.

ÉRYTHRINE TOUFFUE.—*Erythrina umbrosa* Kunth, in Humb. et Bonpl. Nov. Gen. et Spec.

Tige arborescente, aiguillonnée. Folioles glabres, acuminées, trinervées, arrondies ou tronquées à la base : les latérales deltoï-des-ovales ; la terminale deltoïde. Calice campanulé, spathacé. Étendard linéaire-cunéiforme, dressé, très-long. Étamines dia-delphes.

Cette espèce est cultivée à Çaracas, pour ombrager les plan-tations de Cacao. Elle porte dans le pays le nom vulgaire de *Bucare*.

ÉRYTHRINE DU CAP. — *Erythrina caffra* Thunb. — Bot. Reg. tab. 736 et 736 bis. —Bot. Mag. tab. 2431.

Tige arborescente, aiguillonnée ainsi que les pétioles. Folioles larges, ovales, acuminées, obtuses, glabres. Calice campanulé, 5 denté. Étendard obovale-oblong. Étamines diadelphes.

Cette espèce est originaire de l'Afrique australe.

ÉRYTHRINE CRÊTE DE COQ. — *Erythrina Crista galli* Linn. —Smith. Exot. Bot. 2, tab. 95. — Jacq. Obs. 3, tab. 51.

Tronc (arborescent) et pétioles aiguillonnés. Folioles ovales, glabres. Calice tronqué, unidenté. Étamines diadelphes. Carène 3 fois plus longue que le calice. — Fleurs longues d'un pouce et demi, d'un pourpre très-éclatant.

Cette espèce, l'une des plus belles du genre, est indigène au Brésil.

Genre RUDOLPHIA. — *Rudolphia* Willd.

Calice tubuleux, à 2 lèvres inégales : la supérieure obtuse, tridentée, plus longue; l'inférieure plus courte, pointue. Étendard linéaire-oblong, dressé, très-long. Ailes et carène plus courtes que le calice, très-étroites. Étamines diadelphes. Légume comprimé, polysperme, non stipité. Graines planes.

Arbrisseaux grimpants. Feuilles à une seule foliole bistipellée.

Ce genre, également remarquable par ses grandes fleurs d'un rouge brillant, a de grands rapports avec le précédent. On en connaît trois ou quatre espèces, dont voici les plus intéressantes.

RUDOLPHIA VOLUBILE.—*Rudolphia volubilis* Wild.—Vahl, Ecl. 3, tab. 3o.

Rameaux tuberculeux. Feuilles glabres, cordiformes-ovales, acuminées. Grappes sessiles.—Fleurs écarlates, d'un pouce et demi de diamètre.

Cette espèce croît à Porto-Rico et au Mexique.

RUDOLPHIA ROSE. — *Rudolphia rosea* Tuss. Flor. Antill. 1, tab. 22.

Rameaux lisses, glabres. Feuilles ovales-oblongues, glabres, acuminées. Grappes pédonculées, longues d'un demi-pied. Fleurs roses, d'un pouce de long. Légumes pubescents.

Cette espèce croît à Saint-Domingue.

Genre BUTÉA. — *Butea* Roxb.

Calice campanulé, quinquédenté : les 2 dents supérieures rapprochées, presque soudées. Étendard étalé, lancéolé. Carène curviligne, de même longueur que les ailes et l'étendard. Étamines diadelphes. Légume stipité, comprimé, indéhiscent, monosperme au sommet. Graines grosses, comprimées.

Arbres ou arbrisseaux sarmenteux, non épineux. Feuilles trifoliolées. Folioles amples, stipellées. Fleurs écarlates, ternées, subsessiles, dibractéolées, disposées en grappes allongées.

Quatre espèces, non moins intéressantes par le luxe de leur inflorescence que les Érythrines et les *Rudolphia*, constituent ce genre, propre à l'Asie équatoriale. Voici les plus notables.

Butéa touffu. — *Butea frondosa* Roxb. Corom. 1, tab. 21. — Hort. Malab. 6, tab. 16 et 17.

Folioles coriaces, luisantes en dessus, poilues en dessous, obtuses ou échancrées : les latérales plus petites, obovales, inéquilatérales; la terminale plus grande, obcordiforme. Grappes terminales, axillaires et latérales, cotonneuses de même que les calices. Dents calicinales obtuses. Légumes cotonneux, pendants.

Arbre. Fleurs longues d'un pouce. Calices et pédoncules couverts d'un duvet de couleur orange. Pétales écarlates.

Ce *Butéa* croît dans les montagnes voisines de la côte de Coromandel. L'infusion de ses fleurs est employée dans le pays à teindre en jaune les étoffes de coton; cette couleur devient orange quand on y ajoute un alcali. Il suinte de l'arbre une gomme soluble dans l'eau.

Butéa magnifique. — *Butea superba* Roxb. Corom. 1, tab. 22.

Ramules glabres. Folioles inégales, inéquilatérales, cotonneuses en dessous : la terminale ovale-arrondie ; les latérales obovales. Grappes terminales, axillaires et latérales, très-amples. Dents calicinales pointues, allongées.

Arbrisseau sarmenteux. Tronc épais. Rameaux très-longs.

Cette espèce habite les mêmes contrées que la précédente. Roxburgh assure qu'il est impossible de voir un végétal plus magnifique. Aucun peintre, dit ce botaniste, ne saurait rendre l'éclat de ses fleurs.

VIᵉ TRIBU. **LES DALBERGIÉES.** — *DALBERGIEÆ*
Bronn. — Dec. Mém., et Prodr.

Corolle périgyne. Étamines monadelphes ou diadelphes. Légume monosperme ou disperme, carcérulaire. Cotylédons charnus. — Arbrisseaux souvent grimpants. Feuilles imparipennées ou rarement tri- ou unifoliolées.

Genre DALBERGIA. — *Dalbergia* Linn.

Calice campanulé, quinquédenté. Carène à pétales libres presque jusqu'au sommet. Étamines 8 ou 10; filets tantôt monadelphes à gaîne fendue antérieurement, tantôt soudés 4 à 4, ou 5 à 5, en 2 faisceaux opposés. Légume aplati, stipité, rétréci aux deux bouts, chartacé, monosperme ou disperme. Graines comprimées, distantes.

Arbrisseaux sarmenteux ou arbres. Feuilles imparipennées. Fleurs en panicules axillaires et terminales.

Ce genre appartient à la zone équatoriale de l'ancien continent. Il renferme environ vingt-cinq espèces, toutes indigènes dans l'Inde, à l'exception d'une seule, qui croît au Sénégal. Voici les plus remarquables.

DALBERGIA À LARGES FEUILLES. — *Dalbergia latifolia* Roxb. Corom. 2, tab. 113.

Feuilles à 3 - 7 folioles alternes, arrondies, échancrées, subondulées, glabres en dessus, pubescentes en dessous. Panicules axillaires, dressées, beaucoup plus courtes que les feuilles. Fleurs petites, blanches. Étamines 8, à gaîne non fendue postérieurement. Légume oblong-lancéolé.

Cet arbre, selon Roxburgh, est un des plus élevés de l'Inde. Sa grosseur est proportionnée à sa stature, car il a quelquefois une circonférence de quinze pieds et plus. Le bois de l'intérieur du tronc ressemble à l'Ébène; il est plus pesant que l'eau, d'un noir

clair veiné de blanc, susceptible du plus beau poli et fort recherché pour l'ébénisterie.

DALBERGIA A PANICULES. — *Dalbergia paniculata* Roxb.
Corom. 2, tab. 114.

Feuilles à 6-11 folioles alternes, elliptiques ou oblongues,
obtuses ou échancrées, glabres. Panicules subterminales, rameuses, multiflores, feuillées. Pédoncules pubescents. Fleurs
petites, bleuâtres. Étamines 10, diadelphes. Légume oblong-
ancéolé.

Cette espèce, indigène dans les mêmes contrées que la précédente, est tout aussi remarquable par sa stature élevée. Son
bois, blanc et compacte, est d'un emploi fréquent dans les construc
tions, mais moins recherché pour l'ébénisterie que celui du *Dalbergia à larges feuilles.*

DALBERGIA DU SÉNÉGAL. — *Dalbergia melanoxylon* Guill.
et Perrott. in Fl. Seneg. 1, tab. 53.

Rameaux épineux. Feuilles à 9-13 folioles cunéiformes-obovales, échancrées, glabres, alternes. Panicules axillaires et terminales. Étamines 10, monadelphes, à gaîne fendue en 2
faisceaux. Légumes elliptiques-lancéolés, pointus.

Arbre très-rameux, haut de 15 à 20 pieds. Tronc de la grosseur de la cuisse. Bois noir, très-dur. Fleurs nombreuses, petites, jaunâtres. Légume longuement stipité, monosperme ou
disperme.

Cet arbre croît dans la Sénégambie. Les colons européens du
pays le nomment *Ébène du Sénégal*, parce que le bois de son
tronc est presque aussi noir que celui de l'Ébénier, et fort propre
à l'ébénisterie. M. Perrottet observe qu'il est néanmoins inférieur
au véritable Bois d'Ébène, parce qu'il est moins dur et qu'il pré-
sente quelques fibres blanchâtres.

DALBERGIA LANCÉOLAIRE.—*Dalbergia lanceolaria* Linn. fil.
— Hort. Malab. 6, tab. 22.

Feuilles à 11-15 folioles alternes, oblongués, obtuses, poilues en dessous, non veinées, ondulées. Grappes axillaires et terminales, rameuses, grêles, denses, poilues. Légumes lancéolés.

Arbre à ramules grêles et pendants. Fleurs d'un brun roux.

Cette espèce croît à la côte de Malabar. Selon Rheede, ses graines sont purgatives. L'écorce de l'arbre sert à faire des cordages grossiers.

Genre PONGAMIA. — *Pongamia* Lamk.

Calice cyathiforme, quinquédenté, obliquement tronqué. Étamines monadelphes : gaîne fendue postérieurement en 2 faisceaux, ou indivisée : le dixième filet à moitié libre. Légume comprimé, plane, rostré, 1-2-sperme.

Arbres. Feuilles imparipennées. Folioles opposées. Fleurs en grappes ou en panicules axillaires ou terminales.

Ce genre, composé de six espèces, appartient exclusivement à l'Asie équatoriale. Les *Pongamia* se distinguent par la rare beauté de leurs fleurs. Nous devons nous borner à citer les deux espèces suivantes.

PONGAMIA POURPRE-NOIR. — *Pongamia atropurpurea* Wallich, Plant. Asiat. Rar. tab. 78.

Feuilles à 7 ou 9 folioles ovales ou ovales-oblongues, lisses, coriaces, terminées par une courte pointe obtuse. Panicules terminales, amples, non feuillées, pédonculées, composées de grappes denses, multiflores, presque en corymbe. Légumes ovales, pointus, lisses, monospermes.

Arbre très-élevé, à cime ample et touffue. Folioles longues de 4 à 5 pouces. Panicules longues d'un demi-pied et davantage, composées d'un grand nombre de grappes d'un pouce de diamètre. Fleurs inodores, de la grandeur de celles du Faux-Acacia. Corolle panachée de jaune et de plusieurs nuances de violet.

M. Wallich observe que cet arbre compose presque à lui seul les forêts épaisses qui couvrent les bords du Martaban et du Tennassérim. Sa cime, à l'époque de la floraison, offre le plus charmant coup d'œil. Les Birmans font une grande consommation du bois, qui est excellent pour toute espèce de construction.

PONGAMIA GLABRE. — *Pongamia glabra* Vent. Malm. tab. 28. — Hort. Malab. 6, tab. 3. — *Gadelupa indica* Lamk. — *Robinia mitis* Linn. — *Dalbergia arborea* Willd.

Feuilles à 5 ou 7 folioles ovales ou ovales-oblongues, acuminées, ondulées, glabres. Grappes axillaires, pédonculées, simples, denses, plus courtes que les feuilles. Légume ovale-elliptique, acuminé, monosperme.

Folioles longues de 2 à 3 pouces. Grappes longues de 2 à 3 pouces. Fleurs inodores, semblables à celles du Robinia visqueux; corolle blanche; calice rougeâtre.

Cette espèce croît dans l'Inde.

Genre PTÉROCARPE. — *Pterocarpus* Linn.

Calice tubuleux, quinquédenté. Étendard dressé, plus long que les ailes et la carène. Étamines 10 : filets diversement soudés. Légume suborbiculaire, aplati, monosperme, bordé d'une aile membraneuse.

Arbres ou arbrisseaux. Feuilles imparipennées. Fleurs en grappes axillaires.

Les *Ptérocarpes* habitent la zone équatoriale des deux continents. Le nombre des espèces connues se monte à vingt-deux ou vingt-quatre. Les gommes - résines connues sous les noms de *Sang-dragon* et de *Gomme Kino*, de même que le *Bois de Santal rouge*, sont les produits de diverses espèces que nous allons faire connaître.

a) *Étamines monadelphes inférieurement: gaîne cylindracée, non fendue. Légume suborbiculaire, subéreux, monosperme: suture supérieure aptère, rectiligne.*

PTÉROCARPE SANG-DRAGON. — *Pterocarpus Draco* Linn. — *Pterocarpus officinalis* Jacq. Am. tab. 183, fig. 92. — *Pterocarpus hemiptera* Gærtn. Fruct. 2, tab. 156, fig. 2.

Feuilles à 5-7 folioles alternes, ovales, acuminées, glabres, luisantes. Stipules oblongues, obtuses, caduques. Grappes de la longueur des feuilles. Légumes lisses.

Arbre haut d'une trentaine de pieds. Bois blanc, dur. Écorce épaisse, ferrugineuse.

Cet arbre croît aux Antilles. Toutes ses parties ont une saveur astringente. Quand on incise le tronc ou les rameaux, il en découle aussitôt des larmes rouges, qui se concrètent bientôt au contact de l'air, et forment la gomme-résine connue sous le nom de *Sang-dragon*. Du reste, on obtient une substance tout à fait analogue de plusieurs autres espèces de Ptérocarpes, de même que du *Dracæna Draco*, arbre de la famille des Asparaginées.

Le Sang-dragon est insoluble dans l'eau, mais soluble presque en entier dans l'alcool, auquel il communique une belle couleur rouge. Projeté sur des charbons ardents, il brûle en répandant une fumée âcre. Le Sang-dragon jouissait autrefois d'une grande réputation comme remède tonique et astringent ; aujourd'hui on ne l'emploie guère qu'à la composition de quelques poudres dentifrices et de certains vernis.

PTÉROCARPE MOUTOUCHI.— *Pterocarpus suberosus* Pers. — *Moutouchi suberosa*, Aubl. Guian. tab. 299. — *Pterocarpus Moutouchi* Lamk.

Feuilles à 5-9 folioles alternes, ovales ou acuminées, glabres, luisantes. Stipules petites, caduques. Grappes axillaires et terminales, paniculées, plus courtes que les feuilles. Légumes rugueux, réticulés.

Cette espèce, très-voisine de la précédente, habite la Guiane, où les naturels l'appellent *Moutouchi*. Son bois, peu compacte et fort léger, sert aux colons en guise de liége.

b) *Étamines monadelphes : gaîne bifide ou bipartie. Légume suborbiculaire, 1-2-sperme, bordé d'une aile membraneuse.*

PTÉROCARPE A BOURSES. — *Pterocarpus Marsupium* Roxb. Corom. 2, tab. 116.

Feuilles à 5 ou 7 folioles alternes, oblongues ou elliptiques, échancrées, glabres, coriaces. Panicules terminales, amples, feuillées à la base. Androphore bifide. Légume glabre, stipité, oblique.

Grand arbre des montagnes de la côte de Coromandel. Son bois, très-dur et de couleur orange, est fort estimé des Hindous, qui l'emploient à toutes sortes d'ouvrages. La forme du légume a été comparée à celle d'une bourse.

c) *Légume orbiculaire, oblique, hérissé au centre de soies roides, bordé d'une aile membraneuse. Gaîne des filets indivisée ou bifide.*

PTÉROCARPE HÉRISSON. — *Pterocarpus erinaceus* Poir. — Guill. et Perrott. in Fl. Seneg. tab. 54. — *Pterocarpus erinaceus* et *Pt. Adansoni* Dec. Prodr. ex Fl. Seneg.—*Pterocarpus senegalensis* Hooker.

Feuilles à 11-15 folioles alternes, ovales-oblongues, obtuses ou échancrées, glabres en dessus, cotonneuses en dessous. Panicules latérales, cotonneuses, plus courtes que les feuilles. Calice campanulé. Légume biloculaire.

Arbre haut de 40 à 50 pieds. Tronc gros, noueux. Rameaux divariqués. Stipules lancéolées, velues. Fleurs jaunes, bractéolées. Pédicelles ternés. Légume stipité, membranacé, velouté, mucroné latéralement.

Cette espèce habite la Sénégambie et l'intérieur de l'Afrique. Les nègres l'appellent *Wegné.* M. Perrottet observe que le bois de l'arbre est jaune-rougeâtre, d'un grain fin, très-dur, mais néanmoins susceptible d'être travaillé avec assez de facilité. Les nègres en construisent des bordages d'embarcations qui résistent pendant long-temps à l'action de l'eau. Lorsqu'on entaille une partie quelconque du tronc ou des branches, il en suinte un suc rougeâtre qui, par son exposition à l'air, se durcit et devient noir. Cette substance gommeuse est brillante, friable et d'une saveur astringente; elle a été considérée comme analogue à la Gomme Kino des officines.

d) *Étamines diadelphes (9 et 1). Légume suborbiculaire, 2- ou 3-sperme.*

PTÉROCARPE FAUX-SANTAL.—*Pterocarpus indicus* Willd.—

Rumph. Amb. 2, tab. 70.—*Pterocarpus Draco* Lamk. (non Linn.)

Feuilles à 5-9 folioles alternes, ovales, pointues, ondulées, glabres, coriaces. Grappes axillaires, simples ou rameuses, plus courtes que les feuilles. Légumes stipités, rugueux, mucronés, subfalciformes.

Grand arbre, indigène dans l'Inde et aux Moluques. Dans ces pays, son bois est un des plus généralement employés pour les constructions; à l'état frais, il répand une odeur très-suave.

PTÉROCARPE SANTAL. — *Pterocarpus santalinus* Linn. fil.

Feuilles à 3 ou 5 folioles alternes, glabres en dessus, pubescentes en dessous, ovales-arrondies ou oblongues, échancrées ou rétuses. Stipules nulles. Grappes simples ou rameuses, axillaires. Pétales crénelés, ondulés. Légumes mucronés, subfalciformes, stipités, ailés au bord antérieur.

Arbre de première grandeur, indigène dans les montagnes de l'Inde et de Ceylan. C'est une des espèces qui produisent le *Bois de Santal rouge*. Son suc propre donne aussi du Sang-dragon. On ignore si le Santal des Moluques, dont Rumphius parle sous le nom de *Lingoum rouge*, vient de la même espèce ou d'une autre. Le suc des feuilles passe, aux Indes, pour un excellent remède contre les maladies de la peau.

Le Bois de Santal rouge est d'une pesanteur spécifique plus considérable que celle de l'eau, d'un rouge intense et marbré de veines noirâtres; on le travaille difficilement à cause de son extrême dureté. Les Malais en font une grande consommation pour leurs ustensiles de ménage. En Europe, on l'emploie dans certaines teintures; autrefois il occupait aussi une place parmi les médicaments toniques et astringents.

PTÉROCARPE A ÉCORCE JAUNE —*Pterocarpus luteus* Poir. — *Pterocarpus flavus* Lour.— Rumph. Amb. 3, tab. 117.

Feuilles à 5 ou 7 folioles opposées, ovales, pointues. Grappes latérales, denses. Fleurs subsessiles. Étendard denté.

Cette espèce, nommée par les Malais *Awakhal* et *Malapari*, croît aux Moluques et en Cochinchine. C'est un arbre à tronc assez élevé, tortueux, souvent d'une aune de diamètre. Le bois, mou, fibreux et peu durable, est d'un jaune citron. L'écorce, amère et d'une odeur désagréable, donne une teinture d'un jaune foncé..

Genre ÉCASTAPHYLLE. — *Ecastaphyllum* P. Browne.

Calice campanulé, subbilabié : lobe supérieur échancré; lobe inférieur trifide. Étamines 8 ou 10, soudées en 2 faisceaux égaux; ou 9, dont 8 soudées en 2 faisceaux égaux, la neuvième restant libre. Ovaire biovulé. Légume carcérulaire, membranacé, suborbiculaire, monosperme. Graine réniforme.

Arbrisseaux sarmenteux. Feuilles unifoliolées, ou imparipennées. Fleurs en corymbes paniculés ou en grappes.

Ce genre, propre à l'Amérique équatoriale, renferme six espèces, dont la suivante mérite d'être citée ici.

ÉCASTAPHYLLE SANG-DRAGON. — *Ecastaphyllum monetaria* Dec. Prodr. — *Dalbergia monetaria* Linn.

Feuilles pennées-trifoliolées; folioles alternes, entières, ovales-acuminées, glabres. Pédoncules axillaires, fasciculés. Fleurs ennéandres. Grappes unilatérales, plus courtes que les feuilles. Légumes petits, orbiculaires.

Cette plante croît à Surinam. Elle contient, comme plusieurs Ptérocarpes, un suc propre rouge qui, par la concrétion à l'air, devient du Sang-dragon.

Genre AMÉRIMNE. — *Amerimnum* P. Browne.

Calice tubuleux, évasé, à 2 lèvres : la supérieure crénelée, l'inférieure tridentée. Étamines 10, monadelphes par la base. Légume bivalve, comprimé, uniloculaire; monosperme ou oligosperme; suture supérieure rectiligne, marginée; suture inférieure fortement bombée.

Arbrisseaux. Feuilles simples, pétiolées, entières. Grappes axillaires et latérales.

Ce genre est limité à deux espèces, indigènes dans l'Amérique équatoriale. Voici celle qui offre de l'intérêt.

Amérimne de Browne. — *Amerimnum Brownei* Swartz, Flor. Ind. Occ. — P. Browne, Jam. tab. 32 , fig. 3. — *Pterocarpus Amerimnum* Poir.

Feuilles cordiformes, acuminées, luisantes. Pédoncules glabres ou pubescents. Légumes oblongs , 1-3-spermes.

Arbrisseau très-touffu , haut de 7 à 8 pieds. Fleurs blanches, odorantes.

Cet arbrisseau croît à la Jamaïque. Il est remarquable par la multitude de grappes des fleurs dont il se couvre dans la saison des pluies.

Genre BRYA. — *Brya* P. Browne.

Calice campanulé, quinquédenté. Étamines 10, diadelphes. Légume large, comprimé, à 2 articulations déhiscentes, monospermes : suture supérieure rectiligné; suture inférieure bombée.

Arbres armés d'épines stipulaires. Feuilles simples, fasciculées. Pédoncules pauciflores ou racémifères, axillaires.

Ce genre ne se compose que de deux espèces, dont la suivante mérite d'être mentionnée ici.

Brya Faux-Ébénier. — *Brya Ebenus* P. Browne, Jam. tab. 31, fig. 2.—*Amerimnum Ebenus* Swartz, Flor. Ind. Occ. —*Aspalathus Ebenus* Linn.

Arbrisseau de 12 à 15 pieds de haut. Tige de 2 à 3 pouces de diamètre. Feuilles glabres, subcordiformes, ovales, pointues. Pédoncules géminés ou ternés, bi- ou triflores, plus courts que les feuilles. Fleurs blanches, odorantes.. Légumes hérissés.

Cet arbrisseau est commun aux Antilles. On exporte son bois sous le nom d'*Ébène d'Amérique*.

LES CHRYSOBALANÉES. — *CHRYSOBA-LANEÆ*.

(*Rosacearum genn*. Juss. — *Chrysobalaneæ* R. Brown, in Tuckey. Cong. — Dcc. Prodr. II, p. 225. — Bartl. Ord. Nat. p. 405.)

Cette famille, presque entièrement confinée dans la zone équatoriale, ne se compose que d'environ quarante espèces. Elle offre quelques végétaux à fruits comestibles, qui sont analogues à nos prunes, et dont les amandes contiennent des huiles grasses et de l'acide hydrocyanique. Dans le *Genera* de M. de Jussieu, les *Chrysobalanées* ne sont pas séparées des Rosacées.

CARACTÈRES DE LA FAMILLE.

Arbres, ou *arbrisseaux*. Rameaux cylindriques, inermes.

Feuilles éparses, simples, penninervées, très-entières, pétiolées, non glanduleuses, souvent coriaces. Stipules libres, caduques.

Fleurs hermaphrodites, souvent irrégulières, disposées en panicule, ou en grappe, ou en épi.

Calice quinquéfide : lobes imbriqués en préfloraison ; tube quelquefois adné d'un côté au stipe de l'ovaire.

Pétales 5, insérés à la gorge du calice, interpositifs, courtement onguiculés, caducs, quelquefois inégaux (rarement nuls).

Étamines en nombre défini, ou plus souvent en nombre indéfini, ayant même insertion que la corolle, souvent plus nombreuses du côté par lequel adhère le stipe de l'ovaire. Anthères à 2 bourses déhiscentes longitudinalement.

Pistil : Ovaire inadhérent, solitaire, uniloculaire ou rarement biloculaire, biovulé. Ovules collatéraux, dressés. Style filiforme, naissant de la base de l'ovaire. Stigmate simple.

Péricarpe : Drupe ordinairement charnu, à noyau très-dur, uniloculaire et monosperme, ou biloculaire et disperme, souvent valvé.

Graines grosses, dressées, attachées à la base de la loge ; funicule court. Périsperme nul (par exception charnu). Embryon rectiligne : radicule infère ; cotylédons gros, indivisés (foliacés lorsqu'il |y a un périsperme charnu).

Voici les genres dont se compose la famille :

Chrysobalanus Linn. — *Moquilea* Aubl. — *Couepia* Aubl. —*Acioa* Aubl. (Acia Willd. Dulacia Neck.) —*Parinarium* Juss. (Parinari Aubl. Dugortia Neck.) — *Grangeria* Commers. —*Licania* Aubl. (Hedycrea Schreb.) — *Thelyra* Pet. Thou. — *Hirtella* Linn. (Causea Scop. Cosmibuena Ruiz et Pav.)

Genre CHRYSOBALANIER. — *Chrysobalanus* Linn.

Calice campanulé, quinquéfide. Pétales onguiculés. Étamines 20, unisériées, presque égales. Drupe monosperme, charnu, subglobuleux ; noyau ovoïde, 5-7-gone, 5-7-valve au sommet.

Arbrisseaux. Fleurs en grappe ou en panicule.

La chair des drupes et les amandes des *Chrysobalaniers* sont mangeables. Voici les espèces que ce genre contient.

Chrysobalanier Icaquier.—*Chrysobalanus Icaco* Linn.— Jacq. Am. tab. 94. — Plum. tab. 58. — Turp. in Dict. des Sciences Naturelles, Ic.—Tussac, Flor. Antill. 4, tab. 31.

Feuilles suborbiculaires ou obovales, échancrées. Panicules terminales ou axillaires, dichotomes, plus courtes que les feuilles. Étamines poilues.

Petit arbre à tronc tortueux, ou arbrisseau rameux haut de 5 à 10 pieds. Fleurs petites, inodores, blanchâtres. Drupe de la grosseur d'une Prune de Damas jaune, ou blanchâtre, ou rouge, ou violette.

L'*Icaquier*, nommé vulgairement *Prunier d'Amérique* et *Prunier Icaque* (*Icaco* des Espagnols, *Cocco Plum-tree* des Anglais), croît aux Antilles et dans l'Amérique méridionale. Il fleurit pendant une grande partie de l'année : le fruit, qui est mûr en décembre et janvier, ressemble à une Prune de grosseur moyenne. Sa chair est une pulpe molle, blanchâtre, peu épaisse, adhérente au noyau, presque inodore, d'une saveur douceâtre un peu astringente, mais non désagréable. P. Browne remarque que, lorsque l'arbrisseau croît dans des lieux arides, le drupe reste sec. L'amande, d'un goût excellent, est généralement plus estimée que la chair du fruit. On a coutume de confire les Icaques dans du sucre, et il s'en exporte beaucoup pour l'Europe lorsqu'elles sont ainsi préparées. L'écorce de l'Icaquier est employée aux Antilles dans les tisanes astringentes ; elle contient beaucoup d'acide gallique et du tanin.

CHRYSOBALANIER A FEUILLES ELLIPTIQUES. — *Chrysobalanus ellipticus* Soland. ex Sabine, in Trans. Hort. Soc. Lond. 5, p. 453. — Dec. Prodr.

Feuilles elliptiques, obtuses ou pointues, non échancrées. Grappes axillaires, dichotomes. Étamines poilues.

Drupe arrondi, noirâtre, de la grosseur d'une Prune de Damas.

Cette espèce croît dans l'Afrique équatoriale, aux environs de Sierra-Leone.

CHRYSOBALANIER A FRUIT JAUNE. — *Chrysobalanus luteus* Sabine, l. c. p. 453.

Cette espèce, indigène dans les mêmes contrées que la précédente, n'est qu'imparfaitement connue. Son fruit est jaune, arrondi, de la grosseur d'une petite Prune. L'arbre qui le produit a le port d'un Citronnier.

Chrysobalanier a feuilles oblongues. — *Chrysobalanus oblongifolius* Mich. Flor. Am. Bor.

Feuilles oblongues-lancéolées, cunéiformes à la base, très-entières ou légèrement crénelées, cotonneuses en dessous (selon Michaux) ou glabres (selon Elliot). Panicules terminales. Drupe sec, oblong.

Arbrisseau peu rameux, haut de 1 à 2 pieds. Fleurs petites, blanchâtres.

Cette espèce, indigène en Géorgie, n'est remarquable qu'en ce qu'elle est la seule qu'on ait trouvée jusqu'aujourd'hui au nord du tropique.

Genre ACIOA. — *Acioa* Aubl.

Calice tubuleux, évasé, à 5 lobes arrondis, inégaux. Pétales inégaux, oblongs, obtus. Étamines 10 ou 12, unilatérales ; filets soudés jusqu'au milieu en une ligule plane. Stipe de l'ovaire adhérent d'un côté. Drupe uniloculaire, sec, coriace, rameux. Graine grosse : test crustacé.

L'espèce que nous allons faire connaître constitue à elle seule le genre.

Acioa de la Guiane. — *Acioa guianensis* Aubl. Guian. tab. 280.

Arbre à tronc d'environ 60 pieds de haut, sur 3 à 4 pieds de diamètre. Écorce grisâtre. Feuilles ovales, pointues, glabres, lisses, ondulées, longues d'environ 5 pouces. Fleurs en cymes lâches, terminales, subtrichotomes. Calice blanchâtre. Corolle petite, violette. Filets soudés dans leur moitié inférieure en une ligule étroite, insérée entre les deux pétales les plus courts.

Cet arbre croît à la Guiane. Il est nommé *Acioua* par les Galibis, et *Coupi* par les colons. Son bois, d'un blanc tirant sur le jaune, est fort dur et pesant. L'amande du drupe peut se comparer aux cerneaux; on la mange, et on en retire une huile grasse semblable à celle d'Amandes.

Genre PARINARE. — *Parinarium* Juss.

Calice urcéolé ou campanulé, quinquéparti, quelquefois gibbeux à la base. Pétales lancéolés. Étamines 15 à 20 : les unes fertiles, placées du côté interne de la fleur ; les autres stériles, polymorphes, ordinairement dentiformes, placées du côté opposé. Ovaire velu, biloculaire, à stipe adhérent au calice. Loges uniovulées. Stigmate bidenté. Drupe ovoïde ou sphérique, charnu, fibreux : noyau très-dur, anfractueux, uniloculaire, disperme ou par avortement monosperme.

Arbres à ramules velus. Feuilles glabres en dessus, veloutées en dessous. Fleurs en grappes paniculées. Corolle d'un blanc tirant sur le rose.

Ce genre est constitué par les quatre espèces dont nous allons parler.

PARINARE A GROS FRUITS. — *Parinari montanum* Aubl. Guian. tab. 204 et 205. —*Petrocarya montana* Willd.

Feuilles courtement pétiolées, ovales-lancéolées , acuminées. Corymbes terminaux, multiflores. Drupe gros , ovale-arrondi, brunâtre.

Tronc haut de 80 pieds , sur 2 à 3 pieds de diamètre. Écorce gercée, grisâtre. Feuilles longues de près d'un demi-pied. Stipules plus longues que les pétioles. Drupe haut de 4 pouces , sur 3 pouces de diamètre : chair épaisse, filandreuse , acide.

Ce Parinare croît dans la Guiane, sur les bords du Sinamari : les naturels du pays le nomment *Parinari* et *Ourocoumerepa.* Il est remarquable par la dureté de son bois , qui est de couleur jaunâtre. Aublet ne dit point que les amandes de l'arbre soient comestibles.

PARINARE A PETIT FRUIT. — *Parinari campestre* Aubl. Guian. tab. 6.

Feuilles subsessiles, cordiformes-ovales, acuminées. Grappes axillaires et terminales. Drupe petit, ovoïde , jaunâtre.

Tronc haut de 30 à 40 pieds , sur 2 pieds de diamètre. Feuilles longues d'environ un demi-pied. Drupe du volume d'une petite Prune : chair pulpeuse, acide.

Cette espèce croît également dans la Guiane; les Garipons l'appellent *Petit Parinari*. Ses fruits sont nommés *Nèfles* par les créoles.

PARINARE DU SÉNÉGAL.— *Parinarium senegalense* Perrott. in Dec. Prodr.— Guill. et Perrott. in Fl. Seneg. 1, tab. 61.

Feuilles cordiformes-ovales ou ovales-oblongues, obtuses. Grappes axillaires et terminales, paniculées. Calice gibbeux. Drupe ovoïde; noyau à base cuspidée, et creusée de 2 cavités circulaires.

Arbre haut de 20 à 25 pieds, très-rameux, ou quelquefois buisson de 8 à 10 pieds. Écorce grisâtre. Rameaux presque étalés. Feuilles longues de 4 à 5 pouces, ferrugineuses en dessous. Pétales à peine plus longs que les lobes du calice. Drupe du volume d'un œuf d'oie; peau jaunâtre, parsemée de tubercules grisâtres; chair jaunâtre, épaisse, d'une saveur douce un peu astringente. Noyau subglobuleux, anfractueux et fibrilleux en dehors, recouvert d'un duvet laineux en dedans. Graines cotonneuses.

Cet arbre, appelé *Néou* par les nègres, a été observé par MM. Lepricur et Perrottet dans différentes contrées de la Sénégambie. Il fleurit et fructifie pendant l'année presque entière. On ne mange la pulpe de ses fruits que lorsqu'ils tombent naturellement à terre, par suite de leur complète maturité. Dans cet état, ce fruit n'est pas agréable pour les Européens, parce que la chair en est peu juteuse et d'une saveur un peu âpre. Cependant les nègres le recherchent, et en mangent presque continuellement. On en voit au marché de Saint-Louis d'immenses quantités pendant une grande partie de l'année. La graine est une grosse amande huileuse qui rancit facilement et exhale alors une odeur fort désagréable.

PARINARE ÉLANCÉ.— *Parinarium excelsum* Guill. et Perrott. in Fl. Senegamb. tab. 62.

Feuilles ovales-lancéolées, acuminées. Panicules axillaires et terminales. Calices campanulés. Pétales lancéolés, pointus, plus courts que les lobes du calice. Drupe sphérique, à noyau ru-gueux, sillonné, cuspidé à la base, non creusé.

Arbre s'élevant à 100 pieds et plus. Tronc droit, de 2 à 3 pieds de diamètre. Écorce grisâtre, ridée. Rameaux très-longs, presque étalés. Drupe de la grosseur d'un œuf de pigeon : peau brunâtre, parsemée de tubercules gris ; chair douce, épaisse, blanchâtre.

Ce Parinare a été observé par MM. Perrottet et Leprieur en Sénégambie, sur les bords de la Casamence. Selon M. Don, il est commun dans les montagnes des environs de Sierra-Leone, où les Anglais appellent son fruit *Rough-skinned Plum* et *Gray Plum*, c'est-à-dire, *Prune à peu rude* et *Prune grise*. M. Caillé assure que l'arbre se retrouve en abondance dans l'intérieur de l'Afrique jusqu'à Jenné.

M. Perrottet observe que les fruits du *Parinare* élancé sont beaucoup plus agréables au goût que ceux de l'espèce précédente.

Genre LICANIA. — *Licania* Aubl.

Calice dibractéolé, turbiné, quinquéfide : lobes pointus, étalés. Corolle nulle. Étamines 5. Ovaires subglobuleux, ve-lus. Style filiforme, infléchi. Stigmate obtus. Drupe ovoïde, charnu ; noyau ligneux, monosperme.

L'espèce dont nous allons faire mention constitue à elle seule le genre.

Licania blanchatre. — *Licania incana* Aubl. Guian. tab. 45.

Arbrisseau rameux, haut de 4 à 5 pieds. Bois dur, blan-châtre. Feuilles courtement pétiolées, ovales ou ovales-oblon-gues, pointues, très-entières, cotonneuses-blanchâtres en dessous. Fleurs petites, blanchâtres, en épis terminaux. Drupe blanc, ponctué de rouge, de la grosseur d'une Olive.

On trouve cette plante dans la Guiane. Les Galibis en recher-chent beaucoup le fruit, dont la chair est douceâtre et fondante. Le bois frais exhale une odeur d'huile rance.

Genre HIRTELLE. — *Hirtella* Linn.

Limbe calicinal quinquéparti, réfléchi. Pétales petits, égaux. Étamines 5 - 20, unilatérales; filets longs, saillants. Drupe sillonné, uniloculaire, monosperme. Graine stipitée. Périsperme charnu. Cotylédons foliacés.

Arbres ou arbrisseaux souvent sarmenteux. Grappes simples ou rameuses, bractéolées. Fleurs rouges, ou jaunes, ou blanches.

Les *Hirtelles* se distinguent des autres Chrysobalanées et de la plupart des groupes voisins, par leur périsperme charnu. On en compte une vingtaine d'espèces, toutes indigènes dans l'Amérique équatoriale. Voici quelques-unes des plus notables.

Hirtelle polyandre. — *Hirtella polyandra* Kunth, in Humb. et Bonpl. Nov. Gen. et Spec. tab. 565.

Feuilles oblongues ou obovales-oblongues, acuminées, rétrécies à la base, cotonneuses-blanchâtres en dessous. Panicules terminales, thyrsiformes, denses, très-rameuses. Fleurs subicosandres. Calices gibbeux.

Arbre très-rameux, haut d'une trentaine de pieds. Fleurs petites, blanches.

Cette espèce habite les plages du Mexique. Son port et son inflorescence sont très-élégants.

Hirtelle a grappes. — *Hirtella racemosa* Lamk. Ill. — *Hirtella americana* Aubl. Guian. tab. 98. (non Jacq.)

Feuilles oblongues, acuminées, glabres en dessus, poilues en dessous aux nervures. Grappes simples, solitaires, axillaires, velues de même que les ramules. Fleurs pentandres.

Arbre de 25 pieds et plus, sur un demi-pied de diamètre. Écorce roussâtre. Bois cassant, blanchâtre. Fleurs purpurines ou violettes.

Cette espèce croît à la Guiane, où les créoles l'appellent *Bois de Gaulette*, nom par lequel ils désignent généralement tous les arbres dont le tronc et les branches fendues fournissent des lattes propres à faire des claies ou des cloisons.

HIRTELLE D'AMÉRIQUE. — *Hirtella americana* Jacq. Am. tab. 8 ; Icon. Pict. tab. 11.— *Hirtella paniculata* Lamk. Enc. — *Hirtella triandra* Swartz, Flor. Ind. Occ.

Feuilles oblongues, acuminées, glabres. Grappes lâches, terminales, rameuses, pubescentes. Fleurs triandres. Pétales ovales.

Arbre très-rameux, haut d'environ 20 pieds. Feuilles longues de 5 pouces. Fleurs blanches, inodores.

Cette plante est commune aux Antilles.

LES AMYGDALÉES. — *AMYGDALEÆ*.

(Amygdaleæ Loisel. Manuel des Plantes usuelles indigènes, vol. 1, p. 166.
— Bartl. Ord. Nat. p. 404. — *Rosacearum trib. VII*, sive *Amyg-
daleæ* Juss. Gen. — *Drupaceæ* Dec. Fl. Fr. 3e éd. vol. 4, p. 479. —
Rosacearum trib. II, sive *Amygdaleæ* Dec. Prodr. II, p. 529.)

Cette famille, envisagée par M. de Jussieu comme
section de ses Rosacées, réunit un grand nombre des
arbres fruitiers de nos climats, savoir : les Amandiers,
les Pêchers, les Abricotiers, les Pruniers et les Cerisiers. L'organisation des fleurs et des fruits de tous ces
végétaux est tellement uniforme, qu'ils n'offrent presque
aucun caractère scientifique pour distinguer les genres,
lesquels ne sont guère fondés que sur le port ou sur des
dénominations vulgaires, trop consacrées par l'usage
pour qu'on puisse y renoncer. L'Amandier ou *Amygdalus* est considéré comme le type du groupe.

Les *Amygdalées* habitent presque exclusivement les
zones tempérées de l'hémisphère septentrional. Leur
fruit consiste le plus souvent en un drupe succulent ou
charnu, tantôt sucré ou légèrement acidule, tantôt astringent ou amer. Leurs amandes, toujours saturées
d'huile grasse, ont souvent une saveur particulière
plus ou moins amère : cette saveur, qu'on retrouve dans
les feuilles et les jeunes écorces de beaucoup d'espèces,
est due à la présence de l'acide hydrocyanique, substance connue pour être un des poisons les plus subtils.
Les Amygdalées qui ornent les plantations d'agrément

ne sont pas moins nombreuses que celles qui enrichissent les jardins fruitiers.

CARACTÈRES DE LA FAMILLE.

Arbres ou *arbrisseaux*. Ramules cylindriques, quelquefois spinescents.

Feuilles alternes, simples, penninervées, indivisées, dentelées, pétiolées. Pétiole souvent bordé de glandules déprimées. Stipules libres, caduques.

Fleurs régulières, hermaphrodites, géminées ou solitaires, ou plus souvent disposées en grappe, ou en corymbe, ou en ombelle. Inflorescence terminale, ou latérale par l'avortement des ramules. Pédicelles bractéolés à la base. Corolles blanches ou rouges.

Calice inadhérent, caduc après l'anthèse, tubuleux ou campanulé : limbe 5-fide, imbriqué en préfloraison.

Disque laminaire, adné aux parois du tube calicinal.

Pétales 5, insérés à la gorge du calice, interpositifs, isomètres, courtement onguiculés, caducs, contournés en préfloraison.

Étamines en nombre défini multiple des pétales (ordinairement 20), insérées au sommet du disque. Filets libres, rectilignes, subulés, infléchis en préfloraison. Anthères arrondies, à 2 bourses libres aux deux bouts, déhiscentes latéralement.

Pistil solitaire. Ovaire uniloculaire, biovulé. Style subterminal, très-simple, grêle. Stigmate capitellé ou pelté.

Péricarpe : Drupe souvent charnu, à noyau bipartible, osseux (rarement comme subéreux), ordinairement monosperme.

Graines pendantes, ordinairement solitaires ; funicule allongé, ascendant du fond de la loge ; test membranacé. Périsperme (endoplèvre) presque pelliculaire.

Embryon rectiligne : radicule courte , supère ; cotylédons grands , charnus , ovales, entiers , foliacés en germination; plumule perceptible.

Voici les genres dont se compose la famille :

Amygdalus Linn. — *Persica* Tourn. — *Armeniaca* Tourn. — *Cerasus* Juss. (Cerasophora Neck.) — *Prunus* Linn. (Prunophora Neck.)

Genre AMANDIER. — *Amygdalus* Linn.

Calice infondibuliforme ou campanulé. Pétales 5. Drupe cotonneux ou rarement glabre , comprimé, non globuleux : sarcocarpe fibreux , peu ou point charnu; noyau osseux (par exception, subéreux et fragile), rugueux ou lisse, quelquefois poreux ou sillonné.

Feuilles condupliquées dans le bourgeon. Gemmes florifères solitaires ou géminées , aphylles, disposées le long des ramules des années précédentes. Fleurs solitaires , subsessiles, naissant avant ou avec les feuilles. Corolle blanche, ou rose, ou pourpre.

On connaît les espèces suivantes.

Section Iʳᵉ.

Calice campanulé.

Amandier commun. — *Amygdalus communis* Linn. — Blackw. tab. 10.—Guimp. Holz. tab. 141.—Nois. Jard. Fruit. tab. 3. — Bot. Reg. tab. 1160. — Duham. ed. nov. vol. 4, tab. 29.

Feuilles oblongues-lancéolées, presque glabres en dessous, dentelées : dentelures basilaires et pétioles glanduleux. Pétales plus longs que le calice. Style dépassant les étamines intérieures. Drupe velouté : noyau très-dur, poreux. Amande douce.

Arbre haut de 20 à 30 pieds. Rameaux grêles, flexibles, d'un vert clair dans leur jeunesse. Feuilles luisantes en dessus; dentelures égales, obtuses. Fleurs blanches ou légèrement roses. Drupes ovales : sarcocarpe irrégulièrement bivalve; noyau obtus à l'une des sutures, caréné à l'autre.

Cette espèce porte le nom plus spécial d'*Amandier à coque dure*, pour le distinguer de la suivante, qui produit également des Amandes douces. On en cultive plusieurs variétés à fruits plus ou moins gros.

L'*Amandier commun* croît spontanément en Barbarie (selon M. Desfontaines), en Syrie, dans l'Asie mineure, en Perse, et jusqu'au Caboul. Introduit depuis bien des siècles en Europe, il est comme indigène sur tout le littoral de la Méditerranée. Les hivers du nord de la France ne le font guère souffrir, mais sa floraison très-précoce l'exposant aux gelées printanières, la récolte de ses fruits y est trop peu assurée pour qu'on le cultive en grand.

Les Amandes douces sont fort employées en médecine pour la préparation de toutes les émulsions adoucissantes et rafraîchissantes. L'huile grasse qu'on en retire par expression entre aussi dans un grand nombre de compositions pharmaceutiques. Administrée à forte dose, cette huile devient laxative et vermifuge. Tout le monde connaît l'emploi des Amandes dans l'art culinaire, et l'on sait que les personnes dont la digestion se fait difficilement doivent s'abstenir d'en manger. Le résidu des Amandes dont on a exprimé l'huile, sert à faire la *Pâte d'Amandes*, cosmétique fort recherché pour adoucir la peau.

La gomme qui suinte souvent de l'écorce des Amandiers peut remplacer la Gomme arabique. Le bois sert à des ouvrages de marqueterie et de menuiserie; il brûle très-bien, en répandant beaucoup de chaleur.

AMANDIER A COQUE MOLLE. — *Amygdalus fragilis* Borkh.— Noisette, Jard. Fruit. tab. 3, fig. 2.—*Amygdalus dulcis* Mill.

Feuilles oblongues-lancéolées, dentelées : dentelures basilaires non glanduleuses; pétiole épais, glanduleux. Pétales de la longueur du calice. Drupe velouté : noyau acuminé, comprimé, profondément sillonné, subéreux, fragile.

Cet Amandier, que l'on confond souvent avec le précédent, est

originaire d'Orient et fréquemment cultivé dans l'Europe australe. Il produit les *Amandes* dites *Princesses* ou *des Dames*,
les *Amandes Sultanes*, et les *Amandes Pistaches*, toutes servies
de préférence sur les tables, à cause de leurs coques minces qu'on
brise facilement entre les doigts.

AMANDIER AMER. — *Amygdalus amara* Hayn. Arzn. IV,
tab. 39, fig. 1. — *Amygdalus communis* var. *amara* Dec.

Feuilles lancéolées-oblongues, dentelées, inéquilatérales : dentelures inférieures glanduleuses; pétiole ordinairement non glanduleux. Pétales plus longs que le calice. Style de la longueur des
étamines. Drupe velouté : noyau osseux, rugueux, poreux.

L'*Amandier amer* est originaire des mêmes contrées que
l'Amandier à fruits doux, et cultivé aussi dans l'Europe australe
et moyenne. Les Amandes amères sont moins employées en thérapeutique que les Amandes douces, quoique des médecins célèbres
les aient préconisées comme fébrifuges et anthelmintiques. Leurs
propriétés sont dues à la présence de l'acide hydrocyanique, qu'elles
contiennent en plus grande quantité qu'aucune autre Amygdalée,
excepté le Laurier Cerise. Les Amandes amères sont un violent
poison pour la plupart des oiseaux, pour les animaux carnassiers
en général, et même pour l'homme, lorsqu'il les prend en trop
grande quantité. Elles donnent la mort en causant de violentes
convulsions. On s'est imaginé que cinq ou six Amandes amères,
avalées avant le repas, empêchaient l'ivresse; mais ce préservatif
n'est rien moins que certain. Le principe amer et volatil de ces
graines ne passe point dans l'huile grasse qu'on en obtient par
l'expression à froid; cette huile ne se distingue en rien de l'huile
d'Amande douce, et elle est employée aux mêmes usages.

AMANDIER PÊCHER. — *Amygdalus Persico-Amygdala* Da-
léch. — *Amygdalus communis ε persicoides* Ser. in Dec. Prodr.
— Noisette, Jard. Fruit. tab. 3, fig. 1. — Jaume Saint-Hil. Flor.
et Pomone franç. tab. 363.

Pétioles glanduleux. Styles plus longs que les étamines extérieures. Pétales 3 fois plus longs que le calice. Drupe velouté, comprimé, plus ou moins charnu : noyau osseux, poreux, anfractueux. Amande douce.

Cet Amandier passe pour une hybride de l'Amandier commun et du Pêcher. Ses fleurs, grandes et roses, naissent en même temps que les feuilles. Ses fruits sont ordinairement gros, charnus et succulents comme la Pêche, mais peu savoureux ; quelquefois on trouve sur la même branche des fruits charnus, et d'autres qui ne diffèrent en rien de ceux de l'Amandier commun.

AMANDIER D'ORIENT. — *Amygdalus orientalis* Ait. Hort. Kew. — *Amygdalus argentea* Lamk.

Feuilles lancéolées ou elliptiques, acuminées, mucronées, sinuolées, cotonneuses de même que les jeunes pousses ; pétiole très-court. Style court. Noyau rugueux, profondément sillonné à la base, ovale, obtus, osseux.

Petit arbre haut de 8 à 12 pieds. Branches étalées ou inclinées. Rameaux divariqués, spinescents. Fleurs d'un demi-pouce de diamètre, d'un rose vif. Feuilles argentées aux deux faces. Pétales obovales.

Cette espèce, originaire de la Perse, est d'un bel effet dans les bosquets, à cause de la couleur argentée de ses feuilles. Elle fleurit dès le mois de février, et quelquefois en décembre. Ses Amandes sont mangeables, mais moins bonnes que celles de l'Amandier commun.

AMANDIER A FLEURS PÉDONCULÉES. — *Amygdalus pedunculata* Pallas, Nov. Act. Petrop. v. 7, p. 355, tab. 8 et 9.

Feuilles lancéolées ou ovales-lancéolées, souvent rétuses, profondément dentelées, glabres. Pédicelles solitaires ou géminés, subhorizontaux, allongés. Style de la longueur des étamines. Drupe ovale-arrondi : noyau lisse, légèrement caréné.

Arbuscule très-rameux, haut de 2 à 3 pieds. Rameaux très-étalés. Écorce lisse, brunâtre. Feuilles à peine longues d'un pouce, courtement pétiolées. Stipules sétacées. Fleurs petites, naissant après les feuilles. Lanières calicinales lancéolées, dentelées, étalées. Pétales blancs, lancéolés.

Cette espèce croît dans la Sibérie orientale et dans la Daourie. Elle fleurit au commencement du printemps, un peu avant l'*Amandier nain*. Ses amandes, selon Pallas, sont d'une saveur très-agréable. On ne possède pas cet Amandier dans nos collections.

AMANDIER DE LA COCHINCHINE. — *Amygdalus cochinchinensis* Lour. Flor. Coch.

Feuilles ovales, très-entières. Fleurs en grappes subterminales. Drupes ovoïdes, renflés au milieu, pointus.

Cette espèce, dont on ne connaît que la courte définition de Loureiro, croît dans les forêts de la Cochinchine. Ses fruits, remarque l'auteur cité, ressemblent à ceux de l'Amandier commun, tant par leur forme que par leur saveur.

AMANDIER A PETITES FEUILLES. — *Amygdalus microphylla* Kunth, in Humb. et Bonpl. Nov. Gen. tab. 564.

Feuilles oblongues, pointues, mucronées, dentelées, glabres, très-petites. Stipules 2 fois plus longues que le pétiole. Lobes du calice obtus, mucronés, réfléchis. Drupe globuleux.

Arbuscule très-rameux, haut d'environ 3 pieds.

MM. de Humboldt et Bonpland ont observé cette espèce au Mexique, à 1300 toises d'élévation au-dessus du niveau de l'Océan.

SECTION II.

Calice infondibuliforme.

AMANDIER NAIN. — *Amygdalus nana* Linn. — Bot. Mag. tab. 161. — Pallas, Flor. Ross. 1, tab. 6. — Duham. ed nov. vol. 4, tab. 30.

Feuilles lancéolées-linéaires, dentelées ou denticulées, glabres. Gemmes florales géminées. Lobes calicinaux ovales, obtus, plus courts que le tube. Pétales obovales ou obcordiformes. Style saillant. Drupe ovale, cotonneux : noyau ovalé, pointu, raboteux, non poreux, osseux.

Arbrisseau touffu, haut de 2 à 3 pieds. Racines rampantes.

Rameaux effilés, brunâtres. Feuilles longues d'environ 2 pouces, bordées de dentelures pointues. Fleurs naissant avant les feuilles, d'un beau rose, de la grandeur de celle du Pêcher commun.

L'*Amandier nain* couvre les steppes de la Russie méridionale, de l'Irtych et des environs de la Caspienne. On le retrouve jusqu'en Hongrie et en Transylvanie. Cet arbrisseau élégant mérite à juste titre une place dans les jardins ; sa stature peu élevée le rend très-propre à orner des plates-bandes.

AMANDIER DE GÉORGIE. — *Amygdalus georgica* Desf. Hort. Par. —Jaume Saint-Hil. Flore et Pom. franç. tab. 364.

Feuilles lancéolées, subobtuses, mucronées, dentelées, glabres. Gemmes florales solitaires ou géminées. Lobes calicinaux oblongs, obtus, glanduleux, presque aussi longs que le tube. Pétales obovales, denticulés. Style plus court que les étamines. Drupe ovale, cotonneux.

Arbrisseau touffu, haut de 3 à 4 pieds. Feuilles et fleurs naissant simultanément. Corolle d'un beau rose, plus grande que celle de l'Amandier nain.

Cette espèce, indigène dans les contrées voisines du Caucase, se cultive aussi comme arbuste d'agrément. Elle n'est pas moins belle que l'Amandier nain.

AMANDIER DES STEPPES. — *Amygdalus campestris* Bess. Enum. — *Amygdalus Besseriana* Schott, Cat. Hort. Vindob.

Feuilles lancéolées-oblongues, dentelées, très-glabres. Gemmes florales solitaires. Lobes calicinaux de la longueur du tube. Pétales linéaires-oblongs. Drupe ovale, cotonneux : noyau osseux, ovale, acuminé, lisse, non poreux, caréné aux deux bords.

Arbuscule à racines rampantes. Fleurs blanchâtres.

Cette espèce croît dans la Russie méridionale. Elle existe probablement dans nos jardins, confondue avec l'Amandier nain.

AMANDIER D'ARABIE. — *Amygdalus arabica* Olivier, Voy. tab. 47.

Feuilles lancéolées, obtuses, petites, très-glabres, subsessiles. Ramules roides, anguleux. Drupes ovales-elliptiques, acuminés, glabres : noyau ellipsoïde, mucroné, osseux, très-lisse, poreux, arrondi à l'un des bords, légèrement caréné à l'autre.

Arbrisseau fort remarquable par son port ressemblant à celui du Genêt d'Espagne. Drupe à écorce très-mince : noyau de la grosseur d'une noisette. Amande légèrement amère.

Cette espèce a été observée par Olivier en Orient.

Genre PÊCHER. — *Persica* Tourn.

Les *Pêchers* ne diffèrent des Amandiers que par leur drupe charnu et succulent, à noyau fortement anfractueux : les perforations dont ce noyau est criblé çà et là, sont le seul caractère organique qui les distingue des Pruniers, des Abricotiers et des Cerisiers.

Les Pêches sont rafraîchissantes et apéritives; certaines variétés passent pour les meilleurs fruits de nos climats. Les fleurs des Pêchers possèdent des propriétés purgatives très-prononcées; elles contiennent de l'acide hydrocyanique, substance qui se retrouve dans les feuilles et les amandes de ces arbres. Aussi ces différentes parties deviendraient-elles dangereuses à fortes doses. La gomme de Pêcher jouit des mêmes qualités que la gomme des autres arbres de la famille des Amygdalées. Le bois de Pêcher est d'un rouge brun, avec des veines plus claires; son grain, fin et serré, le rend susceptible de prendre un beau poli; et, parmi les bois indigènes, c'est un des plus recherchés pour les ouvrages d'ébénisterie.

Les Pêchers sont originaires de l'Asie tempérée. Leur introduction en Europe remonte à plus de dix-neuf siècles. Personne n'ignore combien leur culture est répandue aujourd'hui.

Plusieurs auteurs distinguent les deux espèces que nous allons citer, et que Linné et d'autres botanistes envisagent comme des variétés. Il nous paraît plus probable qu'ici, comme dans beaucoup d'autres végétaux cultivés depuis bien des siècles, il existait primitivement plusieurs espèces dont les types sont difficiles à retrouver à cause des hybrides qu'elles ont produites.

PÊCHER COMMUN. — *Persica vulgaris* Mill. — *Amygdalus persica* Linn. — Lois. in Duham. ed. nov. vol. 6, tab. 1 ad 8. — Noisette, Jard. Fruit.

Feuilles lancéolées, doublement dentelées. Drupe cotonneux.

Arbre de 15 à 20 pieds de haut. Ramules lisses, effilés, verts ou rougeâtres. Dentelures des feuilles inégales, pointues, les inférieures quelquefois glanduleuses. Pétiole non glanduleux. Fleurs solitaires ou géminées, subsessiles, naissant un peu au-dessous des bourgeons à feuilles, et avant celles-ci, le long des ramules de l'année précédente. Pétales d'un rose plus ou moins vif. Tube calicinal campanulé. Drupe globuleux.

PÊCHER A FRUIT LISSE. — *Persica lævis* Dec. Fl. Fr. — *Persica nucipersica* C. Bauh. — Nois. Jard. Fruit. tab. 20, 21 et 31.

Feuilles lancéolées, simplement dentelées. Drupe glabre.

Les nombreuses variétés cultivées qui se rapportent à ces deux espèces, sont classées par M. Poiteau de la manière suivante.

I. PÊCHES DUVETEUSES, A CHAIR QUITTANT LE NOYAU.

a) Fleurs grandes. Glandes globuleuses.

Pêche Mignonne hâtive, Poit.
— *Mignonne frisée*, Poit.
— *Vineuse de Fromentin.*
— *Belle Beauce.*
— *Belle Beauté.*
— *Grosse Mignonne*, Nois. Jard. Fruit. tab. 19.

b) Fleurs grandes. Glandes réniformes.

Pêche Pourprée hâtive, ou *Vineuse*, Nois. Jard. Fruit. tab. 18.
— *Abricotée, Admirable jaune, Grosse jaune, Pêche de Burai, Pêche d'Orange, Sandalie hermaphrodite*, Nois. Jard. Fruit. tab. 22.

c) Fleurs grandes. Glandes nulles.

Avant-Pêche blanche, Nois. Jard. Fruit. tab. 17.

Pêche Madeleine blanche, Nois. Jard. Fruit. tab. 17.
— *de Malte, Belle de Paris.*
— *Madeleine de Courson, Madeleine rouge, Paysanne,*
 Nois. Jard. Fruit. tab. 18.
— *d'Ispahán.*

d) Fleurs moyennes. Glandes globuleuses.

Pêche Admirable, Belle de Vitry.

e) Fleurs moyennes. Glandes réniformes.

Pêche Alberge jaune, Pêche jaune, Saint-Laurent jaune,
 Petite Rossanne, Nois. Jard. Fruit. tab. 17.
— *Chevreuse hâtive,* Nois. Jard. Fruit. tab. 21.

ƒ) Fleurs moyennes. Glandes nulles.

Pêche Madeleine à moyennes fleurs, Madeleine rouge hâ-
 tive ou *à petites fleurs.*

g) Fleurs petites. Glandes globuleuses.

Pêche Galande, Bellegarde, Nois. Jard. Fruit. tab. 23.
— *Bourdine,* Nois. Jard. Fruit. tab. 20.
— *Téton de Vénus,* Nois. Jard. Fruit. tab. 22.
— *Nivette, Veloutée tardive,* Nois. Jard. Fruit. tab. 25.
— *Royale,* Nois. Jard. Fruit. tab. 23.

h) Fleurs moyennes. Glandes réniformes.

Pêche Chevreuse tardive, Nois. Jard. Fruit. tab. 21.
— *Petite Mignonne.*

II. Pêches duveteuses, a chair adhérente au noyau.

a) Fleurs grandes. Glandes réniformes.

Pêche Pavie de Pompone, Pavie monstrueux, Gros Per-
 sèque rouge, Gros Mêle-coton, Nois. Jard. Fruit.
 tab. 24.

b) Glandes nulles.

Pêche Pavie Madeleine, Pavie blanc.

c) Fleurs petites. Glandes réniformes.

Pêche Pavie Alberge, Pavie jaune, Persèque jaune.

Pêche Persèque, Gros Persèque, ou *Persèque allongé,* Nois.
Jard. Fruit. tab. 25.

— *Pavie tardif,* Poit.

III. Pêches lisses, a chair quittant le noyau.

a) Fleurs grandes. Glandes réniformes.

Pêche Desprès, Poit.

— *Jaune lisse, Lissée jaune, Rossanne,* Nois. Jard. Fruit.
tab. 20.

b) Fleurs petites. Glandes réniformes.

Pêche Cerise, Nois. Jard. Fruit tab. 31.

— *Vignette hâtive.*

— *Grosse Violette, Violette de Courson,* Nois. Jard.
Fruit. tab. 21.

IV. Pêches lisses, a chair adhérente au noyau.

Pêche Brugnon musqué, Nois. Jard. Fruit. tab. 20.

Enfin, on cultive dans les jardins paysagers plusieurs variétés
à fleurs doubles ou semi-doubles, qui produisent un effet charmant, et que l'on doit compter au nombre des plus beaux arbustes d'ornement que nous possédions. L'une de ces variétés est
très-naine, et peut être tenue en pot.

Genre ABRICOTIER. — *Armeniaca* Tourn.

Drupe charnu ou succulent, globuleux, velouté; noyau
un peu comprimé, non sillonné ni poreux : sutures saillantes,
l'une obtuse, l'autre 3-carénée.

Feuilles larges, luisantes en dessus, convolutées dans les
bourgeons. Fleurs solitaires ou géminées, subsessiles, naissant le long des ramules de l'année précédente, à la place
des anciennes feuilles, et se développant avant les nouvelles.

Ce genre ne diffère des Pruniers que par son drupe velouté et non glauque. Le nom d'*Armeniaca* lui a été appliqué parce que l'*Abricotier commun* fut transporté d'Armé-
nie en Europe. On connaît les espèces suivantes.

Abricotier commun. — *Armeniaca vulgaris* Lamk. Dict. — Lois. in Duham. ed. nov. vol. 5, tab. 49, et tab. 50, fig. 6.

Feuilles elliptiques, ou ovales, ou ovales-arrondies, acuminées, subcordiformes ou rétrécies à la base, doublement crénelées, glabres; pétiole glanduleux. Fleurs solitaires ou géminées, courtement pédicellées; pédicelles recouverts par les écailles du bourgeon.

Arbre de 15 à 20 pieds de haut, à tête arrondie. Rameaux tortueux. Feuilles d'un vert gai. Calice rougeâtre. Pétales blancs, arrondis, concaves, de moitié plus grands que les lobes calicinaux. Drupe globuleux ou ovale-globuleux, jaune ou orange, lavé de rouge. Amande douceâtre ou amère.

Les variétés les plus notables sont les suivantes.

Abricot précoce, ou *Abricotin*, Nois. Jard. Fruit. tab. 1.
— *blanc*.
— *angoumois*, Nois. Jard. Fruit. tab. 1.
— *commun*, Nois. Jard. Fruit. tab. 1.
— *de Hollande,* ou *Amande Aveline*.
— *de Provence*.
— *de Portugal*.
— *Alberge*.
— — *de Tours*.
— — *de Montgamet*.
— *Aveline*.
— *Pêche*, Nois. Jard. Fruit. tab. 2.
— *royal*.

L'*Abricotier commun*, indigène dans l'Asie mineure et en Perse, est depuis long-temps naturalisé en Europe. Les Abricots sont un fruit sain et nourrissant, à cause de la matière sucrée qu'ils contiennent. Leurs amandes peuvent servir aux mêmes usages que les Amandes douces proprement dites; elles entrent dans la composition de la liqueur de table connue sous le nom d'*Eau de noyaux*. Le bois de l'Abricotier, d'un gris cendré veiné de rouge et de jaune, est employé à des ouvrages de tour et de tabletterie.

ABRICOTIER NOIR. — *Armeniaca dasycarpa* Pers. — *Prunus dasycarpa* Ehrh. — Bot. Reg. tab. 1243. — *Armeniaca atropurpurea* Lois. in Duham. ed. nov. vol. 5, tab. 51, fig. 1.

Feuilles ovales ou ovales-elliptiques, doublement dentelées, acuminées, glabres; pétiole glanduleux. Pédicelles plus longs que les bourgeons, solitaires ou géminés.

Arbrisseau de 5 à 6 pieds. Tronc ordinairement tortueux. Écorce d'un gris cendré, crevassée. Fleurs blanches, d'un pouce de diamètre. Filets violets, plus courts que les pétales. Style de la longueur des étamines. Drupe de 13 à 14 lignes de diamètre : peau d'un violet très-foncé ou noirâtre, légèrement veloutée; chair rougeâtre.

Cette espèce, nommée vulgairement *Abricotier du Pape*, paraît originaire d'Orient. On la cultive rarement chez nous, et plutôt comme objet de curiosité que pour ses fruits, qui sont aqueux et insipides.

ABRICOTIER DE SIBÉRIE. — *Armeniaca sibirica* Pers. — Pallas, Flor. Ross. tab. 8. — Amman. Stirp. Ruth. tab. 552, fig. 1.

Feuilles ovales ou ovales-arrondies, longuement acuminées, doublement dentelées, pubescentes aux bords; dentelures basilaires glanduleuses; pétiole grêle, non glanduleux. Calices à moitié inclus dans les bourgeons. Drupe presque sec.

Arbrisseau parvenant rarement à la hauteur de 6 pieds. Tronc tortueux, de là grosseur du poing. Rameaux roides, étalés, florifères au sommet. Fleurs solitaires ou géminées. Calice rougeâtre, à lobes ovales, pointus, ciliés, réfléchis. Pétales ovales, rougeâtres, 2 fois plus grands que le calice. Étamines 30, plus courtes que la corolle. Style velu à la base, un peu plus court que les étamines. Drupe subsessile, velu avant la maturité, jaunâtre, lavé de rouge d'un côté, presque sec, bipartible, astringent. Noyau semblable à celui de l'Abricot commun. Amande légèrement amère.

Cet Abricotier couvre les pentes les plus escarpées du versant méridional des montagnes de la Daourie. Pallas rapporte qu'à l'époque de la floraison, il est d'un effet charmant, et qu'on l'aperçoit de très-loin. Son fruit, presque sec, et séparable en deux valves, rapprocherait plutôt cet arbrisseau des Amandiers, s'il n'était étroitement lié aux Abricotiers par le port.

Il est fort rare de rencontrer l'*Abricotier de Sibérie* dans nos jardins paysagers, quoique ses fleurs, élégantes et précoces, le placent au premier rang parmi les arbustes d'agrément.

Genre PRUNIER. — *Prunus* Linn.

Drupe charnu, glabre, couvert d'une poussière glauque; noyau plus ou moins comprimé ou rarement subglobuleux, lisse ou rugueux, non poreux ni sillonné, à sutures plus ou moins tranchantes : l'une creusée d'un sillon, l'autre tricarénée.

Feuilles convolutées dans le bourgeon. Fleurs fasciculées ou en ombelle sessile, rarement solitaires, naissant le long des ramules de l'année précédente à la place des anciennes feuilles, et se développant tantôt avant, tantôt après les nouvelles.

Ce genre offre des représentants dans l'ancien et le nouveau continent. Un nombre très-considérable de *Pruniers* sont cultivés dans les jardins fruitiers. Plusieurs espèces contribuent à orner les bosquets.

Le bois des Pruniers est dur, veiné de rouge, d'un grain fin serré, et susceptible d'un beau poli. Les ébénistes et les tourneurs en font une grande consommation. Il découle du tronc des Pruniers, comme de la plupart des autres Amygdalées, une gomme émolliente, adoucissante et nutritive. On peut, selon M. Loiseleur, la substituer à la Gomme arabique dans la plupart des cas où l'on emploie cette dernière.

Les Pruniers les plus estimés paraissent originaires de l'Orient, où ils ont été connus de temps immémorial : les plus anciens auteurs agronomes font déjà mention de plusieurs espèces. Personne n'ignore l'emploi alimentaire des Prunes fraîches ou séchées au four. Dans la Hongrie, la Croatie, la Moldavie et d'autres contrées de l'Europe orien-

tale, où certains Pruniers croissent en forêts, on engraisse
les bestiaux de leurs fruits. On extrait des Prunes, dans ces
mêmes pays, une boisson alcoolique connue sous le nom de
Raki. Le *Zwetschen-Wasser*, autre liqueur qui se fabrique
en Allemagne, s'obtient aussi de plusieurs espèces de Prunes.
Enfin, ces fruits contiennent un sucre blanc et cristallisable
comme celui de la Canne.

Voici les espèces les plus intéressantes du genre.

Prunier domestique. — *Prunus domestica* Linn.

Pédoncules subsolitaires. Feuilles ovales-elliptiques ou lancéolées-obovales, dentelées, discolores, poilues en dessous. Ramules
mutiques. Pédoncules subsolitaires. Drupe ovale-globuleux,
creusé d'un sillon profond : noyau arrondi, obtus ou mucroné.

On rapporte à cette espèce, à tort ou à raison, toutes les Prunes
à noyaux plus ou moins arrondis. Nous devons nous borner à citer
les variétés les plus notables.

Prune Abricotée, Lois. in Duham. ed. nov. 2, tab. 13.
   — *Mirabelle*, Lois. l. c. tab. 14.
   — *Drap d'or*, ou *Mirabelle double*.
   — *Reine-Claude*, Lois. l. c. tab. 11.
   — *Petite Reine-Claude*.
   — *Abricotée de Tours*, Lois. l. c. tab. 13.
   — *Reine-Claude violette*, Lois. l. c. tab. 57, fig. 2.
   — *Damas musqué*, Lois. l. c. tab. 20, fig. 3.
   — *des vacances*, Lois. l. c. tab. 55, fig. 3.
   — *Gros Damas rouge tardif*, Lois. l. c. tab. 58, fig. 1.
   — *Petit Damas rouge*; Lois. l. c. tab. 56, fig. 8.
   — *Monsieur*, Lois. l. c. tab. 7.
   — *Monsieur hâtif*, Lois. l. c. tab. 20, fig. 1.
   — *Gros Damas de Tours*.
   — *suisse*, Lois. l. c. tab. 20, fig. 7.
   — *Royale de Tours*, Lois. l. c. tab. 20, fig. 8.
   — *Damas d'Italie*, Lois. l. c. tab. 4.
   — *Perdrigon violet*.
   —   — *normand*.

Prune Perdrigon rouge, Lois. l. c. tab. 6.
— *de Jérusalem*, Lois. l. c. tab. 56, fig. 2.
— *Tardive de Châlons*, Lois. l. c. tab. 58, fig. 6.
— *de la Saint-Martin*, Lois. l. c. tab. 58, fig. 7.
— *de Saint-Julien*, Lois. l. c. tab. 54, fig. 2, et tab. 56, fig. 9.
— *Gros Saint-Julien*, Lois. l. c. tab. 53, fig. 3.
— *Perdrigon hâtif*, Lois. l. c. tab. 55, fig. 6.
— *sans noyau*, Lois. l. c. tab. 40, fig. 14.
— *Damas noir tardif*, Lois. l. c. tab. 20, fig. 4.
— *Précoce de Tours.*
— *Damas de septembre*, Lois. l. c. tab. 6.
— *de deux fois l'an*, Lois. l. c. tab. 20, fig. 13.
— *Damas violet*, Lois. l. c. tab. 2.
— *Damas d'Espagne*, Lois. l. c. tab. 56, fig. 4.
— *Sainte-Catherine.*
— *Jaune hâtive.*
— *Bricette*, Lois. l. c. tab. 29, fig. 5.
— *Mouchetée*, Lois. l. c. tab. 60, fig. 11.
— *Impératrice blanche*, Lois. l. c. tab. 18, fig. 2.
— *Abricotée blanche*, Lois. l. c. tab. 60, fig. 10.
— *Petit Damas blanc*, Lois. l. c. tab. 3.
— *Gros Damas blanc*, Lois. l. c. tab. 3, fig. 2.
— *Perdrigon blanc*, Lois. l. c. tab. 8.
— *Grosse Virginale blanche*, Lois. l. c. tab. 62, fig. 1.
— *Dame Aubert*, Lois. l. c. tab. 2, fig. 10.
— *Rognon d'âne.*
— *Datte.*
— *Impériale blanche*, Noisette, Jard. Fruit.

PRUNIER PRUNEAULIER. — *Prunus pyramidalis* Dec. Fl. Fr.
Rameaux érigés. Ramules mutiques. Feuilles ovales-oblongues ou elliptiques-oblongues, dentelées, acuminées, pubescentes en dessous. Pédoncules subsolitaires. Pétales elliptiques, étroits, distants. Drupe ellipsoïde ou ovale-oblong : noyau allongé, fortement comprimé, rétréci aux deux bouts.

Cette espèce offre un moins grand nombre de variétés que la précédente. Les plus remarquables sont les suivantes.

Prune Impératrice violette, Lois. in Duham. ed. nov. tab. 18.
— *Diaprée violette*, Lois. l. c. tab. 17.
— *Haricot*, Seringe, in Dec. Prodr.
— *Impériale violette*, Lois. l. c. tab. 15.
— *Jacinthe*, Lois. l. c. tab. 16.
— *d'Agen*.
— *d'Aste*.
— *Quetche* ou *Zwetsche*, Lois. l. c. tab. 55, fig. 6. — Noisette, Jard. Fruit. n° 42.
— *Ile verte*, Lois. l. c. tab. 20, fig. 9.
— *Abricotée rouge*, Lois. l. c. tab. 46, fig. 11.

PRUNIER SAUVAGE. — *Prunus insititia* Linn. — Smith, Engl. Bot. tab. 841. — *Pruna avenaria* Tabern. p. 1403, Ic.

Feuilles ovales-lancéolées, révolutées aux bords, pubescentes aux deux faces. Rameaux subspinescents, veloutés. Pédicelles géminés, pubescents. Drupes globuleux, penchés.

Buisson ou petit arbre. Fleurs et fruits 2 fois plus grands que dans le Prunelier. Drupe noirâtre, couvert d'une poussière bleue, ou bien jaune ou rougeâtre.

Ce Prunier croît spontanément dans l'Europe australe, au Caucase, et en Barbarie. On le cultive fréquemment dans les vergers des contrées septentrionales ; mais son fruit est d'une qualité fort médiocre.

PRUNIER PRUNELIER. — *Prunus spinosa* Linn. — Flor. Dan. tab. 926. — Schk. Handb. tab. 132. — Engl. Bot. tab. 842. — Lois. in Duham. ed. nov. vol. 5, tab. 54, fig. 1. — Jaume Saint-Hil. Flor. et Pom. franç. tab. 217.

Rameaux spinescents, divariqués, pubescents. Feuilles elliptiques, ou lancéolées, ou obovales-lancéolées, doublement dentelées, pubescentes en dessous ou presque glabres. Bourgeons floriferes solitaires ou fasciculés, uniflores. Pédicelles glabres. Drupes globuleux, dressés ; noyau subglobuleux, rugueux, à bords obtus.

Arbrisseau haut de 6 à 12 pieds, ou plus habituellement buisson haut de 3 à 5 pieds. Écorce d'un brun noirâtre ou grisâtre. Fleurs petites, naissant avant les feuilles. Pédicelles de la longueur du calice ou un peu plus longs. Lobes calicinaux ovales, obtus, denticulés, étalés. Pétales 2 fois plus longs que le calice, elliptiques. Drupe noirâtre, couvert d'une poussière glauque.

Le *Prunelier*, aussi nommé *Épine noire*, est commun dans presque toute l'Europe. Les différentes parties de la plante, et principalement les fruits, sont fortement astringentes. On en préparait autrefois un extrait, appelé *Suc d'Acacia indigène*, qu'on administrait comme remède tonique. L'écorce jouit de quelques propriétés fébrifuges, et elle a été employée avec succès contre les fièvres intermittentes ; sa décoction dans une dissolution alcaline donne une teinture rouge. Les fleurs sont purgatives. Les fruits, connus sous les noms de *Prunelles, Senelles* et *Chelosses*, sont ramassés en plusieurs contrées par les pauvres, qui en font une boisson aigrelette, en les mettant fermenter avec de l'eau. Tous les bestiaux, et surtout les moutons et les chèvres, broutent avec plaisir les feuilles et les bourgeons du Prunelier : Linné assure qu'on peut en faire un thé assez agréable. Dans les pays où règne la coutume d'enclore les champs, on choisit fréquemment le Prunelier pour cet usage : les haies qu'on en forme sont très-fortes ; mais il faut avoir soin de les tailler et de les rabattre souvent, pour les forcer à donner beaucoup de branches latérales.

On possède un *Prunelier à fleurs doubles*, qui est un fort joli arbuste d'agrément.

PRUNIER MYROBOLAN. — *Prunus Myrobalana* Linn. — Lois. in Duham. ed. nov. vol. 5, tab. 57, fig. 11. — Duham. Arb. Fruit. tab. 20, fig. 15. — *Prunus cerasifera* Ehrh.

Ramules inermes. Feuilles elliptiques, ou ovales, ou elliptiques-obovales, acuminées, inégalement dentelées, légèrement pubescentes aux veines de la face inférieure. Pédicelles subsolitaires, allongés. Drupes ovales-globuleux, pendants : noyau acuminé.

Arbre de la taille du Prunier commun, ou quelquefois buisson de 15 à 20 pieds de haut. Fleurs très-abondantes, naissant avant les feuilles, au premier printemps. Drupe rouge ou jaune, succulent, de la grosseur d'une Prune de Reine-Claude.

Ce Prunier passe pour originaire d'Amérique. Il mérite d'être planté dans les jardins paysagers, à cause de son aspect très-fleuri et de la belle apparence de ses fruits. Ceux-ci sont de qualité médiocre et peu recherchés; leur saveur est douceâtre, mais aqueuse.

PRUNIER DE BRIANÇON. — *Prunus Brigantiaca* Villars, Flor. Delph. — Lois. in Duham. ed. nov. vol. 5 ; tab. 59. — *Armeniaca Brigantiaca* Pers. — Dec. Prodr. — Jaume Saint-Hil. Flor. et Pom. franç. tab. 219.

Feuilles ovales, acuminées, subcordiformes à la base, doublement dentelées, pubescentes en dessous aux nervures. Fleurs subsessiles, fasciculées. Drupes ovales-globuleux.

Arbrisseau haut de 8 à 10 pieds. Ramules très-lisses, verdâtres. Fleurs naissant avant les feuilles. Pétales une fois plus longs que le calice. Étamines au nombre de 16 à 20, de moitié plus longues que la corolle. Fruits très-lisses, d'un jaune clair, de la grosseur d'une Prune de Reine-Claude ; chair acide, adhérente au noyau ; noyau lisse, arrondi. Amande amère.

Cette espèce, nommée vulgairement *Prunier des Alpes*, est commune dans quelques cantons du Dauphiné, et notamment au Briançonnais. Dans ce district, on retire depuis long-temps, de ses amandes, une huile appelée vulgairement *Huile de marmotte*, et plus estimée des habitants que l'Huile d'olive. Cette huile est analogue à celle que fournissent les Amandes douces, mais plus inflammable, et elle conserve un goût de noyau qui la rend un peu amère. L'acide hydrocyanique paraît exister en assez forte quantité dans les amandes du Prunier de Briançon ; car on connaît plusieurs cas d'empoisonnement parmi les bestiaux qui avaient mangé du résidu de ces graines.

PRUNIER A FEUILLES DE SAULE. — *Prunus salicina* Lindl. in Transact. Horticult. Soc. Lond. vol. 7, p. 239.

Rameaux inermes. Feuilles obovales, acuminées, glabres, bordées de dentelures glanduleuses; pétiole non glanduleux. Stipules subulées, glanduleuses, de la longueur du pétiole. Pédicelles subsolitaires, plus courts que les feuilles.

Fleurs petites, blanches, très-glabres, courtement pédonculées. Sépales ovales, non glanduleux. Fruit du volume et de la couleur du Myrobolan.

On cultive ce Prunier dans les serres du Jardin de la Société d'horticulture de Londres, sous le nom de *Prunier de Chine*. Au rapport de M. Lindley, les Chinois l'appellent *Tching-Tcho-Li* ou *Tsing-Tchok-Li*.

Prunier Cocomilio. — *Prunus Cocomilio* Tenor. Prodr. Flor. Neap.

Rameaux spinescents. Feuilles obovales, crénelées, glabres aux deux faces; crénelures glanduleuses. Pédoncules courts, géminés. Drupes ovales-oblongs, mucronulés; noyau tranchant aux deux sutures, pointu au sommet.

Ce Prunier croît en Calabre. Les habitants du pays le nomment *Cocomilio*, et ils emploient son écorce comme fébrifuge.

Prunier maritime. — *Prunus maritima* Willd. Enum. — Pursh. Flor. Am. Bor.

Feuilles ovales-oblongues, acuminées, doublement dentelées. Fleurs subsessiles.

Cette espèce, selon Pursh, croît sur les côtes des États-Unis, depuis la Caroline jusqu'au New-Jersey. Son fruit, de la grosseur d'un œuf de pigeon, est fort bon à manger.

Prunier Chicasaw. — *Prunus Chicasaw* Mich. Flor. Am. Bor.

Feuilles lancéolées ou obovales-lancéolées, pointues, dentelées. Rameaux spinescents, glabres. Fleurs en fascicules sessiles.

Petit arbre haut de 10 à 15 pieds. Branches géniculées, étalées, formant une tête touffue. Feuilles glabres, luisantes, courtement pétiolées. Fascicules 3- ou 4-flores, agrégés; pédicelles longs d'un demi-pouce. Calice glabre, à segments obtus, légèrement ciliés. Corolle blanche, de la longueur des étamines. Drupe rouge ou jaune, globuleux.

Ce Prunier croît dans les haies et autour des habitations dans le midi des États-Unis. Elliot pense qu'il a été apporté des contrées situées à l'ouest du Mississipi. Le fruit est fort bon à manger ; on en possède plusieurs variétés.

PRUNIER HIVERNAL.—*Prunus hiemalis* Mich. Flor. Am. Bor.

Rameaux inermes. Feuilles elliptiques ou elliptiques-obovales, cuspidées, doublement dentées ou crénelées, pubescentes aux veines de la face inférieure ; pétiole court, biglanduleux au sommet. Ombelles 2-5-flores ; pédicelles courts, glabres. Style saillant avant l'anthèse.

Arbre assez élevé. Rameaux étalés, grisâtres. Feuilles d'un vert sombre, longues de 2 à 3 pouces, sur 1 1/2 à 3 pouces de large. Stipules sétacées, denticulées. Ombelles nombreuses. Fleurs grandes, naissant plusieurs semaines avant les feuilles. Pétales blancs, elliptiques, obtus, de moitié plus longs que les étamines. Drupes solitaires, ovales, acerbes, munis d'une peau très-épaisse, noirâtre.

Cette espèce croît au Canada et aux États-Unis. Selon Michaux, ses fruits deviennent mangeables après les premières gelées.

PRUNIER RÉCLINÉ. — *Prunus reclinata* Bosc, in Hort. Par. — *Prunus acuminata* Mich. Flor. Am. Bor.?

Rameaux inermes. Feuilles oblongues-obovales ou lancéolées-obovales, cuspidées, doublement dentelées, glabres ; dentelures acérées, non glanduleuses ainsi que le pétiole. Ombelles pauci-flores, agrégées ; pédicelles filiformes, glabres. Style plus court que les étamines.

Petit arbre à rameaux inclinés. Épiderme des ramules grisâtre. Écorce d'un brun roux. Feuilles d'un vert sombre, pâles en dessous, rugueuses, longues de 3 à 4 pouces, larges de 15 à 30 lignes. Fleurs très-nombreuses, naissant en même temps que les feuilles. Pétales oblongs, étroits, blancs, de la longueur des étamines. (Le fruit ne nous est pas connu.)

Ce Prunier, indigène dans l'Amérique septentrionale, est cultivé dans les jardins paysagers.

PRUNIER PYGMÉE. — *Prunus pygmæa* Willd. — *Cerasus pygmæa* Lois. in Duham. ed. nov. — Dec. Prodr.

Rameaux inermes. Feuilles ovales-elliptiques, pointues, glabres aux deux faces, rétrécies et biglanduleuses à la base, bordées de dentelures pointues. Ombelles sessiles, pauciflores. Drupes noirâtres, peu charnus, du volume d'un gros Pois.

Cette espèce, originaire de l'Amérique septentrionale, est cultivée comme arbuste d'agrément.

PRUNIER NOIR. — *Prunus nigra* Ait. Hort. Kew. — Bot. Mag. tab. 1117.

Rameaux inermes. Feuilles ovales, acuminées; pétiole biglanduleux. Ombelles sessiles, pauciflores.

Calice rougeâtre, à lobes obtus, glanduleux aux bords. Corolle blanche.

Ce Prunier, originaire du Canada, est cultivé dans les jardins paysagers.

PRUNIER BLANCHATRE. — *Prunus candicans* Willd. Enum. — Dec. Prodr. — Lindl. in Bot. Reg. tab. 1135.

Feuilles larges, ovales, dentelées; stipules incisées-dentées, de la longueur des pétioles. Pédicelles géminés ou ternés, courts, rapprochés, pubescents de même que les ramules.

Arbrisseau de 4 à 5 pieds de haut. Feuilles molles, légèrement pubescentes. Fleurs blanches, de la grandeur de celles du Prunier commun, très-abondantes. Pétales oblongs-obovales, onguiculés. Fruit inconnu.

Ce Prunier est remarquable par l'abondance des fleurs dont il se couvre au retour du printemps. On le cultive dans les bosquets. Sa patrie est inconnue.

PRUNIER A FEUILLES GLAUQUES. — *Prunus Susquehannæ* Willd. Enum. — *Cerasus depressa* Pursh, Flor. Am. Bor. — *Cerasus pumila* Mich. Flor. Am. Bor. (non Linn.)

Ramules inermes, anguleux. Feuilles lancéolées ou lancéolées-oblongues, pointues, glabres, luisantes en dessus, glauques en dessous, bordées de dentelures peu profondes. Ombelles 2-5-flores, agrégées; pédicelles filiformes, glabres. Drupe ovale.

Buisson très-touffu, haut de 2 à 3 pieds. Ramules rougeâtres, fortement anguleux. Feuilles non glanduleuses, fermes, longues de 2 à 4 pouces, larges de 8 à 15 lignes. Fleurs petites, blanches, très-abondantes, naissant en même temps que les feuilles.

Cet arbuste, indigène dans l'Amérique septentrionale, mérite de fixer l'attention des horticulteurs, à cause de son aspect touffu et très-fleuri.

PRUNIER NAIN. — *Prunus pumila* Linn. — Mill. Icon. tab. 89, fig. 2. — *Cerasus glauca* Mœnch, Meth.

Rameaux effilés, striés, inermes. Feuilles obovales-oblongues, glauques en dessous, légèrement dentelées, glabres. Ombelles pauciflores. Drupe ovale, noirâtre.

Cette espèce, originaire de l'Amérique septentrionale, est cultivée comme arbuste d'agrément.

Genre CERISIER. — *Cerasus* Tourn.

Drupe globuleux ou ombiliqué à la base, charnu, très-glabre, luisant, non glauque; noyau comprimé ou arrondi, lisse ou rugueux, jamais poreux, à sutures plus ou moins tranchantes.

Feuilles condupliquées dans le bourgeon. Fleurs blanches ou rouges, disposées en ombelle, ou en corymbe, ou en fascicule, ou en grappe. Gemmes florales ordinairement aphylles, solitaires ou fasciculées, disposées le long des ramules de l'année précédente, à la place des anciennes feuilles, et s'épanouissant avant ou avec les nouvelles.

Les feuilles condupliquées et non convolutées dans le bourgeon, sont le seul caractère qui distingue nettement les *Cerisiers* des Pruniers. Ce genre, qui compte environ trente

espèces, est répandu dans toute la zone tempérée de l'hémisphère septentrional ; quelques espèces s'avancent jusque vers
le cercle polaire. Le nom de *Cerisier* s'applique indistinctement, en botanique, tant aux Cerisiers proprement dits
qu'aux Merisiers, aux Guigniers, aux Bigarreautiers et aux
Griottiers. Les *Cerisiers à grappes* ou *Merisiers à grappes*
forment le groupe qui, de toute la famille, est le plus
distinct par le port ; mais aucun autre caractère ne se joint à
celui-ci.

Les Cerisiers ne produisent pas tous des fruits savoureux ;
mais la plupart sont remarquables par l'abondance de leurs
fleurs, et peuvent contribuer à l'ornement des jardins paysagers. Nous allons faire connaître les espèces intéressantes
sous l'un ou l'autre de ces rapports.

Section Iʳᵉ.

*Pédicelles en ombelle. Feuilles courtement pétiolées, naissant après les fleurs ou en même temps qu'elles. Calice
campanulé. Corolle blanche. Noyau lisse.*

Cerisier Merisier. — *Cerasus avium* Mœnch. — *Prunus
avium* Linn.— Flor. Dan. tab. 1617.

Rameaux divariqués. Gemmes florales oblongues, pointues.
Feuilles ovales-lancéolées ou elliptiques-obovales, doublement
dentelées, rugueuses, légèrement poilues en dessous. Ombelles
fasciculées, 2-4-flores. Pédicelles grêles. Drupe ovale-globuleux ;
noyau adhérent.

Grand arbre. Racine non prolifère. Rameaux ascendants ou
redressés, verticillés. Écorce d'un gris brunâtre. Feuilles molles,
d'un vert gai : dentelures obtuses ; terminées par une glandule.
Pétiole biglanduleux au sommet. Stipules linéaires, incisées-
dentées. Écailles extérieures des bourgeons floraux scarieuses,
courtes, brunâtres ; écailles intérieures foliacées, rougeâtres,
denticulées. Fleurs grandes, blanches, légèrement teintes de
rose après l'anthèse. Lobes calicinaux ovales, obtus, denticulés. Pétales ovales, concaves, échancrés, presque 2 fois plus

longs que le calice. Drupe (dans la race sauvage) petit, rouge.

Le *Merisier* ou *Cerisier des bois* vient spontanément dans les contrées montueuses de toute l'Europe tempérée. Son bois est dur, uni, pesant, d'un grain serré, et d'un roux foncé. Les tourneurs et les ébénistes en font un usage fréquent; ils le préfèrent à celui des vrais Cerisiers. On le recherche aussi comme bois de chauffage. Les jeunes branches servent à faire des tonneaux et des échalas. La gomme qui suinte de l'écorce peut remplacer la Gomme arabique. C'est des Merises qu'on obtient par la distillation les liqueurs de table célèbres sous les noms de *Kirsch-Wasser* et de *Ratafia de Grenoble*. On ne cultive guère les Merisiers dans les jardins, parce que leurs fruits sont plus petits que ceux des autres espèces.

Le *Merisier à fleurs doubles* est un arbre magnifique, très-recherché pour la décoration des bosquets.

Voici les variétés les plus notables du Merisier.

Merisier à petit fruit (type de l'espèce).
— *à gros fruit noir*, Lois. in Duham. ed. nov. vol. 5, tab. 4, fig. D. —Cultivé fréquemment en Suisse pour la distillation du *Kirsch-Wasser*.
— *à fruit blanc*, Lois. l. c. tab. 4, fig. B, C.
— *à fruit jaune*, Lois. l. c. tab. 4, fig. A.

CERISIER BIGARREAUTIER. — *Cerasus duracina* Dec. Fl. Fr.
Rameaux ascendants ou étalés. Feuilles ovales, acuminées, dentelées, glabres, naissant en même temps que les fleurs. Ombelles subsessiles; pédicelles allongés, grêles. Drupes subcordiformes, à chair douceâtre, cassante, adhérente : noyau ovoïde.

Ce Cerisier, nommé vulgairement *Bigarreautier*, est fréquemment cultivé dans les jardins fruitiers. Son origine est inconnue. Ses principales variétés sont les suivantes.

a) Fruits ovales, plus ou moins profondément bilobés au sommet; suture profonde.

Bigarreautier à petit fruit hâtif, Lois. in Duham. ed. nov.

Bigarreautier à fruit rouge hâtif, Lois. l. c.

—   *Cœur de pigeon*, Lois. l. c. vol. 5, tab. 18, fig. D.

—   *à gros fruit rouge*, Lois. l. c. tab. 2.

—   *commun*, Lois. l. c. — Noisette, Jard. Fruit. tab. 6, fig. 1.

—   *couleur de chair*, Lois. l. c.

—   *gros tardif*, Lois. l. c. tab. 18, fig. C.

b) Fruits ovales, obtus ou bilobés au sommet; suture peu exprimée.

Bigarreautier noir, ou *Cerisier de Norwége*, Lois. l. c. tab. 18, fig. A, B.

—   *noir tardif*, Lois. l. c. tab. 18, fig. B.

c) Fruits ovales, mamelonnés au sommet; suture profonde vers la base.

Bigarreautier à grandes feuilles, ou *Cerisier de quatre à la livre*, Nois. Jard. Fruit. p. 17 (*Cerasus nicotianæfolia* Hortul.)

—   *piquant*, *Guigne piquante*, *Guigne à piquets*, Lois. l. c. tab. 16, fig. A.

Cerisier Guignier. — *Cerasus Juliana* Dec. Fl. Fr.

Rameaux dressés ou ascendants. Feuilles obovales, acuminées, dentelées, glabres, naissant en même temps que les fleurs. Ombelles subsessiles. Drupes subcordiformes, ovales, à chair douceâtre, adhérente.

Les *Guigniers*, appelés plus spécialement *Cerisiers* dans une grande partie de la France, se cultivent fréquemment dans les vergers, mais on ignore d'où ils sont indigènes. Les *Heaumiers*, que la plupart des auteurs ont coutume de confondre avec les Guigniers, doivent peut-être, selon M. Seringe former une espèce distincte. Voici les principales variétés du Guignier.

Guignier précoce, ou *Guignier de Pentecôte*, Lois. in Duham. ed. nov. vol. 5, tab. 15, fig. A.

—   *rouge*, Lois. l. c.

—   *blanc tardif*, *Guigne de dure peau*, Lois. l. c. tab. 16, fig. D.

Guignier à gros fruit blanc, Duham. Arb. Fr. tab. 1, fig. 3.
  —   *à fruit noir*, Duham. l. c. tab. 1, fig. 2.
  —   *Bigandelle*, Lois. l. c.
  —   *à gros fruit noir luisant*, Lois. l. c.
  —   *à fruit rouge tardif*, Lois. l. c.
  —   *Cœur de poule*, Lois. l. c.
Heaumier blanc, Lois. l. c.
  —   *rouge*, Lois. l. c. tab. 19, fig. B.
  —   *noir*, Lois. l. c. tab. 19, fig. A.

CERISIER A FRUIT ACIDE. — *Cerasus Caproniana* Dec. Fl. Fr.— *Cerasus acida* Borkh.— *Prunus Cerasus* Linn.

Rameaux étalés, ou dressés, ou pendants. Feuilles ovales-lancéolées ou elliptiques, acuminées, profondément dentelées, luisantes, un peu coriaces, très-glabres; pétiole non glanduleux. Ombelles solitaires, subpédonculées; pédicelles ordinairement courts et roides. Drupes subglobuleux, déprimés, à chair acide ou astringente, non adhérente; noyau subglobuleux. Racine rampante, prolifère.

Arbre haut de 20 à 25 pieds, ou buisson. Feuilles d'un vert foncé, luisantes, à dentelures inférieures glandulifères. Bourgeons floraux produisant quelques petites feuilles. (Dans les Cerisiers à fruit doux, les écailles intérieures des gemmes florifères restent toujours blanchâtres et squamiformes.) Pétales orbiculaires, très-concaves.

Ehrhart a distingué comme espèces le Cerisier à fruit acerbe et à rameaux pendants (*Prunus austera* Ehrh. Beitr. 7, p. 129), du Cerisier à fruit acidule et à rameaux non pendants (*Prunus acida* Ehrh. l. c.). Son opinion paraît très-fondée; car il nous semble même probable que les différentes races ou variétés dont nous allons donner la liste, appartiennent à plus de deux espèces, et qu'en outre un certain nombre d'entre elles sont des hybrides de Cerisiers à fruit acide et de Guigniers, de Bigarreautiers ou de Merisiers. On conçoit jusqu'à quel point tous ces croisements de races peuvent entraver la distinction des types primitifs.

Plusieurs variétés de Cerisiers à fruit acide croissent depuis long-temps sans culture dans l'Europe tempérée et dans l'Europe australe. Cependant, selon Pline, cette espèce n'existait pas en Europe avant l'an 680 de la fondation de Rome, époque à laquelle *Lucius Lucullus* apporta le Cerisier du royaume de Pont. Le nom de la ville de Cérasonte a été conservé dans celui de *Cerasus*, donné à l'arbre par les Latins.

Les Cerises acides, appelées spécialement *Cerises* dans la capitale, sont désignées dans la plupart des départements sous le nom de *Griottes*. Ces fruits sont plus sains, plus rafraîchissants et, en général, plus estimés que les Merises, les Bigarreaux et les Guignes. Ils conviennent presque à tous les tempéraments, et on en recommande l'usage dans plusieurs maladies. En Dalmatie, une variété de Cerise acide appelée *Marasca* sert à faire l'excellente liqueur de table connue sous le nom de *Marasquin de Zara*.

Voici la liste des différentes races et variétés de Cerisiers à fruit plus ou moins acide, telle que la donne M. Seringe, dans le second volume du Prodrome de M. De Candolle.

a) Fruits globuleux, déprimés, d'un rouge pâle ; suture souvent peu marquée ; chair blanchâtre, plus ou moins acide. Pédoncules allongés. Feuilles ovales, acuminées.

Cerise de Montmorency.
— *Grosse rouge pâle*, Nois. Jard. Fruit. tab. 5.
— *Grosse pâle*, Lois. in Duham. ed. nov. vol. 5, tab. 9.
— *de Villennes, Guindoux rouge*, Lois. l. c. tab. 7.
— *Guindoux de Paris*.
— *de Hollande*, Lois. l. c. tab. 10.
— *Grosse Guindolle*.
— *Royale hâtive, May-Duke*, ou *Cerise d'Angleterre*.
— *Belle de Choisy, Doucette*, ou *Griottier de Palembre*, Lois. l. c. tab. 11.
Cerisier nain à fruit rond précoce, Lois. l. c. tab. 3.
— *Griottier Marasquin*.
Cerise hâtive, Lois. l. c. tab. 4.

Cerise à crochet, Lois. l. c.

— *à noyau tendre*, Lois. l. c.

— *d'Italie*, ou *Cerise du Pape*, Lois. l. c.

b) Fruits ovales-globuleux ou globuleux-déprimés, couleur d'ambre.

Cerise ambre ou *blanche*, Lois. l. c. tab. 11.

c) Fruits déprimés, rouges ; suture profonde ; chair blanchâtre. Pédoncule court. Feuilles rétrécies aux deux bouts.

Cerise à courte queue, ou *Gros Gobet*, Lois. l. c.

Gros Gobet, *Gobet à courte queue*, *Cerise de Kent*, Lois. l. ç. tab. 12, fig. A.

Cerisier de Montmorency à gros fruit, Duham. Arb. Fruit. vol. 1, tab. 8.

d) Fruits globuleux-déprimés, d'un pourpre noirâtre ; chair rouge.

Grosse Griotte noire tardive, Lois. l. c. tab. 14, fig. A.

Griotte à l'eau-de-vie, *Cerise du Nord*, Lois. l. c. tab. 5, fig. B.

Griotte à ratafia, *Cerisier à petit fruit noir*, Lois. l. c.

Petite Griotte à ratafia, *Cerisier à très-petit fruit noir*, Lois. l. c.

Griotte d'Allemagne, Duham. l. c. tab. 14.

Griotte commune, Duham. l. c. tab. 12.

Grosse Griotte, Lois. l. c. tab. 13, fig. B.

Griotte ou *Cerise de Prusse*, Lois. l. c. tab. 13, fig. 8.

Griotte ou *Guindoux de Poitou*, Lois. l. c. tab. 12, fig. C.

Griotte de Portugal, Duham. l. c. tab. 13.

Cerisier à la feuille, Lois. l. c.

Griottier d'Espagne.

e) Fruits ovales-globuleux, comprimés ; chair rouge.

Cerise Guigne, Duham. l. c. tab. 16, fig. 1.

Griotte Guigne, *Cerise d'Angleterre*, Lois. l. c.

Griotte Cœur, Lois. l. c.

Outre les variétés que nous venons de citer, on en possède plusieurs autres, cultivées comme arbres d'ornement. Telles sont le *Cerisier à feuilles panachées*; — le *Cerisier à fleurs de Pé-*

cher, ainsi nommé à cause de ses fleurs pleines, de couleur rose ; — et le *Cerisier à fleurs doubles* ou *semi-doubles*, de couleur blanche.

Le *Cerisier à bouquets* (Duham. Arb. Fruit. vol. 4, tab. 3. — *Cerasus Caproniana* var. *polygyna* Sering. in Dec. Prodr.) est une aberration remarquable du type normal des Amygdalées : chaque fleur offre deux à cinq ovaires distincts, qui se développent en autant de drupes, de sorte qu'on trouve plusieurs Cerises sur le même pédoncule.

Cerisier de la Toussaint. — *Cerasus semperflorens* Dec. Fl. Franç. — Lois. in Duham. ed. nov. vol. 5, tab. 5, fig. 1. — *Prunus semperflorens* Ehrh. — *Prunus serotina* Roth. — Jaume Saint-Hil. Flore et Pom. franç. tab. 265.

Rameaux pendants. Feuilles biglanduleuses à la base, ovales-acuminées, doublement dentelées ; pétiole non glanduleux. Pédoncules allongés, solitaires, axillaires et terminaux. Fleurs naissant après les feuilles. Drupes globuleux, rouges.

Arbre moyen, à branches touffues. Racine rampante, prolifère. Fleurs blanches. Calice à lobes denticulés. Fruit de la grosseur d'une petite Cerise, très-acide.

Ce Cerisier, qui probablement n'est qu'une déformation d'un Griottier, est remarquable en ce que ses premières fleurs ne paraissent qu'au mois de juin : elles sont remplacées par d'autres qui se succèdent sans interruption jusqu'à la fin de l'été; de sorte qu'en automne il se trouve chargé à la fois de fleurs, de fruits mûrs et de fruits verts. Son origine n'est pas connue ; on le cultive dans les bosquets.

Cerisier Nain. — *Cerasus Chamæcerasus* Lois. in Duham. ed. nov. vol. 5, tab. 5, fig. A. — *Prunus Chamæcerasus* Jacq. Ic. Rar. tab. 90; Flor. Austr. tab. 227. — *Prunus fruticosa* Pall. Flor. Ross. tab. 8, fig. B. — *Cerasus humilis* Host.

Racine rampante, prolifère. Rameaux ascendants ou étalés. Feuilles obovales ou lancéolées-oblongues, subobtuses, doublement crénelées, glabres, un peu coriaces ; pétiole non glanduleux.

Ombelles sessiles, solitaires, accompagnées de quelques feuilles. Drupes sphériques, acides.

Arbrisseau haut de 1 à 3 pieds (à l'état sauvage). Feuilles beaucoup plus petites que dans les espèces précédentes, luisantes : celles des pousses terminales toujours lancéolées ou lancéolées-oblongues, acuminées ; celles des ramules obovales, ou lancéolées-obovales, obtuses. Fleurs blanches, de grandeur médiocre, mais très-abondantes. Drupe rouge, du volume d'un gros Pois dans les individus sauvages, 2 ou 3 fois plus gros dans les jardins. Noyau subglobuleux.

Ce petit Cerisier abonde dans toutes les steppes de la Russie méridionale, jusqu'au 55° degré de latitude. Il est fort commun aussi en Autriche et dans d'autres contrées de l'Allemagne, par exemple aux environs de Mayence. Au rapport de Pallas, les Russes font de ses fruits une boisson rafraîchissante et agréable, sans autre préparation qu'en exprimant le jus, qui se conserve pendant plusieurs années dans les glacières. Au moyen de la fermentation, on obtient de ces mêmes fruits un excellent vinaigre.

Le *Cerisier nain* est fréquemment cultivé pour l'ornement des jardins ; on le recherche à cause de sa petite taille et de son aspect très-fleuri. M. Loiseleur le recommande aux cultivateurs pour servir de sujet à greffer les autres Cerisiers dont on chercherait à obtenir des arbres nains.

Cerisier à feuilles dentelées. — *Cerasus (Prunus) serrulata* Lindl. in Transact. Horticult. Soc. Lond. vol. 7, pag. 338.

Feuilles obovales, acuminées, très-glabres, bordées de dentelures sétacées ; pétiole glanduleux. Fleurs fasciculées.

Cette espèce, indigène en Chine, a été envoyée en 1822 à la Société horticulturale de Londres. On l'appelle en Angleterre *Double chinese Cherry* (Cerisier de Chine à fleurs doubles). Ses fleurs, très-abondantes, paraissent en avril ; les pétales, quoique très-nombreux, sont cependant disposés de manière à ne pas déranger le nombre quinaire qui existe dans les fleurs simples des Cerisiers ; ils prennent une teinte rose après l'anthèse. M. Lindley assure que ce Cerisier est un des plus beaux arbres d'ornement qu'il connaisse; et que nos Cerisiers communs à fleurs doubles ne lui sont point comparables sous ce rapport. L'espèce résiste parfaitement en plein air au climat de l'Angleterre. Nos collections ne sont pas encore enrichies de ce végétal.

Section II.

Corymbes latéraux, feuillés à la base ou aphylles. Calice ordinairement campanulé. Corolle blanche, ou rose.

Cerisier Bois de Sainte-Lucie. — *Cerasus Mahaleb* Mill. — Lois. in Duham. ed. nov. vol. 5, tab. 2. — *Prunus Mahaleb* Linn. — Jacq. Austr. tab. 227.

Feuilles ovales-orbiculaires ou ovales-elliptiques, courtement acuminées, subcordiformes à la base, crénelées, glabres : les adultes coriaces. Corymbes convexes, lâches, dressés, pédonculés, feuillés à la base. Drupes globuleux : noyau ovale, lisse. Style de la longueur des étamines.

Arbrisseau de 3 à 10 pieds, ou arbre de 20 à 40 pieds de haut. Écorce d'un brun cendré. Feuilles luisantes aux deux faces, un peu coriaces, mais non persistantes, longues de 1 à 2 pouces, sur un pouce environ de large; dentelures glanduleuses. Pétiole 2 à 3 fois plus court que la lame, ordinairement non glanduleux. Lobes calicinaux ovales-oblongs, obtus, réfléchis, très-entiers. Pétales elliptiques, obtus, blancs, 2 fois plus longs que le calice. Drupe noir (jaune dans une variété de jardin), de la grosseur d'un Pois; noyau caréné à l'un des bords, creusé d'un sillon à l'autre.

Le *Cerisier Bois de Sainte-Lucie*, nommé en outre *Quénot* et *Malagué*, croît en France, ainsi que dans presque toutes les contrées tempérées de l'Europe. Cet arbre prospère dans les terrains les plus médiocres, pourvu qu'ils ne soient pas trop humides, et il réussit beaucoup mieux que le Merisier dans les terrains marneux ou argileux. Par cette raison, on y greffe souvent les différents Cerisiers cultivés. Duhamel recommande de le semer au milieu des plantations de jeunes Chênes ou d'autres arbres auxquels l'ombre est nécessaire pendant les premières années de leur existence. L'écorce des jeunes tiges et des branches possède une odeur fixe, comparable à celle du Mélilot. En Allemagne, on fait avec ces tiges des tuyaux de pipe qui passent pour être fabriqués en Turquie. Le bois du Cerisier de Sainte-Lucie est d'un brun roux; il s'emploie dans l'ébénisterie. Les fleurs répandent une odeur très-suave. Les fruits ne servent qu'à la nourriture des oiseaux; Daléchamp assure qu'ils donnent une couleur pourpre assez solide, dont on pourrait tirer parti pour la teinture des cuirs et des laines.

CERISIER DE DESFONTAINES. — *Cerasus Fontanesiana* Spach. — *Prunus græca* Desf. in Hort. Paris.

Feuilles elliptiques ou elliptiques-obovales, acuminées, subcordiformes à la base, doublement dentelées, subrugueuses, poilues en dessous aux aisselles des veines; pétiole biglanduleux au sommet, pubescent de même que les jeunes pousses. Corymbes subsessiles, non feuillés à la base. Style plus court que les étamines. Drupe globuleux, noirâtre.

Arbre ayant le port d'un Merisier. Rameaux ascendants, d'un brun grisâtre. Feuilles membranacées, d'un vert gai, longues de 2 à 3 pouces, larges de 1 à 2 pouces : dentelures obtuses, mucronulées par une glandule; pétiole grêle, long de 6 à 12 lignes. Fleurs très-odorantes, blanches, 2 ou 3 fois plus grandes que celles du Cerisier Bois de Sainte-Lucie. Corymbes 6-10-flores, latéraux et terminaux, très-nombreux. Écailles intérieures des bourgeons veloutées. Lobes calicinaux elliptiques, obtus, très-entiers, de moitié plus courts que le tube. Pétales 2 fois plus grands que le calice, un peu plus longs que les étamines. Drupe de la grosseur d'une petite Merise.

Ce Cerisier, depuis long-temps cultivé dans les plantations du Jardin du Roi, passe pour originaire de la Grèce. Les innombrables corymbes de fleurs dont il se couvre au mois de mai, en font un arbre très-pittoresque. Il ne porte habituellement qu'un fort petit nombre de fruits.

CERISIER PUDDUM. — *Cerasus Puddum* Wall. Plant. Asiat. Rar. tab. 145.

Grand arbre à cime arrondie. Tronc de 1 à 2 pieds de circonférence. Écorce des rameaux cendrée ou brunâtre, luisante.
Feuilles oblongues-lancéolées, acuminées, très-glabres, luisantes
en dessus, arrondies à la base, longues de 3 pouces, bordées de
dentelures presque égales, fines, cuspidées; pétiole d'environ un
pouce de long, muni au sommet d'une ou de deux paires de glandules. Fleurs roses, odorantes, glabres, très-abondantes, en
corymbes pédonculés; pédoncule commun long d'un pouce; pédicelles filiformes, de la longueur du calice. Tube calicinal cylindracé-claviforme, coloré; lanières ovales, pointues, étalées ou
réfléchies. Pétales ovales-arrondis, bidenticulés au sommet.
Drupe de la grosseur d'une Merise, ovale-arrondi, pendant, jaune
d'un côté, rouge de l'autre; noyau ovoïde, rugueux, dur.

Le *Puddum* croît dans les montagnes du Népaul, du Kamoun,
du Sirmore, etc. Il fleurit en octobre et en novembre. Ses fruits
mûrissent en avril et en mai; ils sont mangeables, mais acides.
Dans le nord de l'Inde, le bois de cet arbre sert à une infinité
d'usages. Les innombrables fleurs roses de ce Cerisier lui donnent
un aspect des plus pittoresques, et il serait à désirer qu'il pût
être naturalisé en France.

CERISIER PANICULÉ. — *Cerasus Pseudocerasus* Lindl. —
Prunus paniculata Ker, in Bot. Reg. tab. 800 (non Thunb.)
Feuilles ovales. Corymbes très-lâches.
Cette espèce, indigène en Chine, ne nous est connue que par la
figure du *Botanical Register.*

CERISIER A FEUILLES DE PÊCHER. — *Cerasus persicifolia*
Loisel. in Duham. ed. nov. — *Prunus persicifolia* Desf. Cat.
Hort. Par. — *Cerasus borealis* Mich. Flor. Am. Bor. — Mich.
fil. Arb. 3, tab. 8.
Feuilles membranacées, glabres, ovales-lancéolées ou elliptiques-oblongues, acuminées, inégalement dentelées : dentelures
inclinées, mucronulées; pétiole uni- bi- ou non glanduleux. Corymbes sessiles, non feuillés; pédicelles filiformes. Pétales orbiculaires, un peu moins longs que les étamines. Style saillant
après l'anthèse. Drupe globuleux.

Arbre d'un port pyramidal et très-élégant. Écorce du tronc d'un brun rougeâtre. Feuilles naissant en même temps que les fleurs, de la grandeur et de la forme de celles du Pêcher commun ; pétiole court. Stipules sétacées, fimbriées. Corymbes très-nombreux. Fleurs blanches, de la grandeur de celles du Prunelier. Drupe rouge, de la grosseur d'une petite Merise.

Cet arbre, indigène au Canada et dans les États-Unis, est cultivé dans les plantations d'agrément. Son bois, selon M. Michaux, est plus dur et plus beau que celui du Merisier. En Amérique, les gens de la campagne mangent les fruits de ce Cerisier.

SECTION III.

Grappes terminales, ou quelquefois axillaires, ordinairement solitaires. Calice cyathiforme ou cupuliforme. Corolle blanche. (Padus Mill. — Laurocerasus Tourn.)

a) *Feuilles non persistantes.*

Cerisier a grappes. — *Cerasus Padus* Dec. Fl. Franç. — Lois. in Duham. ed. nov. vol. 5, tab. 1. —*Prunus Padus* Linn. — Engl. Bot. tab. 383.

Feuilles elliptiques-oblongues ou elliptiques-obovales, acuminées, inégalement dentelées, un peu rugueuses ; pétiole biglanduleux. Grappes pendantes ou inclinées, lâches. Pétales elliptiques, onguiculés, fimbriolés, une fois plus longs que les étamines. Drupe globuleux : noyau ovale - globuleux, sculpté en réseau.

Arbrisseau, ou arbre haut de 20 pieds et plus. Écorce lisse, d'un brun roux. Rameaux étalés, ponctués, subverticillés. Jeunes pousses pubescentes. Feuilles adultes glabres, excepté aux aisselles des veines de la face inférieure, d'un vert foncé. Stipules linéaires, dentelées. Grappes multiflores, atteignant près d'un demi-pied de long. Lobes calicinaux réfléchis, bordés de dentelures glanduleuses. Drupe noir, de la grosseur d'un Pois. On indique dans les Alpes du Salzbourg une variété à fruits jaunes, et une autre à fruits verts. Quant à la prétendue variété à fruits rouges, elle n'appartient pas à cette espèce.

Cet arbre, nommé vulgairement *Merisier à grappes, Laurier Putiet, Putiet, Faux-Bois de Sainte-Lucie*, croît dans les montagnes de l'Europe moyenne, ainsi que dans tout le Nord, même jusqu'au delà du cercle polaire. Il est peu de jardins paysagers dans lesquels on ne lui assigne une place, à cause de son aspect pittoresque, lorsque, au mois de mai, il s'embellit de ses innombrables grappes d'un blanc éclatant. Ses fruits, malgré leur saveur acerbe, se mangent dans le nord de l'Europe; mais chez nous ils deviennent la pâture des oiseaux. L'écorce de l'arbre fortement astringente, jouit de quelques propriétés toniques; on la recommandait jadis comme fébrifuge: Dans les Vosges, il se fait une grande consommation du bois, pour la fabrication des sabots, usage auquel il se prête fort bien, à cause de sa légèreté. Les charrons recherchent ce bois pour faire des chevilles, parce qu'il n'est pas sensible aux variations hygrométriques de l'atmosphère. Les branches du Merisier à grappes, plantées en terre, prennent racine avec une grande facilité, et s'emploient à faire des clôtures.

CERISIER A NOYAU POINTU.— *Cerasus oxypyrena* Spach.

Feuilles obovales, ou lancéolées-obovales, ou elliptiques-obovales, cuspidées, glabres en dessus, plus ou moins barbues en dessous aux aisselles des veines : dentelures cuspidées, très-inégales; pétiole 2-4-glanduleux au sommet. Grappes inclinées ou pendantes, lâches; pédicelles 3 ou 4 fois plus longs que les calices. Pétales elliptiques, onguiculés, tronqués et denticulés au sommet, de moitié plus longs que les étamines. Drupe (d'un pourpre noir) ovoïde, pointu: noyau conforme, fortement sculpté en réseau.

Petit arbre. Ramules grêles, ponctués, d'un brun grisâtre ou rougeâtre. Feuilles opaques, un peu rugueuses, longues de 3 à 5 pouces, sur 1 à 2 pouces de large, glauques ou pâles en dessous; pétiole long de 6 à 8 lignes; stipules membraneuses, caduques, linéaires, plus longues que le pétiole. Grappes longues de 4 à 7 pouces; pédicelles grêles, ascendants, les 2 ou 3 inférieurs partant de l'aisselle d'une petite feuille. Lobes du calice ovales-lancéolés, acuminés, fimbriolés. Style après l'anthèse plus long que les étamines. Drupe haut d'environ 5 lignes, sur 3 lignes de diamètre.

Cette espèce, confondue souvent avec la précédente, à laquelle elle ressemble en effet par le port, n'est pas rare dans les jardins. Son origine nous est inconnue.

CERISIER DE VIRGINIE. — *Cerasus* (*Prunus*) *virginiana* Linn. (non Mich. Flor. Bor. Am.)— Guimp. Holz. tab. 36.— Willd. Arb. 5, tab. 1.

Feuilles ovales-oblongues ou elliptiques, acuminées, doublement dentelées, discolores, opaques, barbues en dessous aux aisselles des veines; pétiole sub-4-glanduleux. Grappes denses, dressées. Pétales orbiculaires. Drupe (d'un pourpre noir) sub-globuleux; noyau presque lisse, ovale.

Arbre de 50 à 60 pieds de haut. Branches grêles, lisses.

Ce Cerisier, indigène dans les montagnes de la Caroline et de la Virginie, est très-commun dans nos bosquets et dans nos parcs, et on en rencontre quelquefois des individus nés spontanément fort loin des endroits cultivés. L'écorce de ses branches s'emploie, en Amérique, comme fébrifuge. Son bois, veiné de noir et de blanc, est plus dur que celui du Merisier commun, et sert à faire de très-beaux meubles. Les fruits sont assez bons à manger.

CERISIER A PETITES FLEURS. — *Cerasus micrantha* Spach.

Feuilles elliptiques ou elliptiques-obovales, courtement acuminées, finement dentelées, glabres en dessus, pubescentes en dessous aux aisselles des nervures; pétiole 2-4-glanduleux. Grappes étalées ou ascendantes, lâches; pédicelles 2 à 4 fois plus longs que les calices. Pétales subsessiles, orbiculaires, très-entiers, égaux au tube calicinal, un peu plus longs que les étamines. Drupe ovale, obtus (d'un pourpre noirâtre); noyau ovale-oblong, obtus, sculpté en réseau.

Petit arbre. Écorce des rameaux d'un brun noirâtre. Feuilles minces, luisantes en dessus, pâles ou un peu glauques en dessous, ordinairement cordiformes à la base; aisselles des veines munies en dessous d'un faisceau de poils jaunâtres et couchés ; dentelures presque égales, cuspidées, très-rapprochées, souvent recourbées en dehors. Calice cyathiforme, à lobes très-courts, ovales-arrondis, denticulés. Corolle 3 ou 4 fois plus petite que dans le Merisier à grappes commun, de la grandeur de celle du *Cerasus serotina*. Grappes grêles, longues de 3 à 5 pouces. Drupe de la grosseur d'un Pois, d'abord rougeâtre, d'un pourpre noirâtre à la maturité ; noyau comprimé , long de 3 lignes sur 2 lignes de large, à rides anastomosantes, moins fortes que dans le *Cerasus Padus.*

Cette espèce, commune dans les jardins, a été confondue avec le *Cerasus Padus*, auquel elle ressemble beaucoup moins qu'aux *Cerasus serotina* et *densiflora.* On la distingue très-facilement à ses grappes lâches et à ses petites fleurs. Son origine nous est inconnue.

CERISIER A GRAPPES DENSES.— *Cerasus densiflora* Spach.

Feuilles elliptiques, ou elliptiques-oblongues, ou elliptiquès-obovales, courtement acuminées, finement dentelées, glabres en dessus, pubescentes en dessous aux aissellès des nervures ; pétiole 2-4- glanduleux. Grappes étalées, ou ascendantes, ou inclinées, denses. Pédicelles 1 à 3 fois plus longs que les calices. Pétales subsessiles, orbiculaires, très-entiers ou denticulés au sommet, un peu plus longs que les étamines. Drupe globuleux (d'un pourpre noirâtre); noyau ovale, obtus, sculpté de rides basilaires et latérales, non anastomosantes.

Petit arbre, semblable au précédent par le port, par le feuillage et par la petitesse des fleurs. Grappes très-denses, longues de 3 à 5 pouces. Calice cyathiforme, à lobes très-courts, ovales-triangulaires, obtus, fimbriés. Drupe de la grosseur d'un Pois, d'abord rougeâtre, d'un pourpre noirâtre à la maturité; chair succulente, douceâtre ; noyau long d'environ 3 lignes sur 2 lignes de large, marqué de chaque côté de 5 ou 6 rides nerviformes : 2 ou 3 latérales et transverses; les autres basilaires : toutes oblitérées vers le centre du noyau.

Cette espèce, remarquable par son élégance, n'est pas rare

dans les plantations d'agrément. On la confond, de même que la précédente, avec le Cerisier à grappes d'Europe, et avec ceux d'Amérique. Elle est probablement originaire de cette dernière partie du monde. Ses fleurs paraissent vers le milieu du mois de mai.

CERISIER FIMBRIÉ. — *Cerasus fimbriata* Spach.

Feuilles elliptiques ou elliptiques-obovales, acuminées, finement dentelées, glabres, subcordiformes à la base; pétiole bi- ou non glanduleux. Grappes ascendantes, ou étalées, ou inclinées, assez denses. Pédicelles 1 à 3 fois plus longs que le calice. Pétales cunéiformes-orbiculaires, fimbriolés, de moitié plus longs que les étamines. Drupe subglobuleux (noir); noyau ovale, obtus, sculpté en réseau.

Petit arbre. Rameaux à écorce grisâtre ou rougeâtre. Feuilles semblables à celles des *Cerasus micrantha* et *densiflora;* glandules du pétiole très-petites; dentelures cuspidées, presque égales. Grappes longues de 2 à 4 pouces; pédicelles étalés, ou ascendants, ou réfléchis, filiformes. Fleurs petites. Calice à lobes ovales-arrondis, fimbriés. Pétales plus longs que le tube. Style et étamines subisomètres. Drupes de la grosseur de ceux du *Cerasus Padus,* légèrement astringents, mangeables.

Cette espèce, probablement indigène dans l'Amérique septentrionale, est cultivée dans les jardins paysagers. Elle se rapproche, ainsi que les deux précédentes, du *Cerasus serotina* par la petitesse de ses fleurs; mais celui-ci se distingue facilement de toutes trois par ses feuilles un peu coriaces, à dentelures basilaires glandulifères.

CERISIER A FLEURS TARDIVES. — *Cerasus.* (*Prunus*) *serotina* Ehrh. Beitr. — Watson, Dendr. Brit. tab. 481. — *Cerasus virginiana* Mich.! Flor. Bor. Am. — Desf.! Hort. Par. — *Prunus virginiana* Miller. — Du Roi.

Feuilles elliptiques, ou elliptiques-oblongues, ou ovales-elliptiques, acuminées ou cuspidées, décurrentes sur le pétiole, luisantes, subcoriaces, glabres ou veloutées en dessous le long de la côte; dentelures égales, obtuses, cartilagineuses : les inférieures glandulifères. Grappes ascendantes ou dressées. Pédicelles de la longueur des calices. Pétales cunéiformes-obovales, très-entiers, de la longueur des étamines. Style peu saillant hors du calice. Drupe obovale-sphérique (pourpre); noyau presque lisse.

Arbre haut de 18 à 20 pieds. Écorce des rameaux grisâtre ou d'un brun roux, ponctuée. Feuilles longues de 3 à 4 ¹/₂ pouces, larges de 15 à 20 lignes; dentelures très-rapprochées, les 2 ou 4 inférieures munies d'une glandule assez grosse et déprimée, les autres mucronulées par une glandule ponctiforme. Pétiole ordinairement non glanduleux. Stipules membranacées, rougeâtres, plus longues que le calice, caduques. Grappes multiflores, assez lâches, longues de 2 à 4 pouces. Pédicelles horizontaux, quelquefois pubescents. Fleurs petites. Calice cyathiforme, à lobes ovales-oblongs, obtus, denticulés. Drupes de la grosseur d'un Pois, d'un pourpre foncé. Noyau presque lisse.

Cette espèce, remarquable en ce qu'elle ne fleurit qu'à la fin de mai, presque un mois plus tard que ses congénères, croît aux États-Unis. Elle mérite toute l'attention des amateurs, à cause de la beauté de son feuillage luisant et presque coriace.

CERISIER HÉRISSÉ. — *Cerasus (Prunus) hirsuta* Elliot, Sketch, vol. 1, pag. 341.

Feuilles elliptiques, acuminées, dentelées, glabres en dessus, hérissées en dessous. Jeunes pousses, pétioles, pédoncules et calices hérissés. Grappes dressées.

Arbrisseau stolonifère, haut de 3 à 4 pieds. Fleurs petites. Drupes d'un pourpre foncé.

Cette espèce, que nous ne connaissons que par la description d'Elliot, croît dans la Géorgie d'Amérique.

CERISIER DU CANADA. — *Cerasus canadensis* Loisel. in Duham. ed. nov. vol. 5, p. 3. — *Prunus canadensis* Willd. — Pluck. Alm. tab. 158, fig. 4.

Feuilles larges, lancéolées, rugueuses, pubescentes aux deux faces, non glandulifères.

Nous n'avons pas vu cette espèce.

CERISIER DU NÉPAUL. — *Cerasus napaulensis* Sering. in Dec. Prodr. 2, p. 540.

Feuilles lancéolées, allongées, acuminées, dentelées, glabres, fortement réticulées en dessous ; aisselles des nervures, pédoncules et pédicelles poilus. Calices glabres. — Feuilles blanchâtres en dessous, semblables à celles du Saule fragile.

CERISIER A FEUILLES ONDULÉES.— *Cerasus undulata* Sering. in Dec. Prodr. 2, p. 540.—*Prunus capricida* Wallich, ined. — *Prunus undulata* Hamilt. ex Don, Prodr. Flor. Nepal.

Feuilles elliptiques, acuminées, coriaces, glabres, très-entières, crépues ; pétiole non glanduleux. Grappes ternées ou solitaires, multiflores, plus courtes que les feuilles.

Cette espèce et la précédente croissent au Népaul. On ne les possède pas encore dans nos collections.

CERISIER A FEUILLES ELLIPTIQUES. — *Cerasus elliptica* Loisel. in Duham. — *Prunus elliptica* Thunb. Flor. Japon. Prodr.

Feuilles elliptiques, dentelées, obtuses, glabres.

Ce Cerisier, fort imparfaitement connu, a été observé par Thunberg au Japon.

b) *Feuilles persistantes, coriaces.*

CERISIER AZARÉRO. — *Cerasus lusitanica* Mill. Ic. tab. 196, fig. 1. — *Prunus lusitanica* Linn. — Dillen. Hort. Eltham. tab. 159, fig. 193.

Feuilles ovales-lancéolées ou ovales-elliptiques, acuminées, dentelées, non glanduleuses. Grappes dressées, axillaires, plus longues que les feuilles. Calice cupuliforme, à lobes ovales, très-obtus, membraneux aux bords. Drupes ovales, pointus.

Arbre dans son pays natal ; arbrisseau dans les jardins du nord de la France. Feuilles luisantes, longues de 3 à 5 pouces, sur 1 à 2 pouces de large ; pétiole long d'un pouce. Grappes lâches. Pédicelles grêles ascendants. Fleurs petites, blanches. Drupe noirâtre.

Cet arbre magnifique est originaire du Portugal. Il s'accommode assez bien du climat des environs de Paris ; mais on ne l y voit guère que sous la forme d'un arbrisseau ou d'un buisson de 6 à 10 pieds de haut.

Cerisier Hixa. — *Cerasus Hixa* Chr. Schmidt. — *Cerasus lusitanica* β Ser. in Dec. Prodr. — *Prunus Hixa* Brouss. ex Willd. Enum.

Cette espèce, indigène à Ténériffe et aux Canaries, est fort semblable à la précédente, dont elle diffère principalement pa des feuilles à dentelures inférieures glanduleuses, et par des grappes plus lâches.

Cerisier Laurier Cerise. — *Cerasus Lauro-Cerasus* Lois. — *Prunus Lauro-Cerasus* Linn. — Bull. Herb. tab. 153. — Blackw. Herb. tab. 532.

Feuilles lancéolées ou ovales-lancéolées, acuminées, courtement pétiolées, glabres, bi- ou quadri-glanduleuses en dessous, bordées de dentelures écartées. Grappes dressées, axillaires, un peu plus courtes que les feuilles. Calices turbinés, à dents obtuses. Drupes ovales, pointus ; noyau lisse, conforme.

Arbrisseau haut de 10 à 15 pieds dans le nord de la France, mais atteignant le double de cette élévation dans le midi. Rameaux nombreux, étalés, recouverts d'une écorce grisâtre. Feuilles luisantes, longues de 3 à 7 pouces, sur 1 à 2 pouces de large ; pétiole épais, court. Fleurs petites. Pétales ovales. Style après l'anthèse plus long que les étamines. Drupe noir, peu charnu.

Cet élégant arbrisseau, nommé vulgairement *Laurier Amandier*, croît dans l'Asie mineure, sur les bords de la mer Noire. Introduit en Europe depuis 1576, il est très-commun aujourd'hui dans le midi de la France, en Italie et ailleurs. Du reste, il supporte assez bien les hivers des environs de Paris. Son beau feuillage luisant et ses fleurs odorantes lui valent une place dans tous les jardins.

L'acide hydrocyanique, qui n'existe qu'en très-faible proportion dans les feuilles des autres Amygdalées, abonde dans celles du Laurier Cerise, et c'est à ce principe qu'elles doivent leur arome. Cet arome, qu'on extrait par infusion et par distillation, devient un violent poison pour l'homme et pour les animaux, lorsqu'il est pris à forte dose. L'huile essentielle de ces mêmes feuilles est encore plus dangereuse. On en fabriquait autrefois en Italie, sous le nom d'*Essence d'Amande amère*, et elle était employée, soit dans les cuisines comme assaisonnement, soit par les marchands de liqueurs et les parfumeurs; mais l'autorité a sagement défendu d'en fabriquer et d'en vendre, à cause des accidents funestes qui résultaient de son usage. Fontana a fait mourir un chien, avec les mêmes symptômes que ceux qui suivent la morsure de la vipère, en lui appliquant sur une plaie une seule goutte de cette substance. On assure que les émanations de l'arbre ne sont pas sans danger, et qu'il suffit de se reposer sous son ombrage par un temps chaud, pour éprouver des maux de tête et des envies de vomir. L'eau distillée de Laurier Cerise est quelquefois administrée, à petite dose, comme remède tonique et excitant; plusieurs médecins célèbres en ont recommandé l'emploi dans certaines maladies chroniques des viscères.

Beaucoup de personnes ont coutume d'assaisonner les laitages, et différents autres mets, avec des feuilles de Laurier Cerise; mais, d'après ce que nous venons de dire, on conçoit combien il faut mettre de circonspection dans cette pratique.

CERISIER DE LA CAROLINE. — *Cerasus caroliniana* Mich. Flor. Am. Bor.

Feuilles courtement pétiolées, lancéolées-oblongues, mucronées, lisses, coriaces, presque toujours très-entières. Grappes axillaires, denses, plus courtes que les feuilles. Drupes subglobuleux, mucronés.

Arbre de 30 à 50 pieds de haut. Branches redressées, formant une tête pyramidale. Rameaux lisses. Feuilles luisantes, non glanduleuses, quelquefois dentelées. Pédoncules glabres. Calices blanchâtres. Pétales obovales, blancs. Étamines 2 fois plus longues que la corolle. Drupe noir, presque sec, persistant.

Ce Cerisier croît dans les Carolines et dans la Géorgie. Il n'est pas commun dans les jardins des environs de Paris, et d'ailleurs il paraît ne pas s'accommoder volontiers du climat de la France septentrionale; mais on doit le signaler à l'attention des horticulteurs du midi.

Au rapport d'Elliot, les feuilles du *Cerisier de la Caroline* sont très-vénéneuses, et il arrive souvent qu'elles font périr les bestiaux qui en mangent.

CERISIER A FEUILLES ACUMINÉES. — *Cerasus acuminata* Wall. Plant. Asiat. Rar. tab. 181.

Feuilles lancéolées-oblongues, acuminées, cuspidées, dentelées, très-glabres ; quelquefois glandulifères en dessous aux aisselles des nervures; dentelures (écartées) et pétioles non glanduleux. Grappes solitaires ou fasciculées, axillaires, penchées, presque aussi longues que les feuilles. Drupe ovoïde, lisse.

Arbre de 20 à 30 pieds, très-rameux et entièrement glabre. Ramules grêles, brunâtres. Feuilles persistantes, luisantes en dessus, longues de 3 à 5 pouces. Grappes un peu lâches. Pétales ovales, pointus, 2 fois plus longs que le calice. Ovaire velouté. Drupe glabre.

Cet arbre élégant croît dans les montagnes du Népaul. Il est fort différent des espèces précédentes par la forme de son feuillage, et il serait à désirer qu'il fût importé en Europe.

CERISIER A FRUIT SPHÉRIQUE. — *Cerasus sphærocarpa* Loisel. — Hook. in Bot. Mag. tab. 3141. — *Prunus sphærocarpa* Swartz, Flor. Ind. Occid. (non Mich.) — Sloan. Jam. vol. 2, tab. 193, fig. 1.

Feuilles elliptiques ou elliptiques-lancéolées, courtement acuminées aux deux bouts, très-entières, luisantes, persistantes, non glandulifères. Grappes axillaires, dressées, 2 ou 3 fois plus courtes que les feuilles. Drupe subglobuleux, un peu plus large que haut; noyau conforme, très-obtus, rugueux.

Arbre de 30 à 35 pieds de haut. Écorce grisâtre, lisse. Branches ascendantes. Feuilles longues de 3 à 4 pouces; pétiole court. Grappes courtement pédonculées, glabres. Fleurs petites, blanches, odorantes. Pétales orbiculaires, subsessiles. Drupe de la grosseur de celui du Cerisier à grappes commun, d'un pourpre noirâtre.

Ce Cerisier abonde à la Jamaïque, à Saint-Domingue et dans d'autres îles des Antilles. Ses amandes, ses jeunes feuilles et son écorce ont une saveur d'Amandes amères très-prononcée; les créoles s'en servent en guise de ces dernières pour fabriquer de l'*Eau de noyaux.*

CERISIER DES ANTILLES. — *Cerasus (Prunus) occidentalis* Swartz, Flor. Ind. Occid.

Feuilles oblongues, acuminées, très-entières, non glanduleuses, glabres aux deux faces. Grappes latérales.

Les noyaux de cette espèce sont employés, dans les Antilles, aux mêmes usages que ceux de la précédente.

CERISIER FERRUGINEUX. — *Cerasus ferruginea* Dec. Prodr.

Feuilles obovales, pétiolées, rétuses, veloutées-ferrugineuses de même que les ramules et les pétioles. Grappes lâches, de la longueur des feuilles.

Cette espèce habite le Mexique.

CERISIER A FEUILLES DE SAULE. — *Cerasus salicifolia* Kunth, in Humb. et Bonpl. Nov. Gen. et Spec. vol. 6, tab. 563.

Feuilles oblongues-lancéolées, acuminées, dentelées, lisses, rétrécies à la base; pétiole 1- ou 2-glanduleux. Grappes terminales, multiflores. Calices persistants. Drupes globuleux.

Arbre haut d'environ 30 pieds. Rameaux lisses, glabres, cylindriques, rougeâtres; ramules anguleux. Feuilles longues de 4 à 5 pouces, sur 15 à 18 lignes de large. Grappes longues d'un demi-pied.

Cet arbre a été observé par MM. de Humboldt et Bonpland dans la Nouvelle-Grenade, où on l'appelle vulgairement *Ceraso* (Cerisier). Ses fruits sont bons à manger.

CERISIER CAPULI. — *Cerasus Capuli* Sering. in Dec. Prodr — *Prunus Capuli* Cavan. ex Spreng. Syst.

Feuilles lancéolées, finement dentelées, non glanduleuses,

Ce Cerisier, fort incomplétement connu, est indigène au Pérou.

SECTION IV.

Bourgeons florifères aphylles, solitaires, ou géminés, ou ternés de chaque côté d'un bourgeon à feuilles. Fleurs solitaires ou géminées dans chaque bourgeon, sessiles ou subsessiles, naissant en même temps que les feuilles. Calice tubuleux, subcylindracé. Corolle rose.

Plusieurs espèces de cette section paraissent beaucoup plus voisines de certains Amandiers que des Cerisiers.

CÉRISIER DIFFUS. — *Cerasus prostrata* Lois. in Duham. ed. nov. vol. 5, tab. 53, fig. 2 (exclus. synon. Pallas.) — *Prunus prostrata* Labill. Decad. Plant. Syr. 1, tab. 6. — Bot. Reg. tab. 136.

Tiges couchées. Rameaux effilés, ascendants, divariqués. Feuilles elliptiques ou obovales, obtuses, cotonneuses en dessous, courtement pétiolées, bordées de dentelures sétacées. Stipules persistantes, 2 fois plus longues que le pétiole. Fleurs subfasciculées, courtement pédicellées. Calice glabre en dehors : lobes oblongs, cotonneux en dessus, réfléchis, de moitié plus courts que le tube. Style une fois plus long que les étamines. Drupe ovoïde.

Arbrisseau diffus, très-rameux. Rameaux anguleux, brunâtres. Feuilles petites. Fleurs très-abondantes, un peu plus petites que celles du Prunelier. Pétales elliptiques, un peu plus longs que les étamines. Ovaire cotonneux. Style glabre. Drupe rouge, de la grosseur d'un Pois.

Ce charmant arbrisseau, assez répandu dans les jardins, croît au Liban, ainsi que dans les montagnes de Candie et dans celles de la Dalmatie. M. Desfontaines l'a aussi trouvé à Tunis.

CERISIER INCANE. — *Cerasus (Prunus) incana* Stev. — *Amygdalus incana* Pall. Flor. Ross. 1, tab. 7. — Jaume Saint-Hil. Flore et Pom. Franç. tab. 220, fig. 21.

Tige dressée. Feuilles lancéolées ou lancéolées-oblongues, pointues ou obtuses, incanes en dessous, pétiolées ; dentelures poinues, acérées, souvent recourbées en dehors : les inférieures glanduleuses. Stipules un peu plus longues que les pétioles, subulées, fimbriées inférieurement. Fleurs subsessiles, fasciculées. Calice glabre en dehors : lobes oblongs, obtus, réfléchis, une fois plus courts que le tube. Style un peu plus long que les étamines. Drupes globuleux.

Arbrisseau de 3 à 5 pieds de haut. Rameaux grêles, effilés. Feuilles longues de 1 1/2 à 2 pouces, larges de 5 à 8 lignes. Pétiole court, quelquefois biglanduleux au sommet. Fleurs très-abondantes, roses, de la grandeur de celles du Prunelier. Ovaire cotonneux. Style glabre. Drupe de la grosseur d'un Pois, d'un pourpre foncé. Noyau subglobuleux, peu comprimé, apiculé aux deux bouts, lisse, à carènes filiformes.

Cette espèce, indigène dans les steppes voisines du Caucase, n'est pas moins élégante que la précédente ; au mois de mai, tous ses rameaux se courbent sous le poids des fleurs qui les couvrent. Elle n'est pas rare dans les jardins.

Cerisier incisé. — *Cerasus incisa* Lois. in Duham. ed. nov. vol. 5, p. 33. — *Prunus incisa* Thunb. Prodr.

Feuilles ovales, incisées-dentées, velues. Pédicelles solitaires, capillaires, 2 fois plus longs que les feuilles. Calices cylindracés, ferrugineux. Pétales de couleur rose.

Toutes les notions qu'on possède sur ce Cerisier se bornent à la définition que nous venons de citer d'après l'auteur du Prodrome de la Flore du Japon.

Cerisier Phoshia. — *Cerasus Phoshia* Hamilt. ex Don, Prodr. Flor. Nepal. — *Prunus cerasoides* Don, l. c.

Feuilles elliptiques-oblongues, acuminées, doublement dentelées, poilues en dessous. Stipules pectinées, glandulifères. Pétioles glanduleux. Ombelles sessiles, pauciflores.

Arbre ayant le port du Merisier. Fleurs d'un blanc lavé de rose.

Cette espèce croît au Népaul. On ne l'a pas encore introduite en Europe.

Cerisier du Japon. — *Cerasus (Prunus) japonica* Ker, in Bot. Reg. tab. 27. (non *Prunus sinensis* Pers.)

Feuilles ovales ou ovales-lancéolées, acuminées, doublement dentelées, glabres. Pédicelles solitaires ou géminés, 2 fois plus courts que les feuilles. Ovaire velu au sommet.

Petit arbre haut d'environ 5 pieds. Rameaux grisâtres, luisants. Feuilles longues de 1 à 2 pouces. Stipules linéaires-subulées, incisées-dentées, un peu plus longues que le pétiole. Fleurs de la grandeur de celles de notre Cerisier. Bourgeons florifères latéraux, aphylles, ordinairement fasciculés. Sépales très-étalés, ovales, dentelés. Pétales elliptiques, un peu pointus, couleur de chair en dessus, roses en dessous.

Ce Cerisier, originaire du Japon, est remarquable par ses fleurs d'un beau rose, ordinairement semi-doubles. Il existe dans quelques collections, et mériterait d'être plus répandu.

Cerisier de Chine. — *Cerasus (Prunus) sinensis* Pers. Syn. — *Cerasus japonica* Lois. in Duham. ed. nov. vol. 5, tab. 53, fig. 1. — *Amygdalus pumila* Linn. Mant. — Bot. Mag. tab. 2176.

Feuilles lancéolées ou oblongues-lancéolées, obtuses, doublement dentelées, glabres, luisantes. Stipules subulées, persistantes, un peu plus longues que le pétiole. Pédicelles subsolitaires. Drupe globuleux, à noyau rugueux.

Arbrisseau haut de 2 à 3 pieds. Rameaux effilés. Fleurs roses, de la grandeur de celles du Cerisier commun. Drupe rouge.

Cet arbrisseau, indigène en Chine, n'est pas rare dans les jardins.

Cerisier glanduleux. — *Cerasus (Prunus) glandulosa* Thunb. Prodr.

Feuilles oblongues, pointues, glabres, concolores, bordées de dentelures glanduleuses. Pédicelles solitaires, pendants. — Corolle rose.

Cette espèce, indigène au Japon, n'est pas cultivée en Europe.

CÉRISIER A FEUILLES SCABRES. — *Cerasus aspera* Lois. l. c.
— *Prunus aspera* Thunb. Prodr.

Rameaux ponctués. Feuilles ovales-acuminées, dentelées, scabres aux deux faces. Fleurs solitaires, terminales. Drupe petit, bleu (mangeable).

Cette espèce n'est connue que par la définition de Thunberg.

SEPTIÈME FAMILLE.

LES SPIRÉACEES. — *SPIRÆACEÆ.*

(*Spiræaceæ* Loisel. Deslong. in Man. des Plant. us. indig. vol. 1, p. 488.
— Bartling, Ord. Nat. p. 403. — *Ulmariæ* Vent. Tabl. vol. 3, p. 351.
— *Rosacearum trib. III,* Dec. Prodr. vol. 2, p. 541. — Cambessèdes,
Monogr. Spir. in Annal. des Sciences Natur. vol. 1, p. 227.)

De même que les Amygdalées et les Chrysobalanées,
les *Spiréacées* sont envisagées par MM. de Jussieu et
De Candolle comme tribu ou section des Rosacées.

Cette famille, presque entièrement propre aux régions
tempérées et froides de l'hémisphère septentrional,
offre à l'horticulture un bon nombre d'arbrisseaux et
plusieurs herbes vivaces, tous recherchés à cause de
leur aspect très-fleuri. Les racines et les écorces des
Spiréacées possèdent, en général, des propriétés astringentes et toniques ; plusieurs espèces peuvent être employées en médecine ou au tannage.

CARACTÈRES DE LA FAMILLE.

Arbrisseaux, ou *herbes* vivaces. Rameaux cylindriques, jamais spinescents.

Feuilles éparses, simples et le plus souvent incisées
ou dentées, ou moins souvent imparipennées ou décomposées. Stipules (très-souvent nulles ou inapparentes) latérales, foliacées.

Fleurs régulières, hermaphrodites, ou polygames par

avortement, très-nombreuses , disposées en grappes ou en corymbes ou en panicules, ou rarement solitaires. Corolle blanche, ou rougeâtre, ou très - rarement jaune.

Calice persistant ou marcescent, 5-fide, inappendiculé : tube inadhérent ou souvent adhérent aux stipes des ovaires; limbe à estivation imbricative.

Disque tapissant le fond du calice, et formant à sa gorge un rebord annulaire.

Pétales 5, interpositifs, insérés au rebord du disque, courtement onguiculés, égaux, caducs.

Étamines en nombre indéterminé, insérées au rebord du disque. Filets grêles, libres. Anthères incombantes, à 2 bourses presque contiguës, déhiscentes longitudinalement.

Pistil : Ovaires en nombre défini (ordinairement 5), unisériés, rangés circulairement, non adhérents au calice, disjoints ou quelquefois plus ou moins soudés, pluriovulés. Styles terminaux, libres, grêles. Stigmates très-simples.

Péricarpe : Carpelles disjoints ou rarement connés, rectilignes ou spiralés, folliculaires, déhiscents longitudinalement par la suture antérieure, uniloculaires, oligospermes ou par avortement monospermes.

Graines bisériées, attachées à la suture antérieure, suspendues, ou appendantes, ou ascendantes, non arillées; funicule infra-apicilaire. Embryon rectiligne : radicule appointante ; cotylédons entiers, planes, foliacés en germination ; plumule imperceptible.

La famille se compose des genres suivants :

Purshia Dec. (Tigarea Pursh. Kunzia Spreng.) — *Kerria* Dec. — *Spiræa* Linn. (Physocarpos Cambess. Ulmaria Moench.) — *Gillenia* Moench.

SPIRÉACÉES ANOMALES.

Kageneckia Ruiz. et Pav. — *Quillaja* Juss. (Smegmadermos Ruiz et Pav.) — *Vauquelinia* Corr. — *Lindleya* Humb. Bonpl. et Kunth. — *Neillia* Don.

Genre PURSHIA. — *Purshia* Dec.

Calice infondibuliforme, 5-fide : lobes ovales, obtus. Pétales 5, orbiculaires. Étamines environ 20. Ovaires 2, uni-ou biovulés; ovules ascendants du fond de la loge. Styles courts, continus. Carpelles folliculaires, monospermes, quelquefois solitaires.

On ne connaît jusqu'aujourd'hui d'autre *Purshia* que l'espèce dont nous allons parler.

PURSHIA A FEUILLES TRIDENTÉES.—*Purshia tridentata* Dec. in Trans. Linn. Soc. 12, p. 157. — Lindl. in Bot. Reg. tab. 1446. — *Tigarea tridentata* Pursh, Flor. Amer. Bor. 1, tab. 15.

Buisson très-rameux, haut de 2 à 3 pieds. Rameaux courts, roides, d'un brun noirâtre. Gemmes écailleuses. Feuilles fasciculées, glauques, longues au plus d'un pouce, cunéiformes, bi-ou tridentées au sommet, atténuées en pétiole court, velues en dessus, cotonneuses-incanes en dessous. Stipules minimes ou nulles. Fleurs solitaires, sessiles au milieu des fascicules de feuilles, plus courtes que celles-ci. Calice cotonneux, à dents obtuses, étalées. Pétales linéaires-obovales, d'un jaune verdâtre, recourbés en dehors, plus longs que les étamines. Carpelles cotonneux.

Cet arbrisseau croît sur la côte nord-ouest de l'Amérique. On le cultive depuis quelques années dans le Jardin de la Société horticulturale de Londres.

Genre KERRIA. — *Kerria* Deç.

Calice 5-fide; lobes ovales, imbriqués en préfloraison : 5

obtus; 2 mucronés. Pétales 5, orbiculaires. Étamines environ 20, insérées au calice, saillantes. Ovaires 5-8, disjoints,
globuleux, uniovulés. Styles filiformes, terminaux.

Ce genre ne renferme que l'espèce que nous allons faire
connaître.

KERRIA DU JAPON. — *Kerria japonica* Dec. in Trans. Linn.
Soc. vol. 12, p. 156. — *Rubus japonicus* Linn. — *Corchorus
japonicus* Thunb. Jap. — Andr. Bot. Rep. tab. 587. — Bot.
Mag. tab. 1296.

Arbrisseau touffu, haut de 3 à 5 pieds. Branches étalées ou
inclinées, effilées, couvertes (de même que les tiges) d'une
écorce verte très-lisse. Feuilles condupliquées avant leur développement, penninervées, scabres, ovales ou ovales-lancéolées,
inégalement incisées-dentelées; pétiole court. Stipules triangu-
laires-lancéolées, membranacées, très-petites. Fleurs terminales,
très-abondantes, d'un jaune vif. Pétales longuement onguiculés.

Le *Kerria*, aujourd'hui fort commun dans les jardins, est
originaire de la Chine et du Japon, où on le recherche comme
plante d'ornement de même que parmi nous. Les fleurs de cet arbrisseau, ordinairement doubles, paraissent au retour du printemps, et elles se succèdent pendant une grande partie de l'été.

Genre SPIRÉE. — *Spiræa* Linn.

Tube calicinal subcampanulé; limbe à lobes étalés. Pétales 5. Étamines 10 à 50 (ordinairement 20); filets subulés;
anthères ovales. Ovaires 5-15 (quelquefois 2 ou 3), ovales ou
oblongs. Styles claviformes au sommet, ou filiformes. Stigmates tronqués ou capitellés. Carpelles sessiles ou courtement
stipités, apiculés par le style, rarement connés inférieurement, 2-6-spermes.

Arbrisseaux, ou herbes vivaces. Feuilles simples, ou rarement composées ou décomposées. Fleurs hermaphrodites ou
dioïques par avortement, ordinairement blanches, quelquefois roses, jamais jaunes.

Ce genre est d'une grande ressource pour la décoration

des parterres et des jardins paysagers. Presque toutes les *Spirées* sont très-rustiques et elles prospèrent dans les terrains les plus médiocres. Les différentes espèces fleurissent successivement depuis le printemps jusqu'à la fin de l'été. La plupart des Spirées ligneuses sont très-propres à former des haies ; on les multiplie facilement soit de graines, soit de drageons ou de marcottes. La propagation des espèces herbacées se fait sans peine par leurs racines.

On connaît une cinquantaine de Spirées ; nous ne parlerons que des espèces cultivées dans les jardins, ou qui mériteraient d'y figurer à côté de celles qu'on possède déjà.

SECTION Iʳᵉ. PHYSOCARPE. — *Physocarpos* Cambess. in Annal. des Sciences Natur. vol. 1 , p. 385.

Carpelles connés par la base, bouffis, membranacés, 2 ou 3-spermes : la graine inférieure appendante; la supérieure ou les 2 supérieures ascendantes. Corymbes terminaux, pédonculés, multiflores. Fleurs blanches, hermaphrodites. — Arbrisseaux. Feuilles dentées ou lobées, ordinairement stipulées.

SPIRÉE A FEUILLES D'OBIER. — *Spiræa opulifolia* Linn. — Commel. Hort. 1, tab. 87. — Loisel. in Duham. ed. nov. vol. 6, tab. 14.

Feuilles ovales ou ovales-oblongues, ordinairement trilobées, doublement dentelées ou crénelées, pétiolées, glabres. Corymbes presque planes. Fleurs subtrigynes. Carpelles divariqués, plus longs que le calice.

Tiges hautes de 3 à 6 pieds. Rameaux nombreux, grisâtres ou rougeâtres, lisses. Feuilles grandes, d'un vert foncé. Fleurs grandes, blanches, denses; pédicelles grêles.

Cette espèce, originaire des États-Unis, est l'une des plus grandes de son genre. Elles est fort commune dans les jardins, et on l'emploie fréquemment à faire des haies. Sa floraison a lieu en juin et en juillet.

Spirée a feuilles d'Allouchier. — *Spiræa ariæfolia* Smith, in Rees. Cycl. — Lindl. in Bot. Reg. tab. 1365. — *Spiræa discolor* Pursh, Flor. Am. Bor.

Feuilles ovales, obtuses, incisées - dentées ou pennatifides, cunéiformes à la base, légèrement cotonneuses en dessous. Panicule multiflore, velue, pyramidale, divariquée et feuillée à la base.

Buisson à rameaux dressés, couverts d'un épiderme grisâtre. Feuilles longues de 3 à 4 pouces. Stipules oblitérées. Panicules denses. Fleurs petites, blanches. Sépales ovales, velus, pétaloïdes. Pétales oblongs, trinervés, un peu plus longs que le calice. Carpelles 5, velus.

Cette Spirée, introduite depuis peu en Europe par M. Douglas, est originaire du nord-ouest de l'Amérique. Ses panicules très-amples en font une des plus belles espèces du genre.

Section II. SPIRAIRE. — *Chamædryon* et *Spiraria* Sering. in. Dec. Prodr. — *Spiræœ* spec. Cambess. Monogr.

Disque à rebord très-saillant. Carpelles (ordinairemen 5) libres, non bouffis, dressés, rectilignes. — Arbrisseaux. Feuilles entières ou dentées, non stipulées. Fleurs blanches, hermaphrodites, disposées en corymbes simples ou rameux, ou en ombelles, ou en grappes paniculées.

a) *Corymbes ou ombelles latéraux ou terminaux, simples, solitaires.*

Spirée a feuilles d'Orme. — *Spiræa ulmifolia* Scopol. Del. Insubr. tab. 22. — Lois. in Duham. ed. nov. vol. 6, tab. 13. — Lodd. Bot. Cab. tab. 1042. — *Spiræa chamædryfolia* Jacq. Hort. Vindob. tab. 140. — Lindl. in Bot. Reg. tab. 1222. (non Linn.)

Feuilles ovales ou ovales-lancéolées, pointues, doublement dentelées, presque incisées : les naissantes pubescentes en dessous; les adultes presque glabres. Corymbes terminaux, pédonculés, subhémisphériques, multiflores.

Buisson très-rameux, haut de 4 à 5 pieds. Feuilles longues d'environ 2 pouces, sur 12 à 18 lignes de large, arrondies et entières à la base; dentelures mucronées. Corymbes denses, d'abord presque globuleux, puis s'allongeant en pyramide; pédicelles longs, grêles. Fleurs blanches, d'un demi-pouce de diamètre. Sépales ovales, acuminés, recourbés. Pétales légèrement crénelés. Ovaires 5. Styles presque aussi longs que les étamines. Carpelles glabres.

Cette espèce croit dans l'Istrie, dans la Carinthie et dans la Hongrie. Elle est commune dans nos jardins, en l'emploie à décorer les massifs et à former des haies. Ses fleurs se développent vers le milieu de juin.

SPIRÉE A FEUILLES DE GERMANDRÉE. — *Spiræa chamædrifolia* Linn. — Pallas, Flor. Ross. 1, tab. 15. — Schmidt, Baumz. tab. 54. — *Spiræa media* Host. — *Spiræa incisa* Hortul. (non Thunb.)

Feuilles obovales, incisées-dentées au sommet : les naissantes pubescentes; les adultes ciliolées : celles de la base des ramules très-entières. Corymbes pédonculés, subterminaux.

Arbrisseau peu élevé, à rameaux étalés. Fleurs blanches.

Cette Spirée croît en Dalmatie, en Hongrie, en Russie et en Sibérie. On la cultive dans nos jardins, où elle est fréquemment confondue avec quelques espèces voisines. Sa floraison a lieu en mai.

SPIRÉE A FEUILLES OBLONGUES. — *Spiræa oblongifolia* Wald. et Kit. Plant. Hungar. Rar. tab. 235. —Schk. Handb. tab. 124.

Feuilles pubescentes en dessous : celles des ramules stériles ovales-oblongues, incisées-dentées au sommet; celles des ramules florifères obovales, très-entières. Corymbes latéraux, subsessiles, lâches.

Arbrisseau à tiges dressées, hautes de 3 à 4 pieds; rameaux rougeâtres, lisses, effilés, garnis dans presque toute leur longueur de ramules florifères. Fleurs blanches, assez grandes; pédicelles filiformes. Carpelles recourbés au sommet, courtement apiculés.

Ce *Spiræa*, indigène en Hongrie, n'est pas rare dans les jardins, où on le confond souvent avec la *Spirée à feuilles de Germandrée*. Il fleurit en mai et en juin.

SPIRÉE INCANE. — *Spiræa incana* Wald. et Kit. Plant. Hungar. Rar. tab. 227.

Feuilles très-entières, soyeuses-incanes en dessous, pubescentes en dessus : celles des ramules stériles elliptiques ou elliptiques-oblongues, pointues; celles des ramules florifères obtuses. Corymbes latéraux, pédonculés.

Arbrisseau grêle, haut de 2 à 3 pieds. Rameaux effilés, touffus. Feuilles longues d'environ un pouce. Corymbes très-nombreux. Fleurs blanches, assez petites.

Cette jolie espèce, indigène en Hongrie, se reconnaît facilement à son feuillage grisâtre et comme satiné en dessous. On ne la possède dans nos collections que depuis quelques années.

SPIRÉE FLEXUEUSE. — *Spiræa flexuosa* Fischer. — Cambess. Monogr. Spir. tab. 26. — *Spiræa alpina* Willd. (non Pallas.)

Tiges et rameaux flexueux. Feuilles courtement pétiolées, pubescentes en dessous aux nervures : celles des ramules stériles lancéolées, dentées ou incisées-dentées vers leur sommet; celles des ramules florifères oblongues, très-entières. Corymbes latéraux, subsessiles, ombelliformes.

Tiges dressées, rouges, hautes de 3 à 4 pieds. Feuilles longues de 1 1/2 à 3 pouces, sur 4 à 12 lignes de large. Corymbes denses, multiflores. Fleurs blanches, assez grandes.

Ce *Spiræa*, indigène en Sibérie, est assez commun dans les jardins.

SPIRÉE A FEUILLES TRILOBÉES. — *Spiræa trilobata* Pallas, Flor. Ross. tab. 17. — Watson, Dendrol. Brit. tab. 68.

Feuilles pétiolées, glabres, orbiculaires, ou flabelliformes, ou cunéiformes-obovales, entières vers la base, tronquées au sommet et tantôt trilobées, tantôt simplement ou doublement crénelées, ou dentées, rarement très-entières. Corymbes latéraux et terminaux, multiflores, ombelliformes, pédonculés. Lanières calicinales acuminées, mucronées. Pétales plus longs que les étamines. Styles courts.

Buisson haut de 2 à 4 pieds. Tiges et rameaux flexueux, rougeâtres. Ramules florifères grêles, très-allongés. Feuilles larges de 6 à 10 lignes. Fleurs blanches, de 4 lignes de diamètre. Pédicelles filiformes. Corymbes larges de 1 ½ à 2 pouces.

Cette espèce, indigène dans les régions alpines de l'Altaï, est l'une des plus élégantes du genre. Elle fleurit à la fin de mai et en juin. On la rencontre dans la plupart des jardins.

SPIRÉE A FEUILLES OBOVALES. — *Spiræa obovata* Willd. Enum. — Guimp. Fremd. Holzart. tab. 11.

Feuilles obovales ou cunéiformes-obovales, triplinervées, glauques en dessous : celles des ramules stériles tronquées et crénelées au sommet; celles des ramules florifères arrondies et très-entières : les naissantes légèrement pubescentes; les adultes glabres. Ombelles subsessiles, planes, rapprochées, subdistiques.

Arbrisseau haut de 3 à 4 pieds. Rameaux grêles, effilés, rougeâtres, garnis sur une grande partie de leur longueur de ramules florifères très-courts. Feuilles petites, longues au plus d'un demipouce, rétrécies en pétiole très-court. Ombelles 5-8-flores.

Cette espèce croît en Hongrie et en France. Elle fleurit au mois de mai. Dans les jardins, elle passe ordinairement pour la *Spirée à feuilles crénelées*, ou pour la *Spirée à feuilles de Millepertuis*.

SPIRÉE A FEUILLES CRÉNELÉES. — *Spiræa crenata* Willd. — Pallas, Flor. Ross. tab. 19, B. — Guimp. Fremd. Holzart. tab. 10. — Lodd. Bot. Cab. tab. 1252.

Feuilles cunéiformes-obovales, rétrécies en pétiole, triplinervées, glabres, ciliolées : les florales et celles de la base des ramules stériles très-entières; les autres crénelées à leur moitié supérieure. Corymbes latéraux, distiques, pédonculés, hémisphériques.

Cette espèce, indigène en Sibérie, est fort rare dans les jardins. Elle fleurit en mai.

SPIRÉE A FEUILLES DE PIGAMON. — *Spiræa thalictroides* Pallas, Flor. Ross. tab. 18.

Feuilles finement triplinervées, glabres, glauques en dessous, cunéiformes, ou cunéiformes-obovales, ou cunéiformes-orbiculaires, lobées ou crénelées au sommet. Ombelles sessiles, latérales, 4-12-flores.

Arbrisseau haut de 2 à 4 pieds, très-rameux dès la base. Rameaux effilés, dressés, d'un jaune tirant sur le rouge. Feuilles petites, rétrécies en pétiole : les florales oblongues, entières. Fleurs petites, blanches.

Cette espèce croît dans les montagnes de la Daourie.

SPIRÉE A FEUILLES DE MILLEPERTUIS. — *Spiræa hypericifolia* Linn. — Schmidt. Arb. tab. 26.

Feuilles obovales ou obovales-spathulées, très-obtuses, glabres, triplinervées : celles des ramules très-entières ; celles des drageons quelquefois incisées-crénelées au sommet. Ombelles latérales, distiques, sessiles, pauciflores.

Tiges hautes de 2 à 3 pieds, dressées, rougeâtres. Rameaux effilés, très-grêles, étalés ou ascendants. Feuilles d'un vert un peu glauque, très-lisses, longues de 3 à 12 lignes : celles des ramules latéraux très-rapprochées. Pédicelles filiformes, très-longs. Fleurs petites, blanches. Carpelles glabres, recourbés au sommet, mucronés.

Cette espèce, indigène dans l'Amérique septentrionale, est commune dans les jardins. Elle fleurit au mois de mai, deux ou trois semaines plus tard que la *Spirée à feuilles obovales*.

SPIRÉE A FEUILLES POINTUES. — *Spiræa acutifolia* Willd. Enum. — *Spiræa alpina* Hortul. (non Pallas.)

Feuilles lancéolées, ou lancéolées-obovales, ou lancéolées-spathulées, rétrécies en pétiole, acuminées, glabres, subtriplinervées, très-entières, ou rarement tridentées au sommet. Corymbes latéraux, distiques, sessiles, ombelliformes, 8-12-flores, non feuillés à la base.

Arbuste touffu, haut de 2 à 3 pieds. Rameaux ascendants ou étalés, très-grêles, rougeâtres. Feuilles d'un vert gai en dessus, glauques en dessous, longues de 1 à 2 pouces. Pédicelles filiformes, courts. Fleurs très-petites, d'un blanc jaunâtre.

Cette espèce, originaire de la Sibérie, n'est pas commune dans les jardins. Elle mérite cependant la culture, parce qu'elle fleurit dès le milieu d'avril, avant toutes ses congénères. Ce caractère, joint à la petitesse de ses fleurs, la rend très-facile à distinguer de la *Spirée à feuilles de Millepertuis*, qui s'en rapproche par le port.

SPIRÉE ALPINE. — *Spiræa alpina* Pallas, Flor. Ross. tab. 20.

Feuilles sessiles, très-glabres, uninervées, lancéolées ou lancéolées-oblongues, pointues ou acuminées, très-entières ou dentelées. Corymbes latéraux, pédonculés.

Arbrisseau très-rameux, haut de 2 à 3 pieds. Rameaux grêles, rougeâtres, étalés. Feuilles petites, souvent fasciculées. Fleurs petites, blanches. Calices glabres.

Cette espèce, fort semblable à la précédente, croît dans les régions alpines de la Daourie et de la Sibérie orientale. Nous n'avons point eu occasion de l'observer vivante.

b) *Corymbes terminaux, composés.*

SPIRÉE DÉCOMBANTE. — *Spiræa decumbens* Koch, in Mert. et Koch, Flor. Germ. 3, p. 433. — *Spiræa flexuosa* Reichenb. Flor. Germ. Excurs. p. 627. (non Fisch. nec Cambess.)

Tiges décombantes, ascendantes. Feuilles très-glabres, pétiolées, obovales, ou oblongues-obovales, ou ovales-oblongues, inégalement dentelées, entières et cunéiformes vers la base. Corymbes pédonculés, lâches, rapprochés en cyme.

Arbuste très-rameux. Tiges longues de 1 à 2 pieds. Feuilles d'un vert foncé en dessus, semblables à celles de la *Spirée à feuilles de Germandrée*. Corymbes plans. Fleurs petites. Sé-

pales ovales, pointus, réfléchis. Pétales blancs, légèrement crénelés. Ovaires glabres. Styles plus courts que les étamines.

Cette espèce, tout à fait distincte par son inflorescence des autres Spirées indigènes, a été découverte, il n'y a que peu
d'années, dans les Alpes du Frioul. Sa stature basse, et ses
fleurs, qui se succèdent depuis le mois de mai jusqu'à la fin de
l'automne, la rendent très-propre à orner des glacis et des rocailles. Jusqu'aujourd'hui cette plante n'est cultivée qu'au Jardin
du Muséum d'Histoire naturelle.

SPIRÉE CORYMBIFÈRE. — *Spiræa corymbosa* Rafin. ex Dec.
Prodr. — Lodd. Bot. Cab. tab. 671. — *Spiræa betulifolia*
Watson, Dendrol. Brit. tab. 67 (non Pallas.).

Feuilles ovales, ou ovales-oblongues, ou obovales, doublement dentelées ou incisées-dentées, arrondies ou cunéiformes à la
base, pubérules en dessous aux nervures ainsi qu'aux bords. Corymbes longuement pédonculés, très-rameux, denses, rapprochés
en cyme.

Tiges dressées, flexueuses, presque simples, touffues, rougeâtres, hautes de 2 à 3 pieds. Feuilles longues de 2 à 3 pouces,
sur 1 à 2 pouces de large. Cyme atteignant 4 pouces de diamètre. Fleurs blanches, denses, très-petites. Pédicelles courts,
capillaires. Dents calicinales courtes, obtuses. Étamines beaucoup plus longues que les pétales. Ovaires glabres, ovales. Styles courts.

Cette espèce habite les montagnes de la Virginie. Elle n'est
pas rare dans les collections; mais elle ne prospère qu'en terre
de bruyère. Ses fleurs paraissent en juillet et en août.

Beaucoup de pépiniéristes prennent cette plante pour le *Spiræa
betulifolia*, autre espèce voisine, mais indigène en Sibérie, et
qui, à ce qu'il paraît, n'existe pas dans nos jardins.

SPIRÉE ÉLÉGANTE. — *Spiræa bella* Sims, Bot. Mag. tab.
2426.

Feuilles ovales-lancéolées ou oblongues-lancéolées, courtement
acuminées, dentelées, rétrécies en pétiole, glabres en dessus,

pubérules aux bords et en dessous aux nervures. Pétioles, ra
mules, pédoncules et calices pubescents. Corymbes lâches, pédonculés, disposés en cyme ou en panicule.

Arbrisseau haut de 3 à 4 pieds. Rameaux étalés ou inclinés,
flexueux, rougeâtres. Feuilles d'un vert foncé en dessus, un peu
glauques en dessous, longues de 1 à 1 ¹/₂ pouce, larges de 4 à
8 lignes : dentelures pointues, égales. Pétiole court. Ramules
florifères grêles, allongés, nus vers leur sommet. Cymes multiflores, souvent paniculées. Fleurs petites, d'un rose vif.

Cette Spirée, originaire du Népaul et introduite en Angleterre
depuis 1818, mérite à juste titre le nom qu'elle porte. Les hivers du nord de la France ne la font point souffrir, mais elle
demande une exposition fraîche et un sol léger. On la cultive
ordinairement en terreau de bruyère. Sa floraison a lieu en juin
et en juillet.

SPIRÉE GRISATRE. — *Spiræa canescens* Don, Prodr. Flor.
Nepal. p. 227.

Feuilles elliptiques, obtuses, pétiolées, très-entières, velues.
Corymbes agrégés, cotonneux de même que les ramules.

Arbrisseau dressé, rameux, ayant le port du *Spiræa hypericifolia*. Feuillage incane.

Selon Sweet, cette espèce, indigène au Népaul, est cultivée
en Angleterre depuis 1825. Elle ne nous est pas connue.

SPIRÉE A FLEURS EN CAPITULES. — *Spiræa capitata* Pursh,
Flor. Am. Bor. 1, p. 342.

Feuilles ovales, sublobées, doublement dentées, réticulées
et cotonneuses en dessous. Corymbes longuement pédonculés,
agrégés, cotonneux.

Cette Spirée, indigène dans le nord-ouest de l'Amérique, a
été introduite en Angleterre, en 1827, par le célèbre voyageur
Douglas. On ne la possède pas encore dans nos collections.

SPIRÉE A FEUILLES D'AIRELLE.—*Spiræa vaccinifolia* Don,
Prodr. Flor. Nepal.— Lodd. Bot. Cab. tab. 1403.

Feuilles ovales ou elliptiques, pointues, glabres, glauques en dessous, dentelées ou incisées-dentées vers le sommet. Ramules hérissés. Cymes lâches, cotonneuses.

Arbrisseau dressé, haut de 3 à 4 pieds. Rameaux flexueux. Feuilles longues de 1 à 1 ½ pouce, rétrécies en pétiole court. Fleurs blanches.

Cette espèce, indigène au Népaul, est cultivée en Angleterre depuis 1824. Elle est encore rare dans nos collections.

c) Fleurs en panicules racémiformes ou pyramidales, terminales.

SPIRÉE A FEUILLES DE SAULE. — *Spiræa salicifolia* Linn. — Engl. Bot. tab. 1468. — Pallas, Flor. Ross. tab. 21 et 22. — Gmel. Sibir. 3, tab. 49.

Feuilles lancéolées-oblongues, cunéiformes à la base, dentelées, glabres. Panicule dense, pyramidale, pubescente.

Arbrisseau haut de 3 à 6 pieds. Rameaux effilés, feuillus, glabres, d'un jaune rougeâtre. Feuilles subsessiles, pointues, longues d'environ 2 pouces, sur 6 à 8 lignes de large; dentelures très-inclinées, fines, presque égales, doubles vers le sommet de la feuille. Panicules longues de 3 à 6 pouces. Fleurs roses. Sépales ovales, pointus.

Cet arbrisseau abonde en Sibérie, en Russie, en Hongrie, en Autriche et en Bohême. On le trouve aussi en France et en Angleterre; mais il paraît qu'il y est plutôt naturalisé en quelques endroits, que véritablement indigène.

La *Spirée à feuilles de Saule* fleurit en juillet et en août. C'est une des espèces les plus élégantes du genre; aussi la rencontre-t-on dans presque tous les jardins paysagers. Elle aime l'ombre et les terrains humides.

SPIRÉE A FEUILLES DE CHARME. — *Spiræa carpinifolia* Willd. Enum. — Guimp. Fremd. Holzart. tab. 7. — Watson, Dendrol. Brit. tab. 66.

Feuilles obovales, ou obovales-oblongues, ou ovales-elliptiques, subobtuses, fortement dentelées, glabres; pétiole pubescent. Panicule subpyramidale, à rameaux divariqués après l'anthèse; pédicelles pubérules.

Arbrisseau touffu, haut de 3 à 4 pieds. Tiges dressées, rougeâtres, peu rameuses. Rameaux effilés, glabres, feuillus. Feuilles veineuses, d'un vert foncé en dessus, un peu glauques en dessous, longues d'environ 2 pouces, sur 10 à 12 lignes de large; pétiole très-court. Panicule longue de 3 à 6 pouces. Fleurs d'un rose pâle. Sépales ovales, obtus. Pétales orbiculaires, très-entiers, plus courts que les étamines. Ovaires glabres. Styles plus courts que les étamines.

Cette espèce, plus élégante encore que la précédente, croît dans l'Amérique septentrionale, depuis la Caroline jusqu'au Canada. Nos pépiniéristes la cultivent sous le nom de *Spiræa canadensis.* Elle fleurit en juin et en juillet.

SPIRÉE PANICULÉE. — *Spiræa paniculata* Gmel. Syst. — Willd. — Ait. Hort. Kew. — *Spiræa alba* Ehrh. Beitr. — Watson, Drendrol. Brit. tab. 133.

Feuilles lancéolées ou lancéolées-oblongues, pointues, glabres, cunéiformes et entières vers la base, dentelées supérieurement. Panicules lâches, glabres.

Arbrisseau un peu étalé. Tige glabre, d'un brun foncé. Branches grêles, jaunâtres. Feuilles lisses, longues de 1 à 2 pouces, larges de 6 à 8 lignes, très-glabres, d'un vert foncé en dessus, pâles en dessous, réticulées; dentelures courtes, pointues, presque égales. Pétiole très-court. Fleurs blanches, plus grandes que celles des deux espèces précédentes. Lobes calicinaux elliptiques, acuminés. Pétales plus courts que les étamines. Ovaires 5, oblongs, glabres. Styles claviformes.

Cette espèce, originaire de l'Amérique septentrionale, est plus rare dans les collections que les deux précédentes. Elle fleurit en juin.

SPIRÉE A FEUILLES COTONNEUSES. — *Spiræa tomentosa* Linn. — Pluck. Phyt. tab. 321, fig. 5.

Ramules et pédoncules couverts d'un duvet ferrugineux. Feuilles ovales ou ovales-lancéolées, doublement dentelées, courtement pétiolées, cotonneuses en dessous. Panicule dense, pyramidale, à grappes presque simples, spiciformes.

Arbrisseau haut de 3 à 6 pieds. Rameaux effilés, dressés. Feuilles longues de 1 1/2 à 2 pouces, larges de 6 à 10 lignes, rugueuses et d'un vert sombre en dessus, blanches et réticulées en dessous. Fleurs pourpres. Calice cotonneux, à lobes réfléchis. Pétales petits, poilus en dehors. Étamines et styles de la longueur des pétales. Coques oligospermes, laineuses.

Ce *Spiræa* habite le Canada et les montagnes des États-Unis. Ses fleurs d'un pourpre vif et ses feuilles discolores le font distinguer sans peine de ses congénères. Il fleurit en juillet et en août. Sa culture ne réussit qu'en terreau de bruyère.

SPIRÉE GLAUQUE. — *Spiræa lævigata* Linn. — *Spiræa altaica* Pallas, Flor. Ross. tab. 23; Itin. App. I, p. 739, n° 3, tab. T. — Laxm. Nov. Act. Petrop. vol. 15, tab. 19, fig. 2.

Feuilles glauques, glabres, très-lisses, oblongues, ou lancéolées-oblongues, ou spathulées, obtuses ou mucronulées, très-entières. Panicule à grappes denses, spiciformes, presque simples.

Arbrisseau touffu, haut de 3 à 4 pieds. Rameaux d'un brun roux. Ramules feuillus. Feuilles légèrement charnues, pubescentes aux bords ou très-glabres, longues de 1 à 5 pouces, sur 6 à 18 lignes de large; veines très-fines. Grappes plus ou moins denses. Pédicelles grêles, capillaires. Calice 5-7-fide, glabre en dehors, poilu en dedans. Pétales blancs, plus longs que le calice, plus courts que les étamines. Ovaires 5-7, lisses. Carpelles plus grands que dans la plupart des Spirées.

Cette espèce, fort différente de ses congénères, tant par son feuillage que par son inflorescence, habite les régions subalpines de l'Altaï. Elle est très-recherchée comme plante de parterre. Ses fleurs paraissent en mai.

SECTION III. SORBAIRE. — *Sorbaria* Sering. in Dec. Prodr.

Ovaires 5, connés. Disque à rebord peu saillant. Fleurs hermaphrodites, disposées en panicule thyrsoïde, terminale. — Arbrisseaux. Feuilles imparipennées, stipulées.

SPIRÉE A FEUILLES DE SORBIER. — *Spiræa sorbifolia* Linn.

—Gmel. Flor. Sibir. 3, tab. 401.—Pallas, Flor. Ross. tab. 24.

Feuilles à 17-21 folioles opposées, sessiles, ovales-lancéolées, longuement acuminées, incisées-dentelées; la foliole terminale plus grande que les folioles latérales; dentelures très-pointues.

Racine stolonifère. Tige haute de 3 à 6 pieds. Rameaux étalés, un peu tortueux, brunâtres. Feuilles pétiolées, grandes,
assez semblables à celles d'un Sorbier; folioles d'un vert gai en
dessus, pâles en dessous. Stipules libres, lancéolées, incisées.
Panicule pubescente, atteignant quelquefois plus d'un pied de
long. Fleurs blanches, très-nombreuses, assez grandes. Lobes
calicinaux réfléchis. Pétales 2 fois plus courts que les étamines. Styles plus courts que la corolle. Stigmates capitellés, de
couleur orange.

Cette belle plante, assez répandue dans les jardins, croît dans
les marais et les montagnes de la Sibérie; elle abonde surtout
dans les régions orientales de ce continent. Les jeunes tiges fistuleuses de l'arbrisseau servent aux habitants de la Sibérie à faire
des tuyaux de pipe.

SECTION IV. ARONQUE. — *Aruncus* Sering. in Dec. Prodr.

*Carpelles 3-5, libres, réfléchis. Disque à rebord assez
saillant. Fleurs petites, dioïques par avortement, disposées en panicule terminale, très-ample, composée de grappes spiciformes. — Herbe vivace. Feuilles tripennées avec
impaire, non stipulées.*

SPIRÉE BARBE DE CHÈVRE. — *Spiræa Aruncus* Linn. — Pallas, Flor. Ross. tab. 26. — Camerar. Hort. 16, tab. 9.

Racine très-rameuse, garnie d'un grand nombre de fibres.
Tiges hautes de 3 à 6 pouces, dressées, roides, sillonnées, glabres, rameuses supérieurement. Feuilles longuement pétiolées,
très-amples, à peu près triangulaires dans leur contour; pennules
5-foliolées; folioles pubescentes ou légèrement poilues aux bords
et en dessous, opposées, cordiformes-ovales, ou ovales, ou ovales-
oblongues, longuement acuminées, doublement dentelées: les in-

férieures et l'impaire de chaque pennule pétiolulées; les autres subsessiles. Épis horizontaux, cylindracés, grêles, pubescents à leur axe. Fleurs petites, blanches, denses. Pédicelles très-courts, munis au sommet d'une bractéole subulée. Lobes calicinaux ovales, acuminés. Pétales obovales.

Cette plante, nommée vulgairement *Barbe de chèvre*, croît dans les montagnes de l'Europe, où elle orne le bord des sources et des ruisseaux, ainsi que les prairies humides. Selon Michaux et Elliot, on la trouve aussi au Canada et aux États-Unis; mais peut-être l'espèce américaine n'est-elle pas identique avec celle d'Europe. Parmi les plantes indigènes, la Spirée Barbe de chèvre est sans contredit l'une des plus gracieuses. Cultivée dans les jardins, elle languit, à moins d'être placée dans un sol frais et humide.

Section V. ULMAIRE. — *Ulmaria* Mœnch. — Cambess.

Styles claviformes, courts, arqués en dehors. Stigmates capitellés. Ovaires biovulés. Ovules appendants, attachés vers le milieu de la suture. Rebord du disque peu apparent. — Tiges herbacées. Feuilles imparipennées. Stipules grandes, foliacées, adnées au pétiole. Fleurs hermaphrodites, disposées en panicule terminale, cymeuse. Carpelles rectilignes ou spiralés, à peine 2 fois plus gros que les ovaires.

Spirée Ulmaire. — *Spiræa Ulmaria* Linn. — Engl. Bot. tab. 960. — Flor. Dan. tab. 547. — *Ulmaria palustris* Mœnch.

Feuilles interrupté-pennées; folioles sessiles, cotonneuses en dessous : les latérales ovales ou ovales-lancéolées, acuminées, doublement dentelées, sublobées; la terminale beaucoup plus grande, 3- ou 5-palmatipartie. Cymes denses, paniculées, prolifères. Carpelles glabres, spiralés.

Racine polycéphale, fibreuse. Tiges hautes de 2 à 4 pieds, dressées, sillonnées, glabres. Feuilles radicales grandes, longuement pétiolées; feuilles caulinaires subsessiles. Folioles tantôt couvertes en dessous d'un duvet épais, blanchâtre ou grisâtre, tantôt concolores et presque glabres. (*Spiræa denudata* Presl.) Stipules amplexicaules, dentées. Fleurs sessiles ou pédicellées, blanches. Lobes calicinaux ovales, obtus, réfléchis. Carpelles 5-8, contournés en capitule subglobuleux.

La *Spirée Ulmaire,* connue sous les noms divers de *Reine des prés*, *Herbe aux abeilles*, *Petite Barbe de chèvre*, et *Vignette*, croît dans toute l'Europe, même dans les contrées les plus boréales. Elle se plaît dans les prairies humides et au bord des ruisseaux. Ses racines, fortement astringentes, sont employées en médecine et au tannage. L'infusion des fleurs est regardée comme cordiale, sudorifique, et calmante. On assure qu'elles communiquent au vin, et même à la bière, une saveur et une odeur de malvoisie. Les feuilles font un bon fourrage; les chèvres surtout les recherchent avec avidité.

On cultive dans les jardins une variété de l'Ulmaire, à fleurs doubles, qui est une fort jolie plante d'ornement.

SPIRÉE A FEUILLES LOBÉES. — *Spiræa lobata* Murr. Syst. — Jacq. Hort. Vind. tab. 88. — *Spiræa palmata* Linn. (non Thunb. nec Pallas.)

Feuilles imparipennées; folioles pétiolulées, palmatiparties, doublement dentelées, glabres : les latérales alternes, trilobées; la terminale septemlobée, subpédalée; lobes lancéolés, incisés-dentelés, ou doublement dentelés. Stipules amplexicaules, semi-cordiformes, dentelées. Panicules prolifères, nues, composées de cymes irrégulièrement dichotomes. Styles courts. Carpelles glabres, rectilignes.

Tiges hautes de 3 à 4 pieds. Feuilles amples; foliole terminale décurrente, large de 3 à 6 pouces. Panicule longue d'un pied et plus. Fleurs roses, de la grandeur de celles de l'Ulmaire. Étamines plus longues que la corolle. Styles inclus.

Cette Spirée, indigène dans les Carolines et la Virginie, croît dans les prairies humides des montagnes. Elle fleurit pendant tout l'été. Son feuillage palmé et ses nombreuses fleurs roses en font une fort jolie plante d'ornement.

Spirée a feuilles. palmées.— *Spiræa palmata* Pallas, Flor.
Ross. tab. 27.

Feuilles imparipennées : les radicales longuement pétiolées,
5- ou 7-foliolées; les caulinaires courtement pétiolées, 3-foliolées.
Stipules semi-cordiformes, incisées. Folioles cotonneuses en dessous : les latérales sessiles; la terminale pétiolulée, très-ample,
palmati-5-9-lobée : lobes lancéolés, acuminés, doublement dén-
telés, ou incisés. Panicule cymeuse. Carpelles rectilignes, hérissés de poils courts.

Racine et inflorescence semblables à celles de l'Ulmaire. Tiges
hautes de 2 à 3 pieds. Fleurs blanches, légèrement roses avant
leur épanouissement. Étamines plus longues que les pétales.
Ovaires 5-7.

Cette belle plante, indigène dans la Sibérie orientale et dans la
Daourie, n'est pas commune dans les collections.

Spirée du Kamtchatka. — *Spiræa kamtchatica* Pallas,
Flor. Ross. tab. 28.

Feuilles imparipennées; les folioles latérales minimes, auricu-
liformes; la foliole terminale très-ample, 3- ou 5-lobée, palmée,
poilue en dessous : lobes acuminés, incisés, doublement dentelés.
Panicule cymeuse, poilue. Carpelles légèrement hispides, rectilignes.

Racine grosse, noirâtre. Tige haute de 6 pieds et plus,
hérissée. Feuilles radicales très-amples, à foliole terminale souvent large d'un pied; pétiole hérissé. Stipules lancéolées ou
semi-cordiformes, dentées. Cymes lâches. Fleurs blanches, semblables à celles du *Spiræa Ulmaria*. Calice poilu. Pétales ovales.
Ovaires 4-6, hérissés.

Cette plante, indigène au Kamtchatka, mérite une place dans
les parterres.

Spirée Filipendule. — *Spiræa Filipendula* Linn.— Flor.
Dan. tab. 635. — Sturm, Deutschl. Flor. fasc. 18. — Engl.
Bot. tab. 284. — Svensk Bot. tab. 154. — Hook. Flor. Lond.
tab. 125.— *Filipendula vulgaris* Mœnch.

Feuilles interrupté-pennées, multifoliolées; folioles alternes, rapprochées, amplexicaules, oblongues ou linéaires-oblongues, pennatifides : lobules incisés; la foliole terminale trilobée. Cymes paniculées, prolifères. Carpelles 10-15, pubescents, connivents, rectilignes.

Souche souterraine tronquée, brunâtre, garnie d'un grand nombre de fibres offrant 1 ou 2 renflements oblongs ou claviformes. Tige dressée, sillonnée, glabre, haute de 1 à 2 pieds, nue supérieurement, garnie inférieurement d'un petit nombre de feuilles distantes. Feuilles radicales nombreuses, étalées. Folioles accrescentes, d'un vert foncé, scabres aux bords : les inférieures très-petites; les interpositives arrondies, incisées-dentées : dentelures légèrement barbues. Stipules semi-cordiformes, incisées-dentées. Fleurs assez grandes, blanches, légèrement teintes de rose avant l'épanouissement.

La *Filipendule* croît dans presque toute l'Europe, aux endroits herbeux des bois. Ses racines, qui contiennent beaucoup de fécule, possèdent les mêmes propriétés que celles de l'Ulmaire, et on leur attribuait autrefois de grandes vertus médicales. Les porcs en sont très-friands. Infusées dans du lait, les fleurs de Filipendule lui communiquent une saveur agréable. Toute la plante est propre au tannage des cuirs.

La *Filipendule à fleurs doubles* est une belle plante de parterre, fort estimée des-amateurs.

Genre GILLÉNIA. — *Gillenia* Mœnch.

Calice urcéolé, subcampanulé, 5-denté. Pétales 5, lancéolés, un peu inégaux. Étamines 10-15, incluses. Ovaires 5, cohérents. Styles filiformes, renflés au sommet. Carpelles 5, cohérents, apiculés, dispermes.

Herbes vivaces. Feuilles trifoliolées, stipulées; folioles pétiolulées, dentelées. Pédicelles axillaires et terminaux, solitaires. Fleurs grandes, blanches.

Ce genre, propre à l'Amérique septentrionale tempérée, ne renferme que les deux espèces dont nous allons parler. Ce sont des plantes fort élégantes, qu'on cultive dans nos jardins en terre de bruyère. Leurs racines jouissent de propriétés purgatives et émétiques ; mais leur emploi médical n'a pas encore passé dans l'ancien continent.

GILLÉNIA TRIFOLIOLÉ. — *Gillenia trifoliata* Mœnch. — *Spiræa trifoliata* Linn.— Bot. Mag. tab. 489.

Folioles lancéolées, doublement dentelées. Stipules linéaires, entières.

Tiges hautes de 1 à 3 pieds. Feuilles glabres; folioles acuminées, à dentelures acérées. Stipules très-petites. Fleurs longues d'environ un pouce.

Cette espèce croît dans les États-Unis, depuis la Géorgie jusqu'au Canada. Elle fleurit en juillet et en août.

GILLÉNIA A GRANDES STIPULES. — *Gillenia stipulacea* Muhlenb. Cat.—Barton, Med. Bot. tab. 6.—Cambess. Monogr. Spir. tab. 28.

Feuilles lancéolées, incisées-dentées : les radicales pennatifides. Stipules foliacées, ovales-lancéolées, incisées-dentées.

Cette espèce, semblable à la précédente, s'en distingue facilement à la forme de ses stipules. Elle habite les forêts ombragées du Tennessée, du Kentuckey et de la Géorgie.

GENRES RAPPORTÉS AVEC DOUTE AUX SPIRÉACÉES.

Genre QUILLAÏA. — *Quillaja* Juss.

Fleurs polygames. Calice persistant, hémisphérique, profondément quinquéfide : lobes ovales, pointus, à estivation valvaire. Pétales 5, spathulés, caducs après l'anthèse. Disque 5-lobé, charnu. Étamines 10, insérées aux lobes du disque. Ovaires 5, connés par la suture antérieure. Styles subulés, libres, terminaux. Carpelles 5, folliculaires, étalés, trigones, oblongs, coriaces, polyspermes. Graines bisériées, imbriquées, ailées au sommet.

L'espèce que nous allons décrire constitue à elle seule le genre.

Quillaï a savon. — *Quillaja saponaria* Molin. Chil. ed. gall. p. 346. — *Quillaja Smegmadermos* et *Quillaja Molinæ* Dec. Prodr. (ex Bertero). — *Smegmadermos emarginatus* Ruiz et Pav. Flor. Peruv.

Grand arbre, très-rameux. Écorce épaisse, cendrée. Feuilles simples, éparses, pétiolées, persistantes, ovales-oblongues, obtuses ou échancrées, entières ou denticulées. Stipules petites, adnées au pétiole. Pédoncules axillaires et terminaux, subquadriflores, bractéolés. La fleur terminale de chaque pédoncule femelle; les fleurs inférieures mâles.

Cet arbre habite le Pérou et le Chili. Les habitants de ces pays le désignent sous le nom de *Quillaï*. Son écorce, réduite en poudre et battue dans de l'eau, communique à celle-ci la propriété de dégraisser les étoffes et le linge, comme l'eau de savon. Aussi les Chiliens en font-ils fréquemment usage dans l'économie domestique.

Genre NEILLIA. — *Neillia* Don.

Calice quinquéfide, persistant : lobes ovales, cuspidés. Pétales 5, arrondis. Étamines 20 ou un plus grand nombre, bisériées, insérées à la gorge du calice. Ovaire solitaire, inclus. Capsule folliculaire, polysperme, apiculée par le style. Graines sphériques, luisantes, ascendantes. Périsperme charnu, épais. Embryon dressé, axile; radicule épaisse; cotylédons ovales.

Arbrisseaux inermes. Feuilles simples, stipulées, cordiformes-ovales ou trilobées, doublement dentelées. Fleurs blanches, disposées en grappe.

Ce genre, propre au Népaul, est limité aux deux espèces que nous allons signaler. Ces arbrisseaux, semblables par le port à la Spirée à feuilles d'Obier, ne sont pas encore cultivés en Europe.

NEILLIA A THYRSES. — *Neillia thyrsiflora* Don, Prodr. Flor. Nepal.

Stipules foliacées, dentelées, persistantes. Grappes spiciformes, tantôt solitaires, tantôt disposées en thyrse. Bractéoles dentées. Calices soyeux.

NEILLIA A FLEURS DE RONCE. — *Neillia rubiflora* Don, l. c.

Stipules membranacées, très-entières, caduques. Grappes terminales, solitaires, pauciflores. Bractéoles obtuses, très-entières. Calices cotonneux.

HUITIÈME FAMILLE.

LES DRYADÉES. — *DRYADEÆ* Vent.

(*Dryadeæ*, Vent. tabl. vol. 3, p. 349.—Bartl. Ord. Nat. p. 401.—*Fragariaceæ*, Rich. in Nestl. Potent. p. 14. — *Rosacearum tribus III* et *IV*, sive *Sanguisorbæ* et *Potentillæ* Juss. Gen. —*Rosacearum tribns V* et *VI*, sive *Dryadeæ* et *Sanguisorbeæ* Dec. Prodr. p. 549 et 588.)

Cette famille est constituée par les 3ᵉ et 4ᵉ sections des Rosacées de M. de Jussieu, répondant aux Dryadées et aux Sanguisorbées de M. De Candolle. Elle doit son nom à la Dryade (*Dryas octopetala* Linn.), petite plante fort élégante des Alpes. Les *Dryadées* croissent de préférence dans les contrées froides et tempérées : aussi en trouve-t-on beaucoup dans les régions alpines et hyperboréennes. La zone équatoriale, au contraire, ne nourrit ces plantes qu'à la faveur de stations très-élevées au-dessus du niveau de la mer.

Une propriété générale des Dryadées est l'astringence plus ou moins prononcée de leurs racines, qui, par cette raison, peuvent servir en médecine et au tannage. Les Fraises, les Framboises et plusieurs espèces de Mûres de Ronce sont des fruits qu'on doit au groupe qui nous occupe. L'horticulture y prend en outre un bon nombre de plantes d'agrément, tant herbacées que ligneuses ; toutefois on ne connaît, dans cette famille, ni arbre, ni grand arbrisseau.

CARACTÈRES DE LA FAMILLE.

Herbes ou *arbrisseaux* quelquefois armés d'aiguillons. Tiges et rameaux cylindriques ou irrégulièrement anguleux.

Feuilles alternes, pétiolées, pennées ou digitées

rarement simples par la confluence des.folioles, ou par l'avortement des folioles latérales); folioles penniner-vées, dentelées. Stipules adnées au pétiole, persis-tantes.

Fleurs hermaphrodites ou rarement unisexuelles, ré-gulières, blanches, ou rouges, ou jaunes, diversement disposées, souvent cymeuses.

Calice persistant, inadhérent, à 4 ou 5 (rarement à 3 ou 6 - 9) divisions plus ou moins profondes : limbe à estivation valvaire; tube campanulé ou moins souvent urcéolé, souvent appendiculé de bractéoles alternes avec les divisions du limbe.

Disque laminaire, adné au tube calicinal, terminé en rebord périgyne.

Pétales (quelquefois nuls) insérés au bord du disque entre les divisions du calice, en même nombre que celles-ci, courtement onguiculés, isomètres, caducs, imbri-qués en préfloraison.

Étamines ayant même insertion que la corolle et plus courtes qu'elle, en nombre défini multiple de celui des pétales, ou en nombre moindre, ou en nombre indéfini. Filets libres. Anthères à 2 bourses déhiscentes longitu-dinalement.

Pistil : Ovaires en nombre indéfini ou en nombre dé-fini, disjoints, non adhérents au calice ou rarement se-mi-adhérents, uniloculaires, uniovulés, insérés sur un gynophore plane, ou conique, ou hémisphérique. Styles subbasilaires ou terminaux, naissant du bord antérieur des ovaires. Stigmates pénicilliformes, ou très-simples et obliques.

Péricarpe : Carcérules libres (quelquefois pariétaux) et secs, ou charnus et entre-greffés, aristés ou muti-ques, monospermes.

Graines ascendantes ou appendantes. Périsperme nul. Embryon rectiligne. Radicule appointante. Cotylédons presque planes , très-entiers , foliacés en germination.

Voici les genres qui rentrent dans la famille des Dryadées :

Rubus Linn. — *Cylactis* Rafin. — *Dalibarda* Linn.— *Horkelia* Chamiss.—*Fragaria* Linn. (Duchesnea Smith). *Comarum* Linn. — *Potentilla* Linn. (Tormentilla Linn. Trichothalamus Lehm.)—*Sibbaldia* Linn.—*Dryas* Linn. — *Cowania* Don. — *Geum* Linn. — *Sieversia* Willd. (Adamsia et Laxmannia Fisch.)—*Coluria* Ledeb.—*Biebersteinia* Steph. — *Waldsteinia* Willd. — *Comaropsis* Rich. — *Agrimonia* Linn. — *Aremonia* Neck. (Amonia Nestl. Spallanzania Poll.) — *Brayera* Kunth. —*Cercocarpus* Kunth. — *Alchemilla* Linn. (Aphanes Linn.)— *Cephalotus* Labill. — *Margyricarpus* Ruiz et Pav. —*Polylepis* Ruiz et Pav.—*Acæna* Vahl. (Ancistrum Forst.)— *Sanguisorba* Linn.—*Poterium* Linn. (Pimpinella Adans.) —*Cliffortia* Linn. (Morilandia Neck. Nenax Gærtn.)

Genre RONCE. — *Rubus* Linn.

Calice 5-parti, non bractéolé. Pétales 5. Étamines et ovaires en nombre indéfini. Styles continus , infléchis , caducs. Gynophore conique, saillant. Étairion baccien, moriforme, à drupes entre-greffés, monospermes. Graine appendante.

Arbrisseaux à tiges souvent bisannuelles (rarement herbes), inermes ou plus fréquemment aiguillonnées. Feuilles palmées, ou digitées, ou pennées. Fleurs terminales, ordinairement en panicule thyrsiforme, ou quelquefois solitaires.

Ce genre est l'un des plus remarquables des Dryadées, tant par les fruits rafraîchissants et mangeables que portent un grand nombre d'espèces, que par les plantes d'ornement qu'il offre aux horticulteurs. On connaît environ cent quarante *Ronces*, à quelques exceptions près indigènes dans la zone tempérée de l'hémisphère septentrional. L'Europe en nourrit plus de cinquante espèces. Les plus intéressantes sont les suivantes.

SECTION Ire.

Feuilles pennées.

RONCE A FEUILLES DE ROSIER. — *Rubus rosæfolius* Smith, Icon. ined. tab. 61. — *Rubus coronarius* Bot. Mag. tab. 1783. — *Rubus sinensis* Herb. de l'Amat. vol. 5.

Tiges et pétioles pubescents, armés d'aiguillons recourbés. Feuilles à 5 ou 7 folioles lancéolées ou ovales-lancéolées, doublement dentelées, ponctuées. Stipules linéaires-subulées. Pédoncules terminaux, subuniflores.

Arbrisseau sarmenteux. Fleurs blanches, larges d'environ 2 pouces, légèrement odorantes (ordinairement doubles).

Cette espèce, indigène à l'île de France, est cultivée fréquemment dans les collections de serre. Elle est fort robuste et supporte le climat du midi de la France.

RONCE FRAMBOISIER. — *Rubus Idæus* Linn. — Engl. Bot. tab. 2442. — Flor. Dan. tab. 788. — Lois. in Duham. ed. nov. vol. 6, tab. 23.

Tiges dressées, cylindriques, armées d'aiguillons subulés. Feuilles à 3-7 folioles ovales ou ovales-lancéolées, acuminées, cotonneuses en dessous, incisées-dentées. Stipules sétacées. Pédoncules axillaires et terminaux, pluriflores. Pétales cunéiformes, dressés, très-entiers, plus courts que le calice.

Arbrisseau de 6 à 8 pieds de haut. Tiges nouvelles et face supérieure des feuilles d'un vert glauque. Face inférieure des feuilles très-blanche. Panicules lâches. Fleurs petites. Fruits polycarpellés, couleur de sang, ou jaunâtres, ou blanchâtres.

Le *Framboisier* croît dans les endroits pierreux des montagnes de presque toute l'Europe. Les variétés cultivées dans les jardins produisent des fruits beaucoup plus gros, mais moins aromatiques.

Les feuilles et les sommités du Framboisier sont détersives et astringentes; leur décoction s'emploie en gargarismes dans les maux de gorge. Les Framboises entrent dans la composition de différentes gelées, confitures, sirops, etc. On en obtient aussi, par la fermentation, une espèce de vin assez agréable, ou, par la distillation, une boisson alcoolique. C'est surtout en Russie et en Pologne que les Framboises servent à cet usage. Le *Sirop de Framboise* est, comme l'on sait, un bon remède calmant.

Ronce Framboisier d'Amérique. — *Rubus occidentalis* Linn. — Dill. Elth. tab. 247; fig. 319.

Tiges cylindriques, glabres, glauques, dressées, armées d'aiguillons recourbés. Feuilles à 3-7 folioles ovales, incisées-dentelées, cotonneuses en dessous. Stipules sétacées, très-étroites. Pédoncules aiguillonnés, en corymbe. Pétales cunéiformes, étalés, plus courts que le calice. Fruit glabre.

Arbrisseau très-semblable au Framboisier d'Europe. Ses fruits sont mangeables, mais plus acides que nos Framboises.

Ronce élégante. — *Rubus spectabilis* Pursh. Flor. Amer. Bor. — Bot. Reg. tab. 1424.

Tige dressée, ligneuse, cylindrique, légèrement aiguillonnée. Feuilles trifoliolées ou trilobées; folioles ovales-rhomboïdales ou subcordiformes, pointues, incisées-dentées, glabres en dessus, poilues en dessous, vertes aux deux faces. Pédoncules terminaux, uniflores, solitaires, inclinés au sommet. Sépales ovales, acuminés, hispidules. Pétales ovales, obtus, 2 fois plus longs que le calice.

Arbrisseau touffu, haut de 3 à 4 pieds. Feuillage assez semblable, pour la forme, à celui du Framboisier. Corolle subcampanulée, d'un rose vif, mais moins grande que celle de la Ronce odorante.

Cette espèce, introduite depuis peu d'années en Europe par M. Douglas, croît dans le nord-ouest de 'Amérique. Moins belle

que la Ronce odorante, elle est cependant précieuse pour les
amateurs d'horticulture, parce qu'elle fleurit au printemps, et
qu'elle est plus petite dans toutes ses parties.

RONCE A PETITES FEUILLES. — *Rubus parvifolius* Linn. —
Bot. Reg. tab. 496.

Tige et pétiole velus, aiguillonnés ; rameaux réclinés. Feuilles
à 3 ou 5 folioles ovales ou cunéiformes - obovales , incisées-dentées : la foliole terminale plus grande, souvent lobée. Pétales ovales, dressés, plus courts que le calice.

Buisson de 3 à 4 pieds de haut. Tiges stériles , rampantes.
Fleurs de grandeur médiocre, très-nombreuses , d'un rose vif.

Cette Ronce, originaire de la Chine , est cultivée comme plante
d'ornement. Elle résiste en plein air aux hivers des environs de
Paris.

SECTION II.

Feuilles digitées.

a) *Tiges ligneuses.*

RONCE COMMUNE. — *Rubus fruticosus* Linn. — Flor. Dan.
tab. 1163. — Lois. in Duham. ed. nov. vol. 6, tab. 22, fig. 1.

Tiges dressées ou tombantes, sillonnées, aiguillonnées. Feuilles
inférieures 5-foliolées ; feuilles supérieures 3-foliolées ; folioles
ovales, ou ovales-lancéolées, ou cunéiformes-obovales, dentelées,
pubescentes en dessous. Fleurs paniculées. Sépales ovales , pointus. Pétales ovales , étalés , plus longs que le calice. Fruits luisants , polycarpellés.

Buisson stolonifère. Fleurs ordinairement blanches , très-nombreuses. Fruits noirs , luisants.

La *Ronce commune* abonde dans toute l'Europe. Elle croît
de préférence dans les endroits pierreux et arides. Les feuilles et
les sommités de cette espèce et de plusieurs de ses congénères sont
employées en médecine comme remède détersif et astringent ; les
chèvres et les moutons les broutent avec avidité. Les fruits ,
nommés vulgairement *Meurons, Mûres de Ronce, Mûres
de renard. Framboises sauvages*, quoique fort inférieurs aux

vraies Framboises, ont néanmoins une saveur agréable, et l'on peut en manger beaucoup sans inconvénient. Ils servent, en quelques contrées, à faire une boisson spiritueuse et un sirop rafraîchissant.

Les variétés *à fleurs double roses* ou *blanches* de cette Ronce sont dignes d'orner les jardins. On cultive aussi une variété à fleurs panachées, et une autre à folioles pennatifides (*Rubus laciniatus* Willd. Hort. Berol. tab. 82).

RONCE GLANDULEUSE. — *Rubus glandulosus* Bellard. — *Rubus hybridus* Vill.—*Rubus hirtus* Weih. et Nees, Rub. tab. 43.

Tige cylindrique, glanduleuse, hispide; aiguillons dressés. Feuilles quinquéfoliolées-subpédalées ou trifoliolées; folioles elliptiques-oblongues, acuminées, dentelées, presque glabres. Panicules hispides, glanduleuses. Pétales oblongs. Calice dressé après l'anthèse.

Jeunes pousses procombantes, rougeâtres. Feuilles molles. Fleurs petites, d'un blanc tirant sur le vert. Fruits noirs, luisants.

Cette espèce, commune dans une grande partie de l'Europe, croît de préférence dans les localités ombragées. Ses fruits sont aussi bons à manger que ceux de la Ronce commune.

RONCE A FEUILLES DE NOISETIER. — *Rubus corylifolius* Smith, Engl. Bot. tab. 827.

Tige cylindrique, hispide, glanduleuse; aiguillons dressés. Jeunes pousses pentagones à feuilles de 5 folioles larges, molles, doublement dentelées. Panicules corymbiformes, pubescentes. Calices étalés après l'anthèse.

Jeunes pousses ascendantes ou procombantes. Feuilles glabres ou pubescentes, ou hérissées. Fleurs blanches, assez grandes. Fruits d'un bleu noirâtre, à grains très-gros.

RONCE BLEUATRE.—*Rubus cæsius* Linn.—Engl. Bot. tab. 826. —Flor. Dan. tab. 1213. —Schk. Handb. tab. 135. —Weih. et Nees, Rub. tab. 46, A, fig. 1, C, fig. 1, 2, B, fig. 1, 2.

Tiges cylindriques, glauques, subglanduleuses; aiguillons

faibles. Feuilles 3- ou rarement 5-foliolées ; folioles dentées ou lobées. Fleurs paniculées, presque en corymbe. Calices étalés après l'anthèse. Pétales étalés.

Jeunes pousses ordinairement traînantes, longues de 2 à 3 pieds. Feuilles glabres, moins souvent pubescentes ou cotonneuses en dessous. Aiguillons plus ou moins rares, dressés ou recourbés. Fleurs blanches, assez grandes. Fruits d'un bleu noirâtre, à grains très-gros.

Cette espèce et la précédente sont communes dans les endroits ombragés et humides; leurs fruits, couverts d'une poussière glauque, ont moins de saveur que ceux de la Ronce commune.

b) *Tiges herbacées.*

RONCE ARCTIQUE. — *Rubus arcticus* Linn. — Engl. Bot. tab. 1585. — Linn. Fl. Lapp. tab. 5, fig. 2.

Tiges simples, inermes, flexueuses. Feuilles à 3 folioles glabres, ovales-rhomboïdales ou obovales, doublement crénelées. Sépales lancéolés. Pétales échancrés, plus longs que le calice.

Herbe vivace, à racines rampantes. Tiges hautes de 3 à 5 pouces. Feuilles molles, d'un vert gai. Fleurs d'un rose vif.

Cette jolie plante est propre à la zone polaire. On la cultive quelquefois dans nos jardins; il lui faut une situation fraîche et humide. Dans le Nord, ses fruits sont fort estimés; leur saveur se rapproche de celle de la Fraise.

SECTION III.

Feuilles simples, palmatilobées.

a) *Tiges herbacées.*

RONCE FAUSSE-MURE. — *Rubus Chamæmorus* Linn. Flor. Lapp. tab. 5, fig. 1. — Flor. Dan. fig. 1. — Hook. Flor. Lond. tab. 138. — Svensk Bot. tab. 469. — Engl. Bot. tab. 718.

Tige simple, uniflore, inerme. Feuilles subréniformes, 5-lobées, inégalement dentelées. Stipules ovales, obtuses. Fleurs diclines par avortement. Sépales lancéolés, moins longs que la corolle. Pétales obovales. Fruits à un petit nombre de carpelles.

Herbe vivace, pubescente. Racines rampantes. Tiges touffues, longues de 2 à 6 pouces, creusées d'un sillon profond unilatéral, garnies inférieurement de 2 ou 3 écailles ovales. Feuilles pétiolées, assez semblables à celles du Groseiller rouge : lobes obtus. Stipules très-petites. Fruits gros, rouges, ou blancs, ou d'un rouge tirant sur le jaune.

Cette plante abonde dans les marais tourbeux de toute l'Europe boréale, de la Sibérie et du nord de l'Amérique. On la retrouve dans plusieurs parties de l'Allemagne septentrionale. Ses fruits, d'une saveur acidule très-agréable, sont d'une grande ressource pour les habitants des contrées arctiques, où on les regarde comme un excellent antiscorbutique. Les Lapons les conservent d'une année à l'autre, en les couvrant de neige aussitôt après les avoir cueillis.

RONCE ÉTOILÉE. — *Rubus stellatus* Smith, Icon. ined. fasc. 3, tab. 64.

Tiges simples, uniflores, velues, inermes. Feuilles subréniformes, planes, dentelées, trilobées. Stipules ovales, acuminées. Sépales linéaires, défléchis. Pétales spathulés, distants, étalés, plus longs que le calice.

Herbe vivace. Fleurs grandes, purpurines.

Cette espèce croît dans le nord-ouest de l'Amérique et dans les îles Aléoutiennes.

RONCE TRIFIDE. — *Rubus trifidus* Thunb. Fl. Jap.

Tiges herbacées, flexueuses, dressées, glabres, inermes. Feuilles cordiformes-trilobées, glabres : lobes incisés, inégalement dentelés. Pédoncules et pétioles velus.

Cette espèce, indigène au Japon, produit un fruit d'une saveur très-agréable.

b) Tiges ligneuses.

RONCE ODORANTE. — *Rubus odoratus* Linn. — Mill. Icon. tab. 323. — Loisel. in Duham. ed. nov. vol. 6, tab. 24. — Bot. Mag. tab. 323.

Tiges dressées, inermes, glanduleuses-hispides de même que

les pétioles, les pédoncules et les calices. Feuilles cordiformes-5-angulaires, inégalement dentelées, pubescentes. Fleurs en panicule cymeuse. Sépales ovales, cuspidés, un peu plus longs que la corolle. Fruits subhémisphériques.

Arbuste haut de 3 à 5 pieds. Tiges, pétioles, pédoncules et calices hérissés de poils roux glandulifères. Feuilles amples, d'un vert gai. Fleurs grandes, d'un rose vif. Fruits rouges.

Cette espèce, originaire du Canada, et fort commune dans les jardins, se recommande par son ample feuillage et par ses belles fleurs, qui se succèdent pendant plusieurs mois. Son fruit, assez bon à manger, mais peu abondant, a la couleur de la Framboise.

RONCE DE NOUTKA. — *Rubus nutkanus* Dec. Prodr. — Bot. Reg. tab. 1368. — Sweet, Brit. Flow. Gard. ser. 2, tab. 83.

Tiges ligneuses, dressées, flexueuses, stolonifères, presque glabres à la base, garnies au sommet de poils horizontaux glandulifères. Feuilles 5-lobées, inégalement dentées. Stipules connées, persistantes. Corymbes simples. Sépales cuspidés, hispidules ainsi que les pédoncules. Pétales de la longueur du calice.

Arbrisseau tout à fait semblable par le port à la Ronce odorante. Feuilles non aiguillonnées en dessous. Fleurs grandes, blanches.

Cette Ronce, originaire du nord-ouest de l'Amérique, vient d'être introduite en Europe par M. Douglas. Ses fleurs se succèdent depuis le mois de juin jusqu'en novembre, mais elles sont moins belles que celles de l'espèce précédente.

RONCE TRILOBÉE. — *Rubus trilobus* Dec. Prodr.

Tige dressée, rameuse. Rameaux, pétioles et pédoncules hispides. Feuilles trilobées, inégalement dentelées, velues; lobes pointus : les latéraux divergents et plus longs que le lobe terminal. Stipules et bractées lancéolées, velues. Fleurs solitaires. Sépales ovales, concaves, étalés, terminés en appendice foliacé, spathulé, débordant les pétales. Carpelles nombreux, subglobuleux. — Fleurs très-grandes, blanches. Fruits rouges.

Cette espèce croît au Mexique.

RONCE A GRAPPES RÉFLÉCHIES. — *Rubus reflexus* Bot. Reg. tab. 461.

Rameaux cylindriques, cotonneux-ferrugineux, armés de petits aiguillons épars. Feuilles cordiformes-oblongues, 3- ou 5-lobées, cotonneuses-roussâtres en dessous, réticulées ; lobe terminal allongé. Grappes pauciflores, subsessiles, réfléchies. Sépales ovales, obtus, de la longueur des pétales. — Arbuste stolonifère. Fleurs blanches.

Cette espèce, originaire de la Chine, se cultive dans les collections d'orangerie.

RONCE A FEUILLES DE TILLEUL. — *Rubus tiliaceus* Smith, in Rees. Cycl.

Tige et rameaux cotonneux, armés d'aiguillons épars. Feuilles ovales-arrondies, lobées, crénelées, presque glabres en dessus, incanes en dessous. Grappes axillaires. Bractées petites, incisées. Sépales lancéolés, velus, défléchis. Pétales subspathulés.

Cette espèce croît au Népaul.

RONCE DE LAMBERT. — *Rubus Lambertianus* Dec. Prodr. 2, p. 567.

Rameaux cylindriques, poilus, armés d'aiguillons recourbés. Feuilles cordiformes-acuminées, sublobées, dentelées. Stipules nulles ou fimbriées. Fleurs paniculées. Pédoncules pubescents. Sépales lancéolés, acuminés, cotonneux aux bords. Pétales cunéiformes-obovales, étroits, de la longueur du calice.

Cette Ronce croît en Chine.

RONCE A FEUILLES DE BOULEAU. — *Rubus betulinus* Don, Prodr. Flor. Nepal.

Rameaux cylindriques, glabres, munis d'aiguillons fort courts, distants. Feuilles lancéolées, longuement acuminées, inégalement dentelées, glabres aux deux faces. Stipules linéaires, entières ou trifides. Fleurs en panicules subglomérulées. Sépales lancéolés, ponctués, acuminés : les intérieurs cotonneux aux bords. Pétales lancéolés, veineux.

Cette espèce croît au Népaul.

RONCE A FEUILLES DE POIRIER. — *Rubus pyrifolius* Smith, Icon. ined. fasc. 3, tab. 61.

Rameaux flexueux, légèrement hérissés, armés d'aiguillons épars. Feuilles oblongues, acuminées, dentelées, glabres aux deux faces. Panicules multiflores, subthyrsiformes. Bractées incisées, pubescentes, caduques. Sépales lancéolés, pointus : les extérieurs laciniés. Pétales très-petits, dentés au sommet.

Cette Ronce croît à Java.

Genre FRAISIER. — *Fragaria* Linn.

Calice quinquéfide : segments alternant chacun avec une bractéole adnée au tube; tube concave. Pétales 5. Étamines et ovaires innumérables. Styles articulés par la base, non persistants après la floraison. Gynophore ovale, accrescént, devenant charnu. Carcérules innumérables, plus ou moins enfoncés dans la substance charnue du gynophore.

Herbes vivaces, stolonifères. Feuilles longuement pétiolées, trifoliolées (rarement unifoliolées). Tiges presque nues. Fleurs blanches, en corymbe, ou par exception jaunes et solitaires.

Les botanistes n'admettent que dix espèces de *Fraisiers;* mais le nombre des hybrides et des variétés produites par la culture est fort considérable.

Une exposition découverte et un sol substantiel sont les conditions les plus favorables à la culture de la plupart des Fraisiers. Ces plantes demandent des arrosements très-fréquents, et l'on assure qu'elles prospèrent mieux par ce moyen que sous l'influence de la pluie. On multiplie les Fraisiers d'éclats et de coulants, ou de graines, qu'il faut semer dès leur maturité dans un terrain très-doux et ameubli. Les plantations de Fraisiers doivent être renouvelées tous les deux ou trois ans.

Les racines des Fraisiers, fortement astringentes, possèdent des propriétés diurétiques et apéritives. L'infusion des jeunes feuilles a une saveur agréable, et on la prend quel-

quefois en guise de thé. Tout le monde sait que les Fraises
sont aussi saines qu'agréables au goût. Leur usage habituel
opère, à ce qu'on dit, des changements salutaires dans toute
l'économie animale, surtout chez les personnes affectées de
maladies de langueur. Linné assure être parvenu à se guérir,
par ce moyen, d'une goutte opiniâtre. Gessner et Boërhave
leur attribuent la propriété d'empêcher la formation des
calculs tartreux. On fait entrer les Fraises dans la composition des glaces et dans plusieurs ratafias. Leur suc, soumis
à un certain degré de fermentation, acquiert une saveur
vineuse, mais il ne se conserve pas ; on en tire de l'alcool,
en le soumettant à la distillation avant qu'il soit devenu
acide : dans ce dernier cas, il peut être converti en vinaigre.

Voici les Fraisiers qu'il convient de faire connaître.

Section Ire.

Fleurs en corymbe. Corolle blanche.

Fraisier Craquelin. — *Fragaria collina* Ehrh. — Flor.
Dan. tab. 1389. — Hayn. Arzn. IV, tab..30. — Svensk Bot.
tab. 548. — *Fragaria calycina* Lois. Fl. Gall. — *Fragaria
grandiflora* Thuil. (non Willd.) — *Fragaria maujaufea*
et *Fragaria breslingea* Duch.

Folioles poilues aux deux faces, bordées de dentelures pointues. Pubescence des pétioles horizontale ; pubescence des pédicelles apprimée. Calice redressé après l'anthèse.

Plante d'un vert sombre ou bleuâtre. Folioles plissées, obovales. Hampes grêles. Pétales orbiculaires. Fruits ovales-arrondis,
un peu durs, d'un rouge pâle ou jaunâtre. Carcérules très-nombreux, superficiels.

Cette espèce, commune sur les collines et dans les clairières
des bois, se distingue sans peine du Fraisier commun à ses
fruits recouverts par le calice et faisant entendre un petit craque-
ment lorsqu'on les en détache. Les Fraises du type spontané de
l'espèce sont insipides et un peu dures, même à leur parfaite
maturité. Dans les jardins, on cultive les variétés suivantes :

Fraisier de Bargemon, ou *Fraisier en étoile.* — Stolonifère, très-fécond. Fraises arrondies, d'un rouge foncé, fermes, parfumées.

Fraisier vineux, ou *Fraisier de Champagne,* ou *Majaufe de Champagne.* —Plus petit et moins productif que le précédent. Fraises un peu comprimées.

Fraisier Coucou, ou *Fraisier aveugle.* — Fraises déprimées, d'un rouge verdâtre. Carcérules très-saillants.

Breslinge d'Allemagne (Fragaria nigra Duch.*)* — Fortement stolonifère. Feuilles souvent 5-lobées. Fraises très-aromatiques.

Fraisier Marteau, ou *Breslinge de Bourgogne.* — Fraises subpyriformes.

Fraisier ou *Breslinge de Longchamps.*—Plante petite, touffue, stolonifère. Fraises allongées, pourpres.

Fraisier vert ou *hétérophylle,* ou *Breslinge d'Angleterre* (Nois. Jard. Fruit. tab. 13, fig. 2. — *Fragaria viridis* Duch.)—Feuilles 3-4- ou 5-foliolées; pétioles souvent appendiculés. Premières fleurs verdâtres, très-près de terre; les autres sur des hampes presque aussi hautes que les feuilles. Fraises arrondies, turbinées, verdâtres, succulentes.

Fraisier Brugnon, ou *Breslinge de Suède (Fragaria pratensis* Duch.)—Plante basse. Hampes courtes. Fraises arrondies, fortement adhérentes au calice.

FRAISIER DES MOIS. — *Fragaria semperflorens* Duch. — Hayn. Arzn. III, tab. 25. — *Fragaria alpina* Duham. Arb. Fruit.—Noisette, Jard. Fruit. tab. 11, fig. 2.

Poils des pétioles divergents. Poils des tiges étalés. Folioles plissées. Poils des pédicelles apprimés. Calice réfléchi après l'anthèse. Fruit coniques.

Plante grêle. Fleurs petites. Fruits blancs ou pourpres. Carcérules nombreux, superficiels.

Ce Fraisier, fréquemment cultivé dans les jardins sous les noms de *Fraisier des Alpes* ou *Fraisier des mois,* croît dans

les bois des montagnes d'une grande partie de l'Europe. Il offre
l'avantage de fructifier depuis le mois de mai jusqu'à la fin de
l'automne. Son fruit est moins aromatique mais plus gros que
celui du Fraisier commun.

M. Poiteau cite, sous le nom de *Fraisier de Gaillon*, une
variété de cette espèce sans coulants, propre à former des bordures.

FRAISIER COMMUN.—*Fragaria vesca* Linn. —Gærtn. Fruct.
1, tab. 73, fig. 8. — Schk. Handb. tab. 135. — Hayn. Arzn.
IV, tab. 26.

Folioles plissées. Pubescence des pétioles divergente ; pubescence des tiges étalée ; pubescence des pédicelles apprimée. Calice
réfléchi après l'anthèse. Fruits ovales-arrondis.

Feuilles radicales longuement pétiolées ; folioles ovales, dentelées, réticulées, poilues en dessus, satinées en dessous ou couvertes d'un duvet glauque. Stipules lancéolées. Tiges de la longueur
du doigt ou un peu plus, cylindriques, munies au sommet d'une
seule feuille. Bractées ovales. Sépales ovales, acuminés. Bractéoles
linéaires-lancéolées. Pétales orbiculaires. Fruits rouges ou blancs,
pendants. Carcérules nombreux, superficiels.

Cette espèce, nommée vulgairement *Fraisier des bois*, croît
dans presque toute l'Europe. On la cultive fréquemment dans les
jardins. Ses variétés les plus notables sont les suivantes :

Fraisier Buisson (*Fragaria eflagella* Duch.) — Cultivé de
préférence en bordures, parce qu'il n'a pas de coulants.

Fraisier monophylle (*Fragaria monophylla* Duch. — Bot.
Mag. tab. 63).—Feuilles presque toutes unifoliolées.—Cette
variété a été obtenue en 1761, par Duchêne, de graines du
Fraisier commun.

Fraisier à fleurs doubles. — Fruits très-acides.

Fraisier de Montreuil. — Cette variété, fréquemment cultivée
aux environs de Paris, ne diffère du type de l'espèce qu'en ce
qu'elle est plus grande dans toutes ses parties.

Fraisier d'Angleterre, ou Fraisier à châssis (*Fragaria vesca minor* Duch.)—Plante plus petite dans toutes ses parties. Fruit globuleux, luisant, rouge ou blanc.

Fraisier Fressant. (*Fragaria vesca hortensis* Duch.) —Fruit rouge, ou blanc, ou noirâtre, allongé, un peu comprimé.

Fraisier Caperonnier. — *Fragaria elatior* Ehrh. Beitr.

Folioles plissées. Poils des pétioles, des tiges et des pédicelles divergents. Calice réfléchi après l'anthèse.

Plante semblable au Fraisier commun, mais plus grande dans toutes ses parties. Fleurs polygames-dioïques par avortement. Étamines et pistils de même longueur. — *Fleurs stériles :* Étamines une fois plus longues que les pistils.—Fruit plus gros que dans le Fraisier commun, ovale, un peu rétréci à la base. Carcérules enfoncés.

Cette espèce, fréquemment cultivée dans les jardins, croît dans les bois en France et en Allemagne. Ses variétés les plus recherchées sont : le *Caperonnier royal*, ou *Caperonnier de Bruxelles* (Noisette, Jard. Fruit. tab. 13, fig. 1. — *Fragaria moschata* Duch.), le *Caperonnier Abricot*, et le *Caperonnier Framboise*. Les *Caprons* ont une saveur douce et musquée.

Fraisier de Virginie. — *Fragaria virginiana* Ehrh. Beitr. —Arb. Fruit. Duham. vol. 1, tab. 5.—Hayn. Arzn. IV, tab. 28.

Folioles coriaces, non plissées, presque glabres en dessus ; pétiole garni de poils dressés. Pubescence des tiges apprimée. Calice redressé après l'anthèse. Pétales ovales, de la longueur des sépales. Fruits pendants. Carcérules enfoncés.

Feuilles grandes, d'un vert bleuâtre. Fleurs de grandeur moyenne, souvent polygames-dioïques par avortement. Fruits petits ou moyens, écarlates, plus hâtifs que dans les autres espèces. Carcérules enfoncés dans de grands alvéoles du réceptacle.

Cette espèce est indigène dans l'Amérique septentrionale. On en cultive dans nos jardins plusieurs variétés nommées *Fraisiers écarlates*. La variété appelée *Roseberry*, introduite d'Angleterre il y a quelques années, a le fruit plus gros et plus allongé que les variétés anciennes. Les Fraisiers dits *Grimston*, *Duc de Kent*, *Écarlate américain*, et *Écarlate oblong*, sont, selon M. Poiteau, d'autres variétés très-recommandables du *Fraisier de Virginie*.

FRAISIER GRANDIFLORE. — *Fragaria grandiflora* Ehrh. Beitr. — Duham. Arb. Fruit. v. 1, tab. 6. — Hayn. Arzn. IV, tab. 29. — *Fragaria calycina* Mill. Icon. tab. 288.

Folioles glabres en dessus, satinées en dessous, fermes, non plissées. Pétioles, pédoncules et pédicelles garnis de poils étalés. Calices plus courts que la corolle, dressés après l'anthèse. Fruits pendants. Carcérules enfoncés.

Feuilles et corolles très-grandes. Fleurs hermaphrodites. Fruit gros, arrondi ou allongé, rouge, ou rose, ou blanc, très-succulent.

Ce Fraisier, qui passe pour originaire de Surinam, est commun dans nos jardins. Voici ses variétés les plus notables :

Fraisier de Caroline. — Fruit rond ou allongé, écarlate ou blanc, mat ou luisant, blanc ou rose intérieurement, peu savoureux.

Fraisier de Bath (Nois. Jard. Fruit. tab. 11, fig. 1, et tab. 14, fig. 1. — *Fragaria calyculata* Duch.) — Plante courte. Fruit gros, de forme variable, toujours lavé de rose, ou ponceau sur un fond blanc; chair peu parfumée.

Fraisier Ananas (Nois. Jard. Fruit. tab. 14, fig. 2. — *Fragaria Ananassa* Duch.) — Pédoncules épaissis au sommet. Fruit gros, d'un écarlate très-vif.

Fraisier Downton. — Variété récemment introduite d'Angleterre en France. — Feuillage comme cloqué. Tiges nombreuses, fermes, plus longues que les feuilles. Fruits gros, oblongs, d'un rouge foncé presque noir, à chair ferme et très-parfumée. « Cette variété, dit M. Poiteau, par l'abondance et la longue » succession de ses fruits, leur belle couleur et leur qualité, » est une de celles qui méritent le plus d'être introduite et ré- » pandue dans nos jardins. »

Fraisier Keen's Seedling. — Fruit rond, remarquable par son volume et sa couleur, d'un rouge très-foncé ; chair très-rouge, bien parfumée. « Cette variété, dit M. Poiteau, fruite facile-
» ment et en grande abondance : elle nous a paru, jusqu'à
» présent, une des meilleures, si ce n'est la meilleure, des ac-
» quisitions que nous ayons faites en ce genre ; et nous en re-
» commanderons particulièrement la culture. »

FRAISIER DU CHILI. — *Fragaria chilensis* Ehrh. Beitr. — Dill. Hort. Elth. tab. 20, fig. 140. — Noisette, Jard. Fruit. tab. 12, fig. 1. — Duham. Arb. Fruit. vol. 1, tab. 3.

Folioles obovales-arrondies, rugueuses, incanes en dessous. Pétioles et hampes garnis de poils très-étalés. Pédicelles dicho-tomes, divariqués. Sépales laciniés, plus longs que les pétales, redressés après l'anthèse. Pétales obcordiformes. Fruits dressés. Carcérules enfoncés.

Fleurs très-grandes, souvent dioïques. Fruit ovale, de la grosseur d'un petit œuf de poule, lavé de vermillon plus ou moins vif sur un fond jaunâtre.

Ce Fraisier, introduit en Europe depuis 1712, croît au Chili. Selon M. Poiteau, il est difficile à multiplier, et même à conser-ver, sous le climat de Paris. Une exposition chaude, en pente vers le midi, et une bonne terre de potager bien ameublie, où l'eau ne séjourne pas, lui conviennent. Pour en obtenir des fruits, il faut le planter auprès des Fraisiers Carolines, Ananas ou Ca-prons dont on aura retardé la floraison, car on ne lui connaît pas d'individu mâle. Il prospère à merveille à Brest.

Le *Fraisier superbe de Wilmot* est une hybride du Fraisier du Chili, et, à ce qu'il paraît, de l'Ananas. Ce Fraisier, obtenu récemment en Angleterre, par M. Wilmot, de graines du Fraisier du Chili, est fort remarquable par les dimensions extraordinaires de ses fruits, dont les plus gros atteignent jusqu'à huit pouces de circonférence. Selon M. Poiteau, ces fruits sont de bonne qua-lité, quoique inférieurs, sous ce rapport, à plusieurs autres Fraises ; la plante, du reste, n'est pas très-productive.

SECTION II.

Fleurs solitaires, axillaires. Corolle jaune.

FRAISIER DE L'INDE. — *Fragaria indica* Andr. Bot. Rep. tab. 475. — Bot. Rég. tab. 61. — *Duchesnea fragarioides* Smith.

Pétioles très-longs, velus. Folioles obovales, subrhomboïdales, crénelées. Stipules lancéolées. Pédoncules uniflores, de la longueur des feuilles. Bractéoles cunéiformes, tridentées au sommet. Pétales plus courts que les sépales.

Herbe acaule, stolonifère, ayant le port de la Potentille rampante. Fruit ovale-arrondi, d'un rouge vif.

Cette plante, originaire du Népaul, se cultive comme objet de curiosité. Ses fruits, d'une très-belle apparence, sont tout à fait insipides.

Genre POTENTILLE. — *Potentilla* Linn.

Calice persistant, évasé, quinquéfide (par exception quadrifide); segments alternant chacun avec une bractéole conforme, adnée au sommet du tube. Pétales 5 (par exception 4). Étamines et ovaires en nombre indéfini. Styles infra-apicilaires, articulés à la base, tombants après l'anthèse. Gynophore conique, peu-accrescent, non charnu à la maturité. Étairion à carcérules innumérables, coriaces, monospermes. Graine appendante.

Arbrisseaux, ou plus souvent herbes ordinairement vivaces. Feuilles imparipennées ou digitées : les radicales longuement pétiolées; les supérieures sessiles et ordinairement simples. Folioles dentelées. Stipules entières ou dentées, adnées au pétiole. Tiges cylindriques, dichotomes supérieurement. Fleurs dichotomales et terminales, ou oppositifoliées. Corolle jaune ou blanche, ou rarement rougeâtre; pétales ordinairement obcordiformes.

Ce genre était nommé par les botanistes anciens *Pentaphyllum*, c'est-à-dire, *Quintefeuille*, parce que beaucoup d'espèces ont des feuilles composées de cinq folioles. Le nombre des *Potentilles* décrites aujourd'hui s'élève à près de deux cents. Ces plantes abondent dans les régions froides et tempérées de l'hémisphère septentrional; on en trouve dans les chaînes alpines de tout le globe.

Plusieurs Potentilles, remarquables par l'élégance de leurs fleurs, ornent nos parterres. Toutes ont des racines plus ou moins astringentes, propriété qui en fait employer quelques-unes comme remèdes toniques ou détersifs. Nous allons décrire les espèces intéressantes à connaître.

SECTION I.

Feuilles imparipennées.

a) *Tiges ligneuses.*

POTENTILLE ARBRISSEAU. — *Potentilla fruticosa* Linn. — Engl. Bot. tab. 88. — Nestl. Pot. tab. 1. — Duham. ed. nov. vol. 2, tab. 4. — Svensk Bot. tab. 253.

Feuilles à 5 ou 7 folioles très-rapprochées, oblongues ou lancéolées-oblongues, pointues, révolutées aux bords, glabres en dessus, pubescentes-satinées en dessous; les 3 terminales confluentes, décurrentes sur le pétiole. Stipules lancéolées, membraneuses. Fleurs presque en corymbe. Sépales ovales-lancéolés, poilus; bractéoles linéaires-lancéolées; subpétiolulées.

Arbrisseau touffu, feuillu, haut de 2 à 3 pieds. Fleurs denses, nombreuses, d'un beau jaune. Gynophore très-poilu.

Cette Potentille croît dans les Pyrénées et dans le nord de l'Europe. Elle forme un arbrisseau élégant, qui fleurit pendant tout l'été, et qu'on cultive fréquemment dans les jardins.

POTENTILLE DE DAOURIE. — *Potentilla davurica* Nestl. Pot. tab. 1.

Cette espèce, indigène en Daourie, ne paraît différer de la précédente qu'en ce qu'elle est presque glabre et que les bractéoles de ses calices sont ovales. On la cultive dans les jardins.

b) Tiges herbacées.

POTENTILLE-ANSÉRINE. — *Potentilla anserina* Linn. — Bull. Herb. tab. 157. — Engl. Bot. tab. 861. — Flor. Dan. tab. 544.

Tiges traçantes, flagelliformes. Feuilles toutes presque sessiles, interrupté-pennées, multifoliolées; folioles alternes, sessiles, oblongues ou ovales-oblongues, pectinées, soyeuses, aux deux faces ou en dessous. Stipules caulinaires ovales-acuminées, tubuleuses, incisées. Pédoncules solitaires, redressés, uniflores. Sépales ovales-oblongs, acuminés, une fois plus courts que la corolle. Pétales obovales, entiers. Carcérules glabres, lisses.

Racine polycéphale, vivace. Tiges peu feuillées, couvertes (ainsi que les feuilles) d'un duvet argenté. Stipules des feuilles radicales entières, non soudées entre elles. Bractéoles souvent incisées. Corolle d'un jaune vif. Gynophore pubescent.

Cette plante, nommée vulgairement *Argentine* ou *Ansérine*, croît dans toute l'Europe. Elle est du petit nombre des végétaux susceptibles de prospérer dans les sols glaiseux; mais, du reste, on la trouve dans tous les terrains humides. Toutes les parties de l'Ansérine, et principalement ses racines, sont astringentes : celles-ci étaient autrefois en vogue comme remède tonique et vulnéraire; on a remarqué que les porcs les recherchent avec avidité. Quant aux feuilles, leur âpreté se perd lorsqu'on les fait bouillir; dans le nord de l'Europe, on les mange comme herbe potagère.

POTENTILLE DE SIEMERS. — *Potentilla Siemersiana* Lehm. in Nov. Act. Nat. Cur. vol. 14, pars 2, tab. 45. — *Potentilla splendens* Don, Prodr. Flor. Nepal. — Bot. Mag. tab. 2700. (non Vaill. Par.) — *Potentilla lineata* Trevir. — Reichenb. Gart. Magaz. tab. 8.

Tiges dressées, poilues. Feuilles interrupté-pennées, multifoliolées; folioles oblongues-obovales, soyeuses aux deux faces, argentées en dessous, nerveuses, plissées, pectinées; stipules larges, dentées. Fleurs en corymbe. Lanières calicinales lancéolées, soyeuses. Gynophore glabre. Carcérules lisses.

Tiges hautes d'environ un pied. Feuilles inférieures longues d'un demi-pied. Fleurs d'un jaune pâle.

Cette espèce, indigène au Népaul, mérite d'être cultivée à cause de l'élégance de son feuillage. Elle se plaît dans les terrains argileux.

Section II.

Feuilles digitées.

a) *Fleurs jaunes.*

POTENTILLE RAMPANTE. — *Potentilla reptans* Linn. — Flor. Dan. tab. 1164. — Engl. Bot. tab. 362.

Tiges flagelliformes, rampantes, simples. Feuilles à 5 folioles obovales ou oblongues-obovales, dentelées, poilues. Stipules petites, lancéolées, scarieuses. Pédicelles axillaires, uniflores, subsolitaires, plus longs que les feuilles. Carcérules chagrinés, non rugueux.

Herbe vivace. Tiges longues de 1 à 2 pieds. Feuilles longuement pétiolées, subfasciculées. Sépales ovales, acuminés. Bractéoles elliptiques. Corolle grande, d'un jaune vif. Pétales obcordiformes, plus longs que le calice. Gynophore poilu.

Cette plante, connue vulgairement sous le nom de *Quintefeuille*, croît dans toute l'Europe, au bord des champs et des chemins. Sa racine a été recommandée comme fébrifuge et tonique ; elle peut aussi servir au tannage des cuirs.

POTENTILLE TORMENTILLE. — *Potentilla Tormentilla* Nestl. Monogr. — *Tormentilla erecta* Linn. — Flor. Dan. tab. 589. — Engl. Bot. tab. 863. — Schk. Handb. tab. 136.

Tiges ascendantes ou procombantes, dichotomes. Feuilles 3- ou 5-foliolées : les radicales pétiolées ; les caulinaires sessiles ; folioles cunéiformes-oblongues ou lancéolées, incisées-dentées, poilues. Stipules subdigitées. Pédoncules oppositifoliés et dichotomaux, filiformes. Enveloppes florales en nombre quaternaire. Carcérules rugueux.

Racine épaisse, tronquée, oblique, vivace. Tiges flexueuses, grêles, poiluës, ordinairement touffues. Fleurs petites. Sépales et bractéoles ovales-lancéolés, acuminés. Pétales obcordiformes, d'un jaune pâle, plus longs que le calice.

Cette plante, nommée vulgairement *Tormentille*, n'est pas moins commune que la précédente, et sa racine possède les mêmes propriétés toniques et astringentes. Les Lapons l'emploient à tanner les cuirs et à les teindre en rouge.

POTENTILLLE PRINTANIÈRE. — *Potentilla verna* Linn. — Engl. Bot. tab. 37. — Sturm, Deutschl. Flor. fasc. 17.

Tiges ascendantes, touffues, garnies (ainsi que les pétioles) de poils presque dressés. Feuilles à 3, ou 5, ou 7 folioles obovales ou oblongues-obovales tronquées, dentelées, plus ou moins poilues. Stipules entières : les inférieures linéaires ou linéaires-lancéolées, acuminées; les supérieures ovales. Pédoncules filiformes. Carcérules légèrement rugueux.

Racine vivace, polycéphale. Tiges longues de 3 à 6 pouces, très-touffues. Sépales ovales, pointus. Bractéoles lancéolées, obtuses. Pétales obcordiformes, plus longs que le calice, d'un jaune vif.

Cette Potentille croit dans toute l'Europe, en plaine comme dans les Alpes. Il est peu de prairies qu'elle n'orne aux premiers jours du printemps.

POTENTILLE INTERMÉDIAIRE. — *Potentilla intermedia* Linn. — Reichenb. Ic. fig. 809. — Nestl. Monogr. tab. 8. — Jaume Saint-Hil. Fl. Fr. tab. 310. — *Potentilla opaca* Engl. Flor. tab. 2449. (non Linn.)

Tiges ascendantes, très-touffues, dichotomes, garnies de poils tuberculeux, horizontaux. Feuilles à 3-5-7 ou 9 folioles obovales-oblongues, incisées-dentées, concolores, poilues. Stipules très-entières. Panicule lâche, feuillée. Pétales de la longueur du calice. Carcérules légèrement rugueux.

Herbe vivace, très-touffue. Tiges longues d'environ un pied. Feuilles radicales dressées, très-nombreuses, munies de chaque côté d'environ 9 dentelures. Pédoncules grêles. Calice hérissé :

sépales ovales-acuminés; bractéoles linéaires-lancéolées. Pétales obcordiformes, d'un jaune vif.

Cette Potentille croît en Suisse. Elle mérite d'être cultivée comme plante de parterre.

POTENTILLE A FLEURS DORÉES. — *Potentilla chrysantha* Trevir.

Tiges ascendantes, presque dressées. Feuilles à 3-5-7 folioles obovales-oblongues ou lancéolées-obovales, dentelées. Pétales 2 fois plus longs que le calice.

Cette espèce, originaire de la Hongrie, se distingue facilement de la précédente à ses tiges plus fermes, et à la grandeur de ses fleurs. Elle mérite également une place dans les parterres.

POTENTILLE DRESSÉE. — *Potentilla recta* Linn. — Reichenb. Ic. fig. 420. — Nestl. Monogr. tab. 6.

Tiges dressées, hérissées de poils tuberculeux, horizontaux. Feuilles à 5 ou 7 folioles cunéiformes-oblongues, incisées-dentelées, hérissées. Pétales obcordiformes, plus grands que le calice. Carcérules rugueux, marginés.

Racine polycéphale. Tiges hautes de 1 à 2 pieds, souvent purpurines. Fleurs en corymbe. Stipules grandes, incisées-dentées. Sépales ovales-lancéolés. Bractéoles linéaires-lancéolées. Corolle grande, d'un jaune pâle.

Cette espèce, indigène en France, est cultivée dans quelques jardins comme plante d'agrément.

POTENTILLE LACINIÉE. — *Potentilla laciniosa* Kit. — Lehm. Monogr. tab. 7.

Tiges dressées, hérissées. Feuilles à 5 ou 7 folioles oblongues-lancéolées, pennatifides, poilues : lanières bi- ou triparties, linéaires-lancéolées. Pétales obcordiformes, plus grands que le calice. — Fleurs en corymbe; corolle d'un jaune vif.

Cette Potentille, originaire de Hongrie, est cultivée comme plante d'ornement.

POTENTILLE PÉDALÉE. — *Potentilla pedata* Willd. — Nestl.

Monogr. tab. 7. — Lodd. Bot. Cab. tab. 579. — *Potentilla rubens* Allion. — *Potentilla pilosa* Dec. Fl. Franç.

Tiges ascendantes, hérissées de poils horizontaux. Feuilles inférieures 7-foliolées, pédalées; feuilles supérieures 5-foliolées; folioles linéaires-oblongues, profondément dentelées, poilues aux bords. Stipules ovales-acuminées. Pétales presque 2 fois plus longs que le calice.

Tiges hautes de 1 à 2 pieds, souvent rougeâtres. Fleurs en corymbe. Corolle grande, d'un jaune vif.

Cette Potentille, indigène dans l'Europe australe, se cultive dans les parterres.

b) *Fleurs blanches ou rouges.*

POTENTILLE A FLEURS BLANCHES. — *Potentilla alba* Linn. — Jacq. Fl. Austr. tab. 115. — Engl. Bot. tab. 1384. — Lodd. Bot. Cab. tab. 1534. — Sturm, Deutschl. Flor. fasc. 4.

Tiges filiformes, ascendantes, subtriflores. Feuilles lancéolées-oblongues, glabres en dessus, satinées en dessous et aux bords, dentelées supérieurement; dentelures pointues, conniventes. Gynophores très-velus. Carcérules glabres, légèrement rugueux, poilus à l'ombilic.

Rhizome noir, horizontal, cylindrique, garni de racines fibreuses, fusiformes. Feuilles radicales longuement pétiolées, touffues. Tiges longues de 3 à 6 pouces, presque nues. Stipules ovales-lancéolées, acuminées. Sépales ovales-lancéolés, pointus. Bractéoles linéaires-lancéolées. Pétales obcordiformes.

Cette plante, assez rare en France, croît dans les forêts un peu humides. On la retrouve en Suisse, en Allemagne et en Angleterre. Elle est propre aux bordures de parterre, à cause de ses feuilles très-touffues et d'un blanc argenté.

POTENTILLE LUISANTE. — *Potentilla nitida* Linn. — Jacq. Flor. Austr. vol. 5, tab. 25.—Sturm, Deutschl. Flor. fasc. 22.

Tiges subuniflores. Feuilles à 3 folioles elliptiques, tridentées au sommet, soyeuses-argentées aux deux faces. Pétales orbiculaires-obcordiformes. Gynophore et carcérules très-velus.

Herbe vivace, formant des gazons épais. Tiges presque nues, hautes de 1 à 3 pouces. Calice cotonneux en dehors, pourpré en dedans. Corolle rose, d'un pouce de diamètre. Filets et styles pourpres. Anthères d'un pourpre noir.

Cette espèce, très-remarquable par son feuillage satiné et ses grandes fleurs roses, habite les Alpes de l'Autriche, du Tyrol et de la Savoie.

POTENTILLE DE L'APENNIN. — *Potentilla apennina* Tenor. Flor. Napol. tab. 46 (petala falsa). — *Potentilla Bocconi* Nestl. Monogr. tab. 10 (corolla mala).

Feuilles à 3 folioles elliptiques, bi- ou tridentées au sommet, soyeuses-argentées aux deux faces. Tiges filiformes, dressées, subuniflores. Pétales longuement onguiculés, spathulés.

Cette Potentille, voisine de la précédente, croît dans l'Apennin.

POTENTILLE ÉLÉGANTE. — *Potentilla colorata* Lehm. — *Potentilla nepalensis* Hook. Exot. Flor. tab. 88. — *Potentilla formosa* Don, Prodr. Flor. Nepal. — Sweet, Brit. Flow. Gard. tab. 136. — Jaume Saint-Hil. Flor. et Pom. Franç. tab. 181.

Tiges ascendantes, hérissées, dichotomes. Feuilles inférieures 5-foliolées, subpédalées ; feuilles supérieures 3-foliolées ; folioles cunéiformes ou cunéiformes-oblongues, profondément crénelées, poilues. Stipules larges, foliacées, entières. Pétales obcordiformes, plus longs que le calice. Gynophore velu. Carcérules lisses, glabres.

Tiges touffues, longues de 1 à 2 pieds, ordinairement rougeâtres. Feuilles d'un vert gai. Fleurs paniculées, très-nombreuses, d'un rose vif, d'environ 8 lignes de diamètre. Calice hérissé. Sépales ovales, acuminés. Bractéoles elliptiques, subobtuses.

Cette espèce, originaire du Népaul, est depuis plusieurs années une de nos plantes de parterre les plus recherchées.

POTENTILLE COULEUR DE SANG. — *Potentilla atrosanguinea* Lodd. Bot. Cab. tab. 786. — Sweet, Brit. Flow. Gard. tab. 134. — Jaume Saint-Hil. Flor. et Pomone Franç. tab. 182.

Tiges procombantes, dichotomes, cotonneuses et velues (ainsi que les pétioles). Feuilles à 3 folioles ovales ou obovales-oblongues, incisées-dentées, pubescentes en dessus, cotonneuses (blanches) en dessous. Stipules ovales-lancéolées, entières. Pétales obcordiformes, plus longs que le calice. Carcérules lisses, glabres.

Tiges longues de 1 à 2 pieds, cotonneuses et velues. Feuilles grandes, les inférieures quelquefois 5-foliolées. Fleurs paniculées. Sépales ovales-lancéolés, acuminés, hérissés. Bractéoles oblongues, acuminées, cotonneuses en dessous. Corolle d'un pourpre noir, d'un pouce de diamètre. Gynophore velu.

Cette Potentille, indigène au Népaul, se distingue, comme la précédente, par l'élégance de son feuillage et de ses fleurs. Introduite en Angleterre en 1820, elle est aujourd'hui fort commune dans nos jardins. Sa culture n'exige aucun soin particulier.

Potentille de Russel. — *Potentilla Russeliana* Lindl. in Bot. Reg. tab. 1496. — Sweet, Brit. Flow. Gard. tab. 279.

Hybride obtenue en Angleterre du *Potentilla nepalensis* et du *Potentilla atrosanguinea*. Cette belle plante tient le milieu entre les deux espèces dont elle est le produit. Ses fleurs, d'un pourpre carmin très-éclatant, ont près d'un pouce de diamètre. Ses tiges sont assez fermes et droites. Ses feuilles, non argentées en dessous, ont la forme de celles de la Potentille couleur de sang.

Genre DRYADE. — *Dryas* Linn.

Calice non bractéolé, 8- ou 9-parti : lanières égales, unisériées. Pétales 8 ou 9. Étamines et ovaires innumérables. Gynophore presque plane. Styles terminaux, continus, persistants. Étairion à carcérules terminés par le style changé en queue plumeuse. Graines ascendantes.

Ce genre ne renferme que trois espèces : les deux suivantes sont les plus remarquables.

Dryade a huit pétales. —*Dryas octopetala* Linn. —Engl. Bot. tab. 451.—Flor. Dan. tab. 31. — Schk. Handb. tab. 137.

— Sturm, Deutschl. Flor. fasc. 20. — Svensk Bot. tab. 427.—
Jaume Saint-Hil. Flore et Pomone Franç. tab. 355.

Sous-arbrisseau procombant, formant des gazons serrés. Tiges
longues de 3 à 6 pouces. Feuilles persistantes, alternes, ovales
ou ovales-oblongues, subcordiformes à la base, fortement crénelées, révolutées aux bords, glabres et luisantes en dessus, cotonneuses-blanchâtres et veineuses en dessous; pétiole long, velu
ainsi que les pédoncules et les calices. Stipules lancéolées-subulées, entières. Pédoncules uniflores, axillaires-subterminaux. Lanières calicinales lancéolées, acuminées. Pétales blancs, elliptiques, plus longs que le calice. Filets subulés, d'un jaune pâle.
Anthères orbiculaires, d'un jaune vif. Carcérules velus.

Cette plante, remarquable par l'élégance de ses fleurs et de son
feuillage, croît dans toute la zone boréale des deux continents,
ainsi que dans les Alpes de l'Europe moyenne. Elle se prête à merveille à la décoration des rochers artificiels; mais il lui faut un
terrain léger et une exposition fraîche.

Dryade de Drummond.— *Dryas Drummondii* Richardson,
ined. ex Hook. in Bot. Mag. tab. 2972. — *Dryas chamædrifolia* Richards. in Frankl. Journ. App. (non Pursh).

Feuilles elliptiques, obtuses, subcunéiformes à la base, fortement crénelées, cotonneuses (d'un blanc très-pur, ainsi que les
pédoncules) en dessous. Sépales obtus. Pétales obovales-oblongs.

Tiges suffrutescentes, simples ou peu rameuses, feuillues vers
leur sommet. Feuilles coriaces, luisantes en dessus, d'un blanc
de neige en dessous, longues d'environ 8 lignes, sur 3 à 4 lignes
de large; pétiole de la longueur de la lame, ou un peu plus long.
Pédoncules solitaires, terminaux, glanduleux, longs de 3 à 4
pouces. Calice couvert de poils roux, glandulifères, denses, laineux. Corolle jaune, d'environ 15 lignes de diamètre. Carcérules
obovales.

Cette espèce, non moins élégante que la Dryade de nos Alpes,
croît dans les Rocheuses et dans le nord de l'Amérique, depuis
le 54ᵉ jusqu'au 64ᵉ degré de latitude. On la cultive depuis peu au
Jardin de l'Université de Glasgow.

Genre BENOITE. — *Geum* Linn.

Calice 5-fide : lanières alternant avec 5 bractéoles adnées
au tube. Pétales 5. Étamines et ovaires en nombre indéterminé. Styles terminaux, continus, géniculés, persistants,
terminés par une articulation caduque. Gynophore cylindracé, spongieux. Étairion à carcérules subfusiformes, comprimés, terminés en bec hispide ou plumeux, onciné au
sommet.

Herbes vivaces. Feuilles imparipennées. Fleurs subterminales. Corolle blanche, ou jaune, ou rouge.

Ce genre, composé d'une trentaine d'espèces, appartient
presque exclusivement aux régions tempérées et froides de
l'hémisphère septentrional. Plusieurs *Benoîtes* possèdent des
propriétés médicinales. Nous allons décrire les espèces les
plus remarquables.

a) *Fleurs dressées. Lanières calicinales réfléchies après*
l'anthèse. Styles géniculés vers leur sommet.

BENOÎTE OFFICINALE. — *Geum rivale* Linn. — Flor. Dan.
tab. 672. — Engl. Bot. tab. 1400. — Schk. Handb. tab. 137.

Tiges dichotomes, dressées. Feuilles velues : les radicales interrupté-pennées, lyrées ; les caulinaires 3- ou 5-foliolées ; les florales simples, lobées ; folioles alternes ou opposées, sessiles, cu-
néiformes-ovales, inégalement crénelées ou lobées. Stipules
suborbiculaires, très-grandes, incisées-dentées. Pédoncules longs,
cotonneux. Bractéoles très-petites. Pétales obovales, dressés, un
peu plus longs que le calice. Carcérules hérissés, à bec glabre,
terminé en appendice court, pubescent. Gynophore sessile, subglobuleux.

Rhizome court, vertical, polycéphale, garni de longues fibres.
Tiges hérissées inférieurement de poils étalés ou réfléchis. Feuilles radicales longuement pétiolées, 7- ou 9-foliolées ; foliole terminale trilobée. Sépales ovales, acuminés. Corolle petite, jaune.

Cette plante, nommée vulgairement *Benoîte, Herbe de Saint-
Benoît,* ou *Garicot,* est commune dans toute l'Europe. Elle

croît de préférence dans les endroits humides, près des habitations champêtres, dans les buissons et les bois taillis. Ses racines fraîches répandent une odeur comparable à celle des Clous de Girofle, laquelle est due à une huile volatile d'une saveur aromatique et amère. Ces racines jouissaient autrefois d'une grande réputation comme fébrifuges et remplaçant presque le Quinquina. On leur reconnaît encore de nos jours des qualités toniques et stimulantes.

BENOÎTE A FLEURS ÉCARLATES. — *Geum chiloense* Balbis. — Bot. Reg. tab. 1308.—*Geum Quellyon* Sweet, Brit. Flow. Gard. tab. 292.—*Geum coccineum* Sering. in Dec. Prodr. — Bot. Reg. tab. 1088. (non Sibth.)

Tiges dichotomes. Feuilles velues, interrupté-pennées, lyrées : les radicales à folioles ovales-arrondies, profondément crénelées ; les caulinaires à folioles cunéiformes-oblongues ou obovales, incisées-dentées ; les florales simples, triparties, ou trilobées, ou entières. Stipules larges, ovales, incisées. Pétales obcordiformes, plus longs que le calice, dressés. Carcérules hérissés, à bec et appendice glabres. Gynophore subcylindracé, courtement stipité.

Tiges velues, multiflores, hautes de 1 à 2 pieds. Feuilles radicales longues d'un demi-pied et plus. Fleurs paniculées. Corolle d'un pouce de diamètre, écarlate. Anthères jaunes.

Cette plante, originaire du Chili, est cultivée depuis plusieurs années dans tous les jardins, à cause de la beauté de ses fleurs, qui se succèdent pendant tout l'été. Elle supporte très-bien le climat de la France septentrionale, et sa culture n'exige aucun soin particulier.

b) *Fleurs dressées ou inclinées. Lanières caliciñales réfléchies après l'anthèse. Styles géniculés à leur partie moyenne.*

BENOÎTE DES RIVES. — *Geum rivale* Linn.—Engl. Bot. tab. 106. — Flor. Dan. tab. 722.—Sturm, Deutschl. Flor. fasc. 8.

Tiges 1-4-flores. Feuilles hérissées : les radicales interrupté-pennées, lyrées ; les caulinaires trifoliolées, les supérieures trilobées ; folioles ovales-arrondies ou subcordiformes, 5-7-lobées ou triparties. Stipules ovales-lancéolées, incisées. Fleurs inclinées.

Pétales connivents, cunéiformes-obovales, échancrés, longuement onguiculés, inclus. Carcérules hérissés, à bec glabre inférieurement, terminé en appendice plumeux. Gynophore à stipe saillant.

Rhizome horizontal, fibreux. Tige haute de 1 à 2 pieds, rougeâtre, hérissée de poils horizontaux. Pédoncules longs, dressés après l'anthèse. Calice d'un brun pourpre. Sépales ovales, acuminés. Bractéoles petites, lancéolées. Pétales plus larges que longs, d'un jaune rougeâtre, veinés de pourpre.

Cette Benoîte est commune dans les montagnes de l'Europe, au bord des sources et des ruisseaux. Ses racines possèdent les mêmes propriétés que celles de la Benoîte officinale.

Genre WALDSTEINIA. — *Waldsteinia* Willd.

Calice turbiné, quinquéfide : tube couronné par un disque annulaire ; lanières alternant avec 5 bractéoles. Pétales 5. Étamines innumérables. Ovaires 4 ou 5, substipités, insérés au fond du calice. Styles terminaux, caducs, allongés. Carcérules coriaces, suborbiculaires, ombiliqués au sommet. Graine ascendante.

L'espèce suivante constitue à elle seule ce genre.

WALDSTEINIA FAUSSE-BENOÎTE. — *Waldsteinia geoides* Willd. — Wald. et Kit. Plant. Hung. Rar. tab. 77. — Lodd. Bot. Cab. tab. 492. — Bot. Mag. tab. 2595. — Nestl. Pot. tab. 1, Anal.

Herbe vivace, très-touffue. Rhizome long, rampant. Feuilles radicales longuement pétiolées, profondément cordiformes, 3- ou 5-fides : lobes trifides, incisés-dentelés. Tiges grêles, ascendantes, longues d'environ un pied, dichotomes vers le haut, 3-9-flores, munies d'une ou de deux feuilles courtement pétiolées, rhomboïdales, trifides, incisées-dentelées. Pédoncules terminaux et dichotomaux, filiformes, dressés. Pétales jaunes, arrondis, courtement onguiculés, de la longueur du calice. Pistils pubescents.

Cette plante croît dans les forêts de la Hongrie et de la Transylvanie. On la cultive dans les parterres ; elle forme de belles touffes très-serrées et produisant une grande quantité de fleurs dès les premiers jours d'avril.

Genre AIGREMOINE. — *Agrimonia* Tournef.

Tube calicinal turbiné ou subcylindracé, accrescent, fovéolé, hérissé supérieurement de spinules oncinées; limbe 5-parti, resserré après la floraison. Pétales 5, courtement onguiculés. Étamines 10 à 20; filets subulés ; anthères arrondies, comprimées. Ovaires 2, insérés au fond du calice, inclus. Styles filiformes, saillants. Stigmates capitellés. Carcérules 2 (ou par avortement un seul), recouverts par le calice.

Herbes vivaces. Feuilles interrupté - pennées. Grappes terminales , spiciformes. Pédicelles articulés au sommet, munis à leur base d'une bractéole trifide. Corolle jaune ou blanche, petite.

Sur les sept espèces d'*Aigremoines* connues , trois appartiennent à l'Amérique septentrionale, une au Népaul, et les autres à l'Europe. Voici celles qu'il convient de faire connaître.

Aigremoine Eupatoire.— *Agrimonia Eupatoria* Linn. — Bull. Herb. tab. 229. — Flor. Dan. tab. 588. — Engl. Bot. tab. 1335. — Turp. in Flore Médic. Ic.

Folioles ovales-oblongues ou lancéolées, pointues, incisées-dentelées, cotonneuses en dessous. Stipules 3 ou 4 fois plus courtes que les entre-nœuds. Épis longs : les fructifères lâches, interrompus. Tube calicinal obconique, spinelleux au-dessous du sommet; spinules basilaires divergentes.

Racine brune, rameuse. Tiges dressées, sillonnées, feuillues , hérissées, rarement rameuses, hautes de 2 à 3 pieds. Feuilles à 4-6 paires de folioles d'un vert sombre, poilues en dessus ; pétiole hérissé. Stipules amplexicaules, semi-cordiformes, incisées. Pédicelles très-courts. Bractées de la longueur du calice. Sépales ovales, acuminés, trinervés. Pétales ovales, d'un jaune foncé, 2 fois plus longs que les lobes du calice. Étamines 12-15. Calices fructifères réfléchis , à 10 fovéoles profondes, se prolongeant des spinules jusqu'à la base.

Cette plante, nommée vulgairement *Aigremoine*, croît dans presque toute l'Europe, au bord des bois et des chemins , dans les pâturages secs , etc. Elle participe des propriétés astringentes de beaucoup d'autres Dryadées. La décoction de ses feuilles était autrefois fort usitée comme remède tonique ; on ne l'emploie aujourd'hui que pour faire des gargarismes et des cataplasmes détersifs.

Genre ALCHÉMILLE. — *Alchemilla* Tournef.

Calice quadrifide : lanières alternant avec 4 bractéoles adnées au tube. Corolle nulle. Étamines 4, ou par avortement 2 ou 1. Ovaires 2 (quelquefois un seul) insérés au fond du calice. Styles latéraux, caducs. Stigmates capitellés. Carcérules couverts par le tube du calice. Graine suspendue.

Herbes vivaces ou rarement annuelles. Feuilles digitées ou palmées. Fleurs petites, en corymbe, ou en grappe, ou en fascicule.

On connaît dix-huit espèces de ce genre ; six appartiennent à l'Europe, deux au Caucase, neuf aux Andes de l'Amérique équatoriale ; une seule a été trouvée au cap de Bonne-Espérance. Voici les espèces qui méritent d'être indiquées ici.

ALCHÉMILLE COMMUNE. — *Alchemilla vulgaris* Linn. — Flor. Dan. tab. 693. — Engl. Bot. tab. 597. — Svensk Bot. tab. 261. — Hook. Flor. Lond. tab. 210.

Tiges dichotomes, ascendantes. Feuilles pubescentes, ou velues, ou satinées, ou glabres, réniformes : les radicales et les inférieures pétiolées, 7- ou 9-lobées ; les supérieures subsessiles, 3- ou 5-lobées : lobes arrondis , ou ovales, ou tronqués, dentelés. Fascicules terminaux, rapprochés en corymbes subdichotomes. Étamines 2-4.

Herbe vivace. Tiges longues d'environ un demi-pied. Fleurs d'un jaune verdâtre.

Cette Alchémille, connue vulgairement sous le nom de *Pied de lion*, abonde dans les prairies des montagnes de toute l'Europe.

Elle est astringente; mais on ne s'en sert guère en médecine, malgré les propriétés merveilleuses qu'on lui attribuait autrefois. Le bétail en est très-friand.

ALCHÉMILLE DES ALPES. — *Alchemilla alpina* Linn.— Engl. Bot. tab. 244. — Flor. Dan. tab. 49.— Sturm, Deutschl. Flor. fasc. 51, var. —.Jaum. Saint-Hil. Flor. et Pom. Franç. tab. 298.

Tiges ascendantes. Feuilles digitées: les inférieures pétiolées, 7- ou 9-foliolées; les supérieures subsessiles, 3- ou 5-foliolées; folioles incombantes, oblongues-lancéolées, dentelées vers le sommet, satinées en dessous. Fleurs latérales et terminales, fasciculées. Étamines 2-4.

Herbe vivace, très-touffue, haute de 4 à 6 pouces. Face inférieure des feuilles recouverte d'un duvet argenté. Fleurs très-petites, verdâtres.

Cette Alchémille croît en Europe, sur les rochers des Alpes. Son feuillage très-élégant la rend propre à orner les rocailles artifi-.cielles, et à former des bordures de parterre.

Genre CÉPHALOTE. — *Cephalotus* Labill.

Périanthe simple, pétaloïde, subcampanulé, sexfide. Étamines 12: les antépositives plus courtes que les interpositives; anthères didymes, surmontées d'un connectif subglobuleux, gros, fongueux. Ovaires 6, disjoints, uniovulés. Styles terminaux. Stigmates obtus. Péricarpe inconnu.

Ce genre est constitué par une seule espèce, propre à la Nouvelle-Hollande. Cette plante offre une particularité fort curieuse et comparable à celle qu'on observe dans les *Nepenthes*.

CÉPHALOTE A AMPOULES. — *Cephalotus follicularis* Labill. Nov. Holl. v. 2, tab. 145. — R. Brown, Rem. on Bot. of. Terra Austr. tab. 4. — Hook. in Bot. Mag. tab. 3118 et 3119.

Herbe vivace, acaule. Racine presque fusiforme. Feuilles radicales pétiolées, dissemblables : les unes elliptiques-lancéolées, subobtuses, très - entières, rougeâtres, innervées; les autres

(placées principalement à la circonférence) sont de gros utricules en forme de sabot, triptères, lavées de vert et de pourpre, contenant un fluide aqueux, fermées par un couvercle subcirculaire qui finit par se redresser; ailes inégales, ciliées; orifice resserré, muni de plusieurs crêtes annulaires, pectinées, de couleur pourpre. Hampe haute de 1 à 2 pieds, dressée, cylindrique, simple, cotonneuse, terminée par une panicule racémiforme et munie de quelques bractées subulées. Périanthe petit, poilu, d'un blanc verdâtre : segments ovales, obtus, calleux au sommet, presque étalés. Disque épais, verdâtre, papilleux. Filets subulés, roses, glabres, beaucoup plus courts que le périanthe. Pistils courts, rougeâtres.

Cette plante a été découverte par MM. Labillardière et R. Brown sur la côte méridionale de la Nouvelle-Hollande. Elle est fort rare dans les collections de plantes vivantes.

Genre **MARGYRICARPE.** — *Margyricarpus* Ruiz et Pav.

Tube calicinal urcéolé, tétragone; limbe 4 ou 5-parti : lanières munies au dos d'une protubérance spinelleuse. Corolle nulle. Étamines 2. Ovaire solitaire. Style terminal. Stigmate aspergilliforme. Un seul carcérule adhérent au tube calicinal devenu charnu. Graine suspendue.

L'espèce que nous allons décrire constitue à elle seule le genre.

Margyricarpe hérissé. — *Margyricarpus setosus* Ruiz et Pav. Flor. Peruv. 1, tab. 8, fig. *d*. — *Ancistrum pinnatum* Lamk. Ill. 1, p. 77. — *Empetrum pinnatum* Lamk. Dict.

Sous-arbrisseau très-rameux et feuillu. Feuilles imparipennées. Folioles linéaires. Stipules adnées au pétiole. Fleurs petites, axillaires, solitaires, sessiles. Fruit bacciforme, blanc, subglobuleux.

Cette plante croît dans la Colombie et au Pérou, entre 1300 et 1500 toises d'élévation. Les Espagnols la nomment vulgairement *Yerba de la perta*, parce que son infusion est employée contre les hémorragies. Ses fruits ont une saveur agréable.

31*

Genre SANGUISORBE. — *Sanguisorba* Linn.

Calice dibractéolé à la base : tube tétragone, resserré à son orifice; limbe 4-parti, incombant, coloré. Corolle nulle. Étamines 4. Ovaires 2. Styles soudés en un seul. Stigmate aspergilliforme. Un ou deux carcérules osseux, adhérents au tube calicinal durci. Graine suspendue.

Herbes vivaces. Feuilles imparipennées. Fleurs blanches ou rougeâtres, disposées en épis cylindriques ou ovales, très-denses, terminaux.

Toutes les parties herbacées des *Sanguisorbes* ont une saveur aromatique, légèrement astringente. Les racines sont fortement astringentes. Ce genre renferme dix espèces, dont quatre croissent en Europe, une en Barbarie, trois en Sibérie, et deux dans l'Amérique septentrionale. Nous devons nous borner à faire mention des deux suivantes.

SANGUISORBE OFFICINALE.—*Sanguisorba officinalis* Linn.— Flor. Dan. tab. 97. — Engl. Bot. tab. 1312. — Schk. Handb. tab. 27.

Folioles glabres, cordiformes-ovales ou oblongues, obtuses, dentelées, souvent stipellées. Épis ovales-turbinés. Étamines plus courtes que le limbe du calice.

Tiges rameuses, hautes de 3 à 5 pieds. Folioles d'un vert sombre, accrescentes. Calices d'un pourpre noirâtre.

Cette plante, répandue dans presque toute l'Europe, est commune dans les prés un peu humides. Le nom de *Sanguisorbe* lui vient de sa propriété d'arrêter les hémorragies. On se sert souvent de ses feuilles pour assaisonner les salades.

SANGUISORBE DU CANADA. — *Sanguisorba canadensis* Linn. — Moris. Oxon. sect. 8, tab. 18, fig. 12.

Folioles ovales-oblongues, subcordiformes à la base, fortement dentées, glabres de même que les bractées. Épis cylindriques, très-longs. Étamines saillantes.

Tiges hautes de 5 à 8 pieds. Épis longs de 3 à 4 pouces. Fleurs blanches,

Cette plante, originaire de l'Amérique septentrionale, peut servir à la décoration des grands parterres.

Genre PIMPRENELLE. — *Poterium* Linn.

Fleurs polygames-monoïques, ou rarement dioïques. Calice tribractéolé à la base : tube resserré à son orifice; limbe à segments marginés, incombants. Corolle nulle. — *Fleurs mâles :* Étamines environ 20. Pistil abortif. — *Fleurs femelles :* Ovaires 2. Styles 2. Stigmates aspergilliformes, colorés. Carcérules 2, adhérents au tube calicinal durci. Graine suspendue.

Arbrisseaux, ou herbes vivaces. Feuilles imparipennées. Fleurs verdâtres, agglomérées en épis globuleux ou cylindriques.

Ce genre appartient à l'ancien continent. On en connaît sept espèces : une croît aux Canaries; une dans l'Atlas; deux viennent en Orient, et les autres en Europe. Voici celles qui méritent qu'on en fasse mention.

Section Ire. LEIOPOTERIUM Dec. Prodr.

Tiges ligneuses. Fleurs en épis cylindracés. Fruit (tube calicinal) lisse, un peu charnu.

Pimprenelle épineuse. — *Poterium spinosum* Linn. — Moris. Oxon. sect. 8, tab. 18, fig. 5. — Barrel. Ic. tab. 631.

Ramules spinescents, subdichotomes, velus. Feuilles glabres : les inférieures à folioles rugueuses ou crépues, minimes, dures; les supérieures à folioles planes, membranacées, obovales, incisées-dentelées. Épis longs, lâches et masculiflores à la base, féminiflores au sommet.

Petit arbrisseau très-rameux. Feuilles glauques.

Cette Pimprenelle croît dans l'Archipel, dans la Syrie et dans l'Asie mineure. On la cultive dans les collections d'orangerie.

Pimprenelle en queue. — *Poterium caudatum* Ait. Hort. Kew. — Bot. Mag. tab. 2341. — Colla, Hort. Ripul. tab. 40.

Rameaux inermes. Feuilles à 7 ou 9 folioles dentelées, cotonneuses en dessous : la terminale elliptique-oblongue ; les autres oblongues-lancéolées ou ovales-lancéolées. Épis cylindriques, allongés. Fleurs dioïques, quelquefois 6-fides et 3-gynes. Fruits turbinés.

Arbrisseau s'élevant à une vingtaine de pieds (dans les serres). Ramules et jeunes feuilles satinés. Feuilles longues de 4 à 6 pouces; les deux folioles basilaires minimes, réfléchies.

Cette espèce, indigène aux Canaries, n'est pas rare dans les collections d'orangerie.

Section II. RUTIDOPOTERIUM Dec. Prodr.

Tiges herbacées ou suffrutescentes à la base. Épis globuleux. Fruit (tube calicinal) rugueux ou tuberculeux.

Pimprenelle Sanguisorbe. — *Poterium Sanguisorba* Linn. — Engl. Bot. tab. 860. — Schk. Handb. tab. 300.

Feuilles glabres ou rarement pubescentes, vertes aux deux faces : les radicales à folioles cordiformes, arrondies, bordées de dentelures obtuses ; les caulinaires à folioles ovales, régulièrement dentelées. Capitules globuleux, masculiflores à la base, féminiflores supérieurement. Fruit ovale-quadrangulaire, subréticulé.

Herbe vivace, touffue. Tiges dressées, anguleuses, rameuses, hautes de 1 à 2 pieds. Feuilles non glauques. Capitules multiflores, assez gros; fleurs mâles en petit nombre à la base de chaque capitule. Stigmates roses, de la longueur des styles.

Cette plante, connue vulgairement sous le nom de *Pimprenelle*, est commune dans les pâturages secs de l'Europe moyenne et de l'Europe australe. On la cultive comme herbe potagère. Plusieurs agronomes distingués la recommandent comme un excellent fourrage, prospérant sur les terrains les plus arides, soit calcaires, soit sablonneux. Cependant, son foin, d'après le témoignage de plusieurs praticiens, ne convient ni aux chevaux ni aux vaches, et n'est réellement bon que pour les moutons. M. Vilmorin assure que quelques parties de la Champagne Pouilleuse ont dû à la culture de la Pimprenelle une amélioration sensible dans leur situation agricole.

PIMPRENELLE GLAUQUE. — *Poterium glaucescens* Reichenb. Flor. Germ. Excurs. p. 610. — *Poterium guestphalicum* Bœnningh. — *Poterium polygamum* Lejeune.

Folioles glauques en dessous, bordées de dentelures pointues ; celles des feuilles radicales cunéiformes-arrondies, ou tronquées au sommet; celles des feuilles caulinaires cunéiformes-oblongues. Capitules subglobuleux, masculiflores à la base, féminiflores au sommet, androgyniflores au milieu. Fruits oblongs-quadrangulaires, légèrement réticulés.

Tiges rougeâtres, quelquefois hérissées ainsi que les pétioles. Stigmates pourpres, plus courts que les styles.

Cette espèce a été observée dans plusieurs contrées de l'Allemagne, et notamment dans le voisinage du Rhin. Il est très-probable qu'elle croît aussi en France, et qu'on la confond avec la Pimprenelle Sanguisorbe.

Genre CLIFFORTIA. — *Cliffortia* Linn.

Fleurs dioïques. Tube calicinal urcéolé; limbe trifide. Corolle nulle. — *Fleurs mâles* : Étamines environ 30. — *Fleurs femelles* : Ovaires 2. Styles 2. Stigmates allongés, barbus, plumeux. Un ou deux carcérules monospermes, recouverts par le calice. Graine dressée. Cotylédons oblongs, foliacés.

Arbrisseaux. Feuilles simples ou trifoliolées, subsessiles. Stipules foliacées. Fleurs axillaires, subsessiles.

Ce genre, qui renferme de vingt à trente espèces, appartient au cap de Bonne-Espérance. Le port des *Cliffortia* s'éloigne beaucoup de celui des autres Dryadées. Leur feuillage est assez élégant; mais leurs fleurs sont inapparentes. Nous allons indiquer les espèces qu'on cultive dans les collections de serre tempérée.

a) *Feuilles simples, multinervées à la base. Stipules indivisées.*

CLIFFORTIA A FEUILLES DE HOUX.—*Cliffortia ilicifolia* Linn. — Dillen. Elth. tab. 3ɪ, fig. 35. — Linn. Hort. Cliffort. tab. 3o.

Feuilles elliptiques-orbiculaires, amplexicaules, glabres, roides, subtrilobées au sommet : lobes terminés en dent épineuse.

CLIFFORTIA A FEUILLES DE PETIT HOUX. — *Cliffortia ruscifolia* Linn. Hort. Cliffort. tab. 3ɪ. — *Cliffortia arachnoidea* Loddig. Bot. Cab. tab. 260.

Feuilles glabres, lancéolées, terminées en pointe spinescente, entières ou bordées de chaque côté d'une dent épineuse. Rameaux glabres ou pubescents.

CLIFFORTIA TRIDENTÉ. — *Cliffortia tridentata* Willd.

Feuilles cunéiformes-oblongues, entières ou tridentées, nerveuses, pubescentes en dessous.

b) *Feuilles simples, uninervées. Stipules bifides.*

CLIFFORTIA CUNÉIFORME. — *Cliffortia cuneata* Ait. Hort. Kew.

Feuilles cunéiformes, tronquées, 3- ou 5-dentées au sommet, striées, glabres aux deux faces.

c) *Feuilles trifoliolées.*

CLIFFORTIA OBCORDIFORME. — *Cliffortia obcordata* Linn. fil.

Folioles glabres, sans veines : les latérales elliptiques-orbiculaires ; l'intermédiaire obcordiforme. Ramules subpubescents.

FIN DU TOME PREMIER DES PHANÉROGAMES.

COLLABORATEURS.

MM.

AUDINET-SERVILLE, *ex-président de la Société Entomologique, Membre de plusieurs Sociétés savantes, nationales et étrangères.* (ORTHOPTÈRES, NÉVROPTÈRES ET HÉMIPTÈRES).

AUDOUIN, *Professeur-Administrateur du Muséum, Membre de plusieurs Sociétés savantes, nationales et étrangères.* (ANNELIDES).

BIBRON, *Aide-Naturaliste au Muséum, collaborateur de M. Duméril pour les Reptiles.*

BOISDUVAL, *Membre de plusieurs Sociétés savantes, nationales et étrangères, auteur de l'Entomologie de l'Astrolabe, de l'Icones des Lépidoptères d'Europe, de la Faune de Madagascar, etc. etc.* (LÉPIDOPTÈRES).

DE BLAINVILLE, *Membre de l'Institut, Professeur-Administrateur du Muséum d'Histoire Naturelle, Professeur à la Faculté des Sciences, etc.* (MOLLUSQUES).

DE BREBISSON, *Membre de plusieurs Sociétés savantes, auteur des Mousses et de la Flore de Normandie.* (PLANTES CRYPTOGAMES).

A. DE CANDOLLE, *de Genève* (BOTANIQUE).

CUVIER (Fr.), *Membre de l'Institut* (CÉTACÉS).

DEJEAN (le comte) *Lieut.-général Pair de France.* (COLÉOPTÈRES).

DESMAREST, *Membre correspondant de l'Institut, Professeur de Zoologie à l'École vétérinaire d'Alfort.* (POISSONS).

MM.

DUMÉRIL, *Membre de l'Institut, Professeur-Administrateur du Muséum d'Histoire Naturelle, Professeur à l'École de Médecine, etc. etc.* (REPTILES).

LACORDAIRE, *Naturaliste-voyageur, Membre de la Société Entomologique, etc.* (INTRODUCTION A L'ENTOMOLOGIE).

SANDER-RANG, *Officier au corps Royal de la Marine* (ZOOPHYTES ET VERS) *avec M. Lesson.*

LESSON, *Membre correspondant de l'Institut, Professeur à Rochefort, etc.* (ZOOPHYTES ET VERS).

MACQUART, *Directeur du Muséum de Lille, auteur des Diptères du Nord de la France, etc. etc.* (DIPTÈRES).

MILNE-EDWARS, *Professeur d'Histoire Naturelle, Membre de diverses Sociétés savantes, etc. etc.* (CRUSTACÉS).

LE PELETIER DE SAINT-FARGEAU, *Président de la Société Entomologique, auteur de la Monographie des Tenthrèdes, etc. etc.* (HYMÉNOPTÈRES).

SPACH, *Aide-Naturaliste au Muséum* (PLANTES PHANÉROGAMES).

WALCKENAER, *Membre de l'Institut, travaux sur les Arachnides, etc. etc.* (ARACHNIDES ET INSECTES APTÈRES).

CONDITIONS DE LA SOUSCRIPTION.

Les Suites à Buffon *formeront 45 volumes in-8° environ, imprimés avec le plus grand soin et sur beau papier; ce nombre paraît suffisant pour donner à cet ensemble toute l'étendue convenable. Chaque auteur s'occupant depuis long-temps de la partie qui lui est confiée, l'éditeur sera à même de publier en peu de temps la totalité des traités dont se composera cette utile collection.*

A partir de janvier 1834, il paraîtra au moins tous les mois un volume in-8°, accompagné de livraisons d'environ 10 planches noires ou coloriées.

Prix du texte, chaque volume (1) . . . . 5f. 50c.

Prix de chaque livraison { *noire* . . . . 3.
{ *coloriée* . . . . 6.

N^a Les personnes qui souscriront pour des parties séparées paieront chaque volume 6 fr. 50

Un petit nombre d'exemplaires seront imprimés sur grand papier vélin, dont le prix sera double.

ON SOUSCRIT, SANS RIEN PAYER D'AVANCE,

A LA LIBRAIRIE ENCYCLOPÉDIQUE DE RORET,

RUE HAUTEFEUILLE, N° 10 BIS, À PARIS,

AU COIN DE CELLE DU BATTOIR.

(1) *L'Éditeur ayant à payer pour cette collection des honoraires aux auteurs, le prix des volumes ne peut être comparé à celui des réimpressions d'ouvrages appartenant au domaine public et exempts de droits d'auteur, tels que Buffon, Voltaire, etc. etc.*